Historia de los dientes y los dentistas

JOSÉ RAMÓN ALONSO

Historia de los dientes y los dentistas

GUADALMAZÁN

A mi ahijada Silvia.

Guadalmazán • Colección Divulgación Científica
Edición de Antonio Cuesta

www.editorialguadalmazan.com
guadalmazan@almuzaralibros.com

Talenbook, s.l.
C/ Cervantes, 26 · 28014 · Madrid

Imprime: Liberdúplex
ISBN: 978-84-19414-56-4
Depósito Legal: M-1192-2025
Hecho e impreso en España-*Made and printed in Spain*

Índice

Nota del editor 11

PRESENTACIÓN 13
   Odontología 15
   Los dientes 19
   Los dientes de los animales 53

PREHISTORIA 81
   Odontología neandertal 82
   Los dientes como adorno y ofrenda.. 87
   Neolítico.. 92
   Los dientes como material artístico... 94
   Los primeros tratamientos odontológicos 100

EDAD ANTIGUA.. 103
   Mesopotamia.. 103
   Egipto.. 111
   India.. 119
   Hebreos 125
   Fenicios y etruscos.. 128
   China 130
   Japón... 136
   Grecia.. 141
   Roma... 148

EDAD MEDIA 169
   El mundo bizantino.. 171
   La odontología tras la caída de Roma.. 173
   La Iglesia, las disecciones y la sangre 175
   Los primeros pasos de la formación de los odontólogos.................... 177
   El nacimiento de las universidades 184

Remedios primitivos y supersticiones 190
Plantas 193
La transferencia del dolor de muelas 197
Extracciones 199
Empastes 201
Blanqueamientos 202
El mundo islámico 203
América precolombina 211

EDAD MODERNA 221
Científicos de la Edad Moderna 235
El niño de Silesia y su diente de oro 268
La revolución de la sonrisa 271
El escorbuto 277
Fisonomía y personalidad 280
La dentadura de George Washington 282

EDAD CONTEMPORÁNEA 289
Los dientes de Waterloo 293
El nacimiento de la odontología comparada 297
Los dientes de los niños 298
Los soldados de la Gran Guerra 299
Florestán Aguilar 302
Lo público y lo privado 304
La Gran Sonrisa Americana 307
La Odontología en el Tercer Reich 309
El estatus de la profesión 314
Avances técnicos 321
La microbiota oral 371
Microscopía dental 380
Los productos para la higiene dental 381
La guerra de las amalgamas 397
Las primeras revistas dentales 402
Los implantes dentales 404
La fluorización 407
La ortodoncia 413
La endodoncia 417
La odontología veterinaria 421
Odontología forense 423
Antisepsia y asepsia 427
El cambio en la profesión 429
La formación de los odontólogos 441
Especialización en odontología 451
Profesiones auxiliares del dentista 453

Industria dental 457

Atención dental escolar 459

Odontología espacial 463

Ratones y hadas traficantes de dientes 467

Los dientes y el circo 469

Mujeres en la Odontología 471

El asociacionismo en la odontología 478

Líneas de futuro 482

Anexo I. Clasificación de los dientes 487

Glosario 491

Bibliografía 507

Nota del editor

No siempre tenemos el privilegio de publicar una obra que conjugue con tanta maestría el rigor científico y la narrativa histórica. Este libro que tiene entre sus manos es uno de esos raros tesoros editoriales donde la erudición y la capacidad de fascinación caminan de la mano, algo que José Ramón Alonso ya nos ha demostrado en sus anteriores obras sobre neurociencia; todas ellas incontestables referentes en el campo de la divulgación.

José Ramón, cuya trayectoria como neurocientífico le ha valido reconocimiento internacional, nos sorprende aquí con una obra absolutamente singular. Su mirada, acostumbrada a entender las intrincadas redes neuronales del cerebro, se posa ahora sobre la historia de la odontología para revelarnos un relato tan apasionante como inesperado. No es casualidad, quien ha dedicado su vida a estudiar las estructuras más delicadas del cuerpo humano era la persona idónea para desentrañar esta compleja historia.

El resultado es un libro extraordinario que nos lleva desde las primitivas extracciones dentales hasta las modernas técnicas de implantología; y de los místicos conjuros contra el dolor hasta la precisión del bisturí láser. Una obra que trasciende los límites convencionales de la literatura científica para convertirse en un genial recorrido a lo largo del tiempo y el conocimiento humano.

Conforme avanzamos en sus páginas, descubrimos que los dientes han sido mucho más que simples herramientas para la supervivencia: han sido joyas, trofeos o amuletos, símbolos de poder y belleza, testigos silenciosos de rituales y de extintas costumbres. A través de ellos podemos reconstruir no solo la evolución de una práctica médica, sino toda una historia de nuestra civilización. José Ramón nos guía por este laberinto de conocimientos con la seguridad de un erudito y la curiosidad de un explorador, convirtiendo cada hallazgo en un pequeño tesoro narrativo. Y es que en estas páginas no solo encontraremos datos y fechas, sino historias que resuenan con nuestra propia esencia.

Hay sabiduría antigua y ciencia moderna, dolor y esperanza, superstición y conocimiento. Pero sobre todo, una narración que nos recuerda que nuestra historia también puede contarse a través de sus sonrisas. Para quienes cada día se enfrentan al reto de preservarlas, este libro será más que una simple historia de su profesión. Será un recordatorio de que forman parte de un noble linaje que se remonta a los albores de la civilización, una estirpe de sanadores que ha evolucionado desde los primitivos sacamuelas hasta los sofisticados odontólogos actuales. Cada instrumento moderno, cada depurada técnica, cada avance tecnológico que hoy damos por sentado tiene detrás una historia de ingenio, valentía y dedicación que merece ser contada. Y nadie mejor que José Ramón Alonso para hacerlo, pues su capacidad para entretejer ciencia y narrativa, demostrada ya en sus anteriores obras sobre el cerebro, alcanza aquí nuevas cotas de excelencia, revelando que la historia de la odontología es, también, el reflejo de nuestra evolución como especie.

ANTONIO CUESTA

PRESENTACIÓN

Nuestros dientes son las partes más duraderas de nosotros mismos. En Atapuerca encontramos dientes, en los yacimientos donde vivieron los denisovanos y los neandertales recuperamos dientes, las momias egipcias nos muestran sus dientes desgastados y sus enfermedades bucodentales, pero además los dientes nos cuentan una historia, quiénes eran sus propietarios, qué comían, cómo era su salud y cómo intentaban recuperarla. Los dientes han servido también como herramientas, trofeos de caza, adornos, amuletos y joyas. Cuando ya no quede de nosotros ni el recuerdo, es posible que todavía subsistan nuestros dientes y muelas, las prótesis dentales y el registro odontológico de las intervenciones que hemos tenido. Al final, una historia de nuestra vida.

Los dientes son quizá unas de las partes más humildes del cuerpo humano, pero también de las más reveladoras. La historia de la Odontología ha sido una de sufrimiento y dolor. Los tratamientos incluían desde tomar arsénico a hacer gárgaras con orina, de usar prótesis fabricadas con colmillos de morsa a otras con muelles y pernos que permitieran una apertura o cierre más sencillos. Durante siglos el tratamiento de un dolor de muelas incluía sangrar, pinchar o cauterizar la boca del sufrido paciente, pero es también una historia fascinante del progreso de la ciencia, del avance de la humanidad, de la lucha contra el sufrimiento, de acorralar la enfermedad y celebrar y disfrutar una vida saludable. No hay imagen más patente de la felicidad que una sonrisa que muestra una bonita dentadura.

Etruscos, griegos y romanos trataron la boca y fabricaron las primeras prótesis y fueron sustituidos por barberos-cirujanos que aprendían por ensayo y error. A eso le siguieron especialistas cada vez más formados y al tanto de los últimos avances. La trayectoria que va desde esos sacamuelas recogidos en los cuadros de artistas flamencos del Museo del

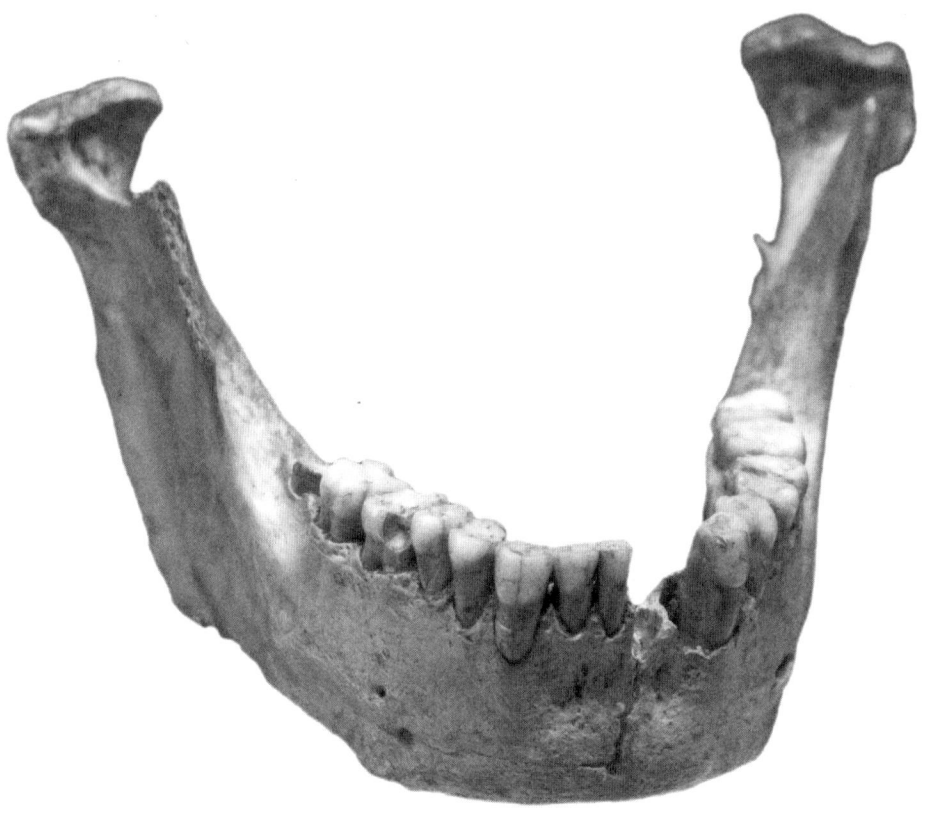

Esta mandíbula pertenece a uno de los restos neandertales más destacados hallados en la península ibérica, descubiertos en la Cueva del Boquete de Zafarraya por Cecilio Barroso en Alcaucín, Málaga. El yacimiento, fechado en torno al 32 000 a. C., ha revelado vestigios de al menos 9 individuos, aunque podrían ser hasta 15, cuyos huesos se encontraron fragmentados, dispersos y mezclados con herramientas de piedra y restos de fauna. Entre las piezas más relevantes se encuentra la denominada «mandíbula Zafarraya 2», perteneciente a una mujer de entre 20 y 30 años. Con trece de sus dieciséis dientes aún intactos y una conservación excepcional, esta mandíbula se cuenta entre las mejores preservadas de Europa, lo que la convierte en una fuente clave para el estudio de la anatomía y el modo de vida de los neandertales. Su localización cerca de la entrada de la cueva, junto a indicios de fuego y huesos fracturados con marcas de herramientas líticas, ha llevado a plantear hipótesis sobre posibles prácticas de consumo ritual o canibalismo entre estos grupos humanos [AlyoshinE].

Prado a las clínicas actuales es también una historia de la ciencia y la tecnología, de cómo hemos conseguido ir eliminando la superstición, la ignorancia, el engaño para hacer un abordaje científico, empático y que ha conseguido evitar en gran medida el dolor y el sufrimiento. Nunca, o al menos nunca desde el Paleolítico, ha sido tan buena la salud bucodental como ahora. Nunca los odontólogos han sido tan bien considerados como en la actualidad y tratados con respeto y admiración, nunca hasta hoy ha habido un compromiso personal y social tan importante con la salud de nuestra boca. Aun así, necesitamos educar, prevenir, llegar a las poblaciones más desfavorecidas, pues «adaptando» el famoso adagio latino: *sanus os in corpore sano* (una boca sana en un cuerpo sano).

Conocer la historia de los dientes y la odontología es recorrer un largo camino en el que hemos pasado de la superstición a la ciencia más avanzada, de los remedios milagrosos a una odontología basada en la evidencia, de charlatanes y sacamuelas a científicos y profesionales especializados dotados con la última tecnología. Es algo importante para los propios odontólogos: el Dr. Ben Robinson fundador de la American Academy of the History of Dentistry afirmaba: «*la profesión dental seguirá hundiéndose, perpetuando sus errores y fracasando en su verdadero propósito mientras carezca de una comprensión inteligente de sus antecedentes históricos*». No es una idea nueva, el gran orador romano Cicerón decía «*No saber lo que se ha hecho en otros tiempos es continuar siendo siempre un niño. Si no se aprovechan los trabajos de los tiempos pasados, el mundo permanecerá en la infancia del conocimiento*». Conocer la historia no solo nos ayuda a entender el presente y a anticipar el futuro, es algo que puede ser ameno y divertido, incluso cuando implica, como en este libro, una larga visita al dentista.

ODONTOLOGÍA

La odontología es una de las profesiones más antiguas, aunque otras se lleven la fama, y está dedicada al conocimiento, cuidado y tratamiento de los dientes, las encías y la boca. Incluye el estudio, el diagnóstico, la prevención, el manejo y el tratamiento de las enfermedades bucodentales y el desarrollo y la disposición de los dientes, así como de la mucosa oral.

The London dentist. Esta escena, atribuida a Robert Dighton (c. 1784), muestra a un dentista londinense extrayendo un diente a una mujer. La expresión de dolor de la paciente y la preocupación de su acompañante reflejan la crudeza de los tratamientos dentales, realizados sin anestesia. A la derecha, el asistente del dentista, un joven de origen africano, subraya la diversidad social y las jerarquías de la Inglaterra del XVIII. Las extracciones, a menudo realizadas en lugares públicos, combinaban necesidad práctica con un cierto espectáculo para atraer clientes [Library of Congress].

Según la Organización Mundial de la Salud, las enfermedades bucodentales son un importante problema de salud pública debido a su elevada incidencia y prevalencia en todo el mundo y los desfavorecidos se ven especialmente afectados en su salud bucodental, mucho más que otros grupos socioeconómicos y más que en otros temas sanitarios.

La odontología fue la primera especialidad biosanitaria que, desde la medicina, pasó a desarrollar su propia titulación acreditada con sus propias especialidades. En muchos países engloba la especialidad médica de la estomatología (el estudio de la boca y sus trastornos y enfermedades), en otros lugares ya desaparecida, por lo que los dos términos se utilizan indistintamente en algunas regiones y países. Sin embargo, algunas especialidades como la cirugía oral y maxilofacial, incluida la reconstrucción facial, pueden requerir el título de médico o el de odontólogo según su actuación.

La odontología tiene una larga historia, anterior incluso al registro histórico. Distintas excavaciones han permitido detectar intervenciones en los dientes anteriores a los documentos escritos. El tratamiento de los problemas dentales no es exclusivo de *Homo sapiens*, y la especie más cercana a nosotros, los neandertales, intentaban mejorar su salud dental, pues era ya un tema clave en su bienestar. Y así ha sido siempre, el propio Miguel de Cervantes decía: «En mucho más se ha de estimar un diente que un diamante».

Aunque los dientes son tan resistentes, no son ni mucho menos indestructibles y los cambios en las costumbres, como la generalización del consumo de azúcar, amplió los problemas dentales en los siglos XVII y XVIII. La ignorancia sobre la causa de las enfermedades, las malas condiciones higiénicas, y una odontología que era prácticamente charlatanería y que todavía no había desarrollado su base científica, hizo de las enfermedades dentales uno de los problemas sanitarios más generalizados. Un registro de fallecimientos de la ciudad de Londres indica que en la semana iniciada el 15 de agosto de 1665, 111 personas sucumbieron de problemas relacionados con los dientes.

Es un camino sin acabar en el que sigue habiendo avances y controversias. A comienzos de 2023 hubo un intenso debate sobre los AGGA (aparatos de guía del crecimiento anterior) unas prótesis que supuestamente corregían la mordida desalineada y mejoraban la respiración sin cirugía. Más de diez mil pacientes se colocaron este dispositivo, pero parte de ellos terminaron poniendo demandas por los supuestos daños en dientes, mandíbulas y encías. En la mayoría de las demandas no se acusaba a los dentistas

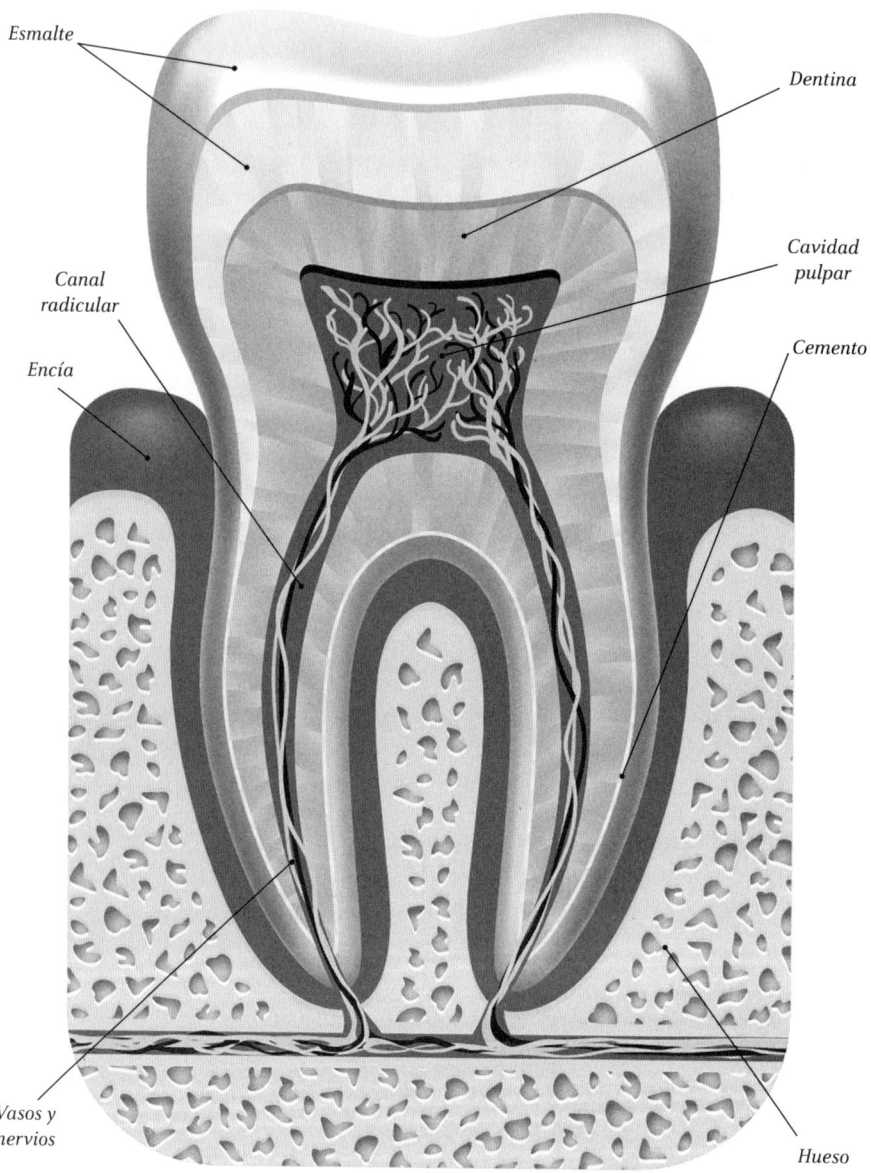

Esmalte

Dentina

Canal
radicular

Cavidad
pulpar

Encía

Cemento

Vasos y
nervios

Hueso

Corte anatómico que muestra las principales estructuras de un diente y los tejidos que lo rodean. En la parte externa se encuentra el *esmalte*, la sustancia más dura del cuerpo humano, que protege la corona del diente. Por debajo, la *dentina* constituye el núcleo del diente y da soporte al esmalte. En el centro está la *cavidad pulpar*, que contiene nervios y vasos sanguíneos vitales para la sensibilidad y nutrición dental. En la base del diente, el *canal radicular* se extiende hacia el *hueso*, protegido por el *cemento*, que fija la raíz al hueso alveolar mediante el ligamento periodontal. Los huesos alveolares sostienen la estructura dental, mientras que las encías rodean la base del diente y proporcionan una barrera contra infecciones. Este esquema ilustra cómo estas estructuras trabajan juntas para garantizar la funcionalidad y salud del diente [Net Vector].

que instalaron el dispositivo, sino al inventor del AGGA, el Dr. Steve Galella, a su fabricante el Facial Beauty Institute, y a las empresas que enseñaban a los dentistas a utilizarlo, alegando que se benefician de afirmaciones falsas sobre un dispositivo que, según las demandas, no funcionaba ni podía funcionar y que generaba graves daños. Los acusados han negado ante los tribunales su responsabilidad y han alegado que los demandantes fueron debidamente advertidos de las posibles complicaciones del dispositivo, como la «pérdida de dientes». Su uso se redujo drásticamente.

La salud dental es un tema clave de la sociedad actual (además de una industria billonaria). Hay mejoras constantes en los procedimientos de prevención y restauración, con nuevos avances y técnicas que surgen de manera continua. El uso de vacunas, células madre, edición genética y nuevos materiales abrirá probablemente nuevos campos de actividad para los odontólogos y hará que parte de los procedimientos y materiales actuales queden obsoletos. Es el resultado de una disciplina, la odontología, que se ha convertido en un pilar de la ciencia biomédica moderna.

LOS DIENTES

Un diente es una estructura anatómica calcificada, compuesta de diferentes tejidos que difieren en su densidad y su dureza, que se localiza en la cavidad oral de la mayor parte de las especies de vertebrados y que tiene como principal función la prensión del alimento.

El ser humano dispone a lo largo de su existencia de dos juegos de dientes, que aparecen en distintos periodos de la vida. Los dientes temporales, deciduos o de leche son veinte en total (cuatro incisivos, dos caninos y cuatro molares, diez en cada mandíbula) y aparecen entre los seis y los veinticuatro meses. Surgen en aproximadamente el siguiente orden: incisivos centrales superiores e inferiores (5-12 meses), incisivos laterales (9-16 meses), primeros molares (13-19 meses), caninos (16-23 meses) y segundos molares (23-33 meses). Aproximadamente 1 de cada 2000 bebés nace con dientes «natales», que suelen erupcionar en las encías inferiores y suelen tener raíces débiles. A veces se extraen para evitar problemas con la lactancia.

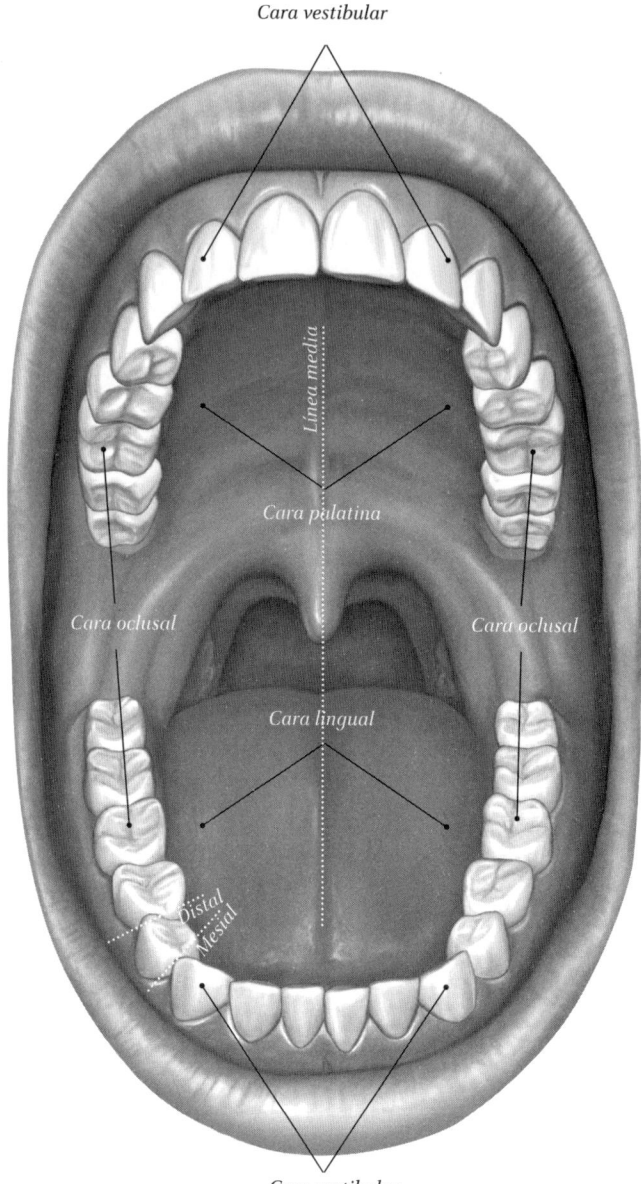

Cara vestibular

Línea media

Cara palatina

Cara oclusal

Cara oclusal

Cara lingual

Distal

Mesial

Cara vestibular

Los dientes tienen varias caras, cada una con una función específica. La cara *oclusal* es la superficie superior que realiza la masticación, amplia en molares y premolares, con cúspides y fosas, mientras que en los caninos es puntiaguda. La cara *mesial* es la lateral más cercana a una línea media imaginaria que divide la dentadura, y la *distal* es la lateral opuesta, más alejada de esta línea. La cara *vestibular* es la externa, visible al sonreír, orientada hacia el vestíbulo bucal. Finalmente, la cara *lingual*, en los dientes inferiores, mira hacia la lengua, mientras que en los superiores se denomina palatina por su orientación hacia el paladar [Andrea Danti].

Los dientes permanentes son 32, dieciséis en cada mandíbula (cuatro incisivos, dos caninos, cuatro premolares y seis molares) y aparecen entre los seis y los veinticuatro años. Los dientes de mamíferos tienen una estructura básica común: una corona de esmalte vítreo que sobresale de las encías y que proporciona una superficie dura para cortar y machacar y unas raíces que anclan el diente en la mandíbula. En la parte intermedia, el interior de la corona, hay un material diferente, la dentina y en dentro de ella y continuando por las raíces hay una cavidad de pulpa blanda. Cada diente se mantiene en su alveolo por el cemento y un ligamento periodontal fibroso y fuerte.

Morfología del diente

Los dientes tienen cinco caras que reciben nombres específicos:

1. OCLUSAL. Es la cara que se ve cuando miramos dentro de la boca, la que hace la principal labor de masticación. En las muelas y premolares tiene una superficie amplia, con elevaciones y partes más bajas, mientras que los caninos apenas tienen superficie oclusal, pues son puntiagudos.
2. MESIAL. Si trazamos una línea imaginaria desde los dientes centrales hasta el fondo de la boca, la cara mesial es la cara lateral del diente que se encuentra más cercana a esa línea imaginaria.
3. DISTAL. Es la cara opuesta a la mesial, la cara lateral del diente más alejada de la línea media imaginaria.
4. VESTIBULAR. Es la cara externa de los dientes, aquella que mira hacia la apertura de la boca o vestíbulo. Es la que se ve cuando sonreímos.
5. LINGUAL Y PALATINA. Es la cara interna de los dientes. Se llama lingual en los dientes inferiores y palatina en los superiores.

La masa principal del diente está formada por dentina, un tejido que presenta alrededor de un 20 % de matriz orgánica, principalmente colágeno, con algo de elastina y una pequeña cantidad de mucopolisacárido y una fracción inorgánica formada principalmente por hidroxiapatita, con algo de carbonato, magnesio y flúor. Antiguamente se denominaba *substantia eburnea* (del latín «*ebur*» que significa «marfil»). Su estructura se parece a la del hueso, pero es más densa y no contiene células ni vasos sanguíneos, aunque es recorrida por las expansiones de las células de la cavidad pulpar del diente, los odontoblastos. El marfil del colmillo de elefante es dentina.

Las mandíbulas están cubiertas por una capa carnosa que se denomina encía o gíngiva, que contacta con el diente en el comienzo de la raíz, una región conocida como cuello. La parte del diente que sobresale de la encía es la corona, que tiene un fino recubrimiento de esmalte. Los dientes humanos son muy resistentes. Pueden soportar dietas abrasivas, años de rechinamiento involuntario y golpes al hacer deporte o ejercicio. Todo ello sin que se agrieten, se rompan o se desprendan. Para ello, la dentina está recubierta de otro tejido que se conoce como esmalte, la sustancia más dura del cuerpo. Está formado por hidroxiapatita de gran pureza, que limita con el medio bucal en la superficie externa, y con la dentina subyacente en su superficie interna.

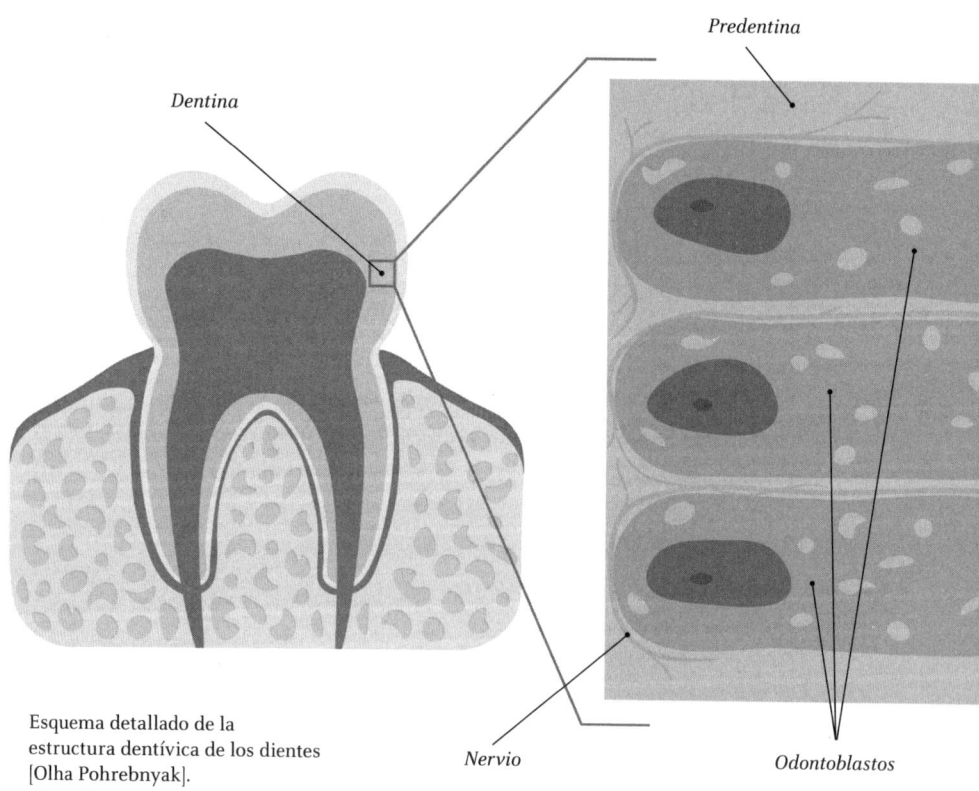

Predentina

Dentina

Nervio

Odontoblastos

Esquema detallado de la estructura dentívica de los dientes [Olha Pohrebnyak].

La superficie oclusal de un diente puede presentar abultamientos llamados cúspides. Las cúspides de un diente encajan en las depresiones del diente opuesto. La presencia o ausencia de cúspides, su número y forma, son características de los distintos tipos de dientes y proporcionan información sobre dieta, evolución y otros aspectos. El esmalte tiene su mayor espesor en las cúspides, con un grosor máximo de entre 2 y 2,5 mm en las piezas anteriores y hasta 3 mm en las piezas posteriores. El esmalte maduro no es un tejido vivo, por lo que los dientes son de los pocos órganos del cuerpo humano que no pueden repararse a sí mismos.

La cámara pulpar contiene vasos sanguíneos y nervios, que sirven como soporte vital de la dentición. Los vasos sanguíneos pasan de la mandíbula al diente a través de una perforación en el extremo de la raíz que se conoce como foramen apical. Son ramificaciones de arterias y venas que llevan oxígeno y nutrientes al diente y extraen CO_2 y residuos.

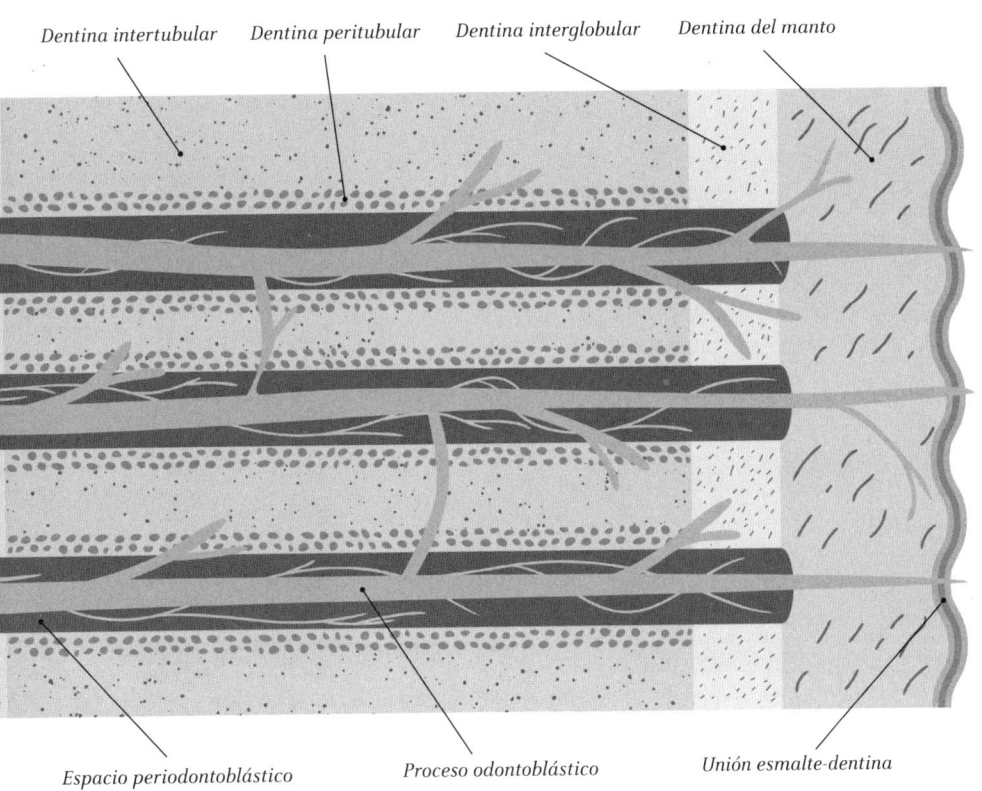

Dentina intertubular   *Dentina peritubular*   *Dentina interglobular*   *Dentina del manto*

Espacio periodontoblástico   *Proceso odontoblástico*   *Unión esmalte-dentina*

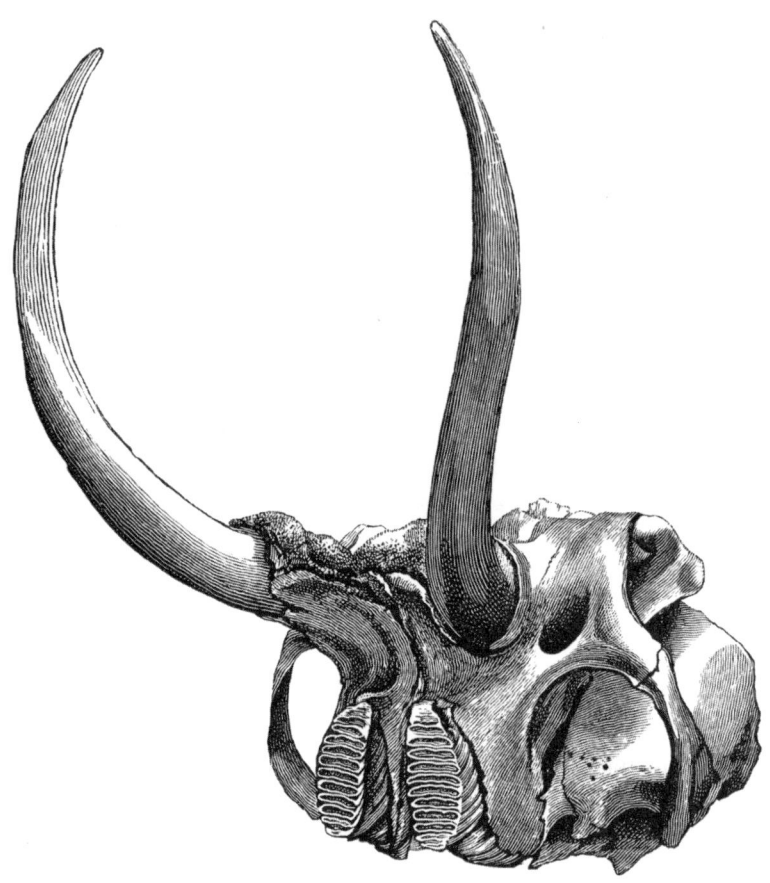

Ilustración del libro *The great and small game of India, Burma, & Tibet*, de Lydekker, Richard, (1849-1915). El cráneo de un elefante asiático, sin la mandíbula inferior, revela detalles fascinantes de su anatomía dental. Destacan los colmillos, compuestos por dentina, que son incisivos modificados y pueden alcanzar longitudes considerables, utilizados tanto para cavar como para la defensa. Se observan los molares, piezas de gran tamaño que realizan el trabajo de triturar grandes volúmenes de vegetación fibrosa. A lo largo de su vida, los elefantes reemplazan sus molares de manera secuencial, con hasta seis juegos que se deslizan hacia adelante a medida que se desgastan. Esta adaptación es clave para su longevidad, ya que la pérdida funcional de los molares puede llevar a una disminución en su capacidad de alimentación. El cráneo también muestra parte de los amplios senos frontales, característicos de los elefantes, que contribuyen a reducir el peso de su enorme cabeza sin comprometer su resistencia.

Streptococcus mutans, observado en una tinción de Gram y cultivado en tioglicolato, presenta una morfología característica en forma de cadenas de bacilos alargados. Este microorganismo, perteneciente al grupo de los estreptococos, es un agente clave en la formación de caries dentales debido a su capacidad para metabolizar azúcares y producir ácidos que desmineralizan el esmalte dental. Además, puede ser un patógeno oportunista, asociado con infecciones sistémicas como la endocarditis bacteriana subaguda cuando logra acceder al torrente sanguíneo, generalmente a través de lesiones en la mucosa oral. Su capacidad de adhesión y formación de biopelículas en el ambiente oral resalta su importancia en la salud dental y general [Centers for Disease Control and Prevention's Public Health Image Library]. ▶

Los nervios pulpares proporcionan información, nos dicen si algo está demasiado caliente o frío, si estamos mordiendo algo duro o blando y esta retroalimentación nos permite modular la fuerza aplicada en la masticación. Masticar es una compleja coordinación de actividad sensorial y muscular que depende del conocimiento de lo que vamos a procesar y de dónde está. Los dientes tienen una superficie reducida en comparación con el tamaño de la boca y, sin embargo, el alimento acaba exactamente donde tiene que ir gracias sobre todo a la lengua.

La pulpa tiene otras funciones: inductora, inicia la formación del diente; formativa, genera la dentina que protege la pulpa; protectora, responde al calor, al frío, a la presión y a los procedimientos de masticación; nutritiva, transporta oxígeno y nutrientes al diente en desarrollo y maduro; y reparadora, responde a las caries y forma dentina reconstructora.

Los nervios de la pulpa son los responsables del dolor de muelas. Cuando un dentista realiza un empaste sin la ayuda de un anestésico, los túbulos de la dentina son estimulados y el paciente experimenta un 5-6 en la escala del dolor. Si el dolor experimentado durante un empaste en la dentina tiene una clasificación tan alta, la exposición de la cámara pulpar es para muchas personas casi insoportable y se sitúa entre 9 y 10 en la escala de dolor. Sin embargo, cuando una persona envejece, la cámara pulpar se encoge y se vuelve menos sensible. Por tanto, los pacientes más jóvenes experimentan más dolor debido a la presencia de una cámara pulpar más grande y con una inervación más desarrollada.

La cavidad bucal es una zona en la que las bacterias pueden introducirse fácilmente, y se reproducen a tasas alarmantes. El microorganismo más común en la cavidad oral es *Streptococcus mutans*, un anaerobio facultativo Gram positivo implicado en la caries. Esta bacteria se adhiere a los dientes y al alimentarse de los glúcidos que se encuentran en la boca produce ácidos que pueden provocar daño en el diente y disolver parte del componente mineral. A medida que avanza la enfermedad periodontal, la comunidad bacteriana cambia y si no se trata, a menudo se pierden dientes.

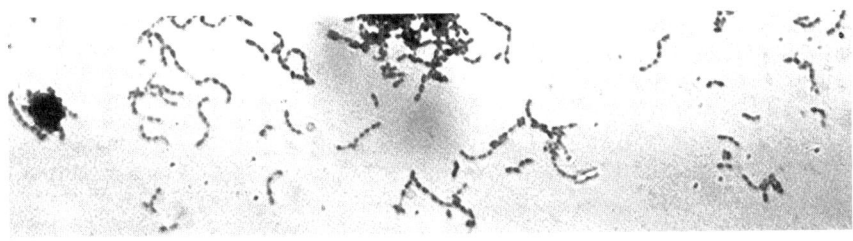

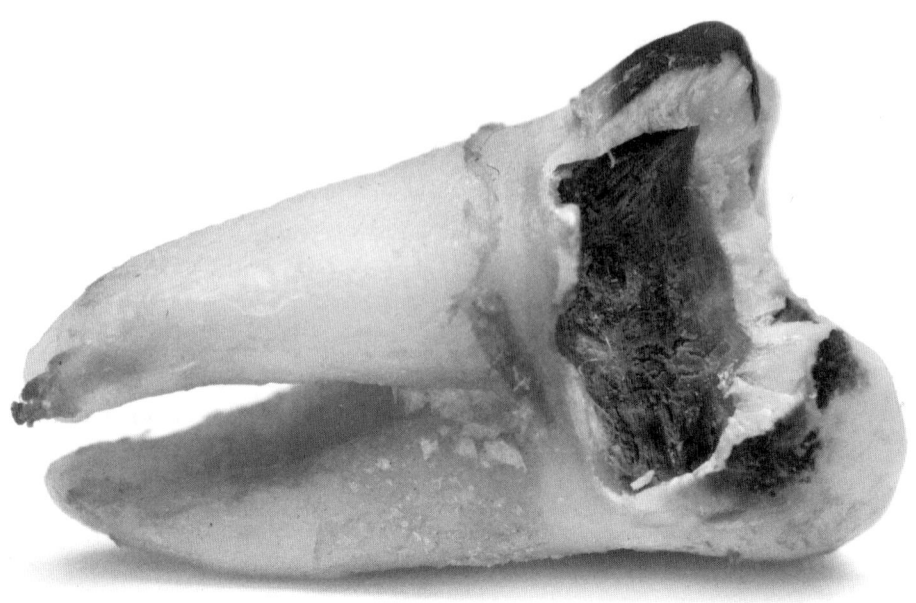

Este molar humano muestra un avanzado estado de destrucción causado por la caries dental. La caries, originada por la acción de bacterias como *S. mutans*, provoca la desmineralización progresiva del esmalte y la dentina debido a la producción de ácidos durante el metabolismo de azúcares. Si no se trata, el proceso carioso puede alcanzar la pulpa, causando inflamación (pulpitis) y dolor intenso, y eventualmente comprometer la raíz del diente o propagarse al tejido circundante. Este caso ilustra la importancia de la prevención, como el cepillado regular y la reducción del consumo de azúcares, para evitar daños irreversibles en la estructura dental [к.z.w.w.].

Los dientes proporcionan información sobre algunos aspectos de la vida de su propietario. Los periquimatias (plural griego de περικύμα, *perikyma*) son líneas de crecimiento incremental que aparecen en la superficie del esmalte dental como una serie de surcos lineales y representan grupos de prismas de hidroxiapatita superpuestos en el interior del esmalte. Están presentes en todos los dientes, pero suelen ser más fáciles de observar en los dientes anteriores (incisivos y caninos) y cada una tarda aproximadamente entre 6 y 12 días en formarse. Por tanto, el recuento de periquimatias puede utilizarse para evaluar cuánto tardó en formarse la corona de un diente y puesto que se depositan a intervalos regulares, si el espaciado cambia, puede indicar períodos de estrés o malnutrición, o la influencia de algunas enfermedades como la sífilis congénita. Su desgaste también proporciona una señal del tiempo pasado desde la aparición del diente, por lo que es uno de los registros de nuestro devenir vital.

Al comparar los dientes de los humanos contemporáneos con aquellos de los grandes simios y los homininos fósiles, los paleoantropólogos han aprendido sobre las relaciones de nuestro árbol evolutivo. La aparición del género *Homo*, por ejemplo, con sus pequeños molares puede interpretarse como la transición desde el ramoneo mayoritariamente herbívoro de los grandes simios hacia una dieta omnívora rica en carne que va ligada a la caza de resistencia, herir a una presa en un ataque por sorpresa y luego perseguirla a la carrera hasta que termina exhausta. Los dientes de yacimientos más recientes, del Neolítico, también han permitido documentar el siguiente gran salto, pasar de ser cazadores-recolectores nómadas a un estilo de vida ligado a la agricultura y el pastoreo, más sedentario. El importante cambio que supuso la revolución neolítica fue la peor noticia para nuestra salud bucal: la abundancia de harinas en la dieta y de la abrasión causada por los restos minerales presentes en la molienda generó un evidente aumento de los problemas dentales con un aumento de las caries. Duele ver esos dientes con la pulpa expuesta y pensar el dolor que debieron sufrir nuestros ancestros.

Los dientes también han servido para conocer las condiciones de vida de poblaciones más modernas. El esmalte, la dentina y el cemento muestras ritmos de secreción que duran de ocho horas a un año. Los ritmos más cortos (horario, diario y semanal) empiezan en el esmalte y la dentina antes del nacimiento y continúan a través de la infancia, mientras que los ritmos estacionales y anuales en el cemento aparecen cuando el diente emerge en la boca y durante la vida adulta.

Estas líneas de crecimiento permiten determinar si hay malnutrición o alteraciones relacionadas con enfermedades durante el crecimiento. Una de la más clara es la hipoplasia donde el esmalte falta o es deficiente, lo que deja pequeñas fosas o indentaciones en forma de anillo alrededor de la circunferencia del diente. Se han visto hipoplasias en dientes prehistóricos y también en poblaciones discriminadas recientes. Un ejemplo son los esclavos, cuya salud era comparable a la de las poblaciones más pobres analizadas y cuya mortandad era el doble de la observada en la población libre del mismo país y la misma época. Aquellos que sobrevivían la infancia a menudo tenían enfermedades infecciosas como la tuberculosis o la sífilis congénita. Esta última, contagiada de la madre al bebé, puede diagnosticarse por los llamados molares en mora, con numerosas cúspides redondeadas y rudimentarias y por los dientes de Hutchinson (dientes más pequeños y más separados, incisivos ligeramente dentados y con forma de barril).

Las alteraciones dentales se han usado para diagnosticar otras enfermedades congénitas. La anemia falciforme es más común en poblaciones africanas y los eritrocitos mutantes dificultan el flujo sanguíneo de entrada y salida de los dientes, lo que lleva a la muerte de la pulpa dental y al final a la pérdida del diente.

La dentina es producida por los odontoblastos, unas células pulpares muy diferenciadas, difíciles de cultivar en el laboratorio. Los odontoblastos son células columnares de gran tamaño, cuyos cuerpos celulares se disponen a lo largo de la interfase entre la dentina y la pulpa, desde la corona hasta el ápice radicular en un diente maduro. La célula es rica en retículo endoplásmico y complejo de Golgi, especialmente durante la formación de la dentina primaria, lo que le permite tener una gran capacidad secretora; primero forma la matriz colágena para formar la predentina, y después deposita los minerales para formar la dentina madura.

El esmalte es fabricado por otro tipo celular, los ameloblastos, que solo están presentes durante el desarrollo del diente. Cada ameloblasto es una célula columnar de aproximadamente 4 micrómetros de diámetro, 40 micrómetros de altura y una sección transversal hexagonal. El extremo secretor del ameloblasto termina en una proyección piramidal de seis lados conocida como apófisis de Tomes. La angulación del proceso de Tomes va a determinar la orientación de las barras de esmalte, la unidad estructural del esmalte dental.

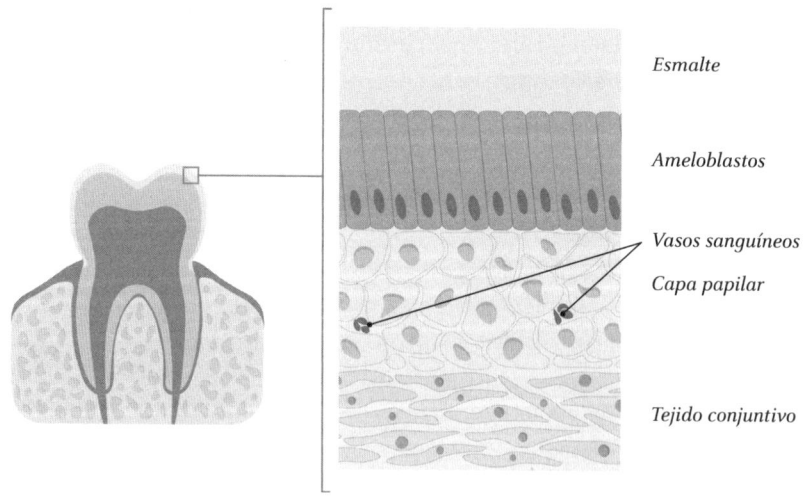

Esmalte

Ameloblastos

Vasos sanguíneos

Capa papilar

Tejido conjuntivo

Esquema detallado del esmalte dental en la fase de maduración, los ameloblastos modifican su actividad para mineralizar la matriz, incrementando la concentración de hidroxiapatita, lo que da al esmalte su dureza característica. Esta representación destaca los procesos dinámicos y complejos que aseguran la formación del tejido más duro del cuerpo humano [Olha Pohrebnyak].

Los ameloblastos son sensibles a su entorno. Un ejemplo común es la línea neonatal, una pronunciada línea incremental de Retzius que se encuentra en los dientes primarios y en las cúspides más grandes de los primeros molares permanentes, y que representa una interrupción en la producción de esmalte cuando la persona nace. Las fiebres altas en la infancia también son un ejemplo de factores estresantes corporales que causan interrupciones en la producción de esmalte.

La capa de esmalte que cubre los dientes de leche es relativamente más fina que la de los dientes definitivos. Aunque eso puede hacer que parezcan más blancos que sus pares adultos, también explica por qué son más susceptibles a las caries para disgusto de muchos padres. Aunque no las veamos, los dientes de leche también poseen raíces. La explicación de que no las veamos cuando se cae un diente de leche es porque se van a disolver y reabsorber y el sistema circulatorio aprovechará ese calcio y fósforo. No sucede algo similar en los dientes adultos.

La caída de los dientes de leche está medida por unas células enormes llamadas odontoclastos, que se encargan de la reabsorción del tejido dentario y se generan por la fusión de varios macrófagos, unas células fagocíticas que se encargan de proteger al cuerpo y de eliminar patógenos como las bacterias. Los odontoclastos, que se distinguen bien por su gran tamaño y la presencia de varios núcleos en su interior, secretan enzimas y ácidos que disuelven el tejido mineralizado. Si se activan fuera de las raíces de los dientes deciduos, pueden disolver ligeramente el hueso y el diente se afloja. En condiciones normales ayudan a que sea más fácil reemplazar el diente de leche por el diente adulto que está creciendo debajo de él.

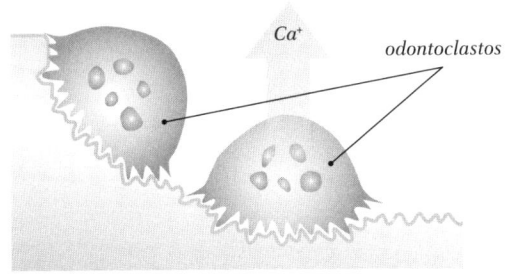

Los odontoclastos son células multinucleadas especializadas responsables de la resorción de tejidos dentales mineralizados, como la dentina, el cemento radicular e incluso el esmalte en algunos casos. Su actividad es crucial durante procesos fisiológicos como la exfoliación de los dientes deciduos (de leche), donde contribuyen a la reabsorción de las raíces para permitir la erupción de los dientes permanentes.

Visión ventral y lateral del cráneo, junto con la vista lateral de la mandíbula, de una hembra adulta de *Priodontes maximus* (armadillo gigante), perteneciente a la colección de vertebrados de la Universidad Estatal de Oklahoma (OSU 10455). Este ejemplar fue capturado en libertad el 12 de diciembre de 1970 en una ubicación no especificada de Sudamérica y falleció tras 6 años, 1 mes y 19 días en cautiverio en el zoológico de Oklahoma City. La detallada conservación de este cráneo permite un estudio anatómico preciso de una de las especies de armadillos más grandes y enigmáticas del mundo.

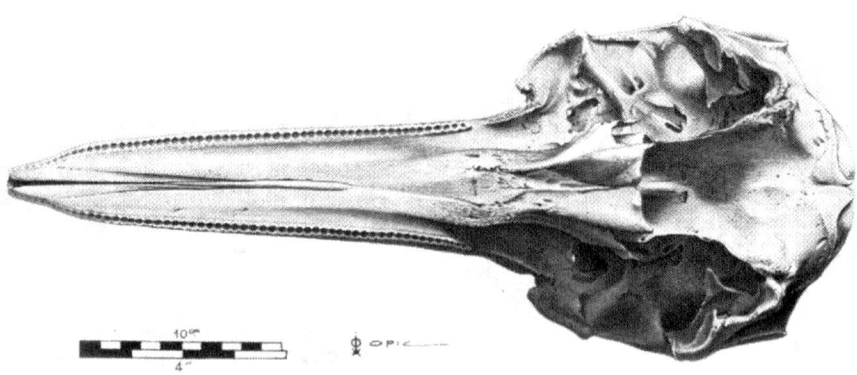

Vista ventral del cráneo de *Stenella longirostris* (Gray, 1828), un delfín conocido por su hocico alargado y estrecho. La imagen destaca las características distintivas del género, como el rostrum delgado con múltiples alvéolos dentarios y las débiles ranuras palatinas. Este espécimen, proveniente de la región del Atlántico oriental, mide aproximadamente 414 mm de longitud total del cráneo y presenta estructuras asociadas a su capacidad de ecolocalización, incluyendo un complejo sistema nasal [Institute of Taxonomic Zoology. Zoological Museum. University of Amsterdam].

Número de dientes

En los mamíferos terrestres el animal con más dientes es el armadillo gigante (*Priodontes maximus*) que tiene 74, mientras que si incluimos a los mamíferos acuáticos, el récord lo tiene el delfín acróbata de hocico largo (*Stenella longirostris*) que tiene 260 dientes puntiagudos. Si ampliamos a todos los vertebrados, los ganadores son claramente los peces óseos que en algunas especies tienen dientes no solo en las mandíbulas sino también en la lengua, en los arcos branquiales y tapizando la cavidad oral. La especie con más dientes parece que es el bacalao alargado (*Ophiodon elongatus*) que tiene unos 550.

Además de las mandíbulas normales, muchas especies de peces óseos tienen mandíbulas faríngeas, formadas a partir de los arcos branquiales y que también llevan dientes faríngeos con distinta forma y número. La función de estos dientes faríngeos es triturar la comida antes de que pase al esófago y al estómago. Hay peces, como los carpines dorados (*Carassius auratus*) que solo tienen dientes faríngeos, mientras que otros como el bacalao alargado o la morena tienen dientes tanto en las mandíbulas orales como en las faríngeas. En esta última especie, mientras que los dientes de las mandíbulas orales sujetan la presa, los de la mandíbula faríngea la van troceando y tragando los trozos. Se cree que es una adaptación a las limitaciones que tiene un cuerpo serpentiforme como el de las morenas y que vive en espacios angostos.

Evolución de los dientes

La conservación de los dientes en el registro fósil hace que estos pequeños órganos sean esenciales para el trabajo de paleontólogos, antropólogos y biólogos evolutivos. Mientras que la mayor parte de los tejidos blandos desaparecen con rapidez, los dientes aguantan mejor el paso del tiempo y pueden llegar a sobrevivir, como fósiles, durante cientos de millones de años. Una vez que el diente es enterrado, deja de sufrir los efectos de la erosión y el desgaste. El agua entra lentamente a través de poros microscópicos en el esmalte. En función del terreno, esta agua suele llevar disuelta silicatos o calcita. Lentamente, estas sustancias van pasando a los canales de la dentina y terminan por cristalizar y mineralizar el tejido, haciendo que los dientes fósiles sean incluso más duros que

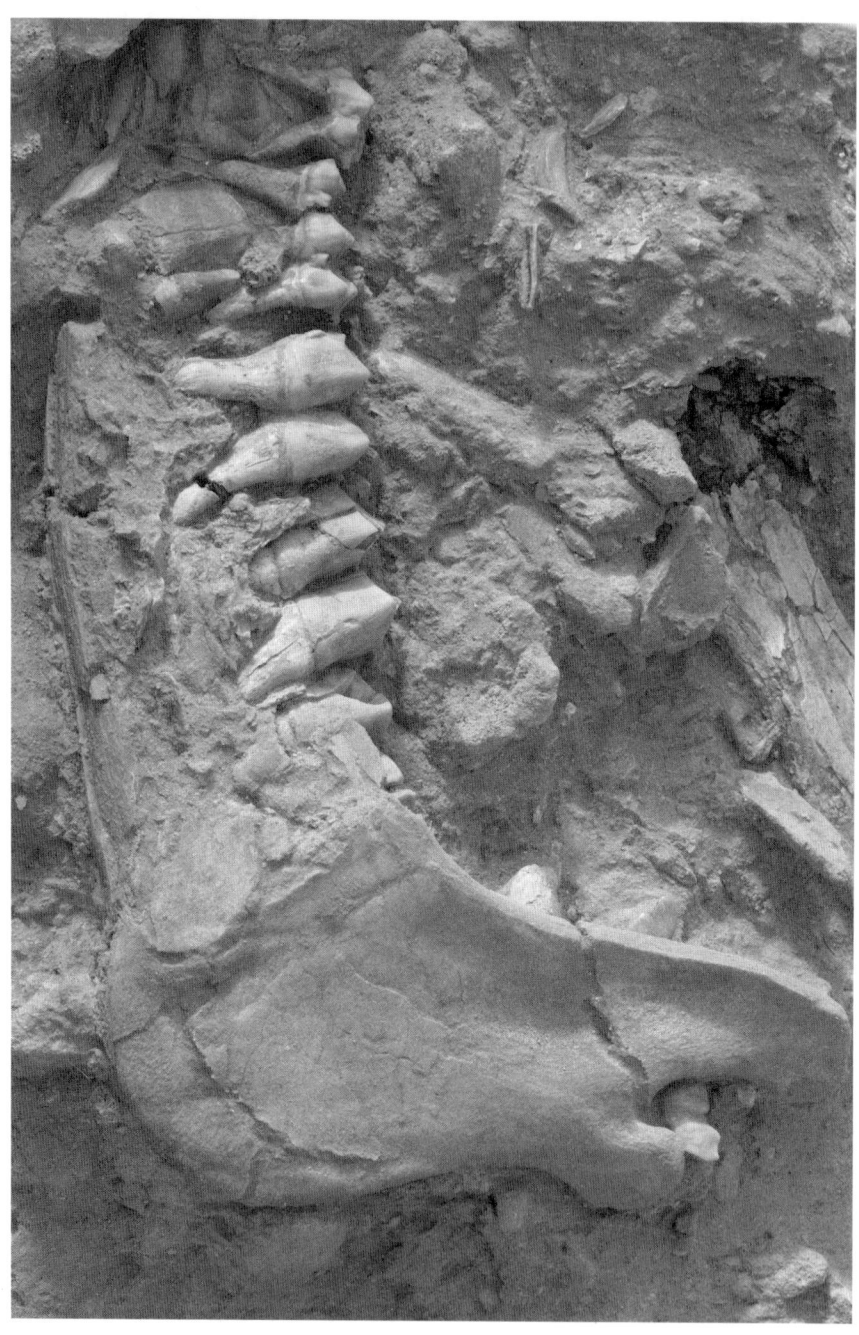

Mandíbula fósil de un sivatherium de hace unos de cinco millones de
años, Parque Fósil de la Costa Oeste, Sudáfrica [Eco Print].

los dientes de los animales vivos. Todo eso hace que los dientes sean los fósiles de vertebrados más abundantes que existen.

La formación de una cabeza con mandíbulas complejas y órganos sensoriales conectados en red fue una innovación fundamental en la evolución de los vertebrados, que permitió el cambio a un estilo de vida depredador activo. Los primeros vertebrados fueron peces sin mandíbulas (agnatos); los gnatostomados, con mandíbulas, surgieron más tarde y han tenido más éxito evolutivo. Un acontecimiento importante en la evolución de la cabeza fue la aparición de la dentición especializada, algo que sucedió hace unos 500 millones de años. Para poder agarrar y triturar los alimentos, los dientes deben tener la dureza adecuada, una forma apropiada y estar bien anclados. El número, la forma y el tamaño de los dientes varían enormemente de una especie a otra, debido a la selección natural en respuesta a las presiones ambientales que ejercen los distintos tipos de alimentos y los diferentes nichos ecológicos. Los dientes sufrieron numerosas remodelaciones para adaptarse a distintos tipos de hábitats y favorecer la supervivencia de las especies.

Los primeros vertebrados eran probablemente animales filtradores, sin dientes ni mandíbulas, que tomaban pequeñas partículas del agua al mismo tiempo que nadaban. Las especies actuales de peces sin mandíbulas como las lampreas y mixinos desarrollaron pequeñas estructuras cónicas llamadas dentículos. Están compuestos fundamentalmente de queratina, que es la proteína que forma las uñas, el pelo y las pezuñas.

No debemos pensar que aquellos vertebrados primitivos eran similares a las lampreas actuales. La mayoría de estas últimas son ectoparásitos, que aplican sus bocas redondeadas a la piel de otros peces. A continuación, con su lengua forrada de dentículos, raspan las escamas, la piel y el músculo para nutrirse del pez parasitado, de su sangre, músculo y otros fluidos corporales. Los mixinos son unas ochenta especies que se alimentan de cadáveres o animales moribundos en el fondo de los océanos. La alimentación empieza con la protrusión de dos estructuras carnosas que se parecen a los pétalos de una flor, cada una con dos filas de dentículos de queratina. Estos dentículos abren paso para que el mixino pueda incrustar la cabeza en el cuerpo que va a devorar. Después, mediante movimientos bruscos, haciendo palanca con la cola y sujetándose con los dentículos, consiguen con dificultad ir arrancando trozos de su presa. Se cree que los peces agnatos (sin mandíbulas) primitivos eran, por el contrario, filtradores que recogían partículas del agua en que vivían. Como vemos, los agnatos actuales utilizan dos estrategias alimenticias, ectoparasitismo y necrofagia, con las que apenas compiten con las especies con mandíbulas y dientes, cuya alimentación parece mucho más eficaz.

La evolución posterior se cree que fue a partir de estructuras óseas o cartilaginosas que se conocen como arcos branquiales. Aparecen en todos los vertebrados, aunque varían en su número y extensión. En los peces, los arcos de las agallas aparecen en parejas y con forma de bumerán y dan estructura a las agallas que son muy frágiles y con un aspecto que recuerda vagamente a las plumas. Se encuentran en la parte posterior de la cavidad bucal.

En los ancestros de los peces se cree que el arco branquial más rostral desapareció y los dos siguientes, el hioides y mandibular, sufrieron una drástica remodelación y se convirtieron en las mandíbulas. Los paleontólogos creen que inicialmente su función no era la alimentación, sino abrir y cerrar la boca y conseguir una mayor eficiencia en la respiración. Las mandíbulas evolucionaron con los dientes, y sufrieron una rápida diversificación que les permitió explorar y aprovechar diferentes hábitats acuáticos y distintos tipos de alimentos.

Los primeros registros fósiles claros de animales con verdaderos dientes corresponden a un grupo muy exitoso de peces acorazados conocidos como placodermos, que dominaron las aguas durante sesenta millones de años. Uno de ellos, un formidable predador llamado *Dunkleosteus,* tenía mandíbulas con bordes afilados, pero no se cree que esto fuera el origen de los dientes. Otros han propuesto como origen de los dientes a los odontodos, estructuras duras de la piel, diferentes a los dentículos de lampreas y mixinos.

Ilustración de *Dunkleosteus* (placodermo artródiro) [Warpaint].

En este punto es interesante recordar que hay dos tipos de formación de hueso: endocondral, que son moldes de cartílago que se van osificando al crecer el animal y es lo que sucede en nuestro fémur o húmero, y dermal, que se forman directamente junto a la piel y dan lugar, por ejemplo, al cráneo. La osificación dermal también forma las escamas de los peces y los odontodos, con lo que muchos científicos piensan que dieron lugar a los primeros dientes.

A favor de esta hipótesis, que se conoce como «de fuera a adentro», está el hecho de que la composición química de esos odontodos primitivos se parece bastante a la de los dientes y se cree que migrarían hacia el interior de la boca. En contra de esta hipótesis es que no hay evidencias de esa migración, no hay fósiles de transición.

Otro argumento es que la formación de los dientes requería endodermo, una capa embrionaria, y que no estaba presente en la piel para explicar la hipótesis de fuera a adentro. La nueva propuesta, conocida de «dentro hacia afuera» sugiere que los dientes se habrían originado a partir de odontodos situados en la faringe, que habían migrado hacia adelante, quizá en varias ocasiones en diferentes especies. Un punto a favor es que la faringe contiene un endodermo muy bien desarrollado. En esta hipótesis eran clave los llamados rastrillos de las branquias, estructuras rígidas que evitan que los trozos de comida puedan dañar las frágiles branquias. Al migrar hacia delante los arcos branquiales, sus rastrillos se terminarían convirtiendo en dientes.

En la actualidad se cree que las estructuras similares a los dientes presentes en los antiguos vertebrados sin mandíbulas y que serían los precursores de los dientes (la hipótesis de fuera hacia adentro) podrían ser un ejemplo de convergencia evolutiva. Es decir, las estructuras dentarias podrían haber evolucionado de forma independiente en varios grupos de vertebrados sin mandíbulas, pero no habrían evolucionado para dar los dientes de vertebrados.

La última idea es un modelo de «dentro y fuera», en el cual los dientes se podrían haber formado en cualquier lugar donde hubiera odontodos, en algunos grupos en la piel, en otros las densificaciones óseas de la faringe. Según esta idea, los dientes de vertebrados se habrían formado múltiples veces en distintos momentos de la evolución.

A finales del siglo XX se propuso una nueva hipótesis, basada en la presencia de estructuras parecidas a dientes en dos grupos sin mandíbulas, los conodontos y los telodontos, que eran anteriores a los placodermos. Los conodontos (Conodonta) son una clase de cordados marinos extinta que durante años se conocieron solo a partir de microfósiles dentiformes de escasos milímetros que, a pesar de su abundancia, habían sido siempre encontrados de forma aislada, nunca asociados al fósil del animal del que procedían. De hecho, algunos paleontólogos pensaban que los restos no eran dientes, sino partes de plantas, gusanos marinos, lombrices, moluscos e incluso organismos diminutos que *parecían* dientes. Los telodontos (Thelodonti) eran peces detritívoros con escamas pequeñas y espinosas que se dispersaban con facilidad tras la muerte del animal. Su pequeño tamaño y su resistencia las hacen los restos fósiles de vertebrados más comunes de su época.

Desde ese momento inicial, los animales han desarrollado diferentes tipos de dientes o estructuras similares llamadas odontoides o dentículos. Los dientes están presentes en todos los grupos de vertebrados, aunque se han perdido en algunos linajes como las aves. La mayoría de los peces y reptiles, y muchos anfibios, poseen denticiones que contienen un gran número de dientes, de forma similar y que experimentan una sustitución continua. Estos dientes están formados por dentina y esmalte o

Vista lateral del cráneo de un cocodrilo, que muestra su estructura ósea adaptada a un estilo de vida semiacuático y predatorio. Destaca el alargado hocico, diseñado para capturar presas con rapidez y fuerza, y los dientes cónicos insertados en alvéolos. Las aberturas craneales, como las fosas temporales, son evidentes y alojan poderosos músculos masticadores, esenciales para la fuerza de mordida de estos reptiles. El diseño reduce la resistencia al agua, una adaptación clave para su hábitat y método de caza sigiloso [Fotoslaz].

una estructura similar al esmalte, carecen de raíz y están unidos directamente al hueso por una anquilosis o tejido fibroso. En cambio, los dientes de los mamíferos tienen raíces y están unidos a los maxilares mediante interacciones entre los ligamentos periodontales y los alveolos donde se alojan las raíces.

Los dientes y las denticiones son características de los vertebrados mandibulados que aparecen por primera vez en los antepasados paleozoicos de los condrictios (tiburones y rayas) y osteíctios (peces óseos). La evidencia directa más antigua de vertebrados con mandíbula son los fósiles de *Qianodus duplicis*, un nuevo género y especie de un gnatostomado excavado en un yacimiento de la provincia de Guizhou, China. Estos fósiles han sido datados a principios del Silúrico (hace unos 439 millones de años), y son importantes para documentar la diversificación inicial de los vertebrados.

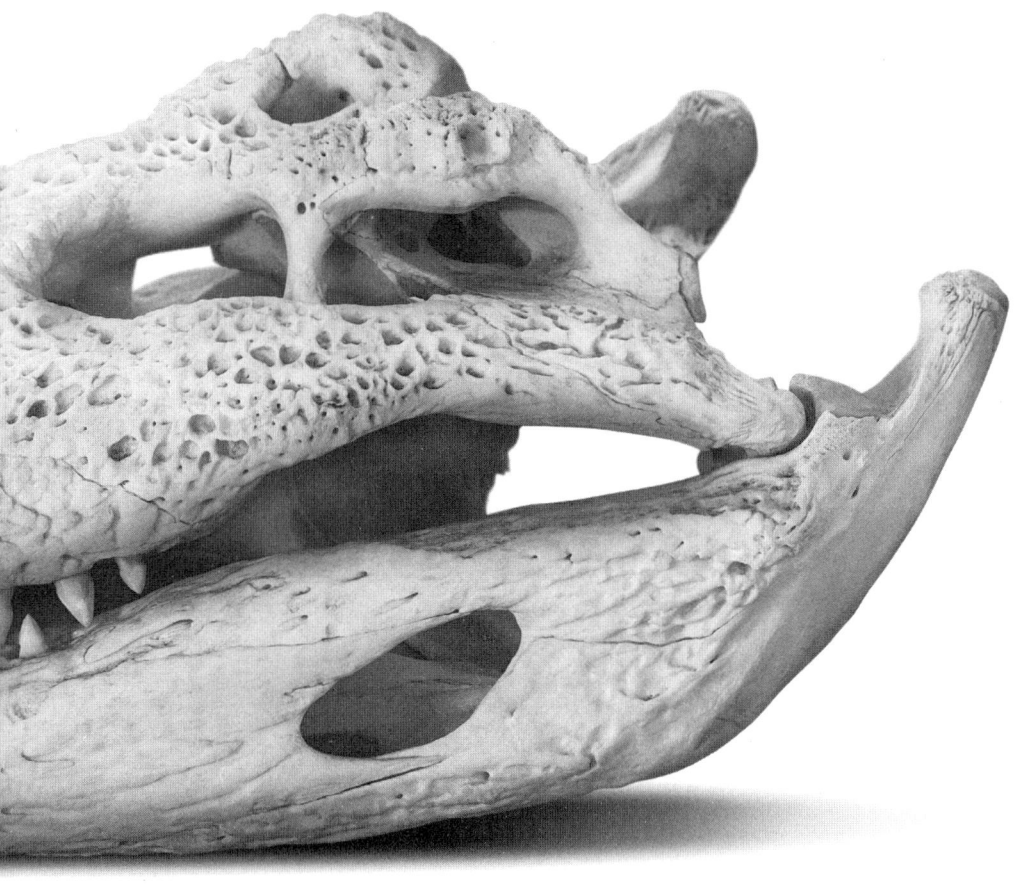

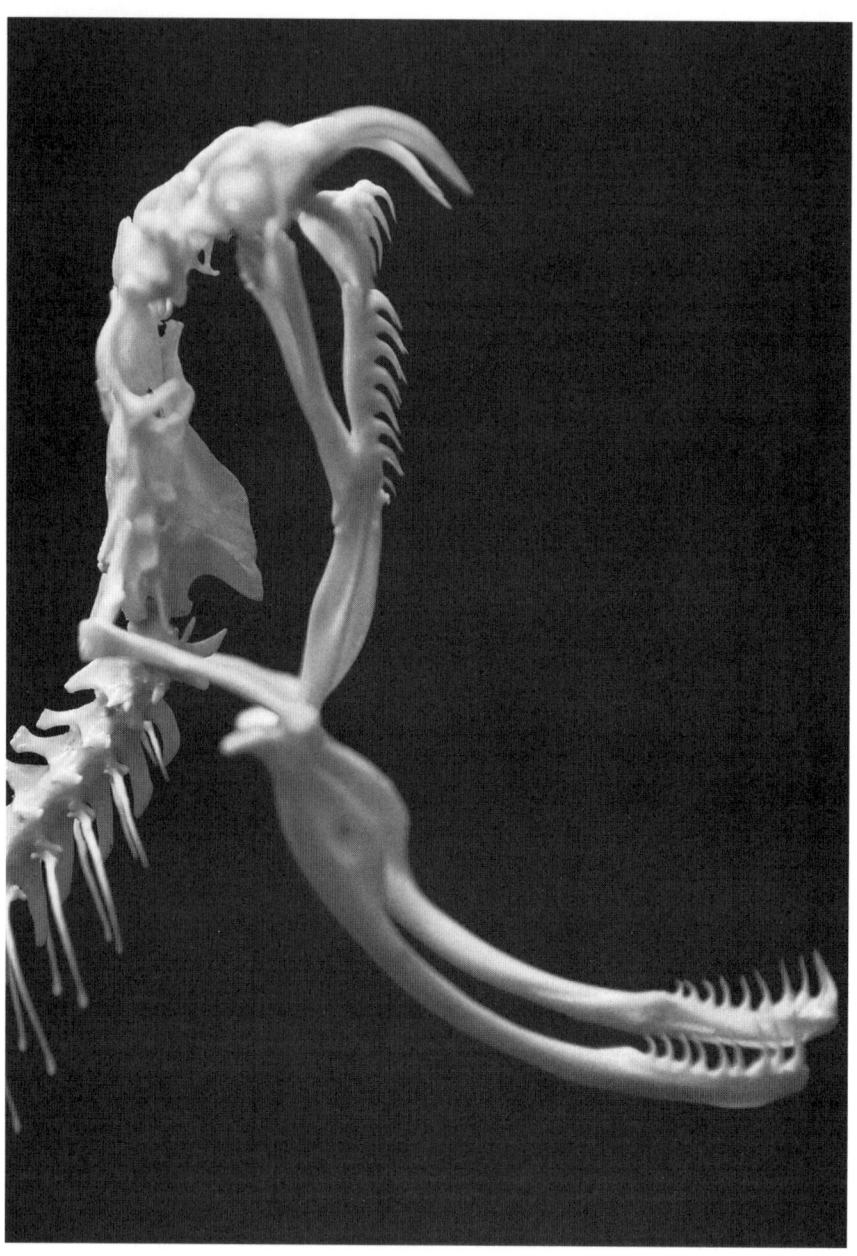

Vista lateral del cráneo de una serpiente en posición de ataque, destacando los dientes especializados para capturar e inmovilizar presas. Los dientes maxilares, largos y curvados hacia atrás, aseguran que la presa no pueda escapar una vez atrapada. En las especies venenosas, los colmillos son huecos o acanalados y están conectados a glándulas de veneno, permitiendo una inyección precisa al morder. Los dientes de la mandíbula inferior, aunque más pequeños, complementan la retención de la presa. La compleja arquitectura dental de las serpientes es una adaptación clave en su papel como depredadores altamente eficaces [David Herraez Calzada].

A partir del siglo XIX, el estudio de los dientes fue clave para avanzar en el conocimiento de la evolución humana. En principio, los dientes ayudaron a los paleoantropólogos a distinguir entre distintas especies de homininos, pero posteriormente aportaron información sobre dietas, estado de salud, clima y ecología. El recorrido de la prehistoria a la historia permitió entender épocas de hambre, guerras y enfermedades. La aplicación de esas mismas técnicas a poblaciones recientes ha abierto a usar los dientes para entender procesos cercanos que pueden afectar, por ejemplo, a la salud mental de las personas como pueden ser contaminaciones y envenenamientos con metales pesados. La idea es relacionar la información obtenida de los dientes con sucesos adversos de la infancia (hambre, tóxicos, enfermedades) y ver si hay una relación con condiciones como la depresión, la ansiedad, el autismo o la esquizofrenia en la adolescencia. El descubrimiento de células madre en los dientes ha abierto también puertas a usar los dientes, en particular estas células obtenidas a partir de dientes de leche, en la medicina regenerativa.

Hay problemas dentales desde que hay dientes. Un pez fósil del Devónico, excavado en Ohio, con una longitud de seis metros y una antigüedad estimada de 250 millones de años, muestra la cicatriz de una abrasión generada por sus estructuras dentarias. Unos millones de años después, en el Pérmico, un fósil de unos 100 millones de antigüedad muestra las señales inconfundibles de una infección bacteriana de las encías. De la misma época es la evidencia más antigua de una caries dental, y se encontró en un diente de un dinosaurio herbívoro del Cretácico. Sí, los grandes reptiles que dominaban el mundo en esa época ya tenían problemas odontológicos, pero no tenían modo de resolverlos. Más tardío, en el Mioceno (23 a 5,3 millones de años) se ven también destrucción del tejido periodontal en los dientes de un caballo de tres dedos, así como en mastodontes, camellos, osos de las cavernas e incluso un tigre con dientes de sable encontrado en el yacimiento de La Brea en Los Ángeles. Tener dientes es prácticamente el único requisito para tener problemas dentales.

Los dientes son importantes por otras razones. Según la Organización Mundial de la Salud, unas cien mil personas mueren al año por mordeduras de serpientes. Aproximadamente el triple sufre mutilaciones u otros graves daños discapacitantes. Los dientes son parte de las estrategias de defensa, dominación y agresión, y de otras menos evidentes como el cortejo o las relaciones entre padres y crías.

Ilustración de *Trogopterus xanthipes* tomada de *Recherches pour servir à l'histoire naturelle des mammifères*, obra de H. Milne-Edwards (1800-1885). Esta especie, también conocida como la ardilla voladora china, pertenece al grupo de los pteromínidos y es reconocida por sus adaptaciones a la vida arbórea, como la membrana para planear entre árboles. Presenta un par de incisivos superiores e inferiores que crecen continuamente, adaptados para roer. Los incisivos están recubiertos de esmalte en su cara frontal, lo que les confiere dureza, mientras que su parte posterior carece de esmalte y se desgasta más rápido, manteniendo siempre un borde afilado. Además, carece de caninos, lo que crea un amplio diastema que separa los incisivos de los molares, diseñados para triturar materiales vegetales. Esta dentición especializada refleja su dieta herbívora y su capacidad para procesar alimentos duros, como semillas y cortezas. [Smithsonian Libraries and Archives].

Los dientes más diversos

El arqueólogo británico Simon Hillson comparaba la banalidad de los dientes humanos, que no es tal, con los que observaba en las bocas de otros mamíferos:

> ¿Quién podría resistirse, por ejemplo, a los elegantes molares superiores de un rinoceronte o a las finas líneas de los dientes de los murciélagos microquirópteros? Por no hablar de la asombrosa intrincación de Trogopterus, la ardilla que probablemente tenga la dentadura más complicada del mundo de los mamíferos, y el detalle similar a un chip de ordenador de la dentadura del Napaeozapus, el ratón saltarín de los bosques, que es difícil de creer cuando se ve por primera vez bajo el microscopio.

El ambiente en el que surgen y actúan los dientes es una especie de jungla, ecológicamente diversa y a menudo hostil. La boca contiene una de las comunidades de microorganismos más ricas del cuerpo, con bacterias, arqueas, virus, hongos y microeucariotas que aprovechan las condiciones favorables de la cavidad bucal: caliente, húmeda y con presencia frecuente de nutrientes. La saliva, con sus propiedades bactericidas, y algunas células como los neutrófilos, se encargan de mantener esa microbiota a raya. Como en cualquier ecosistema, hay una preferencia de algunas especies por algunos nichos: los estreptococos dominan los valles de las muelas, mientras que los espacios entre los dientes son el lugar favorito de las colonias de *Actinomyces*. Debido a ello, incluso la boca más cuidada tendrá zonas de placa en lugares inaccesibles. Al igual que los dientes, la dureza de la placa se debe a su composición: una mezcla de proteínas de la saliva, polímeros producidos por las bacterias y cristales de fosfato cálcico. La placa en sí no daña los dientes, sino que alberga bacterias que metabolizan los glúcidos, en particular azúcares y excretan ácidos como producto de desecho. Estos ácidos de la placa son los responsables de las caries, al desmineralizar el esmalte y la dentina subyacente, forman cavidades y generan abscesos. Si no se limpia, la placa puede formar concreciones grandes y molestas. Así las describe Thomas Berdmore, dentista del rey Jorge III, en *A treatise on Disorders and Deformities of the Teeth and Gums* (1768):

Un caballero del banco, de no más de veintitrés años, me pidió consejo acerca de sus dientes... que le producían un dolor constante. Los encontré perfectamente enterrados en sarro, por lo que cada juego estaba unido en una pieza continua, sin ninguna distinción, ya fuera los intersticios de los dientes, o su forma o tamaño. El sarro se proyectaba muy por encima de las encías, tanto en la cara interna como en la externa, y presionaba sobre ellas con tanta fuerza que provocaba el dolor del que se quejaba. Su espesor en la superficie superior no era inferior a media pulgada [1,27 cm].

Funciones de los dientes

Las principales funciones de los dientes en la fisiología digestiva son la prensión del alimento, al acto de recoger la comida y dirigirla hacia el interior de la cavidad bucal, y la masticación, la reducción mecánica del alimento, acción que se lleva a cabo en la boca.

Los dientes permiten a algunas especies cambiar el medio ambiente. Es fácil pensar en el castor y en su capacidad para talar árboles con sus incisivos y generar diques y estanques o en los elefantes, que usan los colmillos para excavar en busca de agua, pero también los neandertales usaron los dientes como una tercera mano para sujetar cosas o mordisqueaban fibras y pieles para suavizarlas, práctica que continúa en algunas culturas.

La disposición y forma de los dientes está asociada a su función y tipo de alimentación. En los carnívoros, la articulación y la superficie oclusal se encuentran próximas: por lo que se produce un movimiento de tijera que trocea los alimentos. En los herbívoros, la articulación se halla en un nivel superior al del plano oclusal de las muelas, por lo que a medida que se produce la flexión las muelas inferiores se desplazan con respecto a las superiores y producen un movimiento de molienda.

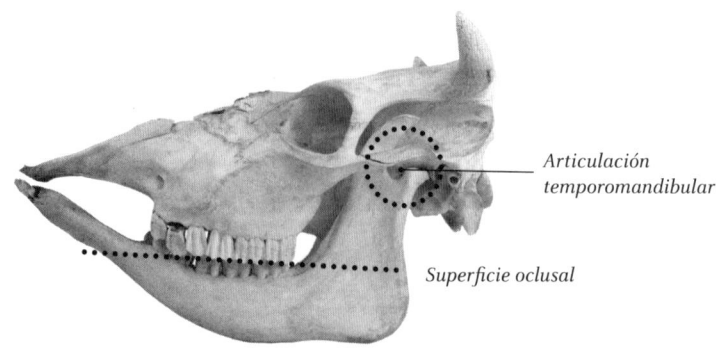

Articulación temporomandibular

Superficie oclusal

La dentadura difiodonte de los mamíferos hace que tengamos que ser cuidadosos con nuestros dientes: no se van a recambiar después de la infancia. En ese sentido, los ligamentos periodontales presentan mecanorreceptores que generan el llamado reflejo de apertura de la mandíbula. La respuesta a la información sensorial de esos receptores de presión viaja rápidamente de vuelta a los músculos mandibulares a través del nervio trigémino. El resultado es que al morder algo peligrosamente duro, los músculos que cierran las mandíbulas, como los maseteros, se relajan y los músculos que colaboran en abrirla, como los digástricos, se contraen, con lo que la mandíbula se entreabre y disminuye el riesgo de fracturar un diente al morder algo muy resistente. Por eso mismo es difícil saber la potencia de mordida de un mamífero, pero se cree que es muy inferior a la de reptiles como los cocodrilos, que usarían toda la fuerza posible al poder recambiar sin problema un diente fracturado.

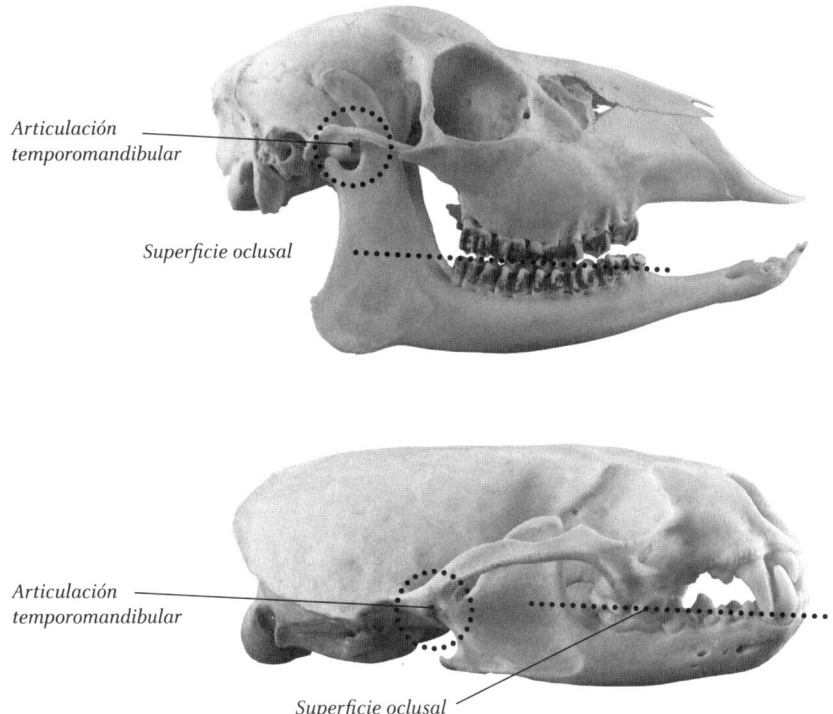

Articulación temporomandibular

Superficie oclusal

Articulación temporomandibular

Superficie oclusal

Diferencias en la posición relativa entre la articulación temporomandibular y la superficie oclusal entre herbívoros (vacuno, en la página anterior y cérvido, imagen superior) y carnívoros (nutria, en la imagen inferior) [Satirus].

El principal enemigo de los dientes es el desgaste por abrasión. Las dietas más abrasivas son las herbívoras y los animales que siguen esta dieta van a tener varias estrategias para preservar la masticación. Existen varios mecanismos que retardan el desgaste, como la cobertura de esmalte, el tener dos o más juegos de dientes, el tener dientes con coronas altas que tardan más tiempo en desgastarse (hipsodontos) o el tener dientes de raíz abierta, capaces de crecer.

En la mayoría de los mamíferos los dientes emergen completamente formados. Aunque los anglosajones dicen que al envejecer, nos volvemos «*long in the tooth*», con dientes más largos, no es que los dientes crezcan, sino que las encías se retraen. Ello se debe a diversas razones como la enfermedad periodontal, un cepillado agresivo, cambios hormonales, genética o tabaquismo.

Los dientes de los vertebrados con mandíbulas fueron una innovación clave que permitió una explosión en la diversidad ecológica, que hizo que se alimentaran de cualquier tipo de nutriente y materia que contenga energía, de mosquitos a avellanas. Como resultado, los vertebrados se expandieron por todo el planeta y aprovecharon todos los hábitats.

Como el resto del cuerpo, los dientes son modulados por la evolución. Las muelas del juicio son las últimas en aparecer, normalmente entre los dieciocho y los veinticinco años. Se considera que son un recordatorio de que nuestros ancestros tenían una mandíbula más larga y prognata (hacia afuera) que nosotros. En la evolución parece que nuestras mandíbulas se han acortado, mientras que el patrón genético responsable del número de dientes y en menor medida del tamaño de los dientes no ha cambiado. Por tanto, apenas hay sitio para esas últimas muelas, especialmente en personas con quijadas cortas. Eso puede hacer que la erupción de las muelas del juicio cause problemas en otros dientes lo que aumenta el riesgo de una infección y puede generar inflamación y dolor.

Los edéntulos son los animales en cuyo desarrollo se ha perdido la formación de dientes (por ejemplo, algunas ranas y las aves). Dentro de las ranas se ha visto que 134 de un total de 429 especies analizadas habían perdido los dientes y que esta modificación se habría producido al menos en veinte ocasiones diferentes en los últimos doscientos millones de años. Una razón puede ser la lengua extensible de los anfibios, que reduce la importancia de los dientes en la captura de las presas. Otro factor puede ser el retraso de la formación de los dientes hasta la metamorfosis. Los renacuajos no tienen dientes y consiguen raspar las algas de diferentes superficies utilizando placas afiladas de queratina en su boca que a veces tiene forma de pico. Al pasar a adultos, la boca también sufre la metamorfosis y aumenta enormemente su tamaño.

Las aves son el grupo más característico que ha perdido los dientes. Este cambio ha sucedido repetidas veces en la evolución, una de ellas sería en la línea de las aves modernas, otra en las tortugas y varios grupos de dinosaurios no aviares. *Limusaurus* perdía los dientes cuando pasaba de juvenil a adultos, algo similar a lo que sucede al ornitorrinco (*Ornithorhynchus anatinus*), que tiene lo que se conoce como edentulismo ontogenético, que significa que pierde completamente los dientes según madura y no los reemplaza. Las crías tienen molares tricúspides que pierden antes o justo después de dejar la madriguera donde han nacido; los adultos, en cambio, tienen en su lugar fuertes placas queratinosas, con las que trituran las lombrices, larvas, cangrejos y otros crustáceos que constituyen su dieta.

Dentro de los peces hay solo un orden, los Gonorynchiformes y dos familias, los Syngnathidae, que incluye los caballitos de mar, y los Gyrinochilidae, que incluye a los conocidos chupa algas de los acuarios, que han perdido completamente los dientes. Los Gonorynchiformes tienen bocas pequeñas y se alimentan de pequeños invertebrados, fitoplancton y algas. Los caballitos de mar (*Hippocampus*) tienen un cuerpo sin escamas, rodeado de placas óseas. Nadan lentamente con sus cuerpos en posición horizontal y se alimentan de pequeños invertebrados, como copépodos y quisquillas, y lo hacen acercándose lentamente y camuflándose hasta que pueden aspirar la presa con sus largas bocas parecidas a hocicos. Esta succión la hacen expandiendo el volumen de su cavidad oral mientras mantienen la boca y la garganta cerradas. Esto hace que haya una caída de la presión en la cavidad bucal frente al agua de alrededor. Una vez que está cerca de la presa, abren la boca y el agua se mueve rápidamente al interior de la boca, arrastrando al pequeño animal.

El fósil no humano más famoso del mundo es un saurópsido *Archaeopteryx lithographica*. Fue descubierto al norte de Múnich en 1861 y se han identificado desde entonces un total de doce ejemplares, uno de los cuales solo consiste en una pluma. Es considerado el mejor ejemplo de fósil de transición porque mostraría características de sus antecesores, en este caso los dinosaurios, como los dientes, y los rasgos de la nueva evolución, similar a las aves modernas, como las plumas.

El proceso de aparición de las aves modernas se ha relacionado con datos de genética. Mientras investigaban un gen llamado talpid, implicado en desarrollo de órganos en las aves Matthew Harris del Instituto Max

Planck y John Fallon de la Universidad de Wisconsin descubrieron una forma mutada del gen que llevaba a la producción de unos dientes cónicos y afilados en embriones de pollo de 16 días. En pollos normales, otro gen, SHH (abreviatura de Sonic hedgehog, un personaje de videojuegos) se expresaba en un área de la mandíbula que no da lugar a dientes, pero la presencia de la forma mutada de talpid hacía que SHH se expresase en la zona adecuada. La idea actual es que los pollos mantienen los genes responsables de la formación de dientes, pero fueron desactivados como resultado de mutaciones genéticas ocurridas hace más de cien millones de años.

Fósil de *Archaeopteryx* [MikhailSh].

Nomenclatura de los dientes

Cada diente puede identificarse específicamente utilizando la nomenclatura anatómica que indica su conjunto (de leche o permanente), lado (izquierdo o derecho), arco (maxilar o mandibular), clase (incisivo, canino, premolar o molar) y posición anatómica normal en la boca de mesial a distal (primero, segundo, tercero o cuarto). Una descripción completa permite la identificación específica y la comunicación sobre un diente en particular, como en el tercer premolar maxilar izquierdo deciduo (abreviado dLMaxP3) o el canino mandibular derecho permanente (abreviado RMandc). Existen variaciones, con dientes adicionales designados como supernumerarios, como en el caso del segundo premolar supernumerario del maxilar derecho (abreviado como sRMaxP2).

La Asociación de Dentistas Americanos usa el sistema de numeración dental universal. Este conjunto de códigos estándar asigna un número único (del 1 al 32) a la dentición permanente, y una letra única (a a la t) a la dentición de leche. La designación de los dientes incluye los dientes del 1 al 5 y del 12 al 16 (maxilares), y del 17 al 21 y del 28 al 32 (mandibulares); los dientes primarios en el sistema de numeración dental universal se designan A, B, I y J (maxilares), y K, L, S y T (mandibulares). Este sistema incluye códigos para los dientes supernumerarios.[1]

Otra herramienta útil es la Especificación n.º 3950: Este esquema (ANSI/ADA/ISO Specification No. 3950-1984 Dentistry Designation System for Tooth and Areas of the Oral Cavity) está diseñado para identificar áreas de la cavidad oral, así como para numerar de forma única la dentición permanente y primaria. Los dientes supernumerarios aún no se identifican mediante esta norma.

Otro sistema de notación dental común y popular en la práctica clínica es el sistema de tríadas modificado, que asigna un número de tres dígitos a cada diente. El dígito de la centena indica el cuadrante, y los dígitos siguientes identifican el número de diente específico. En el sentido de las agujas del reloj (mirando hacia el animal), el cuadrante maxilar derecho se etiqueta como «100», el cuadrante maxilar izquierdo como «200», el cuadrante mandibular izquierdo como «300» y el cuadrante mandibular derecho como «400». Cuando nos referimos a la dentición

---

1 El esquema completo se ilustra en las *Instrucciones completas para cumplimentar formularios de reclamación dental de la ADA*, publicadas en https://www.ada.org/en/publications/cdt/ada-dental-claim-form.

temporal, estos cuadrantes respectivos se numeran del 500 al 800. Cada diente recibe un número de 2 dígitos según su posición desde la línea media, siendo 01 el incisivo central, 04 el canino y 09 el primer molar. Por ejemplo, en los caballos, el segundo premolar inferior izquierdo es el diente 306, y el último molar de la mandíbula derecha es el diente 411. Los dientes que faltan se omiten en la secuencia de numeración. Por ejemplo, en los gatos, el diente distal al canino maxilar es —filogenética, evolutiva y anatómicamente hablando— el segundo premolar (106 o 206), mientras que el primer premolar se ha perdido durante la historia evolutiva (es decir, no hay 105 o 205).

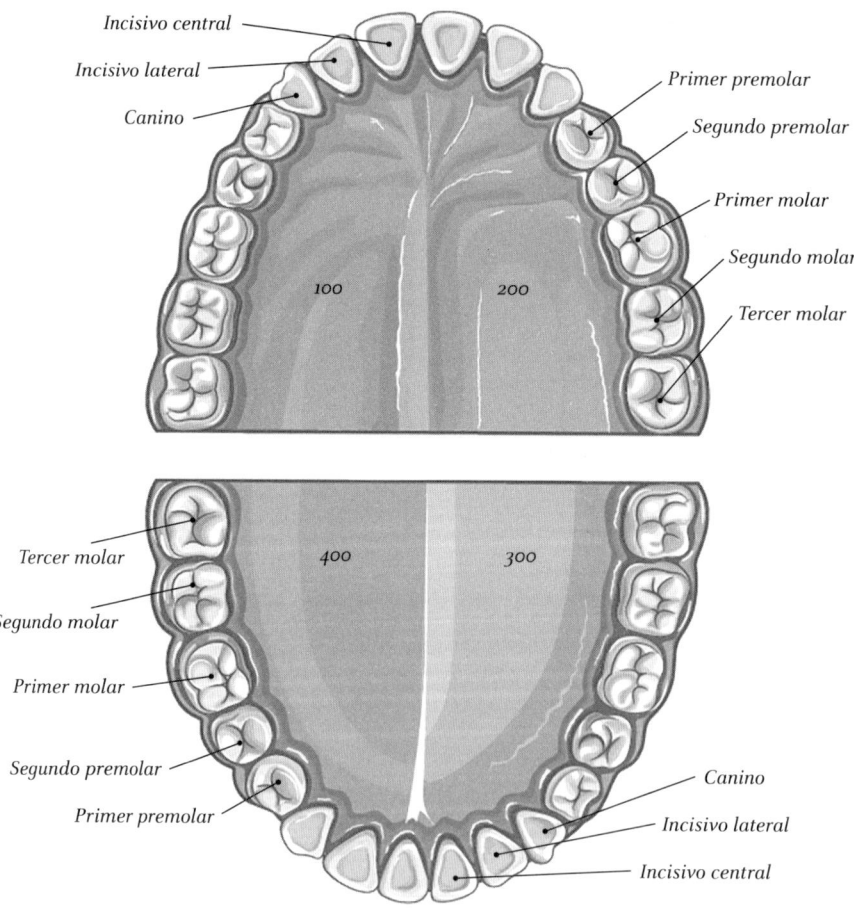

Esquema de la dentición humana permanente.

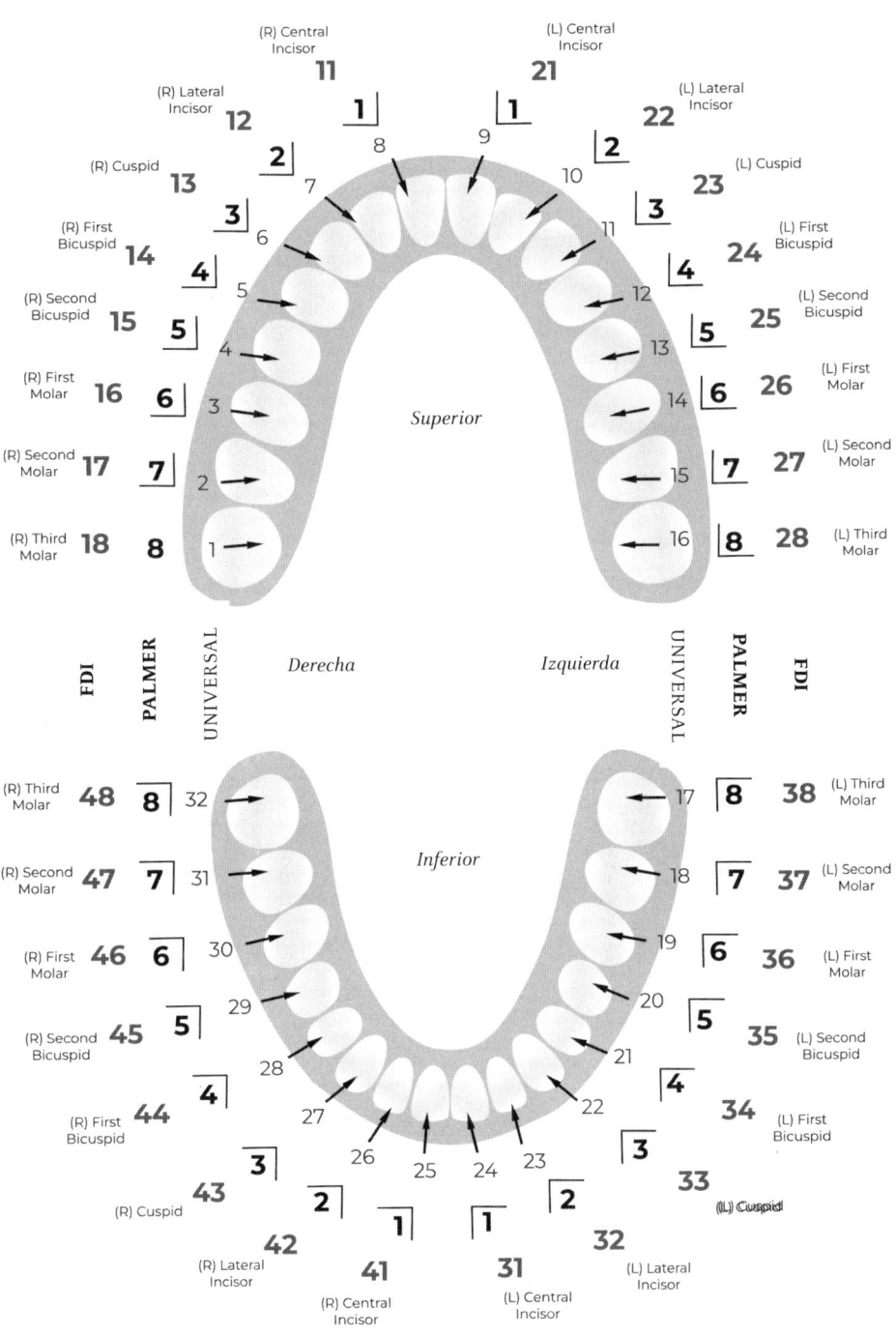

Distintas nomenclaturas: FDI, Palmer y universal [Ladanovskyi Oleh]

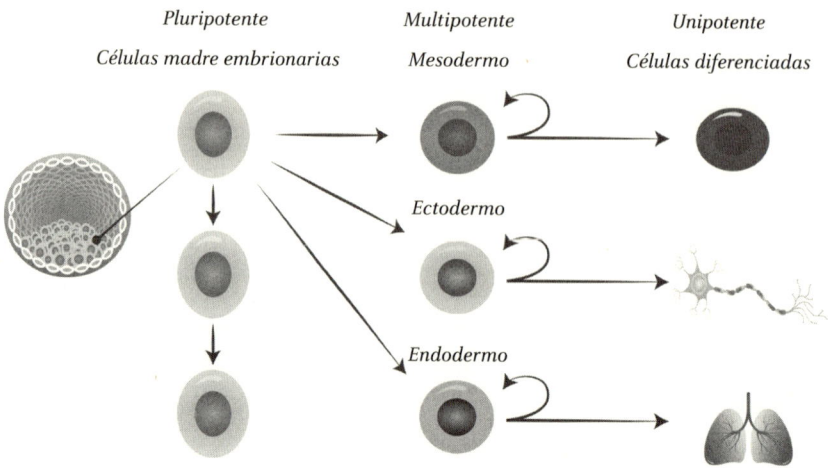

Pluripotente
Células madre embrionarias

Multipotente
Mesodermo

Unipotente
Células diferenciadas

Ectodermo

Endodermo

Esquema de la diferenciación celular [Julee Ashmead].

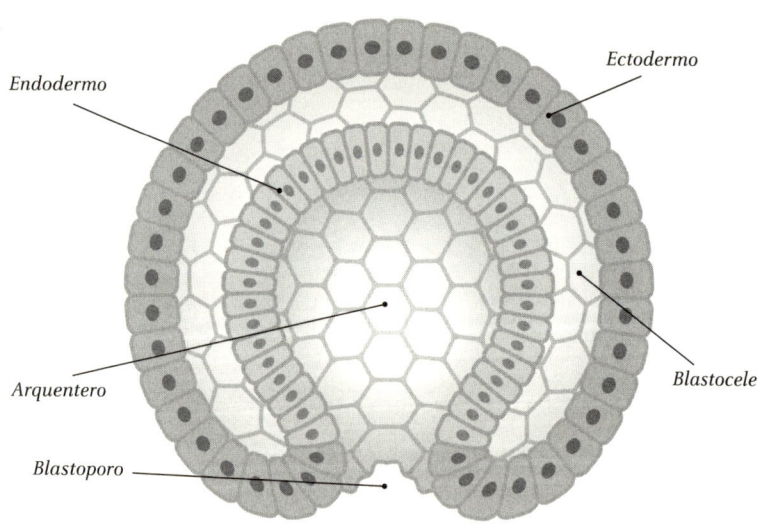

Endodermo

Ectodermo

Arquentero

Blastocele

Blastoporo

La ilustración representa un corte de la gastrula, una etapa esencial del desarrollo embrionario en la que se forman las tres capas germinales que darán origen a todos los órganos y tejidos del organismo. El ectodermo, capa más externa, desarrollará estructuras como la piel y el sistema nervioso; el mesodermo (no representado en el esquema), capa intermedia, formará músculos, huesos y el sistema circulatorio; mientras que el endodermo, capa interna, originará el sistema digestivo y respiratorio. También se observa el arquentero, futura cavidad digestiva, y el blastoporo, cuya evolución definirá si el organismo será un protostomado o deuterostomado. Este proceso marca un hito en la organización corporal y la diferenciación celular.

Origen evolutivo de los dientes

El embrión de los vertebrados está formado por tres capas: ectodermo, mesodermo y endodermo. El ectodermo da lugar a la epidermis de la piel y al sistema nervioso, el mesodermo al sistema vascular, los músculos, los huesos y los tejidos conectivos, y el endodermo a los órganos del aparato digestivo y al epitelio del sistema digestivo y del sistema respiratorio. Una primera hipótesis propone que los dientes evolucionaron o bien a partir de dentículos de ectodermo, unas pequeñas escamas muy parecidas a las de la piel de los tiburones que se plegaron e integraron en la boca (teoría denominada «de fuera a dentro»). La segunda hipótesis es que se formaron a partir de dientes faríngeos de endodermo (situados principalmente en la faringe de los vertebrados sin mandíbula) (teoría denominada «de dentro a fuera»). Además, existe una tercera teoría que afirma que la red reguladora de genes de la cresta neural y el ectomesénquima derivado de la cresta neural son la clave para generar dientes, a partir de cualquier epitelio, ya sea derivado de ectodermo o endodermo.

Los genes que rigen el desarrollo de los dientes en los mamíferos son homólogos a los que intervienen en el desarrollo de las escamas de los peces. El estudio de una placa dental de un fósil del pez extinto *Romundina stellina* demostró que los dientes y las escamas estaban hechos de los mismos tejidos, que también se encuentran en los dientes de los mamíferos, lo que apoya la teoría de que los dientes evolucionaron a partir de una modificación de las escamas.

Fotografía macroscópica de las escamas de un pez cucaracha [Marca VB].

Los dientes humanos se forman durante el primer trimestre de desarrollo fetal, cuando las células epiteliales, un tipo celular que bordea las cavidades corporales y cubre las superficies, migran a las mandíbulas en desarrollo. Estas células estimular a un tejido conjuntivo embrionario conocido como mesénquima a formar acúmulos con forma de campana que se conocen como gérmenes dentarios. Desde esa posición los gérmenes irán creciendo gradualmente y adoptando su forma característica. Es un proceso que enfatiza la importancia de la dieta de la mujer embarazada, pues hacen falta minerales como calcio, fósforo y flúor para el crecimiento y mineralización de los gérmenes dentarios. Estos elementos son transportados por el sistema circulatorio y permiten el crecimiento de los dientes. La dentina se deposita en la zona que se convertirá en la corona y las raíces, que fijarán el diente a la mandíbula. Los ameloblastos aprovechan los minerales que llegan para formar esmalte en la superficie de la corona, todo ello todavía dentro de la mandíbula. Cuando el primer diente erupciona a través de las encías, el tejido alrededor del diente se refuerza y fija mejor las raíces mediante cemento y los ligamentos periodontales.

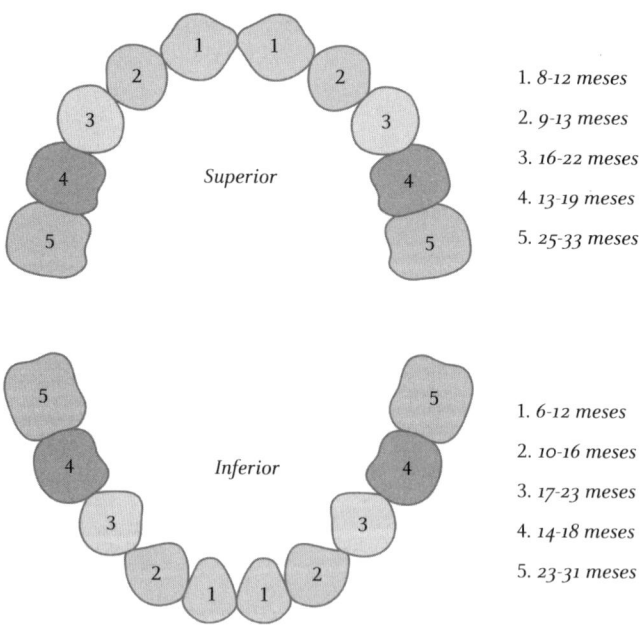

Cronología de la salida de los dientes deciduos [Oleksandr Drypsiak].

LOS DIENTES DE LOS ANIMALES

La variedad de dientes entre los distintos animales es fascinante y hay diferencias entre los principales grupos evolutivos.

Invertebrados

Los dientes verdaderos son exclusivos de los vertebrados, aunque muchos invertebrados tienen estructuras análogas a las que a menudo se denomina dientes. Los organismos con el genoma más simple y que presentan estructuras similares a dientes son los gusanos parásitos de la familia Ancylostomatidae. Por ejemplo, el anquilostoma *Necator americanus* tiene dos placas o dientes cortantes dorsales y dos ventrales alrededor del margen anterior de la cápsula bucal. También tiene un par de dientes subdorsales y un par de dientes subventrales ubicados cerca de la parte trasera de la boca.

Históricamente, la sanguijuela medicinal europea, otro parásito invertebrado, se ha utilizado en medicina para extraer sangre de los pacientes. Tiene tres mandíbulas que se asemejan a sierras tanto en apariencia como en función, y sobre ellas hay alrededor de 100 dientes afilados que utilizan para cortar la piel. La incisión deja una marca en forma de Y invertida dentro de un círculo, como el símbolo de los Mercedes. Después de perforar la piel e inyectar anticoagulantes (hirudina) y anestésicos, la sanguijuela succiona sangre e ingiere hasta diez veces su peso corporal en una sola comida.

En algunas especies de briozoos, unos pequeños animales coloniales que recuerdan lejanamente al musgo y que presentan una corona de tentáculos, la primera parte del estómago forma una molleja musculosa revestida de dientes quitinosos que trituran presas con un exoesqueleto como las diatomeas. Luego, las contracciones peristálticas mueven la comida a través del estómago para su digestión.

Los moluscos tienen una estructura llamada rádula que lleva una cinta de dientes quitinosos. Sin embargo, estos dientes son histológica y evolutivamente diferentes de los dientes de vertebrados y no se consideran homólogos sino estructuras diferentes. La resistencia de los dientes de los moluscos la vemos en las depresiones que producen las lapas en las rocas. La lapa ramonea las algas de las rocas utilizando los dientes de la rádula. Esta estructura es la que presenta la mayor resistencia a la tracción conocida de cualquier material biológico y en ese proceso va desgastando la superficie de la roca hasta formar una cavidad. Los moluscos utilizan la rádula para alimentarse y, a veces, se la compara de manera bastante imprecisa con una lengua. La rádula es exclusiva de los moluscos y se encuentra en todas las clases de moluscos, excepto en los bivalvos (almejas y mejillones).

Los caracoles marinos depredadores como los Naticidae utilizan la rádula más una secreción ácida para perforar el caparazón de otros moluscos. Otros caracoles marinos depredadores, como los de la familia Conidae, utilizan un diente de rádula especializado como arpón envenenado. Las babosas terrestres pulmonares depredadoras, como la babosa fantasma, utilizan su rádula, con dientes alargados y afilados, para capturar y devorar lombrices de tierra. Los cefalópodos depredadores, como los calamares, utilizan la rádula para cortar a sus presas.

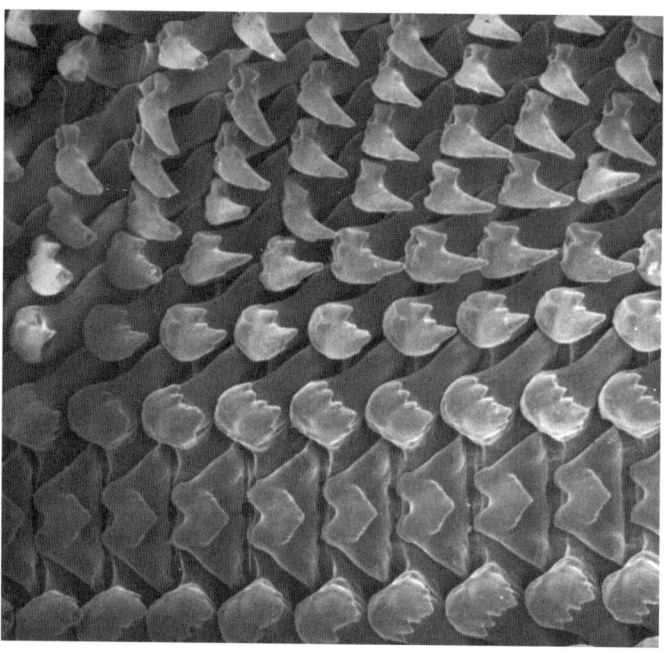

Microscopía electrónica de barrido (Hitachi S-500) de la rádula de *Aplysia juliana*. Esta estructura, característica de los moluscos gasterópodos, consiste en una cinta quitinosa con hileras de dientes dispuestos en patrones específicos. En *Aplysia juliana*, la rádula está adaptada para raspar y recolectar material vegetal, reflejando su dieta predominantemente herbívora. La imagen resalta la intrincada morfología de los dientes, que varía según el género y la especie [RME-OT Caracas, Venezuela].

Peces

Los peces se definen como los vertebrados que no son tetrápodos, es decir, que no tienen cuatro patas y dentro de ellos se incluyen tres grandes grupos: agnatos, condrictios y osteíctios.

AGNATOS. Los agnatos o peces sin mandíbulas incluyen los mixinos y las lampreas. Las lampreas comienzan su ciclo vital con una boca desdentada adecuada para la alimentación por filtración, pero en las formas parásitas desarrollan varias filas circulares de dientes afilados que utilizan para agarrarse a su presa y una rádula (centro del disco oral) con la que raspa un agujero en la piel del animal al que se han fijado.

CONDRICTIOS. Los condrictios son los tiburones y rayas. Los dientes de los condrictios están dispuestos en varias filas, cuando la primera fila cae una nueva ocupa su lugar. A veces presentan dientes triangulares afilados como en los tiburones o aplanados y dispuestos como un pavimento para aplastar, como en las rayas.

Los dientes de la mandíbula inferior de los tiburones tienen pequeñas cúspides laterales dentadas en las bases para mejorar el corte y el desgarro, facilitados por una fuerte musculatura mandibular y el movimiento de sacudida de la cabeza o la masticación.

Los grandes tiburones blancos tienen alrededor de 50 dientes activos a la vez. Detrás de esos tienen varias filas de dientes nuevos que están listos para tomar el lugar de cualquier diente que se dañe o se rompa. Una clase de tiburones prehistóricos se llama cladodontes por sus extraños dientes bifurcados.

OSTEÍCTIOS. Los osteíctios son los peces óseos, los que más conocemos, los que presentan el mayor número de especies y de ejemplares. Pueden tener muchos dientes a lo largo de su vida, que son sustituidos continuamente, a veces en bloques o filas. El número de dientes es muy variado, desde especies sin dientes como el esturión a otros, como el rape, que tiene dientes en todas las placas óseas de la boca. Otras especies como el lucio y la merluza presentan dientes articulados que se doblan hacia atrás para facilitar el paso de la presa por la garganta, pero se vuelven a enderezar mediante ligamentos elásticos. Las morenas presentan cuatro mandíbulas, dos orales y dos faríngeas, cada una con su dotación de dientes. Como viven en espacios angostos no pueden hinchar mucho su boca, por

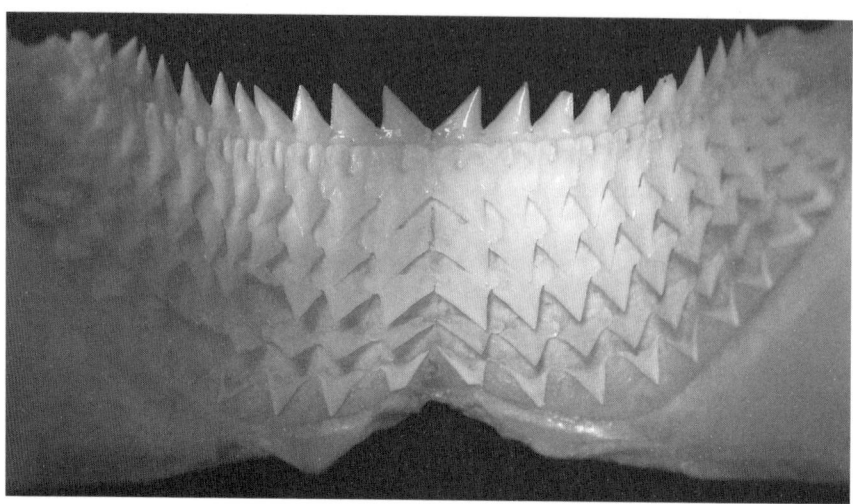

Una mandíbula de tiburón donde destaca la disposición única de sus dientes. Los dientes funcionales, afilados y listos para capturar y desgarrar presas, se encuentran en la primera fila, mientras que detrás de ellos se observan múltiples filas de dientes de reemplazo. Esta característica asegura un suministro constante de dientes nuevos, ya que los tiburones los reemplazan de manera continua a lo largo de su vida. Esta adaptación, junto con la estructura flexible de su mandíbula, convierte a los escualos en depredadores altamente eficientes en el medio marino [Alessandro de Maddalena].

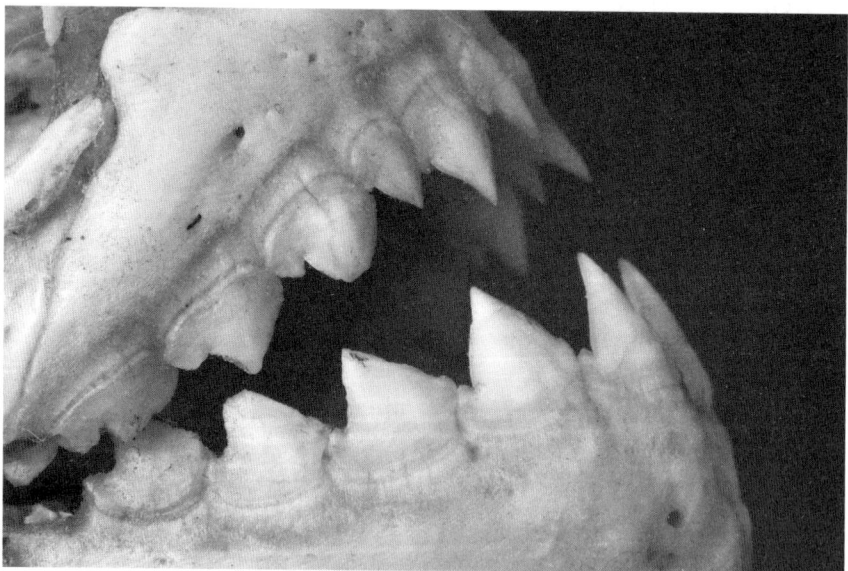

Detalle de los dientes de una piraña, conocidos por su forma triangular y bordes afilados como cuchillas. Estos dientes están perfectamente adaptados para cortar carne y desprender trozos de tejido de sus presas con extrema eficacia. Dispuestos en una única fila en cada mandíbula, los dientes encajan de forma precisa cuando la boca está cerrada, maximizando la fuerza de mordida. Esta estructura dental, combinada con mandíbulas poderosas, convierte a la piraña en uno de los depredadores más temidos en su hábitat natural [W. Scott McGill].

lo que sujetan inicialmente a la presa con las mandíbulas orales y luego «sacan» las mandíbulas faríngeas para trocear mejor a la presa y tragarla. Los peces óseos presentan cuatro tipos principales de dientes:

— Caninos: grandes dientes cónicos, a menudo en las comisuras de los labios
— Molariformes: dientes trituradores en animales que se alimentan de presas duras como crustáceos o moluscos.
— Villiformes: pequeños y finos.
— Cardiformes: dientes finos y puntiagudos, dispuestos muy juntos.

Algunos grupos de peces como los ciprínidos, que incluyen a peces de acuario populares como las carpas doradas, tienen dientes faríngeos situados en el arco faríngeo de la garganta. Los miembros del género *Botia*, las lochas payaso o las molas emiten chasquidos característicos cuando rechinan estos dientes faríngeos.

Otros peces con dentición curiosa son los peces loro, que pertenecen a la familia Scaridae. Estos animales tienen una boca fuerte que les permite comer trozos de coral recubiertos de algas muertas, lo que rejuvenece los arrecifes. Los dientes de estos peces presentan bloques microscópicos de fluorapatita (un mineral formado por flúor, calcio y fosfato). Estos bloques recubren la superficie de trabajo de aproximadamente mil dientes diminutos, ordenados en hasta quince filas, en la que cada diente encaja en la parte posterior del diente que está delante de él y está soldado a los dientes adyacentes, y todos se van sustituyendo gradualmente. Esta disposición tiene aspecto de pico y una gran dureza que le permite alimentarse de pequeños trozos de coral que luego son triturados por dientes faríngeos. Este proceso libera espacio para el nuevo crecimiento de los corales.

Otro pez interesante es *Perissodus microlepis*, un cíclido africano que también es muy popular entre las personas con acuarios tropicales. Forma parte de las doce familias de peces que practican lepidofagia, comer escamas. Hay dos variantes o morfos, una tiene las mandíbulas y los dientes inclinados hacia la derecha, lo que le facilita conseguir escamas del flanco izquierdo de sus presas. El otro morfo es justo al revés, tiene sus dientes orientados hacia la izquierda y, sí, consigue su alimentación del lado derecho de otros peces.

Algunas especies de peces, además de dientes tienen odontodos. Son estructuras hipermineralizadas que solo se encuentran en la mandíbula inferior y superior. En los tiburones están en las encías. Hay especies con odontodos que los usan para fijarse a las agallas de sus presas, de donde se alimentan. Se supone que son la versión real del candiru, un pez amazónico que supuestamente es atraído por la orina y trepa por la uretra de sus víctimas fijándose con sus odontodos en el interior del pene, una leyenda terrorífica pero afortunadamente falsa.

El grupo más abundante de vertebrados venenosos no son las serpientes, como pensamos, y eso que hay unas seiscientas especies con veneno, sino los peces, con más de dos mil quinientas especies venenosas. La forma más común de administración del veneno es a través de los dientes.

Anfibios

Muchos anfibios tienen pocos dientes o ninguno debido a la naturaleza de su dieta. La estructura de los que sí tienen es bastante parecida a la de los dientes de mamíferos y se renuevan constantemente a lo largo de la vida (polifiodontes). Un tipo de dientes llamados pedicelados son en la actualidad exclusivos de los anfibios modernos, pero también se observan en un grupo de animales, ya extinguidos, que se conocen como laberintodontos. Los dientes pedicelados constan de una corona y una base (ambas compuestas de dentina) separadas por una capa de dentina no calcificada, que le da cierta flexibilidad.

La mayoría de los anfibios exhiben dientes que tienen una ligera unión a la mandíbula llamados dientes acrodónticos. Estos dientes tienen poca inervación. Esto es ideal para organismos que utilizan principalmente sus dientes para agarrar, pero no para aplastar, y permite una rápida regeneración de los dientes con un bajo coste energético. Los dientes pueden perderse durante la alimentación si la presa lucha.

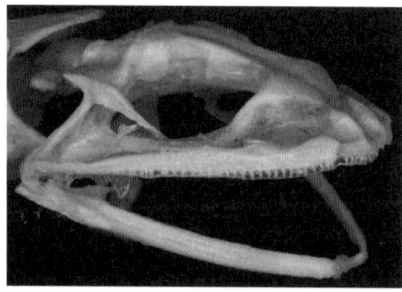

Cráneo de rana [Photowind].

Reptiles

Los reptiles tienden a tener dientes simples, de forma cónica, pero existen algunas variaciones específicas de cada especie, especialmente los colmillos de las serpientes venenosas. La mayoría de estos colmillos tienen forma de jeringa curva; es decir, son largos y finos, huecos y tienen la punta biselada. Al igual que una jeringuilla, estos colmillos han evolucionado para liberar un líquido, el veneno, a presión; de este modo, ese cóctel de sustancias tóxicas puede inyectarse en una mordedura rápida.

Los dientes de los reptiles se reemplazan constantemente a lo largo de su vida. Los juveniles de cocodrilo reemplazan los dientes por otros más grandes a un ritmo de hasta un diente nuevo por alvéolo cada mes. Una vez maduros, las tasas de reemplazo de dientes disminuyen a un recambio cada dos años e incluso menos. En total, un cocodrilo puede generar 3000 dientes desde su nacimiento hasta la muerte y realizar un total de 50 sustituciones de la misma posición.

Los dientes más grandes están en reptiles fósiles como los dinosaurios. Un *Tyrannosaurus rex* tenía sesenta dientes que llegan a alcanzar los veinte centímetros de longitud. Otros antecesores con una mordida formidable eran *Sarcosuchus* y *Deinosuchus*, parecidos a cocodrilos, pero de más de diez metros de longitud y con una fuerza en sus mandíbulas que superaba los 1400 kilogramos por centímetro cuadrado. Esta fuerza terrible probablemente hacía que algunos dientes se fracturasen, pero los cocodrilos tienen una ventaja frente a los mamíferos y es la capacidad para recambiar los dientes repetidas veces.

Es más dudoso el sistema de dentición y digestión de los saurópodos. Estos animales se alimentaban de una cantidad exorbitante de plantas cada día. Los dientes pequeños que tienen no parecen suficientes para procesar tantas toneladas de materia vegetal de forma prácticamente constante. Se ha propuesto que tuvieran algo parecido a mollejas que contendrían unas piedras llamadas gastrolitos que colaborarían en la molienda de la comida. Aunque esta hipótesis está bastante extendida, hay quien dice que no está claro y que hay muy pocas evidencias de gastrolitos en el registro fósil, mientras que los saurópodos están muy bien representados. La hipótesis alternativa es que la digestión tuviera lugar en grandes cámaras de fermentación, con la ayuda de bacterias endosimbióticas y la comida se procesaría lentamente y sin dejar rastro en el registro paleontológico.

Aves

Las aves no tienen dientes, aunque pueden tener crestas en el pico que les ayudan a agarrar la comida. Las aves tragan la comida entera y su molleja (una parte muscular del estómago) la tritura para poder digerirla. Las mollejas pueden ser increíblemente potentes: algunas aves, como los alcaudones y los eideres, tragan almejas y mejillones enteros y sus mollejas pulverizan las conchas.

El registro fósil deja claro que originalmente las aves tenían dientes. *Hesperornis regalis*, un ave buceadora que no volaba y vivió durante el período Cretácico (100 a 65 millones de años) tenía dientes y pico, un rasgo convergente que también mostraban algunos dinosaurios ceratópsidos como el famoso *Triceratops*. El ave fósil más famosa, *Archaeopteryx* que es mucho más antiguo, del Jurásico tardío (hace unos 150 millones de años) tenía claramente dientes y no tenía pico.

Un cráneo de *Ichthyornis* descubierto en 2014 sugiere que el pico de las aves puede haber evolucionado a partir de los dientes para permitir a los polluelos escapar de sus huevos antes y así evitar a los depredadores y también excavar superficies compactas como la tierra dura para acceder a los alimentos enterrados.

Ilustración de *Hesperornis*, un ave prehistórica del Cretácico tardío, que destaca por la presencia de pequeños dientes en su mandíbula inferior y superior, una característica inusual en las aves modernas. Estos dientes, dispuestos en surcos mandibulares, eran adaptaciones para sujetar y manipular peces resbaladizos, su principal fuente de alimento. Como excelente nadador, compensaba su incapacidad para volar con una anatomía perfectamente diseñada para la vida acuática, utilizando sus dientes como herramientas clave para la caza. Esta ilustración ofrece una visión única de su combinación de rasgos aviares y reptilianos [Catmando].

Mamíferos

Los mamíferos tienen habitualmente cuatro tipos de dientes:

— Incisivos: Dientes frontales, utilizados para morder y cortar.
— Caninos: Inmediatamente detrás de los incisivos, utilizados para agarrar, perforar o desgarrar. También para defensa y otros comportamientos agresivos.
— Premolares: Detrás de los caninos, utilizados para sujetar, triturar, aplastar, cizallar y rebanar.
— Molares: En la parte posterior, utilizados para triturar y moler.

La dentición también depende del tipo de dieta. Algunos mamíferos comen hojas, otros mastican huesos o comen carne y unos pocos mamíferos no necesitan dientes.

HERBÍVOROS: Hay tres subgrupos.

— Los que pacen: están equipados con molares altos de corona plana con crestas y surcos horizontales que permiten masticar y triturar materiales fibrosos y duros como la hierba.
— Los que ramonean: tienen dientes con cúspides puntiagudas en las coronas que son eficaces para masticar materiales vegetales más blandos como hojas y brotes.
— Los que roen: tienen dientes incisivos en forma de cincel junto con varios tipos diferentes de molares, capaces de romper materiales duros como la madera o las cáscaras de los frutos secos.

CARNÍVOROS: Los carnívoros tienen dientes en forma de cuchillas que son eficaces para perforar la piel, masticar y cortar trozos de carne.

OMNÍVOROS: Presentan dientes «de uso general» (no especializados) con coronas bajas y abultadas que sugieren una dieta que incluye una variedad de alimentos vegetales y animales triturados y pulverizados. Entre los mamíferos tienen dentición omnívora, entre otros, los seres humanos y los cerdos, en los cuales los incisivos con forma de cincel situados en la parte frontal de la dentadura han evolucionado para tener bordes biselados que les permiten recortar trozos del tamaño de un bocado. Justo detrás de los incisivos, hay dientes puntiagudos que intervienen en la perforación y agarre, y su gran desarrollo en los perros les da su nombre: caninos. Detrás de los caninos, los premolares y molares tienen amplias superficies aplanadas, perfectas para machacar y moler la comida que ha sido previamente troceada, perforada y desgarrada. También hay peces con una dentición omnívora como *Archosargus*, que se parece sorprendentemente a la de los humanos, aunque tiene tres filas de dientes en la mandíbula superior y dos en la inferior.

ESPECIALISTAS: Algunos animales tienen dientes poco comunes que se utilizan para un tipo específico de alimento, como la nutria marina, que come erizos de mar, o el león marino y el delfín, que comen peces, pero no los mastican.

Hay también unos pocos mamíferos con mordeduras venenosas: las musarañas. Hay tres especies en el género *Blarina* (Norteamérica) y dos en el género *Neomys* (Europa). Además, pueden tener hierro en el esmalte, como *Blarina* que tiene hidróxido férrico, lo que les da un aspecto oxidado y les hace más resistentes al desgaste, algo que ayuda en la alimentación frenética de estos animales Las musarañas no inyectan el veneno como las serpientes, sino que tienen dos incisivos inferiores dirigidos hacia adelante que vehiculan la saliva que contiene el veneno a la presa a la que muerden.

Fotografía de una musaraña, un pequeño mamífero insectívoro conocido por su ágil comportamiento y adaptaciones sorprendentes. Su dentición está compuesta por incisivos alargados y afilados que utiliza para perforar y desgarrar a sus presas, además de molares adaptados para triturar insectos y otros invertebrados. Algunas especies, como la musaraña de cola corta (*Blarina brevicauda*), poseen glándulas salivares que producen un veneno capaz de inmovilizar a sus presas, una rareza entre los mamíferos. Este veneno, administrado a través de surcos en sus dientes, las convierte en depredadores eficaces pese a su diminuto tamaño [Marcel Derweduwen].

Hay 5400 especies de mamíferos en los que falta completamente uno de los tipos de dientes. Los roedores y los lagomorfos no tienen caninos y sus cráneos se identifican por un amplio espacio entre los incisivos y premolares llamado diastema.

El edentulismo, no tener dientes, ha aparecido cuatro veces en los mamíferos. Lógicamente el éxito de las aproximadamente 27 especies de mamíferos edéntulos (de un total aproximado de seis mil especies) depende de la evolución de sistemas especializados de alimentación. La mayoría de los mamíferos edéntulos son mirmecófagos, es decir, se alimentan de hormigas y termitas. El primer grupo son los monotremas, donde hay animales con dientes como el ornitorrinco y cuatro especies de equidnas, un animal que asemeja un erizo, sin dientes. Un segundo grupo son los pangolines, animales con grandes escamas, una lengua extremadamente flexible y una molleja con gastrolitos. El tercero, los osos hormigueros, que tienen una lengua de 75 cm de largo y que está recubierta por una sustancia adherente para capturar los insectos de los que se alimenta. El cuarto grupo son los misticetos, las catorce especies vivas de ballenas con barbas, unas estructuras hechas de queratina. La única característica en común que tienen unos animales tan diversos es que se alimentan de presas diminutas que están disponibles en cantidades enormes. No necesitan masticar la comida.

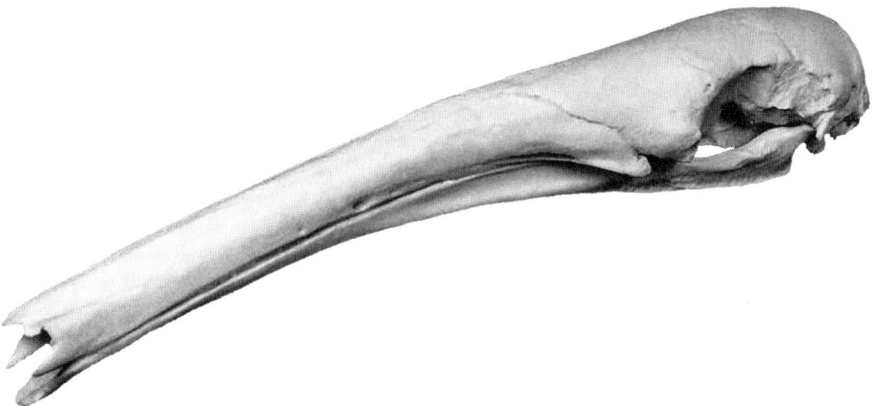

Cráneo de un oso hormiguero, que destaca por la ausencia de dientes. Esta adaptación refleja su dieta especializada en insectos, principalmente hormigas y termitas. En lugar de dientes, los osos hormigueros utilizan una lengua extremadamente larga y cubierta de saliva pegajosa para capturar sus presas dentro de túneles o termiteros. El cráneo alargado y el hocico tubular facilitan la extensión de la lengua, mientras que los músculos mandibulares reducidos reflejan la falta de necesidad de masticación [Knightpics Photography].

PAQUIDERMOS. Los elefantes suelen tener 26 dientes: los incisivos, que pueden crecer y convertirse en colmillos, doce premolares deciduos y doce molares. A diferencia de la mayoría de los mamíferos, a los que les crecen los dientes de leche y luego los sustituyen por una sola dentadura adulta permanente, los elefantes tienen ciclos de rotación de dientes a lo largo de su vida. Los dientes masticadores se sustituyen seis veces a lo largo de la vida de un elefante, pero no es una sustitución vertical, como en la mayoría de los mamíferos. En su lugar, los nuevos dientes crecen en la parte posterior de la boca y se desplazan hacia delante para expulsar a los viejos, que se van desgastando según mastica sus alimentos, material vegetal fibroso y áspero. El primer diente masticador de cada lado de la mandíbula (M1) cae cuando el elefante tiene entre dos y tres años. El segundo juego de dientes de masticación (M2) cae cuando el elefante tiene entre cuatro y seis años. El tercer juego (M3) se pierde a los 9-15 años, y el cuarto juego (M4) dura hasta los 18-28 años. El quinto juego de dientes (M5) dura hasta que el elefante tiene unos 40 años. El sexto (y normalmente último) juego (M6) debe durarle al elefante el resto de su vida. Los elefantes viejos intentan limpiar

Tanganyika, de camino a Longido en 1936, un cráneo de elefante donde se aprecian los grandes molares [Matson Photo Service. Library of Congress].

su comida del polvo y la arena para proteger sus últimos dientes. Cuando cae el último de estos dientes, independientemente de la edad del elefante, el animal ya no podrá masticar la comida y morirá de inanición.

Los colmillos de los elefantes están especializados para actividades relacionadas con la alimentación, como cavar raíces y quitar la corteza de los árboles. También son útiles para protegerse contra ataques de depredadores y para pelear durante la época de apareamiento. Los colmillos pueden tener una longitud de 1,5 a 2,4 metros y pesar entre 23 y 45 kilogramos. Se curvan hacia adelante y continúan creciendo durante toda la vida del animal. Durante miles de años la evolución ha favorecido los colmillos más grandes. Sin embargo, con la caza el hombre ha ejercido una selección artificial en sentido contrario. Durante la guerra civil de Mozambique (1977-1992) el número de elefantes del Parque nacional de Gorongosa cayó de 2500 a unos 250, debido a los cazadores furtivos. Las hembras sin colmillos, al parecer por una mutación en el cromosoma x, tenían una probabilidad cinco veces mayor de sobrevivir en el período entre 1978 y 2000. No eran piezas deseadas.

Robert Ellen extrayendo un diente a una cría de elefante en 1924.
[Harris & Ewing. Library of Congress].

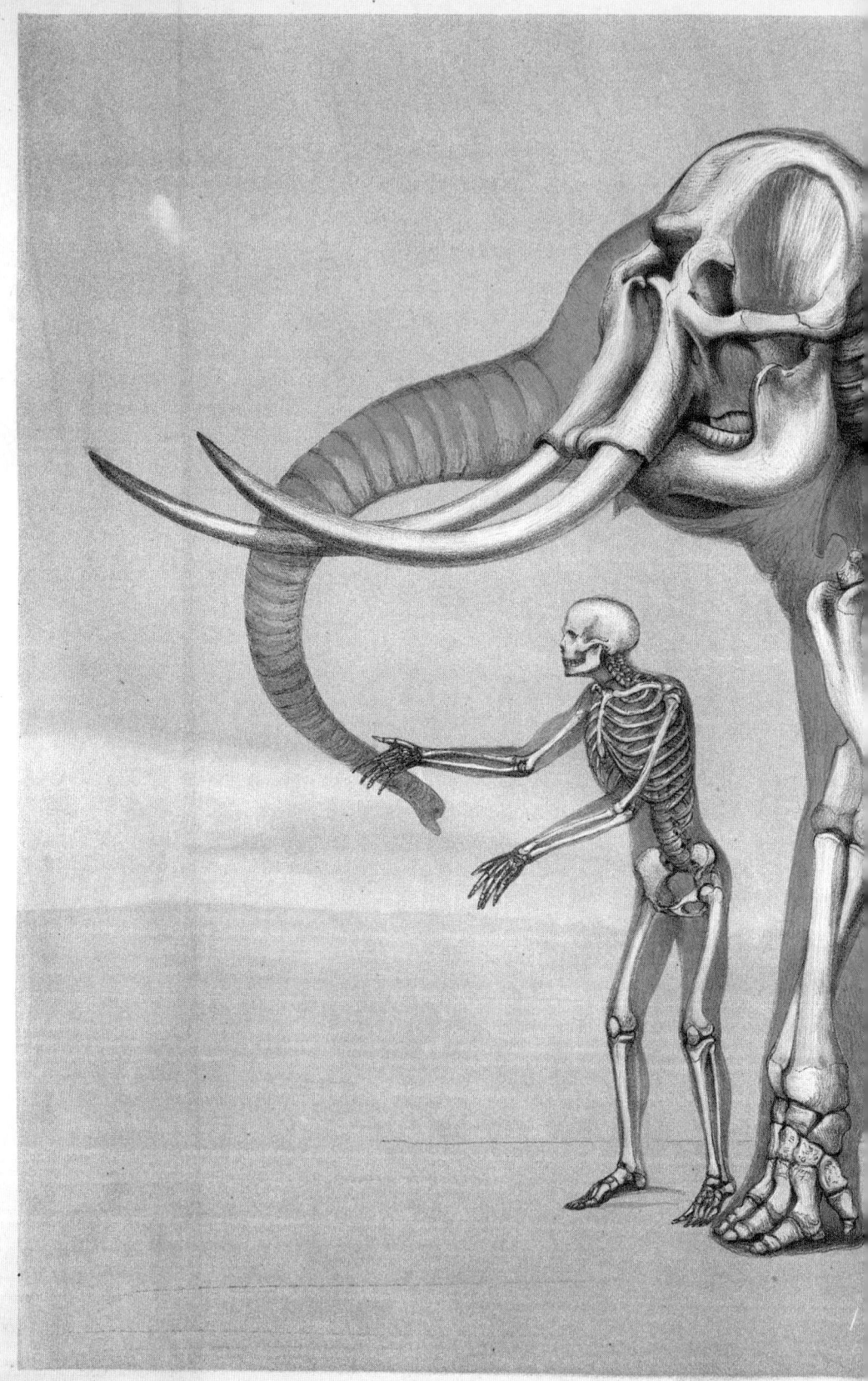

London, Pub

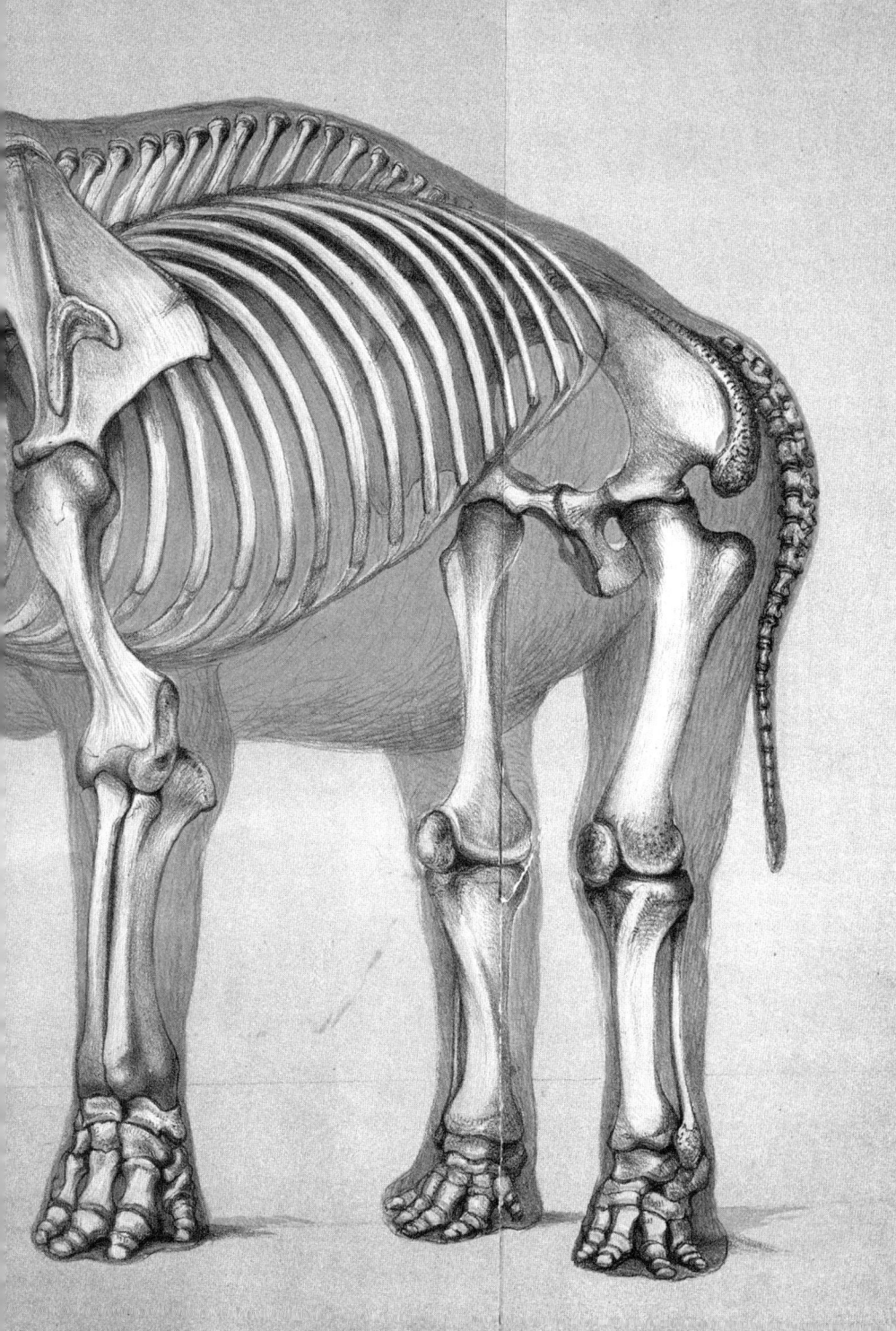

Hall, 193, Piccadilly

Printed by Vincent Brooks

Equinos. Un caballo adulto tiene entre 36 y 44 dientes, que incluyen 12 premolares, 12 molares y 12 incisivos. Las capas de esmalte y dentina de los dientes del caballo están entrelazadas. Generalmente, los equinos machos tienen también cuatro dientes caninos (llamados colmillos) entre los molares y los incisivos. Sin embargo, pocas hembras (menos del 28 %) tienen caninos, y cuando aparecer suelen ser uno o dos, que muchas veces solo asoman parcialmente. La superficie oclusal de los dientes está cubierta de bultos, surcos y protuberancias que encajan con los de la otra mandíbula.

Los dientes del caballo pueden utilizarse para estimar la edad del animal, un tema clave para establecer su precio en los muchos siglos en los que esta especie era fundamental como bestia de carga, combate y transporte. Entre el nacimiento y los cinco años, la edad puede estimarse observando el patrón de erupción de los dientes de leche y, a continuación, de los dientes permanentes que suelen haber erupcionado completamente a esa edad. Se dice entonces que el caballo tiene la boca «llena». Después, la edad puede estimarse tras estudiar los patrones de desgaste de los incisivos, la forma, el ángulo de unión de los incisivos y otros factores, aunque el desgaste de los dientes también puede verse afectado por otros factores como la dieta o las anomalías de nacimiento. Dos caba-

Vista ventral del cráneo de un caballo, sin la mandíbula inferior (falta un molar) [Wallenrock].

llos de la misma edad pueden presentar patrones de desgaste diferentes, lo que hace necesario un observador experto para estimar la edad de un ejemplar. Los caballos muy viejos, si carecen de muelas, pueden necesitar que se les triture y humedezca el forraje para crear una papilla blanda que puedan comer para obtener una nutrición adecuada.

Los caballos han sido uno de los grupos claves para entender la evolución. El género más antiguo era *Hyracotherium*, del tamaño de un fox-terrier, un hocico corto, incisivos pequeños y molares y premolares con una corona baja. Se piensa que era un rápido corredor que se alimentaba de comida no muy dura como frutos y brotes tiernos. Los fósiles de géneros más recientes (*Mesohippus, Merychippus, Pliohippus* y *Equus*) permitieron definir distintas tendencias como animales más grandes, con cráneos más alargados, patas más largas y especialmente, dientes mucho más altos, con coronas de mayor longitud. Este cambio se cree que estaba asociado a un cambio de dieta, con el consumo de plantas con abundantes depósitos de sílice en las paredes celulares, en particular hierbas. Este cambio estuvo asociado con una modificación de los ecosistemas que cambiaron en la zona donde vivían estos caballos primitivos que pasaron de ser bosques a praderas.

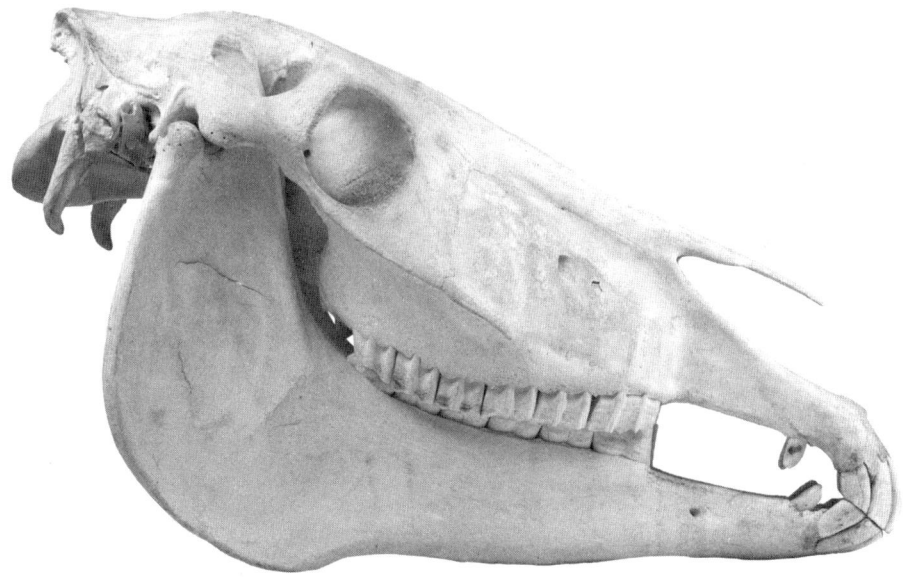

Vista lateral del cráneo de un caballo [Wallenrock].

Detalle de las barbas de una ballena, estructuras queratinosas que sustituyen a los dientes en los misticetos. Estas placas, dispuestas en filas en la mandíbula superior, actúan como un filtro natural que permite a la ballena capturar pequeñas presas, como kril y plancton, al expulsar el agua de su boca. Las barbas están formadas por fibras queratinosas que cuelgan hacia el interior de la cavidad bucal, aumentando su eficacia para retener alimento [Andrea Izzotti].

Una ventaja de la dentición de los equinos es que no solo son largos los molares, sino que siguen creciendo al mismo tiempo que su superficie apical se va desgastando. Otra adaptación de los caballos y sus ancestros más cercanos a la alimentación basada en hierba es el movimiento lateral de las mandíbulas, que ayuda a triturar el alimento. La ampliación de las superficies de la mandíbula donde se insertan los músculos ayuda a hacer ese trabajo muscular.

GLIPTODONTES. Los gliptodontes eran mamíferos enormes, de hasta dos toneladas de peso, que se han extinguido y tenían un caparazón que recuerda lejanamente al de una tortuga. No tenían incisivos ni caninos, pero se defendían con una cola que en su extremo tenía una serie de duras púas. La dentadura estaba formada por premolares y molares que desarrollaban un efecto molino triturador, que hacía que las partículas de alimento fueran empujadas y cortadas a través del movimiento constante de la mandíbula. Las mandíbulas tenían grandes inserciones musculares que les permitían también rumiar vegetales duros.

CETÁCEOS. Hay dos grupos de cetáceos, los que tienen barbas, como las ballenas, que se llaman misticetos y los que tienen dientes, como los cachalotes, orcas o delfines, que se llaman odontocetos. Los dientes de los odontocetos difieren considerablemente entre las diferentes especies y pueden ser numerosos: algunos delfines tienen más de 100 dientes. Mientras que las raíces de los dientes humanos están hechas de cemento en la superficie exterior, los cetáceos tienen cemento en toda la superficie del diente con una capa muy pequeña de esmalte en la punta. Los dientes de muchos cetáceos son similares en forma y tamaño, una condición que se llama homodontia y que es característica solamente, además de los cetáceos odontocetos, de los armadillos dentro de los mamíferos, pero de la mayoría de los peces, anfibios y reptiles.

Los narvales no tienen dientes tradicionales; sin embargo, a los machos les crece un diente largo y prominente que sobresale del lado izquierdo de la mandíbula superior. Este colmillo recto puede llegar a medir hasta la mitad de la longitud media del animal, que puede alcanzar más de tres metros. Es el único diente espiral en la naturaleza y crece en sentido antihorario si se mira desde la base hacia la punta.

El colmillo del narval es un canino. En el desarrollo aparecen seis pares de gérmenes dentarios en la mandíbula superior, pero solo dos pares siguen creciendo. En los machos, la pareja más frontal de gérmenes dentarios es la que da lugar a los colmillos. El izquierdo es el que más crece y atraviesa el labio superior y sigue creciendo toda la vida del animal. El segundo par de gérmenes dentarios produce unos dientes vestigiales que tienen una altura de 6 milímetros y una anchura de 3. En muchas especies el cemento es un material fibroso que une el diente a la mandíbula. En los narvales este material rico en colágeno recubre externamente al colmillo, lo que le da cierta flexibilidad.

Las hembras de narval rara vez tienen el famoso colmillo, pero su esperanza de vida es similar a la de los machos, lo que sugiere que el colmillo no debe ser esencial para la supervivencia del animal. El colmillo del narval contiene millones de vías sensoriales y se cree que sirve para percibir información durante la alimentación, la navegación y el apareamiento. Actúa como una auténtica antena y es el diente neurológicamente más complejo que se conoce. Se cree que ayuda, entre otras cosas, a distinguir diferencias en la salinidad, que sería algo fundamental para localizar los respiraderos después de una inmersión profunda. También podría funcionar como un rasgo sexual para competir por la atención femenina y una señal visual para ayudar a las hembras a seleccionar pareja. El colmillo espiral del narval es la fuente del legendario mito del unicornio.

Ilustración de un narval macho (*Monodon monoceros*), conocido por su icónico colmillo en espiral, que en realidad es un incisivo alargado que puede alcanzar hasta tres metros de longitud. Tiene una sensibilidad única gracias a las terminaciones nerviosas que atraviesan su interior. Aunque su función exacta aún se debate, se cree que podría estar relacionado con la competencia entre machos, la percepción sensorial o incluso la regulación de temperatura. Este rasgo distintivo convierte al narval en uno de los cetáceos más enigmáticos del Ártico [Sebastian Kaulitzki].

CÁNIDOS. Los perros tienen 42 dientes permanentes (12 incisivos, 4 caninos, 16 premolares y 10 molares). Los incisivos (101-103, 201-203, 301-303, 401-403) y los caninos (104, 204, 304, 404) tienen una sola raíz. En la arcada maxilar, los primeros premolares (105, 205) tienen una raíz, los segundos y terceros premolares (106, 107, 206, 207) tienen dos raíces, y los cuartos premolares (108, 208) y los primeros y segundos molares (109, 110, 209, 210) tienen tres raíces. En la arcada mandibular, los primeros premolares (305, 405) tienen una raíz; los segundos, terceros y cuartos premolares (306-308, 406-408) y los primeros y segundos molares (309, 310, 409, 410) tienen dos raíces; y los terceros molares (311, 411) tienen una raíz. En los perros, los dientes son menos propensos que en los humanos a formar caries debido al pH muy alto de la saliva canina, que impide que el esmalte se desmineralice.

Los carnívoros como los perros tienen dientes cuyas cúspides actúan como las partes de una tijera o cizalla y les permite trocear la carne de la que se alimentan. Se denominan muelas carniceras y son el cuarto premolar superior y el primer molar inferior. En cada masticación el desgaste por frotamiento de estas muelas hace que se afilen continuamente una con otra, por lo que el animal las tiene siempre muy afiladas. La pérdida o ruptura de las muelas carniceras en un carnívoro salvaje (por ejemplo, lobos) puede precipitar la muerte del animal por inanición.

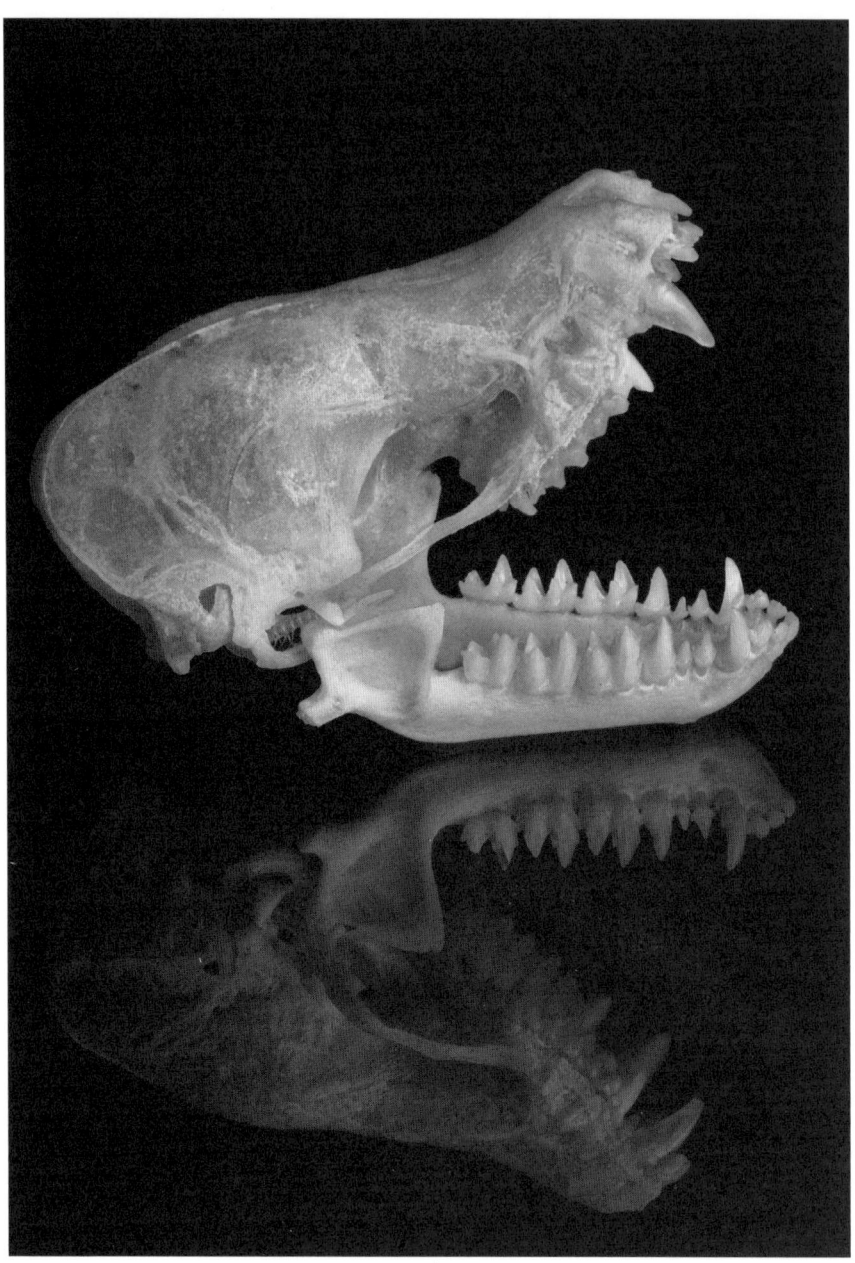

Cráneo de *Myotis lucifugus* (murciélago marrón pequeño), un insectívoro especializado cuya dentición refleja su dieta. Su mandíbula presenta incisivos pequeños y afilados, acompañados de premolares y molares con cúspides puntiagudas diseñadas para triturar quitina, el principal componente del exoesqueleto de los insectos. Este diseño dental eficiente permite a este murciélago consumir grandes cantidades de insectos en vuelo. El cráneo también muestra una estructura ligera pero robusta, ideal para reducir el peso sin comprometer la fuerza necesaria para morder a sus presas [Gerry Bishop].

Conejos. Los conejos y otros lagomorfos mudan sus dientes de leche antes o muy poco después de nacer, y suelen nacer con sus dientes permanentes. Los dientes de los conejos son lógicamente acordes a su dieta, que consiste en una amplia gama de vegetales. Dado que muchos de estos alimentos son lo suficientemente abrasivos como para causar un fuerte desgaste, los dientes de los conejos crecen continuamente durante toda la vida. Los conejos tienen un total de seis incisivos, tres premolares superiores, tres molares superiores, dos premolares inferiores y dos molares inferiores en cada lado. No tienen caninos. Los incisivos se desgastan de tres a cuatro milímetros cada semana, mientras que los demás dientes tardan un mes en desgastar una longitud similar.

Quirópteros. Hay 1470 especies de murciélagos, de las cuales solo tres son vampiros, los únicos vertebrados que se alimentan exclusivamente de sangre. Estas tres especies tienen el menor número de dientes, 20, 22 y 26, mientras que los demás murciélagos pueden llegar a tener 38. Un ejemplo perfecto de adaptación es que los molares de los vampiros son pocos (*Desmodus* tiene uno superior y uno inferior en cada lado de la mandíbula) y pequeños. Es perfectamente lógico que unos dientes especializados en moler sean de poco uso en un animal que se alimenta exclusivamente de líquido. Los premolares a su vez actúan como la navaja de un barbero y su función es abrir una pequeña ventana entre la piel, las plumas o las escamas de su presa. Los incisivos y caninos son extremadamente afilados, para hacer el mínimo daño al morder, y la saliva contiene anticoagulantes para que la sangre no deje de fluir. El incisivo y el canino superiores son proporcionalmente grandes y muy afilados y parece que estuvieran fusionados, el incisivo inferior es también grande y puntiagudo, pero el canino inferior es más romo y tiene otra función, sujetarse a la piel de la presa para mantenerse agarrado a la herida.

Los incisivos y caninos de los murciélagos vampiros o no tienen apenas o pierden el esmalte. La razón es que los dientes superiores e inferiores se frotan en un proceso llamado tegosis que les mantiene afilados como bisturíes. Cada uno de estos murciélagos vampiros pueden beber cada noche una cantidad de sangre equivalente a la mitad de su peso previo. El problema es que el 90 % de la sangre es agua y el resto prácticamente proteína, con lo que apenas ingieren grasas y glúcidos y no tienen apenas reservas. Eso hace que no puedan estar más de 48 horas sin comer, pues necesitan un aporte de energía prácticamente continuo para volar y mantener la temperatura.

Los murciélagos también son difiodontos, pero, al contrario que nosotros, en vez de que los dientes de leche parezcan versiones reducidas de los dientes adultos, son muy diferentes: los dientes de leche son pequeños, con forma de gancho y con un extremo puntiagudo y curvo, que recuerda a un Velcro. La explicación es que esos dientes permiten sujetarse firmemente a la madre mientras lo lleva volando y no perforan la piel del adulto. La sujeción es importante porque las alas de los murciélagos son brazos y manos modificados, por lo que una hembra no puede volar y sujetar a su cría al mismo tiempo.

ROEDORES. Los roedores tienen incisivos hipselodontos superiores e inferiores, que pueden depositar continuamente esmalte y dentina a lo largo de su vida. También se conocen como dientes arradiculares y, a diferencia de los humanos cuyos ameloblastos mueren después del desarrollo del diente, los roedores mantienen estas células que producen continuamente nuevo esmalte, por lo que pueden -¡y deben!- desgastar sus dientes royendo diversos materiales, incluidas madera, frutas o la cáscara de los frutos secos. La microestructura del esmalte de los incisivos de los roedores es útil para estudiar la filogenia y la sistemática de los roedores debido a la evolución independiente de los demás rasgos dentales.

Los dientes de los roedores tienen esmalte en la superficie labial, la exterior y no en la lingual, la interior, donde solo existe dentina. Como la dentina es más blanda que el esmalte, al roer materiales medianamente duros los dientes se autoafilan como si fueran gubias. Por otra parte, se encuentran molares en continuo crecimiento en algunas especies de roedores, como el topillo y el conejillo de Indias. Hay variaciones en la dentición de los roedores, pero, en general, carecen de caninos y premolares y tienen un espacio entre los incisivos y los molares llamado diastema.

PINNÍPEDOS. A este grupo pertenecen las focas y morsas. La foca cangrejera tiene una dentición muy particular con dientes con múltiples cúspides. A pesar del nombre, no se alimenta de cangrejos, sino de krill, diminutos crustáceos que son también el principal alimento de las ballenas. Mientras que las ballenas filtran el agua con las barbas, las focas, que nadan y absorben grandes sorbos de agua, filtran el krill con los dientes, un proceso único de alimentación. Las morsas utilizan sus potentes colmillos para defenderse y atacar, para exhibir su fortaleza, estatus y sexo, para ayudarse para salir del agua, para caminar sobre el hielo y para mantener abiertos los respiraderos que excavan en la superficie helada. Los colmillos están presentes en ambos sexos, pero en los machos suelen ser más largos, más rechonchos, con una sección más angular y más rectos, mientras que los de las hembras suelen ser de sección redonda y tener una mayor curvatura. En promedio miden cincuenta centímetros de largo; excepcionalmente se observan longitudes récord de un metro.

SIRÉNIDOS. Los manatíes (*Trichechus* sp.) son polifiodontes que solo presentan, en los adultos, molares. No hay presencia de incisivos ni caninos, que solo aparecen como dientes de leche hundidos en el premaxilar. Los molares adultos son reemplazados continuamente durante toda la vida del manatí de forma similar a lo que hacen los elefantes, con un recambio horizontal. Sin embargo, al contrario de los elefantes, el número de muelas es variable y depende de la dieta y de la cantidad de arena en el ambiente, dos factores que determinan el desgaste dentario. De forma similar a lo que hacen los elefantes con su flexible trompa, los manatíes usan sus móviles labios para atrapar y arrancar las hierbas acuáticas de las que se alimentan, lo que suple la ausencia de dientes frontales.

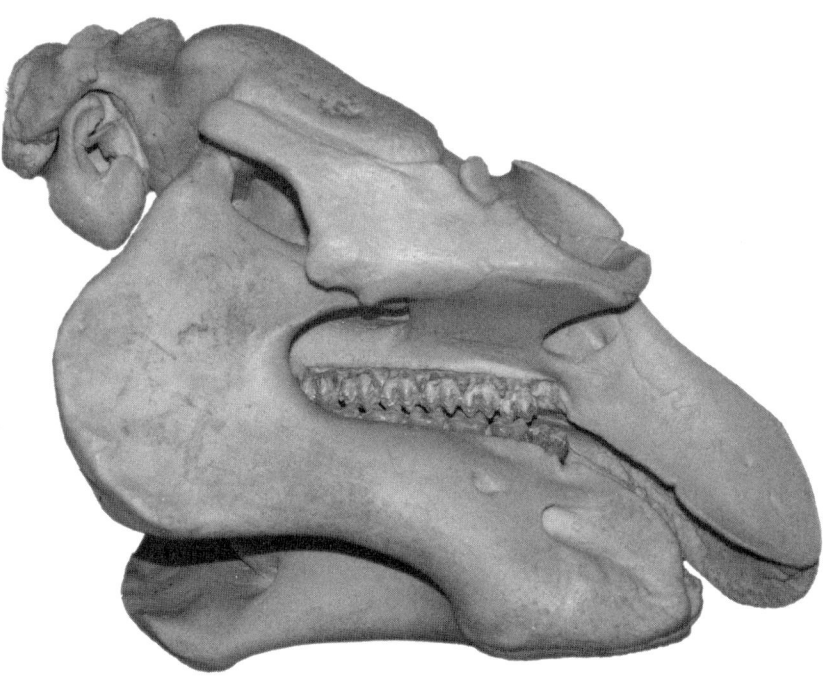

Vista lateroventral del cráneo de un manatí (*Trichechus manatus*) [Gilbert S. Grant].

oe quam de Heere neder om de Stadt en Toren te besien die de Menschen-kinderen Bouwden, en seide; laat ons ha

Grabado de 1680 que representa escenas del capítulo 10 del Génesis: «*Entonces descendió el Señor para ver la ciudad y la torre que los hijos de los hombres habían construido, y dijo: confundamos su lenguaje para que no entiendan el habla de su prójimo; así fueron dispersados y cesaron de construir la ciudad, etc.*», con una narrativa visual rica y detallada. Además de la construcción de la torre y las actividades relacionadas, la imagen incluye una diversidad de escenas humanas y animales:

rren op dat elk synen naaſten niet en hoore Alſoo wierden sy verſtrooit en hielden op de Stadt te bouwen. et

riñas, danzas, sacrificios, un camello cargado en apuros, y un tumulto en un mercado. En la esquina inferior derecha, se distingue un dentista examinando a un paciente, una representación temprana de la práctica odontológica. Este grabado, con un puerto concurrido a la izquierda y una ciudad establecida en la parte superior derecha, combina la iconografía religiosa con un registro vibrante de la vida cotidiana [Wellcome Collection].

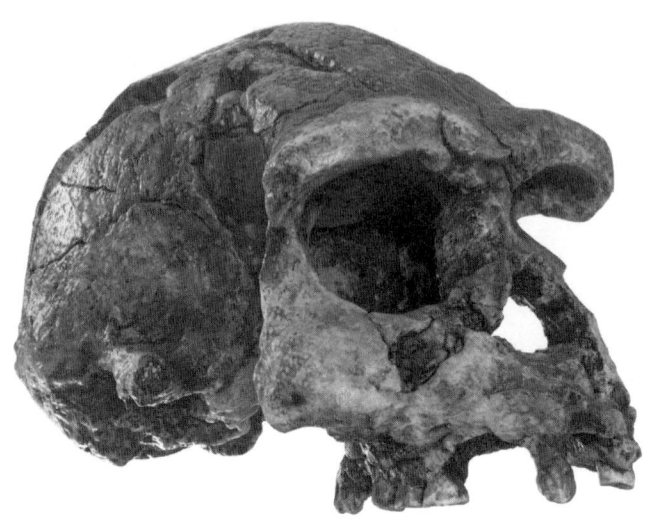

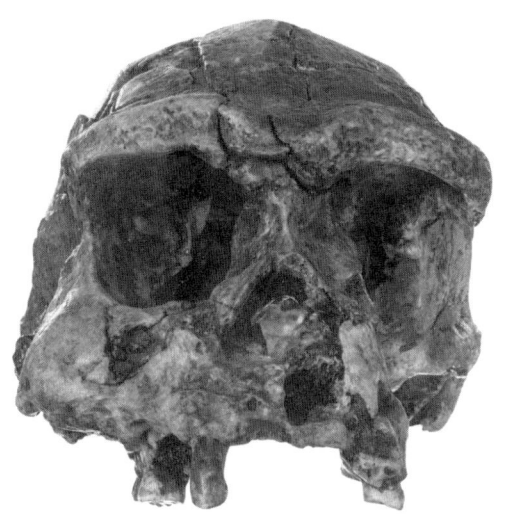

Cráneo de *Homo erectus* descubierto en Sangiran, Java, Indonesia, uno de los yacimientos más importantes para el estudio de los primeros homínidos. Este espécimen, datado entre 1,5 y 1 millón de años atrás, muestra características distintivas de la especie, como una frente baja, arcos superciliares prominentes y una capacidad craneal intermedia, de aproximadamente 900-1100 cm³, que refleja avances en el desarrollo cerebral. Los restos dentales indican una dieta variada, con dientes robustos adaptados tanto para alimentos duros como blandos. Este es uno de los hallazgo clave para comprender la evolución y dispersión de *Homo erectus* en Asia [Puwadol Jaturawutthichai].

PREHISTORIA

Los dientes tienen la gran ventaja arqueológica de estar fabricados con células y tejidos que pueden sobrevivir un siglo en el duro entorno de la boca. También subsisten en una amplia gama de yacimientos arqueológicos y condiciones de enterramiento. Los dientes de los grandes animales forman parte de la canal que se desecha al comienzo del proceso de destazar, por lo que se incorporan rápidamente a los depósitos de basura. Se reconocen fácilmente durante las excavaciones arqueológicas y se recuperan rutinariamente de forma similar a los artefactos presentes en los yacimientos. A menudo, dientes y muelas se encuentran entre los hallazgos más numerosos y ayudan a conocer el hábitat, las principales presas y la fauna de la zona. En muchos yacimientos, por ejemplo, el número de fragmentos identificables de huesos y dientes supera el total de piezas de cerámica reconocibles.

Para los arqueólogos, los dientes fósiles han aportado mucha información sobre la prehistoria y la historia de la humanidad. Los dientes se forman durante la infancia y se caracterizan por su escasa o nula remodelación a lo largo de la vida y porque subsisten mucho tiempo en una gran diversidad de terrenos. Estas características los convierten en un «archivo» ideal y permiten un registro de la salud y la vida de su propietario, qué tipo de comida ha consumido, a qué edad ha sido destetado, qué enfermedades ha tenido y a qué sustancias ha estado expuesto. Los isótopos de estroncio, por ejemplo, indican el origen geográfico de una persona, mientras que los análisis de carbono y nitrógeno proporcionan información sobre su dieta.

Gracias a estos análisis sabemos que los homininos que vivían en el este de África entre hace 4,4 y 4 millones de años tenían dietas basadas en plantas C3. Estas plantas son más blandas y con grandes hojas, mientras que las plantas C4 incluyen sobre todo hierbas y cereales, con hojas finas, fibrosas y a menudo mineralizadas. Hace aproximadamente 3,5 millones de años, varias especies de homininos, incluyendo *Australopithecus afarensis*, hicieron una transición a una dieta más diversa que incluía plantas C3 y C4. Desde ese momento todos los homininos, también posteriormente *Homo sapiens*, fueron adoptando dietas cada vez más variadas.

Los análisis isotópicos seriados permiten seguir el curso de la nutrición desde el nacimiento hasta alrededor de los 20 años y posibilitan ver los cambios desde la alimentación con leche materna en la infancia hasta la introducción de alimentos sólidos durante la primera niñez, que son más dependientes de las condiciones ambientales y con más riesgo de contaminaciones y transmisión de enfermedades.

El hombre prehistórico tenía una salud dental razonablemente buena. Dos factores eran claramente responsables: por un lado, la ausencia de azúcares refinados en la dieta limitaba mucho el crecimiento de bacterias en la boca. Por otro lado, la corta esperanza de vida hacía que los dientes prehistóricos estuvieran todavía en muchos casos en muy buen estado en el momento de la muerte de su propietario.

Además de los humanos, los dientes están siendo claves para conocer la evolución de los otros primates. Casi todo lo que sabemos sobre la evolución de los grandes simios está prácticamente basado en sus dientes. No hay esqueletos de chimpancés y gorilas antiguos, a pesar de que llevan en África de siete a diez millones de años. En el caso del orangután, una especie asiática, se han encontrado miles de dientes fósiles, pero solamente se ha recuperado un esqueleto.

ODONTOLOGÍA NEANDERTAL

El estudio de los dientes se ha convertido en una de las herramientas clave de la Paleoantropología. Se ha dicho en broma que la evolución humana son muelas que se aparean para dar nuevas generaciones de muelas ligeramente modificadas, pues los dientes son los fósiles que mejor se conservan. Un ejemplo son los denisovanos, considerados una especie distinta de hominino y contemporánea a los sapiens y los neandertales, de los que hasta el momento se han identificado muy pocos individuos y de varios de ellos lo único encontrado son muelas.

El dato más antiguo que tenemos de una intervención sobre los dientes tuvo lugar hace 130 000 años y lo más llamativo es que no fuimos nosotros los responsables, los sapiens, sino *Homo neanderthalensis*, el hombre de Neandertal. La investigación, llevada a cabo por el antropólogo David Frayer y sus colegas, revela que los dientes de un neandertal presentan pruebas definitivas de haber sido raspados con un palillo y también haber sufrido otros tipos de manipulación.

Frayer y sus colegas analizaron cuatro dientes sueltos que se supone que son del mismo individuo y fueron encontrados originalmente en un yacimiento de Krapina (Croacia), entre 1899 y 1905. Mediante la observación visual —a simple vista y con la ayuda de un microscopio—, el equipo identificó unos claros surcos realizados con algún tipo de fino punzón de madera, junto con otros arañazos en la dentina y el esmalte de los dientes. Se considera la huella del primer palillo de dientes.

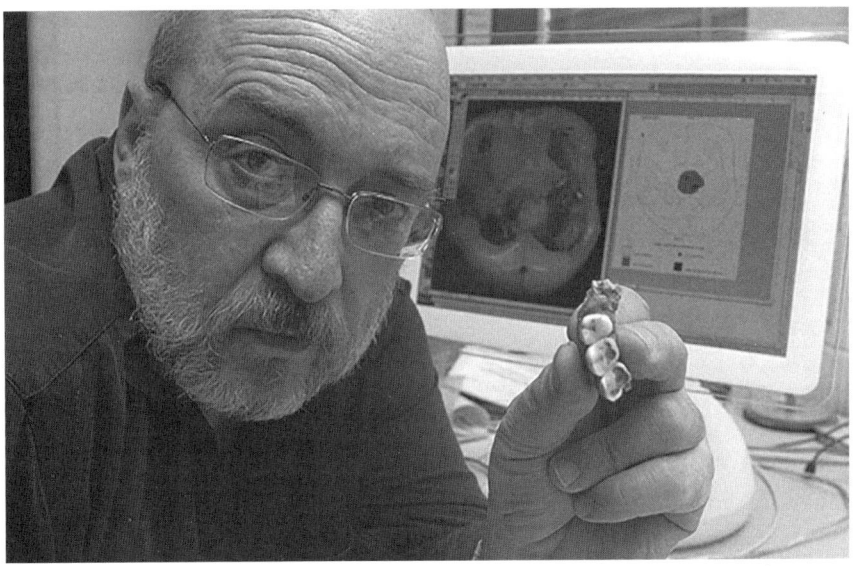

David Frayer, profesor de antropología en la Universidad de Kansas, sostiene un grupo de dientes descubiertos en un yacimiento arqueológico en Pakistán. Se identificaron 11 marcas o perforaciones realizadas en los dientes de los cráneos encontrados en enterramientos que datan de entre 7500 y 9000 años. Este hallazgo representa una de las evidencias más antiguas de prácticas dentales, posiblemente relacionadas con tratamientos médicos o rituales [Lawrence Journal-World].

El descubrimiento no es nada especial. Muchos estudios anteriores han identificado surcos similares en los dientes de varios tipos de homininos primitivos, que se remontan hasta dos millones de años atrás. Sin embargo, el equipo de Frayer estableció que uno de los dientes de su neandertal estaba probablemente colocado de forma anómala en la mandíbula inferior (que falta) y, por tanto, era muy probablemente doloroso. Encontraron que el premolar y el molar M3 estaban desplazados de su posición habitual y, asociado a eso, encontraron seis surcos entre esos dos dientes y los dos molares más alejados detrás de ellos. Los arañazos indican que este individuo estaba empujando algo en su boca para llegar a ese premolar torcido y probablemente buscar un alivio a su malestar.

Aunque se ha demostrado que los palillos eran ampliamente utilizados por las especies de homininos, las razones por las que eran populares siguen sin estar claras. Muchos sugieren que se utilizaban para aliviar una posible incomodidad— y por ejemplo, desalojar el material atascado entre los dientes—, mientras que otros especulan que se utilizaban para inducir el procesamiento de la fibra y el flujo de saliva. «Sin embargo —añaden los autores— también ocurre sin signos de patología oral, por lo que pueden ser idiosincrásicos, producto de un comportamiento nervioso». Las características de esos restos fósiles son consistentes con «medidas paliativas para 'tratar'... problemas dentales» y encaja en la visión actual de los neandertales como individuos inteligentes y creativos, capaces de modificar su entorno personal mediante el uso de herramientas.

El análisis de los dientes también nos permite saber más sobre la dieta de los neandertales y sus diferencias regionales. Tras analizar la placa dental calcificada en especímenes de la cueva de Spy (Bélgica), los investigadores determinaron que la dieta de aquellos neandertales se basaba en gran medida en la carne e incluía rinocerontes lanudos y ovejas salvajes (muflones), especies características de un entorno estepario. En cambio, no se detectó carne en la dieta de los neandertales de la cueva de El Sidrón (Asturias, España) y los componentes básicos de su dieta: setas, piñones y musgo, eran congruentes con la recolección en el bosque. Las diferencias en la dieta también se relacionaron con diferencias importantes en la microbiota oral, los microorganismos que habitan en la boca.

Estos dientes prehistóricos también nos hablan del estado de salud de sus propietarios. En los dientes de un neandertal de El Sidrón se vio que había sufrido un absceso dental y se detectó la presencia de un patógeno gastrointestinal crónico: *Enterocytozoon bieneusi*, un microbio que causa intensas diarreas. Además, el sarro de este neandertal contiene restos de ADN del hongo *Penicillium,* un antibiótico natural, y de álamo, un árbol cuya corteza, raíces y hojas contienen ácido salicílico, el ingrediente activo de las aspirinas. Un neandertal varón de este mismo yacimiento se dedicaba a retocar los filos de las herramientas de piedra con la boca (la usaba como una tercera mano), lo que le produjo desconchones en el esmalte y la dentina en los dientes superiores. Como vemos, el estudio de los dientes proporciona una información rica y variada.

El análisis de los dientes tanto actuales como fósiles también permite conocer la edad de la persona en su fallecimiento y datar algunos de los principales sucesos biológicos de su vida como menarquía, partos o menopausia. Incluso si la conservación del ADN no es buena, la microestructura del cemento dental es sexualmente dimórfica y permite inferir el sexo de individuos de distintas épocas. Así, el estudio de la boca aporta información única sobre los homininos prehistóricos.

Caries prehistórica

Hasta hace poco apenas se conocían casos de caries en el Paleolítico medio de Europa y Asia occidental, es decir, en la época de los neandertales. Los pocos casos identificados se relacionaban con una fractura del esmalte. Sin embargo, en septiembre de 2013 se publicaron los resultados de estudios sobre 52 esqueletos encontrados en la cueva de la Paloma, en el este de Marruecos, datados entre 15 000 y 13 700 años. Estos estudios demostraron que estos cazadores-recolectores sapiens ya padecían caries, lo que contrasta con la suposición anterior de que esta enfermedad dental solo surgió tras el consumo de glúcidos procedentes de la producción intensiva de cereales, es decir, solo en el Neolítico y tras el desarrollo de la agricultura. Al parecer, los daños en los dientes procedían de la recolección de bellotas, piñones y pistachos. Al mismo tiempo hay una extracción generalizada, probablemente ritual, de los dientes frontales. Por eso, es aún más sorprendente que teniendo experiencia en la extracción de dientes, no se haya encontrado evidencia de la extracción de dientes cariados, incluso si se habían formado abscesos que debían generar un potente dolor.

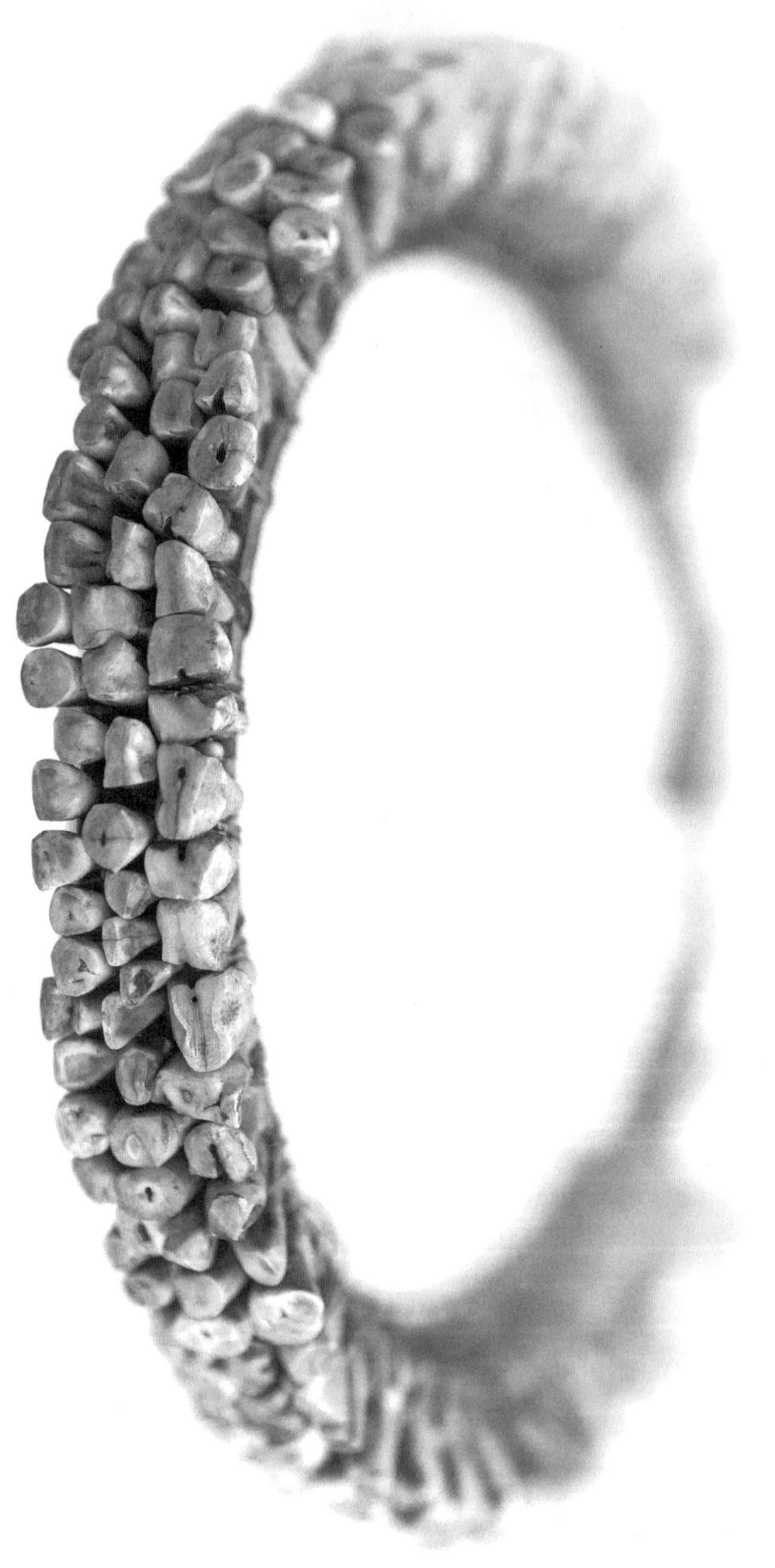

LOS DIENTES COMO ADORNO Y OFRENDA

En el Paleolítico superior (hace entre 50 000 y 12 000 años) cada vez se da más importancia a los ornamentos, y aparecen conchas perforadas, cuentas/colgantes de hueso y también dientes. Las tecnologías utilizadas para fabricar esos ornamentos y la difusión cultural de un lado al otro del Mediterráneo, desde la Península Ibérica hasta lo que es ahora Israel, permite comprender las estrategias de subsistencia, el comportamiento y la cultura de los humanos del Pleistoceno. Salvo que se encuentren en enterramientos, que son raros en este período, es imposible asociar los artefactos a individuos humanos concretos que puedan ser caracterizados morfológica o genéticamente. Así pues, nuestra capacidad para relacionar alguno de estos dientes con individuos concretos, en variables tales como su sexo, su estatus o su ascendencia genética, es limitada.

Un uso de los dientes es como adorno. El ADN antiguo extraído de un colgante de diente de ciervo de unos 20 000 años de antigüedad indica que pudo llevarlo en su día una mujer del norte de Eurasia. Los hallazgos se han realizado mediante un innovador método no destructivo de extracción de ADN. Los dientes son porosos y, por tanto, propicios a la penetración de fluidos corporales (por ejemplo, sudor, sangre o saliva), y además contienen hidroxiapatita, un mineral del que se sabe que adsorbe ADN y reduce su degradación por hidrólisis o por la actividad enzimática de las nucleasas. Por lo tanto, los dientes antiguos pueden funcionar como un reservorio no solo para el ADN que se libera dentro de un organismo durante su vida y posterior descomposición, sino también para el ADN exógeno que entra en la matriz *post mortem* a través de la colonización microbiana o la manipulación por parte de los seres humanos.

Hasta ahora, la extracción de ADN de material esquelético antiguo requiere un muestreo destructivo o corre el riesgo de alterar los especímenes. La conservación es una preocupación primordial debido a la escasez de artefactos óseos y dentales en los yacimientos del Pleistoceno, especialmente de colgantes y otros ornamentos que se manipulaban mucho o se llevaban en estrecho contacto con el cuerpo. El nuevo método permite aislar el ADN de huesos y dientes, preservar la integridad del material y recuperar ADN de artefactos óseos y dentales.

◀ Collar de dientes humanos de Kalimantan Occidental en la
isla de Borneo, Indonesia [Dennis van de Water].

La aplicación del método a un colgante de diente de ciervo del Paleolítico Superior de la cueva de Denisova (Rusia) permitió recuperar genomas mitocondriales humanos y de ciervo antiguos, lo que permitió estimar la edad del colgante en aproximadamente 19 000-25 000 años. El análisis del ADN nuclear identifica a la presunta creadora o portadora del colgante como una mujer con fuertes afinidades genéticas con un grupo de antiguos individuos del norte de Eurasia que vivieron en la misma época, pero que hasta ahora solo se habían encontrado más al este, en Siberia. Este trabajo redefine el modo en que los registros culturales y genéticos pueden relacionarse en la arqueología prehistórica.

El uso de materias primas animales, como huesos, conchas de moluscos y cáscaras de huevo para expresiones simbólicas es anterior a la manipulación de los dientes en el Paleolítico. Además de un único ejemplo vinculado al *Homo erectus*, se han documentado adornos de hueso y concha en contextos asociados a los neandertales. Los dientes perforados se encuentran entre las primeras expresiones simbólicas del Paleolítico Superior de Eurasia. Varios tipos de dientes (incisivos, caninos, premolares y molares) de un amplio espectro de animales herbívoros (renos, ciervos, caballos, bisontes y cabras) y carnívoros (oso, lobo y zorro) y también de seres humanos fueron utilizados para la fabricación de adornos.

Algunos de los ornamentos corporales descubiertos en la cueva de Renne, Francia, elaborados con dientes y conchas, que datan de hace aproximadamente 40 000 años. Estos artefactos, asociados a los neandertales, evidencian un complejo comportamiento simbólico, como el uso de adornos personales para expresar identidad o estatus social. La precisión en la perforación de los dientes y el trabajo del marfil refleja habilidades avanzadas y el empleo de herramientas especializadas, destacando la capacidad artística y cultural de estos grupos prehistóricos [Marian Vanhaeren].

Los signos de desgaste de los ornamentos personales del Paleolítico indican un uso prolongado, lo que hace difícil determinar si se fabricaron *in situ* o se trajeron como productos acabados desde tierras lejanas. La hipótesis más aceptada indica un alto grado de movilidad de los ornamentos personales del Paleolítico, ligada a los viajes de sus propietarios. La evaluación de su vida útil o la localización en un territorio determinado es un ejercicio bastante especulativo. Sin embargo, la presencia de dientes inacabados en alguno de los yacimientos, abandonados o perdidos antes de que se realizara la perforación que permitía colgarlos, implica la producción local de al menos algunos de los ornamentos dentales. Además, el trabajo in situ de otras materias primas animales, como el hueso y las astas, se demuestra por la presencia, en ambos yacimientos, de piezas en bruto y desechos asociados a la producción de punzones para hacer las perforaciones en los dientes. Con respecto a sus usos, se piensa que podrían usarse como cuentas en un collar, una pulsera, atadas o cosidas a la ropa, en cestas y bolsas u otros.

Aparentemente, no todos los dientes eran igualmente valiosos. La preferencia de un taxón y de un diente en particular, a saber, los caninos vestigiales del ciervo, para hacer adornos personales es un comportamiento muy común entre los auriñacienses europeos y levantinos. El periodo auriñaciense se extiende desde hace 38 000 a hace 30 000 años. Parece que los dientes perforados de ciervo rojo eran importantes y los portaban individuos que viajaban largas distancias, lo que sugiere que tenían un alto valor simbólico. El motivo podría ser la particular forma redondeada de estos caninos, así como su brillo y sus cualidades táctiles. Se han propuesto razones similares para otras materias primas de adornos y joyas como el marfil, el ámbar y las conchas. De hecho, los caninos de los ciervos fueron a veces imitados con otros materiales (hueso y asta) por grupos de cazadores-recolectores del Paleolítico en Europa y el Levante.

Un antiguo enterramiento descubierto en Vedbaek (Dinamarca), que data de hace 7000-6000 años, reveló los restos de una mujer joven, de unos 20 años, y su bebé recién nacido. Los investigadores creen que ambos fallecieron probablemente durante el parto. El niño estaba acunado en un ala de cisne, con un cuchillo de sílex a su lado, y la madre tenía cerca de la cabeza doscientos dientes de ciervo.

A veces los dientes presentan manchas de ocre dentro y fuera de la perforación que ería para colgarlos. Hay dos hipótesis, que la presencia de ocre sea prueba de un comportamiento simbólico, el ocre se usaba frecuentemente en enterramientos, o que se utilizara por sus propiedades

abrasivas, para facilitar la perforación del agujero. En efecto, combinado con una pequeña cantidad de agua, el ocre es útil para aumentar el poder de penetración de la herramienta lítica utilizada para hacer una perforación en la raíz de un diente.

Si eran capaces de usar brocas para hacer perforaciones en un diente para colgarlo, surge la pregunta de si podrían usar el mismo sistema para tratar un diente dañado. En 2015 se examinó un molar deteriorado de un varón de 14 000 años de antigüedad, cuyos restos fueron encontrados en 1988 en la cueva rocosa de Riparo Villabruna, en el norte de Italia. Los resultados muestran que el agujero en el diente se realizó con una broca de piedra puntiaguda muy pequeña para eliminar el tejido infectado. Hasta entonces, los tratamientos dentales más antiguos que se conocían estaban datados hace entre 7500 y 9000 años en lo que hoy es Pakistán, como lo demuestran los hallazgos en Mehrgarh (Baluchistán), uno de los sitios arqueológicos más importantes de un grupo de asentamiento prehistórico en el sur de Asia. Los habitantes parecen haber sido hábiles fabricantes de joyas y también aplicaron sus habilidades manuales para perforar pequeñas cavidades cariosas con herramientas de piedra como las que se utilizan para hacer collares de perlas. La reconstrucción de esos dientes muestra que los métodos de tratamiento de la época parecían ser eficaces mucho tiempo antes de lo anteriormente estimado.

Un tercer abordaje de tratamiento es la extracción de dientes dañados e irrecuperables. Hallazgos en yacimientos de Italia y Túnez muestran evidencias de extracciones de dientes. Al parecer, al menos a una de cada tres mujeres adultas se le extraían dientes con frecuencia. Sin embargo, dado que no hay otros rastros de violencia en el área facial, esto probablemente se debió a razones cosméticas, rituales o sociales, como por ejemplo de estatus, más que a un tema de salud bucal. La idea de una función ritual es sugerida por comparaciones etnológicas.

◀ Collar tradicional elaborado por la tribu asmat de Indonesia, confeccionado con conchas marinas, dientes de perro y colmillos de jabalí. Este ornamento refleja la profunda conexión cultural de los asmat con su entorno natural, utilizando materiales locales para crear piezas cargadas de simbolismo. Los collares, a menudo utilizados en ceremonias y como indicadores de estatus, muestran la habilidad artesanal y las prácticas ancestrales de esta comunidad, preservadas durante generaciones [Ririn Giriyanti].

NEOLÍTICO

Los historiadores y científicos han encontrado numerosos dientes en yacimientos, enterramientos y otros lugares de distintos pueblos y civilizaciones. Algunas mandíbulas muestran dientes que faltan, que están rotos o desgastados y en algunos casos presentan señales del trabajo de un dentista.

Los genomas microbianos antiguos arrojan luz sobre la evolución de los patógenos a lo largo de milenios y los dientes ofrecen un rico sustrato para tales estudios. En general, lo más usado es el estudio arqueológico de la placa dental, que es lo que mejor fosiliza, pero también ha habido resultados importantes del análisis directo de los dientes. Un trabajo reciente ha recuperado microbiomas notablemente conservados de dos dientes de 4000 años de antigüedad pertenecientes al mismo individuo masculino hallados en una cueva irlandesa de piedra caliza. El análisis genético de estos microbiomas revela importantes cambios en el microambiente bucal desde la Edad de Bronce hasta nuestros días.

La aparición de las caries

Iseult Jackson y sus colegas identificaron el primer genoma antiguo de alta calidad de *Streptococcus mutans*, el principal culpable de la caries dental y que no se conserva en la placa dental fósil. Mientras que *S. mutans* es muy común en las bocas modernas, es excepcionalmente raro en el registro genómico antiguo. Su falta de preservación en microbiomas antiguos puede deberse en gran medida a su naturaleza acidogénica; el ácido degrada el ADN e impide la mineralización de la placa, que es el principal sustrato utilizado para el muestreo arqueológico. Su ausencia también puede reflejar hábitats menos favorables para *S. mutans* a lo largo de la mayor parte de la historia de la humanidad. El registro arqueológico muestra un repunte de la caries dental tras la adopción de la agricultura cerealista hace miles de años, pero se ha producido un aumento aún más espectacular en los últimos cientos de años, cuando se popularizó el azúcar y los alimentos azucarados en la población general.

Un diente produjo una cantidad sin precedentes de ADN de *S. mutans* en comparación con otros estreptococos orales, señal de un desequilibrio extremo en la comunidad microbiana oral, lo que se conoce como disbiosis. La gran abundancia de esta bacteria en este diente de 4 000 años de antigüedad es un hallazgo extraordinariamente raro y sugiere que este hombre corría un alto riesgo de desarrollar caries justo antes de su muerte. Los investigadores también descubrieron que otras especies de estreptococos estaban prácticamente ausentes de esta microbiota dental. Esto indica que el equilibrio natural de la biopelícula oral se había alterado: el *S. mutans* dominaba a los demás estreptococos y ello podía desembocar en una enfermedad.

El equipo también encontró pruebas que apoyan la hipótesis de la «desaparición del microbioma», según la cual los microbiotas modernos son menos diversos que los de nuestros antepasados. Esto es motivo de preocupación, ya que la pérdida de biodiversidad puede afectar a la salud humana. Los dos dientes de la Edad de Bronce contenían cepas muy divergentes de *Tannerella forsythia*, una bacteria implicada en las enfermedades de las encías. Dos cepas extraídas de la misma boca antigua eran más diferentes genéticamente entre sí que cualquier par de cepas modernas presentes en las bases de datos disponibles, a pesar de que las muestras modernas procedían de Europa, Japón y EE. UU., explica Jackson: «Esto representa una pérdida significativa de diversidad que necesitamos comprender mejor».

Hay también otros cambios que señalan a la evolución de los microbios que viven en nuestra boca. En los últimos 750 años, un único linaje de *T. forsythia* se ha hecho dominante en todo el mundo. Este es un signo revelador de la selección natural, en la que una cepa aumenta rápidamente su presencia debido a alguna ventaja genética que posee sobre otras. Las cepas de *T. forsythia* de la era industrial en adelante contienen muchos genes nuevos que ayudan a la bacteria a colonizar la boca y a causar enfermedades bucodentales.

S. mutans muestra un patrón opuesto, con linajes profundamente divergentes que persisten en las poblaciones modernas. Esto puede deberse a su naturaleza altamente recombinante, que permite el intercambio de material genético entre cepas de la misma especie de estreptococos. El análisis microbiológico indica cambios importantes en la demografía y la función de *S. mutans* que coinciden con la popularización del azúcar durante el periodo industrial. *S. mutans* es una de las pocas especies de microorganismos de la boca que muestra un aumento significativo de su abundancia comparando los microbiomas medieval y actual y es el causante principal de una enfermedad moderna: la caries.

La caries dental era rara en las sociedades antes de la Revolución Neolítica, se cree que la proporción de problemas dentales entre los cazadores-recolectores estaba entre el 1 y el 3 %, pero la llegada de agricultura hace unos 10 000-12 000 años llevó aparejada la alta disponibilidad de glúcidos, en particular harinas, que tienen una gran cantidad de almidón, que está formado por largas cadenas de azúcares y ello generó un aumento exponencial de las caries.

Otro problema es que para la fabricación de esas harinas los granos de los cereales se molían utilizando piedras que se iban erosionando y esos restos pétreos se incorporaban al pan y terminaban por desgastar los dientes, un hallazgo muy común en los restos dentales de todas las culturas prehistóricas. Al final de la vida relativamente corta de estos seres humanos primitivos mostraban un desgaste masivo de los dientes que hacía que la pulpa dentaria quedase expuesta. La presencia de gingivitis grave es también visible en estos restos.

Otro detalle que se empieza a observar en el neolítico son las diferencias en la salud dental entre las poblaciones más ricas, que tenían mejor la dentadura, y las más pobres, donde los dientes estaban en general más deteriorados. También aparece un tratamiento simbólico de los dientes, que sirven, según se cree, como emblemas de vitalidad e incluso inmortalidad. Aparece también la modificación de los dientes, como puede ser su limado, teñido o incrustación de piedras preciosas, algo que se ha encontrado en culturas muy diversas como los aborígenes australianos, mongoles, africanos, papuanos, malayos, indios americanos, aztecas y mayas.

LOS DIENTES COMO MATERIAL ARTÍSTICO

Los dientes se han usado como material para la fabricación de objetos de arte desde la prehistoria. La dentina es un material atractivo: finamente granulado, con un suave brillo, resistente y relativamente fácil de tallar. El marfil es el material principal y, desde un punto de vista anatómico, no es más que una gran masa de dentina. El marfil se encuentra en todos los animales con dientes, pero las piezas más utilizadas para el arte proceden de los colmillos de los elefantes, las morsas, los hipopótamos, los jabalíes y los cachalotes. A menudo es posible distinguir estas distintas fuentes a simple vista o al microscopio, aunque no es fácil diferenciar entre el marfil de mamut y el de elefante.

Figurillas femeninas talladas en marfil, pertenecientes a la cultura Mal'ta–Buret', de la Siberia oriental y datadas en aproximadamente 23 000 años de antigüedad, durante el Paleolítico Superior. Estas figuras, de diseño primitivo, se asocian comúnmente con prácticas simbólicas o rituales relacionadas con la fertilidad y la vida.

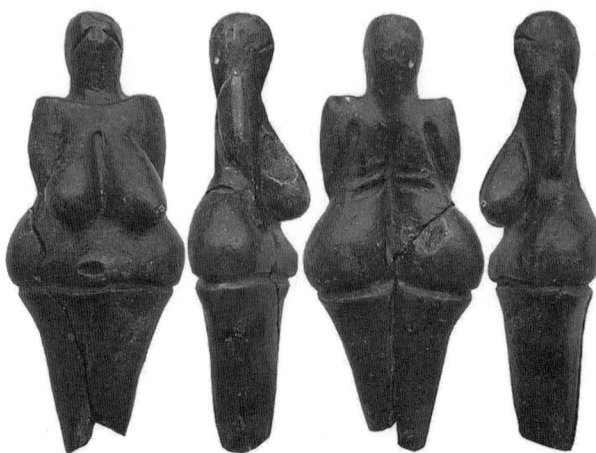

Figurilla tallada en marfil descubierta en Dolní Věstonice, un importante yacimiento arqueológico del Paleolítico Superior situado en la actual República Checa. Datada en aproximadamente 29 000 años, esta pieza es representativa del arte gravetiense y se asocia con simbolismos relacionados con la fertilidad o rituales espirituales. Su detallada elaboración demuestra la destreza artística y el pensamiento simbólico de las comunidades de cazadores-recolectores de la época, quienes empleaban materiales como el marfil de mamut para crear artefactos cargados de significado cultural [Moravské zemské muzeum Brno].

El Hombre León de Ulm (*Löwenmensch*), una escultura de marfil de mamut descubierta en la cueva de Hohlenstein-Stadel, Alemania, es una de las obras de arte figurativo más antiguas conocidas, datada en unos 35 000 a 40 000 años. Representa una figura híbrida con cuerpo humano y cabeza de león, lo que sugiere un profundo simbolismo ritual o mitológico por parte de las comunidades del Paleolítico Superior. Tallada con herramientas de piedra, esta figura evidencia el pensamiento abstracto y la capacidad artística de los humanos prehistóricos, destacando como un ejemplo icónico del arte aurignaciense [Thilo Parg].

Los objetos de marfil, presumiblemente de colmillos de mamut, son bastante comunes en contextos del Paleolítico Superior en Europa. Entre ellos se encuentran, por ejemplo, las figurillas de marfil de Dolní Věstonice en la República Checa, el hombre león de Ulm y los enterramientos de dos niños en Sungir, cerca de Moscú, con ropas cubiertas de cuentas de marfil.

Otro aprovechamiento cultural del marfil es para la fabricación de instrumentos musicales. Arqueólogos alemanes han descubierto una flauta, de 18,7 centímetros de largo, tallada en marfil de mamut. Tiene tres orificios para los dedos y habría servido para tocar melodías relativamente complejas. La flauta se encontró en 31 fragmentos en la cueva de Geißenklösterle, en las montañas cercanas a Ulm, en el sur de Alemania. Hace más de una década se descubrieron en el mismo lugar otras dos flautas hechas con huesos de cisne, pero estas son más fáciles de fabricar porque esos huesos son huecos. Para hacer la de marfil había que tallar el colmillo curvo del mamut y ahuecar cuidadosamente las dos mitades, para luego unirlas y pegarlas a lo largo de una costura perfectamente hermética. Las primeras pruebas con una réplica sugieren que la antigua flauta habría permitido un nivel relativamente sofisticado de variación musical, con tonos bastante armónicos. No parecen seguir una escala diatónica, sino más bien las reglas de la escala pentatónica que predomina en Asia.

La antigüedad de los yacimientos donde se encontraron las tres flautas está entre 30 000 y 37 000 años y serían los instrumentos musicales más antiguos que se han descubierto. Los constructores de la flauta vivieron en el Paleolítico Superior de la última glaciación, un periodo en el que Europa estuvo ocupada simultáneamente por los últimos neandertales y los primeros humanos modernos.

Ya en épocas históricas, los colmillos de jabalí se utilizaban en la Grecia micénica como revestimiento protector de los cascos, desde el siglo XVII a.e.c. (Tumbas del Pozo, Micenas) hasta el siglo X a.e.c. Los colmillos inferiores se dividían en placas curvas que se fijaban sobre un armazón de cuero, formando un exterior blanco que resplandecía con la luz. Homero habla de ellos:

Meriones dio a Odiseo un arco, un carcaj y una espada, y le puso en la cabeza un casco de cuero hábilmente confeccionado. En el interior había un fuerte forro sobre correas entretejidas, al que se había cosido un gorro de fieltro. El exterior estaba ingeniosamente adornado con hileras de colmillos blancos de un jabalí de dientes brillantes, que se alternaban en cada hilera. Cascos de este tipo pueden verse en el Museo Arqueológico Nacional de Atenas.

El marfil también era bastante común en la época romana. Los romanos importaban gran parte de su marfil a través de los puertos del mar Rojo y probablemente del norte de África o incluso de la India. Tras la caída del Imperio Romano, los objetos de marfil de elefante se volvieron raros en Europa, pero reaparecieron gradualmente en contextos eclesiásticos y en las cortes de los reyes con el desarrollo del comercio de productos de lujo en la ruta de la Seda. El marfil de elefante volvió a ser abun-

Un artista indio tallando un colmillo de elefante en un taller de Delhi, India (1907). Este oficio, practicado durante siglos, combinaba habilidad artesanal y tradición cultural, creando esculturas y ornamentos intrincados, frecuentemente con significados espirituales y decorativos. A principios

dante en el siglo IX, época en la que procedía sobre todo de Irak y Egipto. El marfil de morsa se utilizaba en el norte de Europa entre los siglos X y XII. Los ejemplos más célebres son las piezas de ajedrez de Lewis, una isla de Escocia. Se piensa que son de origen escandinavo y que han sido fabricadas en la segunda mitad del siglo XII. Las figurillas están talladas minuciosamente, con expresiones de asombro en sus pequeñas caras y se conservan en el Museo Británico.

del siglo XX, el tallado de marfil seguía siendo una industria floreciente en India, antes de las regulaciones internacionales destinadas a proteger a los elefantes [H.C. White Co, Library of Congress].

LOS PRIMEROS TRATAMIENTOS ODONTOLÓGICOS

Un diente infectado procedente de Italia y limpiado parcialmente con herramientas de sílex, con una antigüedad de entre 13 820 y 14 160 años, representa la intervención odontológica más antigua que se conoce en nuestra especie. El hallazgo representa el ejemplo arqueológico más antiguo de una intervención manual sobre una afección patológica, según los investigadores dirigidos por Stefano Benazzi, paleoantropólogo de la Universidad de Bolonia. Es anterior a cualquier prueba indiscutible de cirugía dental y craneal, representada actualmente por perforaciones dentales y trepanaciones craneales que datan del Mesolítico-Neolítico, hace unos 9000-7000 años. El paciente era un hombre joven, de unos 25 años, que vivía en el norte de Italia. Su esqueleto, muy bien conservado, se encontró en 1988 en los Dolomitas del Véneto, cerca de Belluno, en un enterramiento en un abrigo rocoso en Villabruna. Ahora se conserva en la Universidad de Ferrara.

En aquella época, se utilizaban palillos hechos probablemente de hueso y madera para eliminar las partículas de comida entre los dientes. Benazzi y sus colegas analizaron el tercer molar inferior derecho del espécimen de Villabruna y observaron que la muela presenta una gran cavidad oclusal con cuatro cavidades menores. Mediante microscopía electrónica de barrido, los investigadores descubrieron unas estrías peculiares en la superficie interna de la gran cavidad, que eran el resultado de una variedad de gestos y movimientos asociados con el corte de una punta microlítica en diferentes direcciones. Básicamente, el tejido infectado se arrancaba cuidadosamente del interior del diente con una pequeña herramienta de piedra afilada. Esto demuestra que los humanos del Paleolítico Superior tardío eran conscientes de los efectos nocivos de la caries y de la necesidad de intervenir con un tratamiento invasivo para limpiar una cavidad dental profunda.

El siguiente gran hito es el uso de taladros dentales. El yacimiento neolítico de Mehrgarh (Pakistán) ha aportado once dientes que habían sido perforados y que están datados hace entre 7500 y 9000 años. Es una zona situada en la ruta principal entre Afganistán y el valle del Indo, un lugar de asiento estable de poblaciones que surgió tras el desarrollo de la agricultura y la domesticación de los animales. Los dientes estaban situados en ambas mandíbulas y eran primeros o segundos molares permanentes. Las perforaciones tenían diámetros entre 1,3 y 3,2 mm, estaban ligeramente inclinadas hacia el plano oclusivo y tenían una profundidad

Reconstrucción de una posible herramienta para perforar los dientes con caries [Roberto Macchiarelli, University of Poitiers].

de entre 0,5 y 3,5 mm. Las cavidades tenían formas cilíndricas, cónicas o trapezoidales y se veían marcas concéntricas correspondientes al roce de las brocas utilizadas. En uno de los casos se veía que no solo se había perforado el diente, sino que luego se había tallado la cavidad con alguna microherramienta ya fuese por el operador o por el propio paciente. En cuatro de los dientes se observaron señales de caries, lo que sugiere que se trataba de un tratamiento ante las molestias que estas pueden causar. Los restos de una misma persona tenían tres dientes perforados y también se vio un molar que tenía dos perforaciones. No se trataba de un simple retoque dental, los dientes perforados eran molares de difícil acceso y, al menos en un caso, el antiguo dentista logró perforar un agujero en el extremo posterior interno de un diente, con una inclinación hacia la parte delantera de la boca, lo que indica habilidad y buenas herramientas.

Hay un acuerdo general de que estas perforaciones estaban realizados con taladros de arco, un sistema en el cual se usa una broca, que se hace girar utilizando un arco de madera y un bramante tenso que rodea a la broca. Los taladros de arco se consideran uno de los primeros inventos de la humanidad y servían para hacer agujeros en una amplia variedad de objetos y materiales, de donde serían adoptados por los primitivos dentistas para abordar el tratamiento de los dientes dañados. En el centro de la cuerda se hace un lazo en la cuerda y se coloca la broca o un soporte hueco, un tubo en cuyo interior se pone la broca. Para operar el taladro de arco uno sujeta la broca y la presiona contra el diente cariado, mientras que otro mueve el arco hacia delante y atrás para hacerla girar con cierta velocidad. Evidentemente, estos taladros primitivos eran difíciles de usar en los dientes posteriores y tampoco era fácil ver el interior de la boca sin la iluminación moderna. Finalmente, el desgaste de los márgenes de las perforaciones confirma que se realizaron en una persona viva que siguió masticando y utilizando las superficies de los dientes tratados. Demuestra que los humanos combinaron destreza y habilidades creativas y manejaron adecuadamente la tecnología para producir herramientas también en la medicina dental primitiva, mucho antes del Neolítico.

El tercer hito es la producción del primer empaste. Taladrar una caries permite eliminar la zona dañada, pero la solución va a ser pasajera si se mantiene la cavidad abierta y se vuelve a rellenar con restos de comida. Otro famoso diente neolítico es el llamado Lanche 1, descubierto en Eslovenia, que se caracteriza por presentar no solo una perforación, sino también un empaste realizado con cera de abeja. Los análisis directos de radiocarbono de la mandíbula y del empaste dental, han proporcionado un rango de edad de 6655-6400 años y el análisis radiográfico permite ver que el relleno dental cubre la superficie oclusal del canino.

Los análisis de tomografía computarizada muestran que el diente presenta una grieta vertical, apreciable en el esmalte externo, una lesión que afectó también al esmalte interno y a la dentina, extendiéndose hasta la parte superior de la cavidad pulpar. Queda la duda de si el empaste se realizó cuando la persona estaba viva o fue una intervención *post mortem*. Si fue mientras la persona aún vivía, es probable que la intervención tuviera como objetivo aliviar la sensibilidad dental y/o el dolor resultante de masticar con un diente agrietado: esto sería la primera evidencia directa conocida de un empaste dental terapéutico-paliativo.

EDAD ANTIGUA

El registro histórico nos ha permitido encontrar muchas evidencias de la preocupación por el estado de los dientes y el desarrollo de intervenciones para mejorar la salud bucodental en las primeras civilizaciones del mundo.

MESOPOTAMIA

Mesopotamia significa «entre ríos» pero también podía haberse llamado el imperio del barro. Era una zona muy fértil, pero sin obstáculos naturales, lo que hizo que fuese invadida y ocupada por diferentes imperios a lo largo de los siglos. Eso tenía una ventaja, cada pueblo invasor traía nuevas costumbres y conocimientos, en algunos casos asumía los del pueblo conquistado y en otros implantaba sus propios avances. El resultado era la rápida difusión del conocimiento, era una zona fértil en todos los sentidos.

Los pueblos mesopotámicos usaban el abundante barro para construir y para escribir. El rey Asurbanipal (669-626 a.e.c.) quiso recoger en su biblioteca el saber del mundo, pidió copias de sus documentos a todas las regiones de su imperio y también usó las amenazas y su poder militar para incorporar nuevos fondos a la biblioteca real. El fuego es el gran enemigo de las bibliotecas, pero en el caso de los pueblos mesopotámicos la gran ventaja fue que cuando la biblioteca se incendió, las tablillas de arcilla que contenían desde mapas a recetas de cocina, desde leyes a explicaciones de los eclipses, se cocieron y se volvieron práctica-

La *Estatua de Asurbanipal*, también conocida como el *Monumento Asurbanipal*, es una escultura de bronce creada por Fred Parhad en 1988. Representa al legendario rey asirio (669-627 a. C.) sosteniendo una tablilla de arcilla y un pequeño león, símbolos de conocimiento y poder en el arte antiguo asirio. Con una altura total de 4,6 metros y ubicada frente al Centro Cívico de San Francisco, la obra fue un regalo del pueblo asirio a la ciudad, encargada por la Fundación Asiria para las Artes. Aunque la estatua generó debates sobre su precisión histórica, es un homenaje al legado cultural de Asurbanipal, conocido por construir la primera biblioteca de Nínive [Philip Bird].

mente indestructibles. En un texto sobre la salud del rey Asurbanipal en Nínive, la capital de la antigua Asiria, se informaba de que los dolores de cabeza, brazos y pies que sufría el monarca se debían a sus dientes, que debían ser extraídos.

La primera descripción conocida relacionada con la Odontología se produce en un texto sumerio encontrado en la biblioteca real de Babilonia titulado *Cuando una persona tiene dolor de muelas*. Este texto describe los «gusanos de los dientes» como la causa de la caries y la pérdida de dientes y convoca a Ea, dios del abismo y a Anu, dios del cielo, para librarse del gusano. Es posible que se trate de una copia de un texto babilónico mucho más antiguo, en el que se incluye la descripción de un tratamiento, un encantamiento ritual para librarse de los dolores de muelas. En él, el gusano, probablemente un demonio o espíritu maligno, rechaza los regalos del dios supremo Anu, a saber, higos maduros, jugo de albaricoque y manzana, y prefiere la sangre de los dientes. Para librarse de él era necesario recitar un encantamiento que recordaba la historia de la criatura. Dice así:

> Después de que Anu (hubiera creado el cielo)... / La tierra hubiera creado los ríos, / los ríos hubieran creado los canales, / los canales hubieran creado la marisma / la marisma hubiera creado el gusano / el gusano fue llorando, ante Shamash (el dios del sol). / Sus lágrimas fluyeron delante de Ea (el dios del abismo). / «¿Qué me darás para comer? / ¿Qué me darás de mamar?» / «Te daré el higo maduro y el albaricoque». / ¿De qué me sirven el higo maduro y el albaricoque? / Levántame y ponme entre los dientes / y las encías me hagan morar. / Chuparé la sangre del diente / y de las encías roeré las raíces.

Luego sigue un encantamiento que se supone que destierra al «gusano demoníaco»: «Porque dijiste esto, gusano, que (el dios) Ea te golpee. ¡con su mano fuerte!». Este texto debe ser dicho tres veces. Luego se coloca una mezcla de varios medicamentos para aliviar el dolor sobre o dentro del diente.

Una imagen poética para una idea, que el causante de las enfermedades dentales era un gusano, que se mantendría durante siglos. De hecho, la teoría del gusano dental, que un animal diminuto infectaba un diente y lo agujereaba desde dentro hacia fuera, fue ampliamente aceptada durante mucho tiempo (¡no se demostró su falsedad hasta el siglo XVIII!).

Según los conocimientos de la época, no era una idea especialmente descabellada, ya que las caries pueden parecer una pequeña galería. También es posible que sea una confusión causada por la observación de la pulpa dental: está húmeda, es lisa y brillante y parece una pequeña lombriz. Una tablilla descubierta en Ashur sugiere que el gusano de los dientes y el dolor de muelas eran tratados de manera diferente, lo que sugiere que eran considerados como problemas diferentes.

La hipótesis del gusano de los dientes se asumió con normalidad en una cosmovisión del mundo donde abundaban los elementos mágicos y religiosos. Los babilonios pensaban que los problemas de salud estaban causados por demonios que invadían el cuerpo y generaban diferentes males y dolores. Esa posesión demoníaca podía deberse a un mal comportamiento que te hubiera hecho perder el favor de los dioses, al mal de ojo causado por un enemigo o a la mala suerte. Aunque la caries

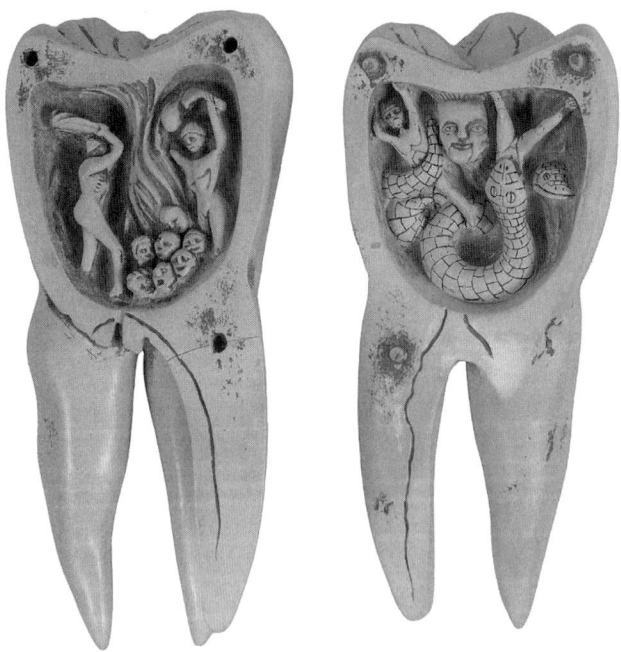

Modelo «El gusano dental como demonio del infierno», una reproducción en composición del tallado original en marfil del siglo XVIII conservado en el Germany's Dental Museum. El modelo, que se cierra para formar un diente completo, representa al infame gusano dental, una creencia popular en la antigüedad que atribuía los dolores de muelas a un gusano que perforaba los dientes humanos [Invaluable, LLC].

era un problema real en Babilonia, no se han encontrado pruebas de la existencia de trabajos dentales de esta época, como empastes o prótesis dentales. Los asirios y los persas tampoco parecen haber realizado intervenciones u operaciones dentales. Sin embargo, se ha encontrado documentación que demuestra que hacia el 2250 a.e.c., los médicos «ahumaban» los gusanos de las caries utilizando semillas de eléboro negro amasadas en cera de abejas. Este proceso, en lugar de librar al diente del gusano, muy probablemente destruía el nervio del diente, pero si era así ya no causaría dolor al individuo, aunque la bacteria responsable de la caries siguiera presente.

Las personas con un problema dental también podían pedir ayuda a través de la oración:

> Oh Shamash, ¿por qué un diente me hiere?, algún fantasma al que no ofrecí comida ni le vertí agua se ha enfadado. A ti te ruego que le acalles y le ocultes, como una polilla a quien no le duele el diente, que así mi diente tampoco me duela.

Aquellos que sentían que su plegaria había sido atendida, preparaban exvotos y colgaban tabletas de arcilla en los templos, donde describían sus dolencias y cómo se habían curado. Los sacerdotes del templo preparaban un compendio de los textos más importantes de estas tabletas y se consideran entre los primeros textos médicos. Una compilación de unas cuarenta tabletas se titula *Cuando el responsable de los conjuros va a la casa del enfermo y ofrece una guía del diagnóstico y pronóstico de una serie de enfermedades, organizadas por síntomas y estructurado secuencialmente desde la cabeza a los pies.* Los dientes aparecen en el diagnóstico de los problemas de salud de trece de las tabletas. Un ejemplo es el siguiente:

> Si sus dientes son oscuros, la enfermedad durará mucho tiempo.
> Si uno de sus dientes duele y la saliva fluye, ...
> Si sus dientes son blancos, se pondrán bien.
> Si los dientes están apiñados, morirá.
> Si se le caen los dientes, su casa se derrumbará.
> Si cruje los dientes, la enfermedad durará mucho tiempo.
> Si cruje los dientes y sus manos y pies tiemblan: mano del dios de la luna, morirá.

Estela del Código de Hammurabi, donde están grabadas las 289 leyes del *Código de Hammurabi*, uno de los conjuntos legales más antiguos y completos de la historia. La parte superior representa al rey Hammurabi recibiendo las leyes de manos del dios Shamash, deidad solar y de la justicia en la antigua Mesopotamia. Descubierta en Susa, Irán, la estela fue llevada como botín de guerra por el rey elamita Shutruk-Nakhunte en el año 1200 a. C. Actualmente se conserva en el Museo del Louvre, en París, como un símbolo de los primeros intentos de codificar normas legales para la sociedad [Dima Moroz].

Una de las tabletas parece contener un remedio para el bruxismo:

> … coge un cráneo humano y extiende una tela de lana del color de la manzana encima de una silla. Coloca allí el cráneo. Durante tres días, tanto por la mañana como por la tarde, trae un sacrificio y recita al cráneo siete veces el conjuro. El cráneo debe ser besado siete y siete veces por el paciente, antes de retirarse; entonces se pondrá bien.

Como en el resto de la medicina babilónica, hay amuletos, piedras mágicas, conjuros y una mezcla de distintos profesionales relacionados con la salud: algunos buscan el origen de la enfermedad y cómo abordarla y serían comparables, salvando todas las distancias, a nuestros médicos. Otros usan el conocimiento empírico de plantas y sustancias naturales que ayudan a sanar, y serían parecidos a nuestros farmacéuticos, y otros hacen de intermediarios con las divinidades y serían asimilables a los sacerdotes de las capillas que hay en nuestros hospitales.

También se sabe que durante el reinado de Hammurabi (en torno a 1792-1750 a.e.c.), el sexto y mejor conocido gobernante de la Primera Dinastía de Babilonia, verdaderos especialistas empezaron a tratar los problemas médicos y dentales con cirugía y medicinas primitivas. Ser dentista en aquella época era una profesión arriesgada: si todo iba bien, eran recompensados generosamente, pero si causaban daño al paciente eran también duramente castigados. La Ley 200 dice: «*Si alguien arranca el diente de un igual, su propio diente será arrancado*». Todavía seguimos diciendo «*ojo por ojo, diente por diente*». En aquella sociedad jerárquica, el castigo era menor si la persona perjudicada era de un nivel inferior. La Ley 201 dice: «*Si alguien arranca el diente de un inferior, será multado con un tercio de una mina de plata*».

Los tratamientos eran también acientíficos y se basaban a menudo en hacer del cuerpo un lugar incómodo para los demonios, para que abandonaran ese lugar. El truco era hacer que el lugar de la dolencia se volviera inhóspito o maloliente. Un remedio implicaba mantener en la boca una mezcla de arañas, cáscara de huevo y aceite hervido conjuntamente hasta que se reducía un tercio del volumen original. Otro método incluía realizar una cubierta con cera alrededor del diente dañado y luego llenar esa cavidad con una solución ácida. En la actualidad sabemos que si se obtenía algún alivio con esas mezclas era porque llegaran a matar los nervios de la pulpa dentaria que transmiten la sensación dolorosa, aunque hay serias dudas sobre su posible eficacia. Por otro lado, cuando Heródoto visitó Mesopotamia, alrededor del año 500 a.e.c. encontró que la medicina estaba en mano de laicos más que de sacerdotes. La teoría griega de los humores era también compartida por los babilonios que habían adoptado una postura ecléctica y buscaban exorcizar a los demonios de estos humores eliminándolos con las heces, la orina, el sudor, los mocos y, en algunos casos, con leche materna y restablecer al mismo tiempo el equilibrio de los humores.

Curiosamente, la idea de un gusano de los dientes se encuentra en culturas de India, China, Madagascar y Guatemala en diferentes siglos. Los indios *cherokee* tenían un ritual contra el dolor de muelas donde describían un intruso parecido a un gusano enroscado entre los dientes, mientras que en las Islas Filipinas algunos pueblos originarios pensaban que comer frutas del bosque podría causar el movimiento serpenteante de pequeñas criaturas en torno a sus dientes. Hay quien cree que es parte de una serie de creencias primitivas que incluyen la adoración del Sol, la construcción de megalitos, historias de diluvios, embalsamar a los muertos y la circuncisión, costumbres antiguas que llegarían a distintas civilizaciones en distintas épocas, pero es una teoría con pocas evidencias y probablemente demasiado simplista.

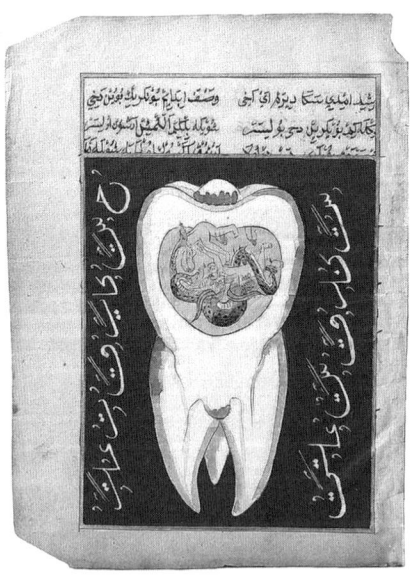

Miniatura otomana que representa una vista anatómica de un diente, donde el origen del dolor es imaginado como demonios infernales (XVIII-XIX).

EGIPTO

Los egipcios llevaban un registro completo de su existencia y sus planes para la vida eterna. Una buena fuente de información son las paredes internas de las tumbas, con sus detalladas decoraciones que mostraban sus actividades cotidianas, y sus escritos en rollos de papiro. En esas fuentes aparecen datos de cuidados médicos y odontológicos desde hace más de 4000 años. El papiro Georg Ebers, fechado en el 1550 a.e.c. contiene muchas referencias a problemas dentales incluyendo, la gingivitis, el desgaste de las coronas, la inflamación de la pulpa dentaria, la laceración de los labios y el dolor de muelas. Además, registra unos 700 remedios para todo tipo de enfermedades y dolencias. El papiro Ebers se considera una piedra Rosetta de las ciencias de la salud y muestra la familiaridad de los egipcios con la patología de la boca. Entre los remedios específicos para los dientes hay emplastos, lavados bucales, masticatorios y conjuros. Entre los problemas tratados tienen una atención especial la pérdida de dientes, la retirada de las encías y las lesiones de la boca.

Otro famoso documento, el papiro Edwin Smith, está hecho por un médico militar que acompaña al ejército del faraón. El texto no hace referencias a procedimientos quirúrgicos para atender los problemas odontológicos, pero sí señala las operaciones para mandíbulas fracturadas y dislocadas, fracturas compuestas del maxilar superior, fracturas de los huesos de la cara y labios lacerados, acordes con el perfil de un soldado que ha entrado en un combate cuerpo a cuerpo.

Además, de las lesiones de las batallas, los antiguos egipcios sufrían graves trastornos dentales, como dientes desgastados, abscesos/quistes periapicales, enfermedad periodontal y caries. Algunos de ellos eran dolorosos y los casos más graves podían provocar sepsis e incluso la muerte. El trastorno dental más común era el desgaste profundo de los dientes causado por una fuerte abrasión, un problema que afligía a la inmensa mayoría de los antiguos egipcios, de los faraones a los campesinos más pobres. Un estudio de 4800 dientes del Antiguo Egipto mostró que casi el 90 % de ellos tenía signos de desgaste, una alteración que iba desde una ligera pérdida de esmalte a una gran pérdida de tejido dental, que en ocasiones provocaba la reabsorción de toda la corona y la exposición de la cavidad pulpar. También era común la periodontitis apical con los subsiguientes abscesos múltiples y quistes.

El alto nivel de abrasión se atribuye a los alimentos duros con alto contenido en fibra junto con la contaminación del pan (uno de los ali-

Panel de madera tallado de la tumba de Hesy-Ra, conservado en el Museo Egipcio de El Cairo. Hesy-Ra, un alto funcionario de la III Dinastía durante el reinado del faraón Djoser, es representado con gran detalle, mostrando su rango como «Jefe de los dentistas y médicos». Este panel destaca por la calidad de su tallado, que refleja tanto el estilo artístico del Antiguo Egipto como la importancia simbólica de preservar la identidad y los logros del difunto en el más allá. Las inscripciones jeroglíficas que lo acompañan ofrecen valiosa información sobre su vida y su papel en la corte faraónica [Djehouty].

mentos principales y más populares de los antiguos egipcios) con partículas inorgánicas. Algunas de ellas (cuarzo, feldespato, mica y otras) se encontraban en la arena, que procedía del desierto y de las zonas donde cultivaban sus verduras, mientras que otras se originaron por el uso de equipos de recolección, hoces por ejemplo, con dientes de pedernal y las ruedas de piedra arenisca blanda utilizadas en la molienda del grano.

Otra razón de que los antiguos egipcios tuvieran tantos problemas con sus dentaduras es que no se preocupaban mucho de su higiene bucal. Muchos cráneos egipcios muestran una gran pérdida ósea como resultado de unos enormes depósitos de sarro en sus dientes. No se han visto marcas que denoten intentos de remover estos depósitos minerales. Aun así, los antiguos egipcios eran famosos por sus conocimientos médicos y su especialización. Heródoto, el famoso historiador que visitó Egipto alrededor del año 440 a.e.c., comentó la variedad de especialidades médicas en el antiguo Egipto. De la traducción de las inscripciones jeroglíficas encontradas en tumbas y monumentos, se reconocen 150 personas como profesionales de la medicina, de los cuales nueve de ellos se consideran dentistas. El primer jeroglífico donde se habla de «uno que trata con dientes» es de la época del Rey Djoser, de la Tercera Dinastía. Encontrado en una mastaba o cámara sepulcral, cinco paneles de madera con retratos identifican a la persona enterrada como Hesy-Re, que vivió en torno al año 2660 a.e.c. Fue el primer dentista identificado de la historia y tenía el título de «supervisor de dentistas» y «supervisor de médicos». El símbolo jeroglífico para aquellos que trabajaban con los dientes era un ojo y un colmillo de elefante. Hesy-Re era también el guardián de la diadema, el director de los registros dentales y *el más grande de todos los que tratan con dientes y de los médicos*, lo que sugiere que era un profesional con un estatus elevado. Otro de ellos, Kluwy, no solo era el dentista jefe, sino también «intérprete del arte secreto de los órganos internos» y «guardián del ano». Es dudoso si estos títulos implican que estas personas realizaban tratamientos específicos o sus títulos estaban asociados a un cargo oficial, a un tratamiento honorífico o a ciertos rituales. El terrible estado de los dientes de los antiguos egipcios parece contradictorio con la idea de que especialistas bien formados realizaran ningún tipo de tratamiento dental, aunque como veremos se hacían algunos procedimientos.

A pesar de que se han examinado miles de momias, hay tan solo unos pocos casos en los que se ha observado actividades odontológicas: el tratamiento quirúrgico de un absceso dental, junto con tres casos de posibles trabajos protésicos y un pequeño número de extracciones dentales. Un estudio reciente ha encontrado en una momia correspondiente a un hombre entre 20 y 30 años, con una altura estimada de 1,51, habitual para los antiguos egipcios, una cavidad cariada interproximal empaquetada con material protector, probablemente lino. La momia está datada entre el 150 y el 30 a.e.c. y corresponde a la dinastía ptolemaica. El estado general de la boca es malo con signos de desgaste en casi todos los dientes. Los daños varían desde una ligera pérdida de esmalte en las superficies oclusales hasta una extensa pérdida de tejido dental, como es el caso del primer premolar maxilar derecho, donde se demuestra la pérdida casi completa de la corona y la exposición de la pulpa. Hay evidencia de enfermedad periodontal grave en muchos dientes con una extensa pérdida de hueso alrededor de las raíces dentales. Hay dos casos en la literatura científica de empaquetamiento dental entre las antiguas momias egipcias estudiadas hasta la fecha. Se cree que el material se introdujo en la cavidad antes del fallecimiento, como una especie de tratamiento, y no durante la momificación para el Más Allá. Podemos suponer que esta caries fue muy dolorosa.

El material de relleno parece inadecuado para restablecer la fuerza y la función del diente. Por ello, no puede considerarse un ejemplo de una verdadera odontología quirúrgica. Más bien, representa un tipo de tratamiento conservador que busca proteger la cavidad cariada de los alimentos y salvaguardar la pulpa/nervio del contacto doloroso con los alimentos u otros objetos o también podría servir como vía de aplicación de un remedio local.

Los egipcios antiguos escribieron sobre enfermedades bucodentales con términos como la «boca de fuego», «comer sangre», que se considera un tipo de escorbuto, «uxeda» y «ampollas de los dientes» que se consideran abscesos en las encías.

Sello postal israelí que ilustra la mirra (2017).

Remedios odontológicos

Los egipcios utilizaban una mezcla de ocre amarillo, miel y ammi (una hierba umbelífera de la zona mediterránea) para tratar las dolencias de los dientes. También preparaban mezclas de comino e incienso para las encías dañadas y un preparado de incienso, ocre amarillo y malaquita para conservar los dientes.

El incienso y la mirra, además de ser regalos estimados, eran muy valorados para los problemas dentales. Los dos se mencionan en el papiro Ebers. La mirra es la goma de un árbol llamado *Commiphora abyssinica*. Según Ovidio, el origen de la mirra era una pasión incestuosa. Deseando a su padre, Mirra sustituyó a su madre una noche en el lecho conyugal, con el resultado de que se quedó embarazada. Cuando el padre descubrió el engaño, la expulsó al desierto y ella, llena de remordimiento, rezó para no estar ni entre los vivos ni en los muertos. Los dioses aceptaron su súplica y la convirtieron en un árbol cuyas gotas de savia eran consideradas las lágrimas de contrición. Aunque hay muchas dudas sobre su utilidad médica, se valoraban sus propiedades aromáticas.

Otros remedios eran potencialmente peligrosos como la coloquíntida. Se hacía de pulpa seca de frutos inmaduros de *Citrullus colocynthis*, pero es un fuerte purgante que los textos modernos consideran que «*tiene una acción tan drástica que no debe usarse*», pero al parecer los dentistas egipcios recomendaban tomarlo con «rocío de la tarde». Curiosamente, la coloquíntida es la referencia de Handala, un personaje de dibujos animados y símbolo nacional palestino que, al igual que hace la planta de la manzana amarga, «vuelve a crecer cuando se corta y tiene raíces profundas».

El papiro Ebers también menciona a la amapola del opio dentro de una larga lista de paliativos para el dolor de dientes, aunque debemos ser muy prudentes con considerar que eran auténticos medicamentos. Un ejemplo de esas recetas es la siguiente:

> Cocina sangre de mujeres y mézclala con aceite. Entonces mata a un topo, cocínalo y sumérgelo en el aceite y continúa mezclando el estiércol de un asno en leche. Aplica la pasta con los encantamientos apropiados.

Alguna receta no necesitaba alejarse mucho para preparar un remedio, como la siguiente «*agua en el que se haya lavado el falo*». Además de los polvos, emplastos y líquidos, los egipcios usaban otras formas de administrar los tratamientos, las fumigaciones, que se prescribían para una serie de problemas de la boca, el ano o la vagina. Los romanos denominaron perfume a esas sustancias que se difundían «*per fumum*», por el humo.

Los puentes dentales

Se han descubierto tres posibles prótesis procedentes del antiguo Egipto, el puente de Giza (2500 a.e.c.), el puente de el-Quata (2500 a.e.c.) y el puente de Tura el-Asmant. Los dos primeros no estaban unidos a un cráneo. El primero fue encontrado por Junker en Giza en 1914 alrededor de los restos de un esqueleto y consistía en dos dientes (segundo y tercer molar izquierdo de la mandíbula) unidos por un hilo de oro. Inicialmente, Junker publicó que los dos dientes estaban unidos *post mortem*, en el procedimiento de momificación. Más tarde, aceptó la teoría de Euler, quien afirmó que, aunque el aparato se encontró fuera de la mandíbula, el alambre se enroscó alrededor de los dientes cuando el paciente estaba vivo para mantener en su sitio el único diente, cuyas raíces estaban absorbidas. Más tarde, tras examinar el aparato se descubrió que, debido al profundo desgaste del diente, era casi imposible identifi-

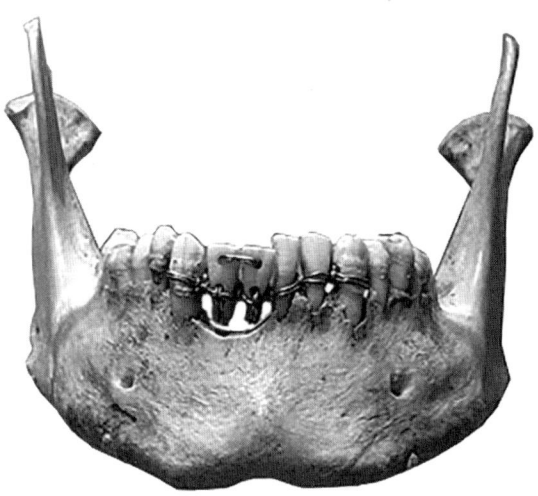

Modelo de puente realizado por el Dr. Vicenzo Guerini con cable de oro, replicando trabajos del Antiguo Egipto [Museo Nacional de Odontología Dr. Samuel D. Harris, Baltimore].

car la posición del diente o confirmar que ambos dientes procedían de la misma mandíbula. Además, el alambre de 0,35 mm de diámetro era demasiado fino para estabilizar los dientes y era imposible realizar un nudo con tantas vueltas alrededor cuando el paciente estaba vivo porque no habría espacio suficiente entre ambos dientes. El puente de el-Quata fue encontrado en 1952 y estaba formado por cuatro unidades. Fue estudiado en detalle y se determinó que el aparato era demasiado débil para soportar las fuerzas de la masticación en vida de su propietario. La conclusión fue también que este puente fue añadido al cuerpo de la persona fallecida durante el proceso de momificación.

El tercer aparato, el puente de Tura el-Asmant, también conocido como el puente de Helwan, data del período ptolemaico, y parece representar un verdadero aparato protésico. Se trata de un puente de una sola pieza que sustituía al incisivo central maxilar derecho, que muy probablemente se había perdido accidentalmente. Sin embargo, dado que hasta ahora no se han encontrado otros dispositivos similares en otros restos, es posible que el procedimiento haya sido traído de otro país o que el puente haya pertenecido a un extranjero.

Extracciones

No hay un consenso en la literatura sobre si se realizaban o no extracciones en el antiguo Egipto. Aunque la investigación de los restos humanos hizo que algunos investigadores afirmaran que habían visto pruebas de extracciones, sigue pareciendo extraño que se hayan dejado en su sitio muchos dientes gravemente dañados por la periodontitis que, a poco que la extracción formase parte del arsenal terapéutico, podrían haberse eliminado fácilmente con procedimientos sencillos sin necesidad de ningún equipo específico.

Cinco de los doce papiros conocidos describen tratamientos farmacéuticos y terapias alternativas para 18 enfermedades dentales sin hacer referencia a ninguna operación y, al parecer, su uso se centraba en los tejidos gingivales y mucosos. Según el conocimiento actual, estos tratamientos no conseguían detener o retrasar el proceso patológico y sus resultados se limitarían, en el mejor de los casos, a un alivio temporal.

Tratamiento de lesiones de la mandíbula

El papiro Ebers, además de algunos remedios que incluían miel, semillas de hinojo y cebolla troceada, detalla también cómo tratar una mandíbula dislocada:

> Debes poner los pulgares / sobre los extremos de las ramas de la mandíbula. / En el interior de su boca, las dos garras (dos grupos de cuatro dedos) / bajo su mandíbula y entonces debes hacer que retrocedan / hasta que descansen en sus lugares / aunque lo debes atar con *y m r w* / y miel cada día hasta que se recupere.

Semillas de hinojo (*Foeniculum vulgare*), reconocidas por su distintivo sabor dulce y anisado. Estas pequeñas semillas, utilizadas comúnmente como especia y remedio herbal, son ricas en aceites esenciales como el anetol, responsables de sus propiedades carminativas y digestivas. Tradicionalmente, se emplean para aliviar molestias estomacales, refrescar el aliento y como ingrediente en infusiones o platos culinarios. Su versatilidad y beneficios las convierten en un elemento fundamental tanto en la cocina como en la medicina natural de diversas culturas [B. Maval].

INDIA

La cultura hindú es otra de las grandes cimas de la civilización antigua y sus libros sagrados incluyen los Vedas. El Ayurveda, uno de estos textos, describe el desarrollo de la medicina e incluye textos sobre odontología, así como la anatomía de la boca, sus patologías, tratamientos e higiene. Aparece también el gusano de los dientes, así como algunos conjuros similares a los que aparecen en el papiro egipcio Anastasi, fechado en torno al 1000 a.e.c., lo que sugiere que los contactos culturales entre estas civilizaciones eran mucho más habituales de lo que a veces pensamos.

El Vishnu Veda, así llamado por el poderoso dios del panteón hindú, dedica la práctica totalidad del capítulo 61 a una descripción detallada de cómo limpiarse los dientes. La herramienta utilizada se conocía como Dantakashtha y era una pequeña rama de distintos tipos de arbustos aromáticos deshilachada en un extremo. El más usado era el llamado árbol del cepillo de dientes (*Salvador persica*) cuya madera contiene agentes de limpieza, desinfectantes e incluso flúor.

La medicina hindú se basa en la idea de que los setecientos vasos del cuerpo humano llevan, además de sangre, tres principios básicos o doshas (pitta o bilis, kapha o flema y el más caprichoso vayu o aire). Su desequilibrio causa la enfermedad. Un ejemplo del peligro asociado a vayu es que una mandíbula dislocada se atribuía frecuentemente a un viento súbito.

La cirugía se realizaba junto con un elaborado sistema de rituales religiosos. Lo primero era comprobar que los auspicios celestiales eran favorables. Después se propiciaba el favor del dios del fuego mediante ofrendas de leche, arroz, bebidas y joyas. Finalmente, el paciente debía sentarse mirando al este y el cirujano al oeste. Los cirujanos de esta época tratan a pacientes con Upa Kusa, que se cree que era la periodontitis, cualquier condición degenerativa de las encías que a menudo va acompañada de inflamación y producción de pus. También tratan la Krimi-danta, que era la caries y extraían los dientes en mal estado. Había joyeros especializados en ligar entre sí los dientes, atando a los que estaban flojos a otros mejor conservados para intentar mantener todos en su sitio.

En un periodo posterior al de los vedas, aparece Sushruta (¿600 a.e.c.?) conocido como «el Padre Universal de la Cirugía» y que inventó cerca de mil instrumentos quirúrgicos. Sushruta recomendaba dar al paciente una buena comida y un vino fuerte antes de las operaciones. El efecto de los alimentos mantendría su fuerza, mientras que el efecto del vino le haría menos consciente del dolor». Antes de las intervenciones en la boca, sin embargo, se recomendaba al paciente que no comiera. Tras la operación, el cirujano recitaba una serie de encantamientos «*Que el dios del fuego proteja tu lengua, que Brahma y los otros dioses te bendigan... que tu vida sea larga... que estés libre de dolor*».

Una recopilación de sus obras y las de sus seguidores, el Susruta-Samhita (600 a.e.c.-1000) será el texto básico de la medicina tradicional india. Esta obra menciona enfermedades de la cavidad oral y la garganta (Sección 11, Capítulo 16). Cataloga 65 enfermedades de la boca y desarrolla categorías precisas para cada una de ellas. Sushruta prescribe la excisión de los «*crecimientos carnosos del paladar, tumores rojos del paladar y tumores sobre las muelas del juicio*». Si el tumor crece sobre las encías o la lengua es mejor escarificarlo o cauterizarlo que intentar extirparlo.

La cauterización era a menudo el tratamiento sugerido, en particular en las enfermedades de la boca. El cirujano usaba un hierro especialmente diseñado con un extremo ovalado y aplanado que se calentaba al rojo. También se usaban fluidos como la miel, el aceite o la cera fundida, que se aplicaban hirviendo. Como sus colegas griegos, los cirujanos recomendaban sangrías con sanguijuelas, puesto que la «*mala sangre causa enfermedades de las bocas*». Las fracturas de la mandíbula se trataban con complicados vendajes para reducir la lesión, la región cerca de la articulación se calentaba, se llevaba la mandíbula a su posición correcta, se aplicaba un fuerte vendaje bajo la barbilla y se administraba un fármaco para ayudar a expulsar el «aire malvado».

La dieta las clases altas era muy rica en azúcares, incluyendo miel y frutas pegajosas como los higos y los dátiles. Por lo tanto, había una alta incidencia de la caries y del dolor de muelas. Para tratarlo se prescribían diferentes tratamientos como la escarificación, los enemas, las sangrías, los lavados bucales, los ungüentos, las gárgaras y la generación de estornudos (con pimienta mezclada en orina de vaca).

Sushruta es un defensor de la higiene bucal y sigue los consejos de los vedas sobre el cepillado de los dientes con este párrafo:

> Uno debe levantarse pronto por la mañana y cepillarse los dientes. El cepillo debe ser una rama de un árbol libre de nudos, de unos doce dedos de longitud y un grosor similar al del meñique propio.

También recomienda una pasta dental hecha de miel, aceite y otros ingredientes y es un pionero de la anestesia, que realizaba utilizando, entre otras cosas, *Cannabis indica*.

Vagbhata es un médico activo en torno al año 650 que recoge las enseñanzas de Sushruta y añade su propia experiencia. Discute las posibilidades de matar al gusano de los dientes llenando la cavidad de un diente cariado con cera y luego quemándolo con una varilla caliente. Si esto fallaba, recomendaba la extracción del diente con unos fórceps de diseño especial cuya forma recordaba la cabeza de un animal. Sushruta había descrito dos tipos de instrumentos quirúrgicos, yantra o romo y sastra o afilado. En su trabajo describe ciento un yantras y uno de ellos es el dantasanka, una pinza especial para la extracción de dientes y muelas. Sushruta desaprueba la extracción de los dientes bien enraizados y propone que solo se extraigan aquellos que se mueven.

Vaghbhata también presta atención a las enfermedades dentales de los niños. Propone que algunas enfermedades frecuentes como la fiebre, la diarrea, la tos y los calambres y cólicos pueden ser el resultado de problemas con la dentición. Como tratamiento propone aplicaciones de pimienta molida en miel o carne de codorniz en miel. Pero también propone no ser muy intervencionista porque «las enfermedades de la erupción desaparecen por ellas mismas». Es un avance si lo comparamos con la costumbre de abrir las encías de los niños, muy frecuente en el mundo occidental en los siglos XVIII y XIX.

Los hindúes consideran la boca la entrada al cuerpo y por eso insisten en que esté escrupulosamente limpia. Los brahmines o sacerdotes limpian sus dientes durante una hora mientras miran al sol naciente, recitan sus plegarias y piden la bendición de los dioses para ellos y sus familias. Ningún hindú devoto desayunará sin haber limpiado antes sus dientes, lengua y boca, puesto que piensa que muchas enfermedades son causadas por una mala dentadura y una boca sucia es un camino para perder la salud.

El diente de Buda

Una de las historias odontológicas curiosas del subcontinente es el llamado Sagrado Diente de Buda, una reliquia que ha generado guerras, peregrinaciones y expediciones. Según la leyenda, cuando Buda murió en 543 a.e.c., su cuerpo fue incinerado en una pira de sándalo en Kushinagar y su discípulo Khema recuperó su canino izquierdo de entre las cenizas. Khema se lo entregó al rey Brahmadatte para que lo venerara, quien lo conservó en la ciudad de Dantapuri (la actual Puri).

Fotografía de una pintura mural en las instalaciones públicas del Kelaniya Raja Maha Vihara, Sri Lanka, que representa a la princesa Hemamali y su esposo, el príncipe Dantha. Este mural ilustra un momento clave en la historia budista de Sri Lanka: el traslado del Diente Sagrado de Buda, oculto en el cabello de Hemamali para protegerlo durante su viaje desde la India. La pintura, rica en detalles y simbolismo, destaca la relevancia de este relato en la tradición budista y su conexión con el templo, uno de los sitios religiosos más importantes del país [Anuradha Dullewe Wijeyeratne].

El diente adquirió un significado político porque se extendió la creencia de que quien poseyera la reliquia tenía derecho a gobernar el país. El Dāṭhāvaṃsa narra la historia de una guerra librada por la reliquia 800 años después entre Guhasiva, de la república de Kalinga, y un rey llamado Pandu.

El diente, conocido como Perakara, está guardado dentro de siete cofres de plata en el Dalada Maligarva, que significa literalmente el Templo del Diente de Buda, en Kandi, Sri Lanka. Durante el mes de Esala, un período que coincide con julio o agosto, se saca en procesión bajo la luna llena con un cortejo de más cien elefantes.

Lo más llamativo del diente es su tamaño, pues tiene más de ocho centímetros de lado y nadie puede imaginar ese diente en una mandíbula humana. La historia explica por qué es tan peculiar. Según la leyenda, en torno al año 360 la princesa Kalinga lo sacó de la India escondiéndolo en su cabellera. Ese robo o rescate generó una espiral de venganzas y violencia que duró un milenio. Al final de ese largo período, en 1315, Malaharsin recuperó la reliquia y la retornó a la India, pero poco después fue de nuevo robada. Los portugueses se hicieron con el diente en torno al año 1550, cuando conquistaron Ceilán y para poner fin a todos estos conflictos y minar las creencias en las religiones autóctonas, lo llevaron a Goa donde fue machacado con un mortero por el arzobispo en presencia del virrey y la corte. Los restos del diente fueron esparcidos en el mar. Imperturbable ante la pérdida del diente, el Khan Wikarma Anhu ordenó fabricar otro de marfil, de un tamaño veinte veces superior, y construyó el magnífico palacio que ahora lo alberga. Las reliquias siempre han sido algo valioso y su falsificación, un negocio común en todas las partes del mundo con frecuentes derivadas políticas.

Hay otros dientes que supuestamente proceden también de Buda. Uno de ellos, propiedad de China, fue prestado a Myanmar en 1996 y se muestra en el templo budista de Kaba Aye, muy frecuentado por oficiales del régimen militar birmano, por miles de peregrinos y al menos por un terrorista que puso dos bombas en el templo, probablemente con la esperanza de generar un conflicto entre China y Myanmar. Murieron cinco personas, pero el diente no sufrió daños. También hay otros dientes supuestamente de Buda en el templo Lingguang del parque Badachu de Pekín, China, en el monasterio Fo Guang Shan en Kaohsiung, Taiwán, en el templo Engaku en Kamakura, Japón, en el templo y Museo de la Reliquia del Diente de Buda de Chinatown, Singapur y en el templo de la Montaña Lu en Rosemead, California, entre otros.

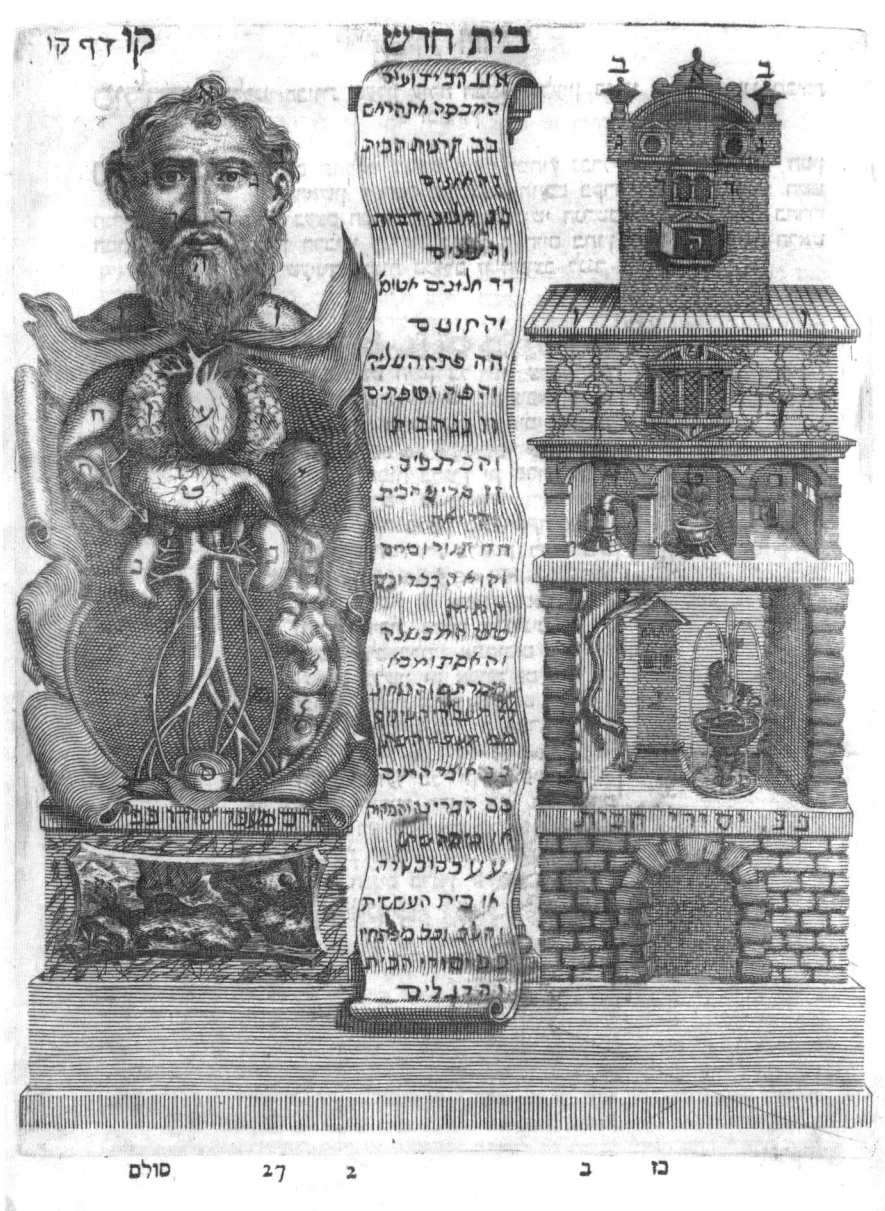

La casa del cuerpo, un diseño alegórico del libro *Sefer Haolsmot* o *Maaseh Tovia* (1707) de Tobías Kohn, que compara los órganos del cuerpo humano con las divisiones de una casa. En esta representación, cada órgano ocupa una «habitación» específica, reflejando su función dentro del cuerpo. Este enfoque visual no solo ilustra los conocimientos médicos de la época, sino que también combina ciencia, filosofía y espiritualidad, destacando la visión holística del cuerpo como una estructura ordenada y funcional [Houghton Library, Harvard University].

HEBREOS

Otro pueblo de la Antigüedad, los hebreos (alrededor del 1000 a.e.c.), valoraban enormemente tener unos dientes sanos. La boca debía mantenerse perfectamente limpia para evitar que entrase nada impuro o contaminado. El libro hebreo *Sefer Haolsmot* o *Maaseh Tovia*, escrito por Tobías Kohn y publicado en 1707 en Venecia, compara el cuerpo humano con una casa y avisa al lector de que la puerta de entrada, la boca, debe mantenerse escrupulosamente libre para proteger a cualquiera que entre de la contaminación. Al parecer, el rey Salomón, famoso por su sabiduría, elogió la dentadura de la reina de Saba exclamando *«Tus dientes son como un rebaño de ovejas recién esquiladas, que salen del baño»*. Entendemos que quería decir que sus dientes eran blancos y tenía una bonita dentadura.

Los dientes sanos se consideraban un símbolo de fuerza y su pérdida se asociaba a la debilidad y la enfermedad. El mismo Salomón dice en los Proverbios que la *«confianza en un hombre infiel en época de problemas es como un diente roto»*. En el salmo 3 David sugiere que sus enemigos han perdido su poder al perder sus dientes. *«Levántate, Señor; sálvame, Dios mío. Tú abofeteas a todos mis enemigos y rompes los dientes a los malhechores»*. La pérdida de los dientes también afectaba al Pueblo Elegido. Para ser sumo sacerdote era necesario, según se indica en el Levítico, ser un hombre completo y los rabinos han interpretado que esto excluía a cualquiera que hubiera perdido un solo diente.

En las Lamentaciones (3:16), Jeremías se queja: *«Dios ha roto mis dientes con piedras de grava»* y también se relata cómo Esaú lloró al encontrarse con Jacob después de veinte años, porque sus dientes estaban sueltos y dolorosos, símbolo de la vejez y la decadencia.

La Torá está formada por los llamados Cinco Libros de Moisés. La odontología no se menciona en la Torá, pero partes de la boca sí se tratan como parte de la discusión de anatomía en el Levítico. En un pasaje notable, las glándulas salivales se comparan con fuentes de agua y el conducto salival se describe como un «conducto (ammat ha-mayim) que corre debajo de la lengua» (Lev R. 16: 4). Es curioso porque los conductos salivales de las glándulas salivales no fueron descritos con precisión en la literatura científica hasta los siglos XVI y XVII. La lengua (lashon) se describe como situada entre dos «paredes» que consisten en los huesos de la mandíbula (leset) y la carne de las mejillas.

Otra fuente importante en la cultura judía es el Talmud, que consiste en la ley transmitida por tradición oral y sus diferentes interpretaciones y comentarios. La información se empezó a registrar después de la cautividad en Babilonia en el 586 a.e.c. y se codificó en el Talmud de Jerusalén (370-390) y el Talmud de Babilonia (352-427). Una de las discusiones era lo que se podía hacer el Sabbat sin violar la ley. Uno podía saltarse la norma del Sabbat cuando había una situación en la que se ponía la vida en riesgo. Sin embargo, qué condiciones podían ser mortales y cuáles no, era algo que no estaba muy claro y se dividía entre condiciones hacia dentro, más peligrosas, y otras hacia fuera, que se consideraban menos graves. El problema es que la caída de un diente no era algo muy amenazante, pero era evidentemente algo hacia dentro. Una respuesta consideraba quién realizaba el tratamiento. Si se llamaba a alguien experto, un médico, a menudo un pagano, entonces la condición era obviamente seria. Un rabino consultó a una mujer pagana en Sabbat buscando alivio a un fuerte dolor de muelas. La mujer es descrita en el Talmud como una experta y el tratamiento fue complejo y largo, por lo que sus colegas absolvieron al rabino de haber hecho nada impropio. Por el contrario, aquellos que les bastaba con un dentista itinerante que extrajera con rapidez el diente, eran considerados en falta si lo hacían en el día sagrado.

Una de las normas prohibía transportar nada, algo que los judíos consideraban una forma de trabajo. Podían llevar algo para endulzar su aliento, por ejemplo, pero no una corona de oro en uno de sus dientes. El Talmud de Jerusalén dice «*Está claro que en el caso de un diente de oro, que es valioso, no debe sacarlo, porque si se cae, probablemente intentará ponérselo de vuelta, lo que es obviamente trabajo y también prohíbe ponerse otro diente de menor valor, pues en este caso, la razón es que si se le cae se sentirá avergonzada de tener que pedirle al artesano dental que le fabrique otro*».

De esta información se han sacado algunas conclusiones. Así, en el Talmud solo se menciona a mujeres con coronas de oro o dientes artificiales, por lo que se cree que solo se usaba por motivos estéticos y estaba restringido a las féminas. Otra historia en el Talmud de Babilonia habla de una joven que fue rechazada porque se le veía un diente artificial. El rabino Ishmael hizo que le hicieran uno de oro y mejoró tanto su aspecto que el hombre la aceptó en matrimonio. Otra segunda conclusión es que se habla a menudo de la caída de los dientes postizos, por lo que se cree que no se cementaban de ninguna manera. Lo tercero es que se menciona un tipo de artesanos llamados *nagra*, que eran los que hacían dientes y coronas.

El Talmud describe dolores de muelas y problemas de encías en varios lugares, no solo limitados a los humanos, sino también a los animales. Explica que la falta de dientes dificulta comer. Para contrarrestar esto y también para cerrar los antiestéticos huecos entre los dientes por motivos estéticos, ya en la época talmúdica se utilizaban dentaduras postizas, el llamado Shen totevet, que significa literalmente «diente removible». Además de los dientes de oro, también se utilizaban dientes de plata, aunque estos últimos se consideraban menos elegantes, mientras que un diente de oro se consideraba una pieza de joyería y también se utilizaban prótesis hechas con madera.

Los antiguos judíos temían las extracciones de dientes tanto como sus contemporáneos gentiles. Una sección del Talmud advierte que uno no debe «*hacer un hábito del consumo de medicinas. No debe dar largas zancadas. Debe evitar que le saquen dientes*». En concreto, hablan de los dientes de los ojos, que corresponden a los caninos y que se llamaban así porque sus raíces están situadas bajo las órbitas oculares y se suponía una cierta relación con los ojos. El rabino Chamanel justifica evitar las extracciones diciendo «*cuando un diente del ojo es doloroso, no lo saques, porque tus ojos pueden sufrir en su lugar*».

Los hebreos advertían sobre el consumo exagerado de vinagre, pues pensaban que era dañino para los dientes. Pero si las encías mostraban señales de infección, usaban el vinagre y el vino para sanarlas. A pesar de esa preocupación con la salud bucal, los antiguos hebreos debían sufrir fuertes dolores de muelas, pues el Talmud registra una larga lista de remedios, desde cuentos de viejas a curas un tanto burdas. Recomienda mantener un grano de sal en la boca para aliviar el dolor de muelas y también repite la atribución de los problemas odontológicos al gusano de los dientes.

FENICIOS Y ETRUSCOS

Antes del dominio romano del Mediterráneo, los pueblos navegantes del extremo oriental llevaron los conocimientos egipcios a otras partes del mundo de la época. La primera dentadura postiza se encontró por el Dr. Gaillard durante una excavación en la necrópolis fenicia de Sidón. Fenicia era la estrecha franja del Mediterráneo oriental situada entre las montañas del Líbano y el mar, donde se encuentran las ciudades de Arad, Biblos, Sidón y Tiro. Fueron los pueblos dominantes en la zona en el segundo milenio a.e.c, con una fuerte dedicación al comercio marítimo. El hallazgo se describió así:

> Una mandíbula superior de mujer que muestra dos caninos y los cuatro incisivos unidos por un alambre de oro [...] Dos de estos incisivos parecían haber pertenecido a otra persona y haber sido insertados para reemplazar los que faltaban.

Aunque el hallazgo fue mencionado sucesivamente por numerosos autores, aún se desconocen muchos detalles sobre el origen y el alcance del hallazgo de Sidón, que sigue siendo un ejemplo único de implantología dental fenicia. Los fenicios tenían un buen dominio de la metalurgia y comerciaban con los griegos. Unos y otros probablemente llevaron esta tecnología por todas las costas del Mediterráneo.

Los etruscos probablemente emigraron de Asia Menor a la península Itálica y se establecieron allí en tiempos prehistóricos. Al principio ocuparon una región central entre los ríos Arno y Tíber y luego se extendieron hacia el norte hasta la ribera del río Po. A comienzos del siglo VII a.e.c. los etruscos conquistaron una pequeña población llamada Roma, pero un siglo después los romanos se rebelaron, expulsaron a sus amos etruscos y los conquistaron a su vez, aunque adoptaron muchos aspectos de la cultura de los etruscos, entre ellos sus avanzadas prácticas metalúrgicas y odontológicas.

Es poco lo que sabemos de los misteriosos etruscos. Se integraron de una forma tan completa en la civilización romana que apenas quedan restos distintivos, salvo sus enterramientos. Al principio hacían cremaciones, pero posteriormente hicieron también inhumaciones. Estas tumbas han proporcionado mucha información, pues incluso si el cadáver se reduce a cenizas, los dientes permanecen.

Los etruscos crearon delicados puentes hechos de anillos de alambre de oro y dientes naturales que fueron un auténtico avance odontológico. La práctica más habitual era cintas de oro puro, blando, que rodeaba los dientes que quedaban. Las bandas también llevaban dientes artificiales y se soldaban unas a otras. En algunos casos, dientes humanos, cortados en el cuello, se sujetaban a una de las bandas de oro con remaches Para sustituir los dientes perdidos, utilizaban dientes humanos o dientes artificiales tallados a partir de dientes de buey. Se han encontrado dientes de buey a los que se había tallado una hendidura en el medio para que dieran la apariencia de ser dos dientes. La mayoría de estos dientes probablemente se extraían de animales muy jóvenes antes de haber brotado, porque no tienen apenas marcas de desgaste en las superficies de masticación.

Cada diente sustituto estaba rodeado en su base por un anillo de alambre de oro, que se unía a otros anillos que rodeaban los dos dientes naturales adyacentes. En la actualidad se conservan nueve aparatos etruscos de oro, todos ellos recuperados de ricas tumbas y se cree que su influencia cultural sobre los romanos fue muy intensa. También se han visto bandas de oro preparadas para ser colocadas sobre los dientes. Estos aparatos pueden haber sido utilizados para estabilizar los dientes que se habían aflojado por la enfermedad periodontal, pero aunque esta última razón tiene una función clínica, se cree que estas piezas servían principalmente para fines estéticos. Todas estas piezas se han recuperado en la zona de la antigua Tarquinia, en la actual región italiana del Lacio. Debido al hecho de que estos artefactos solo se recuperaron de las tumbas ricas, sugiere que eran símbolos de un estatus alto.

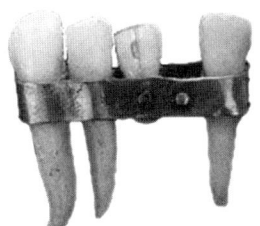

Prótesis fija datada en el siglo IV a. C., exhibida en el Museo de la Escuela Dental de París. Esta pieza está formada por una banda de oro en la que se incrustaron dientes de animales, lo que representa uno de los primeros intentos documentados de reemplazar dientes perdidos. Este hallazgo evidencia cómo el ser humano, incluso en la antigüedad, comenzó a preocuparse por la funcionalidad y la estética de su dentadura, marcando un hito temprano en la evolución de la odontología [Ecole dentaire de Paris].

El proceso empezaba con la extracción de los cuatro incisivos superiores, probablemente sin ningún tipo de anestesia. Los artesanos rellenaban las raíces de estos dientes y los reformaban para usarlos en los aparatos. Cada diente recolocado se sujetaba con un pequeño remache a una fina banda de oro que se había doblado en dos. Los extremos de esta banda estaban fabricados para rodear los dientes caninos no extraídos, que eran los que sujetaban la prótesis. Al estudiar los dientes se ha visto que eran de mujeres jóvenes o de una edad media; no son los dientes que se pierden normalmente y se cree que tenían una función puramente estética.

Después de medir los elementos que componen estos aparatos de oro y de examinar los dientes que permanecen en ellos, parece que solo las mujeres etruscas eran portadoras de estas prótesis. Este hecho es interesante, ya que los aparatos dentales «orientales» de alambre de la tradición fenicia los llevaban exclusivamente los hombres. Estos aparatos estaban hechos de alambre de oro o plata, y se conserva un total de seis aparatos.

También se han encontrado tabletas de arcilla con una dentición completa delineada en ellas. Se cree que eran ofrendas votivas que se usaban para rogar la ayuda a las deidades que pudieran intervenir en la salud de la boca o los dolores de muelas. También se ha visto el dibujo de un fórceps para extraer dientes en una moneda etrusca del 300 a.e.c.

CHINA

Dos mil años antes de la era cristiana, los chinos estaban haciendo aportaciones sustanciales a la civilización. Inventaron la rueda de alfarero, tejían la seda, escribían con un pincel y tinta sobre papel hecho de bambú. En los siglos siguientes inventaron la pólvora, la brújula, las gafas, el ábaco, el papel moneda y la imprenta.

El origen de la medicina china se suele asociar a Huang Ti, el emperador amarillo. Su libro *Neichung* o *Canon de Medicina* se cree que fue escrito en torno al 2700 a.e.c. Un milenio antes, el emperador Shen Nung (en torno al 3700 a.e.c.) escribió un libro llamado Pen Tsao, que incluía una gran variedad de tratamientos médicos y mostraba un gran interés en los dientes. Para aliviar el dolor de muelas recomendaba los lavados bucales, los masajes, distintos remedios de herboristería, purgas y acupuntura.

Billete de 100 yuanes emitido en 1938 por el Banco de la Reserva Federal de China, bajo el Gobierno Provisional de la República de China (1937-1940), un régimen títere establecido por Japón en el norte de China. El diseño del billete presenta la efigie del Emperador Amarillo (Huang Ti), una figura legendaria y símbolo de la identidad cultural china.

Al parecer, en la China antigua existían unos sacamuelas profesionales que extraían dientes con los dedos, que fortalecían mediante un entrenamiento que consistía en arrancar con la mano clavos de una tabla. Posteriormente, el uso de alicantes o fórceps, hechos de hierro, facilitó y mejoró las extracciones. También parece que cuando se iba a extraer un diente se fumigaban en la habitación vapores de hachís u opio para intentar calmar, aunque fuese levemente, los dolores.

Los libros médicos de la China clásica identifican nueve tipos distintos de ya-tong, complementados con siete enfermedades de las encías diferentes. Un diente hueco, llamado chung choo, se explicaba por la teoría del gusano, aunque también había defensores de las teorías humorales. Algunos expertos médicos relacionaban los problemas odontológicos con una *frecuencia excesiva de relaciones sexuales*. Quizá era una conexión con las teorías humorales que planteaba los problemas causados por una pérdida excesiva de fluidos vitales.

Los tratamientos para el dolor de muelas mezclaban muchas veces lo racional y la superstición. Uno de ellos decía, «*tuesta un trozo de ajo y machácalo entre los dientes, mézclalo con semillas de rábanos, haz una pasta con leche humana, prepara una píldora e introdúcela en el agujero de la nariz del lado opuesto a donde se siente el dolor*». Si el dolor persistía, se colocaban pequeñas píldoras de arsénico cerca del diente afectado, lo que terminaba a menudo con el dolor, a veces con el nervio, con

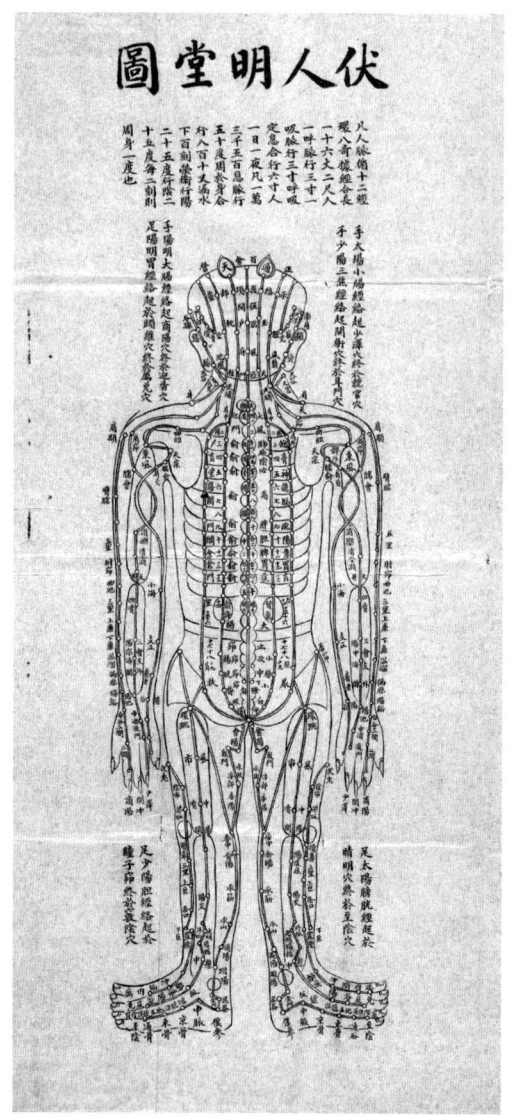

Ming-t'ang (明堂, traducido como «Salón de la Luz» o «Sala Brillante») es un concepto simbólico que hace referencia a un lugar central o un eje en la cosmología y medicina china. En el contexto de la acupuntura, los diagramas Ming-t'ang t'u representan puntos específicos en el cuerpo humano, conocidos como puntos de acupuntura, organizados para ilustrar su conexión con meridianos y funciones energéticas. Estos gráficos son herramientas visuales que han sido utilizadas por siglos para enseñar y practicar la acupuntura, destacando la interrelación entre distintas partes del cuerpo según la medicina tradicional china. De los 388 puntos identificados para la aplicación de agujas, 26 se empleaban específicamente para aliviar el dolor de muelas [Wellcome Collection].

Mango de cepillos de dientes fabricado con hueso de tigre, pertenecientes a la dinastía Song. Reflejan los avances en la higiene personal durante este periodo y el uso de materiales lujosos como símbolo de estatus. La combinación de funcionalidad y estética ilustra la sofisticación cultural y su atención al detalle en objetos cotidianos [Wikimedia Commons]. ▶

los tejidos de alrededor e incluso con la propia vida del paciente. La acupuntura ha sido también parte de los tratamientos médicos chinos desde hace milenios. De los 388 lugares del cuerpo donde se podían aplicar las agujas del acupuntor, 26 ayudaban al alivio del dolor de muelas.

En el siglo XI, Ting to-t'ung y Yu Shu describieron en detalle el proceso de masticación y deglución. Sin embargo, lo que sucedía a la comida después de llegar al estómago era incorrecto, pues pensaba que la digestión era causada por vapores que subían desde el bazo. También se hacían dentaduras artificiales en épocas tan tempranas como el siglo XII.

Los chinos también se preocuparon de la estética dental. En su famoso libro *Il Milione* (*Los viajes de Marco Polo* o *El libro de las maravillas*), publicado en 1295, Marco Polo escribió que en la provincia de Karbandan en el sur de China «*tanto los hombres como las mujeres de esta provincia tienen la costumbre de cubrir sus dientes con finas placas de oro, que son delicadamente construidas para encajar adecuadamente en la forma de los dientes, y permanecen allí puestas de forma continuada*». Una vez más, se trata de un caso de modificación dental, no por razones clínicas, sino por razones estéticas. Los dientes recubiertos de la placa de oro se consideraban un elemento de belleza.

La medicina tradicional china se basa en los principios del yang y el yin. El primero se identifica con la masculinidad, el sol, la luz y el calor. El femenino yin se identifica con la humedad, la oscuridad y el frío. La salud se basa en el equilibrio y en las fuerzas que circulan a través de doce meridianos del cuerpo. Hay más de 360 puntos cartografiados que para los chinos están conectados con estructuras internas. Un número importante de ellos, 116 según estas creencias, están conectados con los dientes.

Otros elementos de la medina tradicional china para los problemas dentales son la moxibustión, que resulta en inflamaciones localizadas, la herboristería y el examen de la lengua.

La explicación tradicional para la caries y el dolor de muelas es el gusano de los dientes o Chong ya. Los chinos asumen que su acción destructiva se puede prevenir eliminando los restos de comida, lavando la boca y cepillando los dientes. El cepillo que conocemos con las cerdas perpendiculares al mango fue inventado por los chinos a finales del siglo XV.

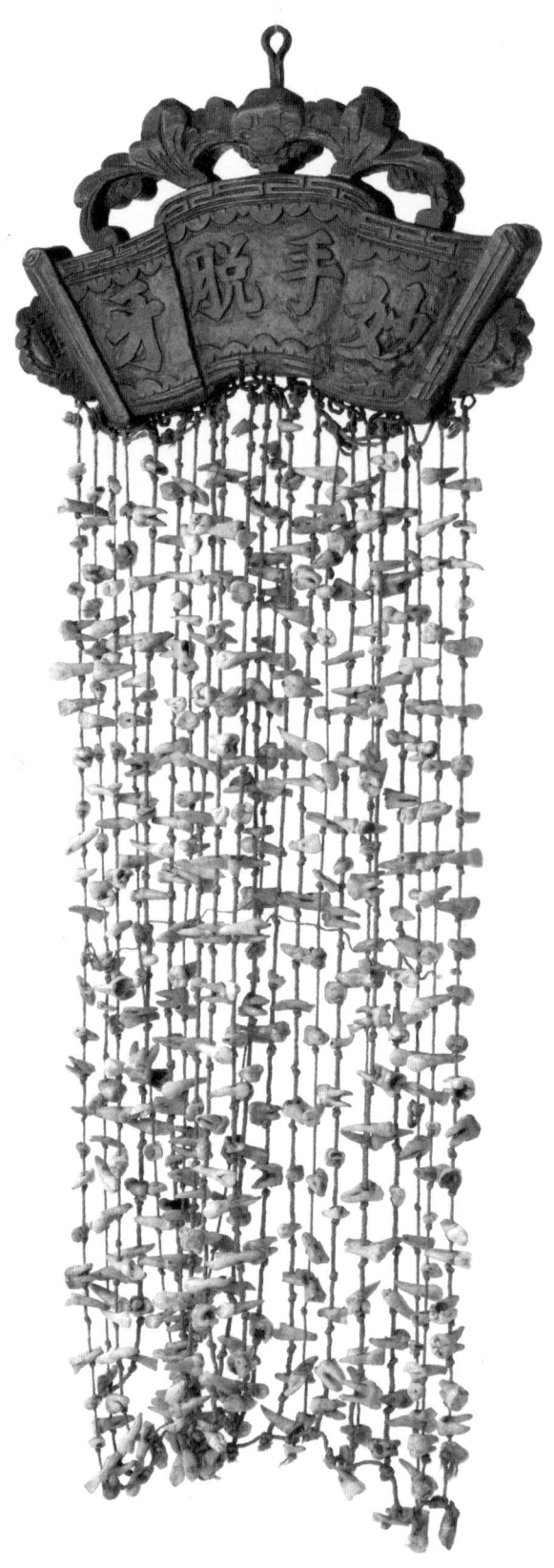

Un sacamuelas callejero atendiendo a un paciente en su puesto, mientras realiza una extracción dental. Grabado en madera atribuido a C. Fripp. Esta representación muestra la práctica itinerante de la odontología en tiempos pasados, cuando los procedimientos dentales eran realizados en espacios públicos, a menudo con herramientas rudimentarias y en condiciones básicas [Wellcome Collection].

◀ Rótulo de madera adornado con dientes humanos, cuyo texto se traduce aproximadamente como «médico para tratar diversas enfermedades». Este tipo de señal servía como herramienta para atraer pacientes, especialmente aquellos que no sabían leer. Los dientes simbolizaban parte de los servicios ofrecidos, destacando la experiencia del médico en la extracción y otros tratamientos. Una combinación de publicidad visual y práctica médica en diversas culturas de Asia [Wellcome Collection].

JAPÓN

La civilización se expandió de China a Corea y de allí a Japón. En el año 414 el emperador Ingyo pidió a los coreanos un médico cualificado y el rey Shiragi mandó a un médico llamado Kimbu a servir en la corte japonesa. Otro coreano, Tokurai, emigró a Japón en el año 459 y se naturalizó como ciudadano, tras lo que fue designado como naniwa kusushi o médico.

En el siglo VI se produjo un avance de la medicina con la llegada de monjes budistas que llevaron manuales médicos y cepillos de dientes desde China. En el año 650 se estableció un gobierno centralizado en Japón que instauró un código de leyes, el Taiho Ritsuryo, que consistía en diecisiete volúmenes y abordaba la principal legislación civil y penal. Uno de ellos, el Ishitsuryo, trataba sobre la práctica médica, con la idea de que los tratamientos eran responsabilidad del gobierno y que se nombrarían funcionarios que supervisaran la práctica de médicos y farmacéuticos. El gobierno, además, supervisaba la educación médica y los estudiantes se formaban a cargo del estado. El currículum se dividió en cuatro áreas que reconocían las principales especialidades: medicina interna, cirugía, pediatría y oto-oftalmo-estomatología. Al final de la era Heian en torno al siglo XII, la odontología se reconoció como una especialidad independiente de la otología y la oftalmología.

En el año 794 el gobierno Heian estableció la capital en Kioto y hubo un gran desarrollo de las relaciones comerciales y culturales con China, En el siglo X, Yasuyori Tambano, descendiente de un emperador chino, emigró a Japón, donde se convirtió en ciudadano y en el médico más valorado de su época. Bajo su supervisión se produjo el Ishinho, el libro médico japonés más antiguo. Este tratado incluía descripciones y tratamientos de los dientes, los labios y la boca que ocupaban dieciocho páginas del quinto volumen.

Fuyuyori Tambano, descendiente del padre de la medicina japonesa, obtuvo un gran prestigio durante la era Kamamaura (1185-1333) al extraer hábilmente los dientes cariados del emperador Hanazono. Fue su hijo, Kaneyasu, el que es considerado hoy el primer dentista japonés, ya que fue el primero en ser nombrado oficialmente para trabajar como tal en la corte y porque sus herederos sirvieron en el mismo puesto durante muchas generaciones. La familia Tambano mantenía sus técnicas en secreto y las enseñaba solamente a los miembros de su clan. Finalmente fueron recogidos en un libro, *Los secretos dentales de Chikayasu*, que fue publicado en 1531.

En torno al 1185 el control del país cayó en manos de la familia Minamoto. Aunque el emperador continuaba reinando, la oficina del shogun era el auténtico poder del imperio. Durante el shogunato Tokugawa, a comienzos del siglo xvii, Gentai Kaneasy fue el dentista de Hidetawa, el segundo shogun. Otros shoguns y emperadores ordenaron a dentistas de renombre que sirvieran en sus cortes. Estos profesionales eran considerados equivalentes a los médicos.

Durante el shogunato Tokugawa (1603-1867) había varios tipos de profesionales encargados de los trabajos odontológicos. El alivio del dolor de muelas se llevaba a cabo con acupuntura, moxibustión y cauterización con un hierro candente, así como encantamientos y hechizos. Si todo fallaba se recurría a la extracción del diente.

Los dentistas pusieron gabinetes en las principales ciudades y mediante una profusa propaganda y afirmaciones extravagantes atrajeron a una clientela de clase media. Algunos estaban especializados en extracciones

Una mujer cepillándose los dientes con un *fusayoji* (cepillo dental tradicional japonés) en una ilustración de Fuzoku Sanjunisou (1888), obra del maestro ukiyo-e Tsukioka Yoshitoshi. Esta representación, parte de la colección de la Biblioteca Nacional de la Dieta en Japón, ofrece una visión íntima de las prácticas de higiene personal en el periodo Meiji, cuando Japón comenzaba a adoptar elementos de modernidad mientras preservaba tradiciones culturales [National Diet Library].

y otros en prótesis. Las clases populares eran atendidas por charlatanes y sacamuelas que operaban en la calle y atraían pacientes con acrobacias y malabarismos. En torno a la mitad del siglo XVII, 5600 de esos charlatanes estaban censados en la ciudad de Edo, el primer nombre de Tokio.

En el año 1765 se fundó en Kanda, en la prefectura de Fukuoka una escuela de medicina china. Pocos años después era controlada por el shogunato y se convirtió en la Facultad de Ciencias Médicas. Después de eso, varios clanes de señores feudales establecieron facultades en sus dominios para educar a los especialistas en odontología. Un hito en ese proceso de modernización fue la publicación en el 1774 del Katai shinsho, una traducción de un texto anatómico alemán. Introdujo la ciencia médica moderna en un formato sistemático en los currícula universitarios y tuvo una gran influencia sobre la educación de los profesionales médicos y dentistas.

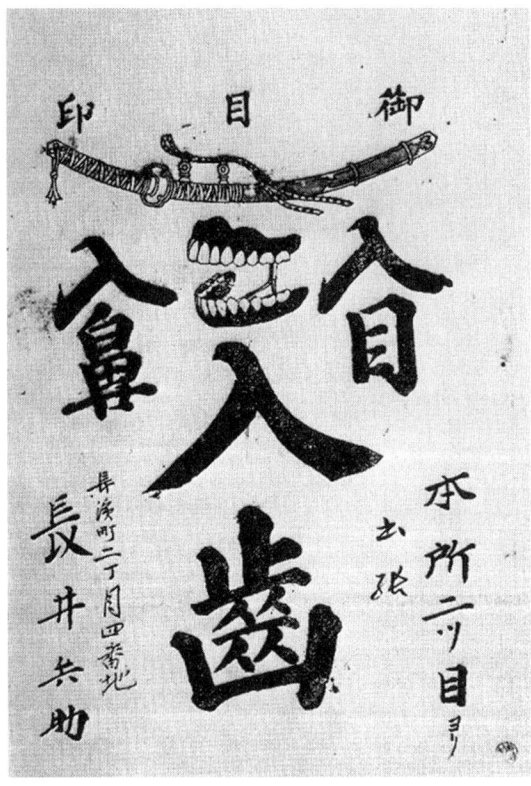

Panfleto publicitario de Nagai Hyosuke, dentista del último periodo Edo, conocido por atraer multitudes con espectáculos callejeros, como el arte de desenvainar la espada. Hyosuke ofrecía una variedad de servicios y productos innovadores para la época, incluyendo la fabricación de dentaduras (入歯), ojos artificiales (入目), narices postizas (入鼻), y la venta de pasta de dientes y ungüentos.

Un número importante de las prácticas dentales del período Tokugawa se muestran en ukiyo-e, las pinturas del mundo flotante. Eran grabados en madera, ricamente coloreados, que mostraban a bellas mujeres en los barrios de placer, con famosos actores y escenas de la vida cotidiana. Una de las costumbres más llamativas para nuestros criterios estéticos actuales era el ennegrecimiento de los dientes por las mujeres casadas y las cortesanas, como forma de resaltar su belleza. Hablaremos de ello posteriormente.

Durante la era Tokugawa, se fabricaban cepillos de dientes con ramas de sauce que eran machadas en un extremo para separar las fibras. El «mango» se cortaba fino y plano para poder usarlo como rascador de lengua. Los cepillos de las mujeres eran más suaves que los de los hombres para preservar la tinción negra de sus dientes. También se usaban agentes de pulido, hechos con tierra, sal y aromas. Los palillos de dientes eran similares a los que usamos ahora y se vendían junto con los dentífricos y los cepillos de dientes en comercios especializados, que se fueron volviendo cada vez más numerosos. A comienzos del siglo XIX, más de doscientas tiendas dedicadas a la higiene dental se agolpaban en las calles que llevaban a un importante templo de Edo.

Ilustración de *Ohaguro* (お歯黒, teñido de dientes de negro), parte de la serie *Diez tipos en el estudio fisionómico de las mujeres* (Fujin sôgaku juttai, 1802-1803) del maestro ukiyo-e Kitagawa Utamaro. Esta práctica, común en Japón durante siglos, se asociaba con la madurez, el estatus marital y la belleza según los estándares de la época [National Diet Library].

Museo Nacional Arqueológico de Atenas. Estatua del antiguo dios griego de la medicina y la curación, Esculapio, encontrada en el santuario de Epidauro (c. 160). Representado con su característico
bastón con una serpiente enroscada, símbolo de la medicina, Esculapio personifica el arte de sanar
y es venerado como el padre de la medicina en la mitología griega. Su culto influyó profundamente
en la práctica médica en la antigüedad, con templos dedicados a su nombre que servían como centros de sanación y conocimiento médico [Lefteris Papaulakis].

GRECIA

Los griegos antiguos no alcanzaron el nivel de sofisticación y calidad de las prótesis etruscas. Cuando se sentían mal, buscaban curas a través de la magia y la oración en templos dedicados a Esculapio, el dios de la medicina. Uno de los más reputados era el de Cos y en esa ciudad nació Hipócrates, que es considerado el padre de la Medicina occidental.

Hipócrates declaró que la medicina debía ser separada de los sacerdotes y la magia, que las enfermedades tenían causas naturales y que era necesario identificar la enfermedad (diagnóstico) y predecir su evolución (pronóstico). La medicina cambió de lugar físico y pasó de los templos de Esculapio a las consultas del médico, que publicitaba sus éxitos y sus especialidades en busca de clientes. En uno de estos talleres es donde probablemente nació la odontología como una práctica médica especializada.

Hipócrates escribió mucho, aunque su famoso *Corpus Hippocraticum* se cree que es obra de diferentes autores en diferentes épocas. Incluyó en esos libros problemas de los dientes y las encías. Creía que la pérdida de los dientes estaba causada en parte por una predisposición personal y en parte por la acción corrosiva de los restos de comida acumulada alrededor de los dientes debilitados. Recomendaba usar la cauterización y los astringentes para retirar los humores mórbidos que se formaban y se cree que también fue el inventor de los fórceps dentales para las extracciones y otros instrumentos odontológicos.

Un error de Hipócrates fue considerar que el frío causaba espasmos de los vasos sanguíneos, lo que hacía que la sangre se estancase y se convirtiera en pus. Había algunas partes que eran más susceptibles al frío y «*los huesos, los dientes y los tendones tienen al frío como enemigo, y al calor como amigo, porque es de estas partes de dónde vienen los espasmos... que el frío induce y el calor remueve*».

Un cartel con una imagen del fórceps dental solía ser el símbolo de los lugares donde se extraían los dientes. El procedimiento en estos primeros años no era fácil y entrañaba muchos riesgos. Al parecer, los griegos usaban un instrumento hecho de plomo porque la maleabilidad del mental hacía que solo los dientes suficientemente sueltos para ser extraídos con una herramienta tan blanda fueran arrancados. El instrumento, conocido como odantogogon plúmbeo u odontagra, estaba expuesto en el templo de Delfos y la descripción por Hipócrates de este instrumento y su uso se considera el primer registro histórico de una operación dental.

Un niño enfermo llevado al templo de Esculapio, óleo sobre lienzo del pintor británico John William Waterhouse, conservado en The Fine Art Society.

Los autores del *Corpus Hippocraticum* indican que la causa de las caries son los restos de comida atrapados entre los dientes, pero también que los desequilibrios entre los humores de una persona pueden hacer que tenga una fuerte predisposición a tener problemas en la dentadura. Hipócrates también exploraba las conexiones entre la boca, la fisonomía y la salud:

> Entre aquellos individuos cuyas cabezas son alargadas, algunos tienen cuellos gruesos... otros tienen paladares muy arqueados, donde los dientes se disponen irregularmente, apiñándose unos sobre los otros y generando dolores de cabeza y otorrea.

Además, quienes extraían los dientes preparaban varios medicamentos para extraerlos sin dolor o para minimizar el esfuerzo. En la literatura médica antigua hay multitud de referencias a los medicamentos que se utilizaban para extraer los dientes, y aunque parecía una idea atractiva, no ofrecía mucho alivio en la práctica. Solamente en los casos en los que el dolor era insoportable y cualquier esfuerzo por aliviar el proceso con medicamentos fracasaba, se utilizaba el fórceps dental. En Europa únicamente han sobrevivido unos pocos fórceps, debido al deterioro del material utilizado para su construcción. Al parecer, estos instrumentos quirúrgicos se utilizaban no solo para la extracción de dientes, sino también, para la extracción de flechas y fragmentos de hueso, lo que hacía que no estuvieran diseñados para adaptarse específicamente a los dientes. Al mismo tiempo, los pasos del procedimiento de extracción se parecían a los que se utilizan hoy en día. Al principio se utilizaba un instrumento quirúrgico afilado para separar el diente del tejido blando de la encía. A continuación, se agarraba el diente con las pinzas y se hacían movimientos de balanceo. Cuando el diente estaba lo suficientemente suelto, lo sacaban con los dedos. En caso de que no fuera posible, el paso final de la extracción se hacía con fórceps. También hay referencias al uso de fórceps para extraer raíces. En Grecia se han hallado hasta ahora tres fórceps en excavaciones, el más antiguo está fechado en el siglo v a.e.c., la época más gloriosa de Atenas.

Otro griego importante en la historia de la Odontología fue Aristóteles, que incluyó los dientes en sus estudios sobre el ser humano y el universo. Se le considera el fundador de la anatomía comparada y dedicó a la boca un capítulo en su obra *De partibus animalium* (Las partes de los animales), uno de los primeros textos científicos de anatomía. En este libro, Aristóteles describió el riego sanguíneo de los dientes y el proceso de su extracción, detalló la mecánica del uso de los fórceps, que denominaba sideros, y señaló la ventaja de tener dos elevadores, que actuasen en sentido contrario y tuvieran un punto de apoyo común. Hay quien lo considera la primera descripción del principio de la palanca, un siglo antes de que lo hiciera Arquímedes.

El siguiente párrafo de la *Mécanica* nos muestra la situación de la odontología en esa época. Al discutir las extracciones, Aristóteles decía:

> ¿Por qué los doctores extraen los dientes con mayor facilidad añadiendo el peso de la odontagra en vez de usar solo la mano? ¿Puede decirse que ocurre porque el diente escapa más fácilmente de la mano que del fórceps? ¿No será que el hierro se desliza fácilmente del diente mientras que los dedos, al ser suaves pueden situarse alrededor del diente mucho mejor? El fórceps dental está formado por dos elevadores... De esta manera es más fácil mover el diente, pero después de haberlo movido es más fácil extraerlo con la mano que con el instrumento.

Este texto nos muestra que al contrario que las enseñanzas de Hipócrates, la extracción de dientes no era solo para los dientes que se movían y que aquellos que extraían los dientes eran específicamente denominados como doctores. Por otro lado, parece que tanto Hipócrates como Aristóteles pensaban que los hombres tenían más dientes que las mujeres, lo que no dice mucho sobre la profundidad y cuidado de sus observaciones.

Instrumento médico identificado como Λ332, exhibido en el Museo Arqueológico de Atenas, descrito como fórceps o extractor de raíces dentales. Sin embargo, hay autores que cuestionan esta interpretación debido a su pequeño tamaño. Con brazos de apenas 2 cm de largo y una apertura máxima de 0,5 cm, sugiriendo que podría haber servido como expansor o herramienta para otros usos médicos. La atribución original, publicada por Guerini en 1909 y reproducida por Sudhoff en 1921, carece de documentación detallada sobre su función y contexto histórico. Este objeto sigue siendo un tema de debate en la historia de la odontología y la medicina antigua [Museo Nacional Arqueológico de Atenas].

MEDVSA PHORCI FILIA, CRINES HABVIT
AVREOS CVM EA NEPTVNVS CONCVBV-
IT IN TEMPLO MINERVÆ, QVARE TVRBA-
TA MINERVA, MEDVSÆ CRINES AVREOS IN ANGVES
MVTAVIT · OVIDIVS · LIB · 4 · METAMORPH ·

Cabeza de Medusa, grabado idealizado del renombrado artista renacentista Cornelis Cort (hacia 1533-1578), inspirado en la mitología griega. Medusa, Μέδουσα, (o Gorgona, Γοργώ), cuyo nombre significa «guardiana» o «protectora», era una figura ctónica capaz de convertir en piedra a quien mirara directamente a sus ojos. Tras ser decapitada por Perseo, su cabeza fue utilizada como arma y posteriormente entregada a Atenea, quien la colocó en su égida como símbolo protector.

Parte del frontón del templo de Artemisa, conservado en el Museo Arqueológico de Corfú, Grecia. Datado aproximadamente en el siglo VI a. C., es uno de los ejemplos más antiguos de escultura monumental griega. La representación central de la Gorgona, flanqueada por figuras mitológicas, simboliza el poder protector y apotropaico asociado a la imagen de Medusa [Simone Crespiatico]. ▶

Detalle de un ánfora de figuras rojas de forma panatenaica, datada en el periodo tardío arcaico (aproximadamente siglo VI a. C.), que representa a una gorgona corriendo. Este vaso de cerámica ático, elaborado en arcilla, mide 53,5 cm de altura y combina arte mitológico con la habilidad técnica de los artesanos griegos [Staatliche Antikensammlungen, Múnich]. ▶

La cultura griega se extendió en gran parte del mundo conocido en las campañas de Alejandro Magno y la ciudad fundada por él, Alejandría, se convirtió en uno de los principales centros de conocimiento. En el siglo III a.e.c., vivieron Erasístrato y Herófilo que fueron pioneros en la disección de cadáveres. Aunque apenas se conservan sus escritos, en los siglos posteriores se decía que discutieron la vascularización de los dientes, así como los casos de personas que habían fallecido mientras se les extraía una muela.

Poco a poco la higiene bucal fue llegando a Grecia. Teofrasto, discípulo de Aristóteles escribió que se consideraba una virtud afeitarse con frecuencia y tener dientes blancos, aunque un cuidado regular de la boca no se desarrolló hasta que Grecia se convirtió en una provincia romana en el 146 a.e.c. Bajo la influencia de Roma los griegos incorporaron a su higiene distintos materiales para limpiarse los dientes incluyendo piedra pómez, talco, polvo de coral, limaduras de hierro y alabastro.

Diocles de Caristo, un médico ateniense, escribió en dialecto ático (no en jónico, como era costumbre en las obras médicas griegas). Su obra más importante trataba sobre medicina práctica, especialmente en relación con la dietética y la nutrición, pero también escribió el primer libro de texto sistemático sobre anatomía animal. Diocles recomendaba «*Cada mañana frota tus encías y dientes con tus dedos desnudos y luego con menta finalmente pulverizada, por dentro y por fuera para quitar así las partículas de comida que se hubiesen quedado adheridas*».

Los griegos consideraban que unos dientes fuertes indicaban una buena salud, mientras que unos dientes grandes era un símbolo de ferocidad. Las gorgonas, criaturas míticas descritas por Homero como «terribles fantasmas del Hades» tenían sus cabezas entremezcladas con serpientes, sus manos eran de bronce y sus cuerpos estaban cubiertos con unas escamas impenetrables. Sus dientes eran también de bronce y tan largos como los colmillos de un jabalí. Esquilo (c. 525-456 a.e.c.) dice que las tres gorgonas solo tenían un diente y un ojo entre ellas, de forma que tenían que compartirlos, pero, sin embargo, no se las representa así, quizá para evitar confundirlas con las Greas.

ROMA

La educación superior en Roma estaba limitada a un pequeño número de personas. El contacto con Grecia impulsó el interés por la filosofía y por la ciencia, pero el ideal romano de una persona era el buen orador, que seguía una carrera política y prestaba un servicio a la sociedad y a Roma. Séneca decía que «*no hay que estudiar algo que sirva para hacer dinero... Es el estudio de la sabiduría lo que es noble, valiente y de una gran alma. Todos los demás estudios son endebles y pueriles*». Los odontólogos de la antigua Roma eran en su mayoría esclavos griegos que, si el tratamiento tenía éxito, es decir, si aliviaba el dolor, podían obtener su libertad e incluso progresar socialmente.

Los exámenes de los restos anatómicos de los romanos no son muy numerosos, porque normalmente se incineraban, pero se han encontrado ciertos avances en prótesis dentales y cirugía bucal. La importancia que tenían los dientes entre los romanos a principios de siglo queda demostrada por los exvotos consistentes en dentaduras postizas hechas de arcilla, un obsequio a los dioses por una mejoría o también una petición de ayuda, pero también por los hábitos de cuidado dental de los romanos, que se cepillaban los dientes con orina, algo extraño en la actualidad.

Miniatura de Andrea da Firenze, alrededor de 1457-58, que representa a Plinio el Viejo escribiendo en su estudio. La obra, perteneciente a una edición de *Historia Natural* conservada en la Biblioteca Británica, combina un paisaje detallado con figuras de animales, reflejando el carácter enciclopédico de la obra de Plinio [The British Library].

Plinio el Viejo recopiló el conocimiento de la historia natural en su obra de 37 volúmenes, *Naturalis historia*, y se la presentó al emperador Tito en el año 77. En esta obra dedica 169 pasajes dispersos a la odontología en los que describe la dentición y sus alteraciones, pero estas no se examinan para determinar su causa, sino que se interpretan. Los bebés que nacían con dientes tenían un estatus especial. Los observadores de Valeria Mesalina profetizaron que ella llevaría su estado a la ruina. Se decía que Agripina la Mayor tenía suerte porque tenía dos dientes caninos (llamados también dientes de perro) en la parte superior derecha. Más de 32 dientes le darían una larga vida. Plinio describe una amplia lista de remedios que incluye docenas de tinturas y remedios de los reinos vegetal, animal y mineral. Como ayuda para la dentición propone una mezcla de miel y cenizas de dientes de delfín, otras tinturas diferentes o, por ejemplo, la ayuda para la dentición compuesta por un diente de lobo o de caballo, que con su magia debía aliviar los problemas de dentición de los niños.

Según Plinio el Viejo, durante gran parte de la historia de Roma los romanos vivieron sin médicos que asistieran a los enfermos. Durante siglos, según este historiador, la medicina se limitaba a remedios caseros en lugar de a la intervención de profesionales especializados en la salud. La profesión médica fue introducida a los romanos por el griego Archagathus, hijo de Lisanias y procedente del Peloponeso, que viajó a la capital del imperio y se estableció como médico en la ciudad del Tíber en torno al año 219 a.e.c. Según Lucio Casio Hemina, fue la primera persona que hizo de la medicina una profesión en esa ciudad. Al principio fue recibido con gran respeto, se le concedió el Jus Quiritium —es decir, los privilegios de un nativo libre de Roma— y se le compró un establecimiento a expensas del dinero público. Sin embargo, su intervención era tan agresiva que pronto despertó la antipatía del pueblo y se generó un completo rechazo a la práctica médica. A cambio de los favores que recibía de los romanos, los purgaba, sangraba, cortaba y cauterizaba hasta tal punto, que al final se negaron a tolerar un trato tan duro por más tiempo, y la ciudad expulsó a Archagathus. Su trabajo parece haber sido casi exclusivamente quirúrgico, y haber consistido, en gran medida, en el uso del cuchillo y de poderosas aplicaciones cáusticas. Los romanos le calificaban de «carnicero».

Nuevos médicos fueron mejorando esa imagen y uno de los más famosos fue Asclepiades, nativo de Bitinia en Asia Menor, que llegó a Roma en el 91 a.e.c. y aunque no tenía una formación especializada, tuvo un gran éxito y se le considera el fundador de la primera escuela médica en la antigua Roma. Este centro fue la base de la creación posterior de la Schola Medicorum, en torno al año 14. Posteriormente, bajo el emperador Vespasiano, los profesores de esta escuela se convirtieron en funcionarios públicos.

La separación entre la medicina y la cirugía y la rivalidad entre médicos y cirujanos proviene probablemente esta cultura greco-romana, que exaltó siempre las ocupaciones honrosas (*artes honestae*) frente a las serviles o innobles (*qui sordidi sint*) en las que más se compra el trabajo que la pericia, como hace por ejemplo Cicerón cuando plantea a su hijo Marco unas consideraciones sobre las tareas (*officia*) que cuadran al hombre de bien y en las que incluye la arquitectura, la medicina y la enseñanza. El médico era un «intelectual», un hombre de pensamiento y de reflexión, que filosofaba sobre la naturaleza; en cambio, el cirujano, posteriormente el cirujano-dentista, trabajaba con las manos, como los comerciantes, los cocineros o los carniceros, podía ser un habilidoso reparador de traumatismos y fracturas o un hábil extractor de muelas, pero no dejaba de ser un trabajador manual.

Las mujeres estaban también en la profesión médica. No se les permitía otras funciones como usar la oratoria o practicar la ley, pero entre los primeros médicos romanos parece que había también mujeres griegas que combinaban ser matronas, usar la magia y probablemente también los tratamientos de belleza y hechizos de amor. Sin embargo, en el siglo II el famoso médico Sorano de Éfeso declaró que las mujeres que quisieran practicar la medicina debían tener la «*habilidad de escribir, una buena memoria, salud, un temperamento equilibrado, discreción, conocimiento de los dietéticos, de la farmacia y en alguna medida de cirugía*». Las mujeres lograron progresivamente el ser consideradas como iguales a sus colegas masculinos, pues el código del emperador Justiniano, promulgado en el siglo VI, se refería a «médicos de cualquier sexo».

Las pruebas arqueológicas e históricas refutan la idea de la ausencia de especialistas en el cuidado de los dientes, pero no existe en latín una palabra para describir al dentista. *Las Doce Tablas*, que era el conjunto de leyes que formaban el núcleo central del derecho romano, mencionan dientes cargados de oro, lo que implica un tratamiento odontológico. No está claro qué profesión o profesiones habrían abordado el tratamiento de los problemas dentales en la antigua Roma, pero es posible que hubiera especialistas, aunque también es factible que la odontología se practicara como una actividad dentro de otras profesiones, como la barbería o la cirugía. En general, los médicos romanos no hacían diferencias entre las enfermedades de la boca y los dientes y aquellas que afectaban a otras partes del cuerpo. No obstante, hay algunas evidencias. La lápida de un cirujano griego llamado Chelerino descubierta en el cementerio de la Basílica de San Lorenzo de Extramuros y que falleció en Roma en torno al año 4 muestra un fórceps y varios dientes, lo que sugiere que era un dentista.

Los romanos inventaron las coronas de oro, nuevos métodos para fijar los dientes sueltos y crearon prótesis artificiales con distintos materiales, incluyendo hueso, madera de boj y marfil. Aunque solían hacer cremaciones, han sobrevivido bastantes ejemplos de las prótesis dentales, porque se solían retirar antes de quemar el cadáver y se colocaban posteriormente sobre las cenizas. Los romanos eran muy prácticos y esas prótesis llevaban oro frecuentemente, por lo que los legisladores romanos establecieron normas para regular el uso del metal precioso. La Tabla x incluía esta norma:

> No se debe agregar oro al «cadáver». Pero quien tenga prótesis dentales basadas en recipientes de alambre de oro, con las cuales los dientes faltantes se unen a los dientes vecinos mediante dientes humanos o animales con alambre de oro o bandas de oro, enterrarlos o quemarlos con ellos no es un delito.

Es decir, si se había recuperado la prótesis, el oro se reciclaba, pero no era un delito si ese oro se enterraba o incineraba con el difunto. De lo que se deduce que las prótesis dentales ya estaban muy extendidas en aquella época y se considera el primer registro romano relacionado con la odontología. Otras pruebas son el hallazgo de materiales protésicos destinados a tratar las afecciones dentales y bucales en yacimientos romanos como el de Teano. A pesar de ello, los historiadores y arqueólogos no son concluyentes sobre el desarrollo de la odontología en el Imperio Romano.

Los poetas y escritores romanos elogiaban unos dientes cuidados como parte de la belleza de una mujer y la dicción del orador, aunque también se reían de la preocupación exagerada sobre la dentadura. En los epigramas de Marcial (40-102/104) se habla de dentaduras postizas: *Sic dentata sibi videtur Aegle emptis ossibus indicoque cornu* («Así se ve Aegle con los dientes, gracias a los huesos comprados hechos de cuerno de la India».) Este cuerno de la India parece que era el marfil de elefante que se utilizaba para fabricar dientes artificiales en la época imperial.

La odontología, como el resto de los asuntos médicos, fue pasando poco a poco de un ambiente mágico, donde talismanes, conjuros y rezos eran la norma a una medicina empírica, donde sus practicantes busca-

Portada grabada del libro *De morbis acutis et chronicis* de Caelius Aurelianus, publicada en 1722 en Ámsterdam por Rudolph y Gerard Wetstein. La ilustración, realizada por Willem de Broen a partir de un diseño de Ottmar Elliger, muestra a un grupo de hombres atendiendo a un enfermo con plantas y hierbas, simbolizando el uso de remedios naturales en la medicina antigua. A la izquierda, aparece Asclepio, el dios griego de la medicina, destacando la conexión entre la tradición médica grecorromana y los textos clásicos [Rijksmuseum, Amsterdam].

ban mejorar la salud del paciente a través de la práctica y la observación. Aun así, la creencia en la magia y los ensalmos se refleja en un hechizo para el dolor de muelas que debía repetirse «tres veces nueve veces» mientras uno escupía y tocaba el suelo:

Tierra, llévate la peste contigo.
Salud, quédate aquí conmigo.

Según el escritor norteafricano del siglo v Caelius Aurelianus, si hacía falta extraer un diente, lo normal era golpearlo con un objeto rígido de madera o piedra o intentar extraerlo con un instrumento llamado *dentiducum* que se basaba en el diseño del *odontogogon* griego. Ambas herramientas estaban hechas de plomo blando y también se recomendaba rellenar un diente dañado con plomo y fieltro para endurecerlo y facilitar su extracción.

Los sacamuelas estaban especializados en las extracciones, mientras los barberos cirujanos hacían sangrías y arreglos cosméticos de los dientes. Usaban también ventosas para atraer la sangre a la piel y poder eliminar el exceso de sangre.

Los antiguos romanos se blanqueaban los dientes con una pasta hecha con orina humana y leche de cabra. Decían que la mejor era la primera orina de la mañana y también valoraban como más eficaz la de niños y jóvenes. Los puentes y coronas dentales se desarrollaron en la antigua Roma en el año 500 a.e.c., aunque parece que básicamente lo que hicieron fue copiar las técnicas de los etruscos. Solían estar hechos de hueso o marfil y eran muy solicitados desde la época de la República. Posteriormente, como hemos comentado, los dentistas de la antigua Roma también utilizaban prótesis de dientes realizadas con oro.

Los tratamientos para los dolores de muelas eran populares debido al intenso malestar que provocaban las caries. En su *Historia Natural*, Plinio el Viejo habló de las terapias para el dolor de muelas y escribió que el paciente podía verter el remedio en su oído. Curiosamente, algunos medicamentos debían verterse en el oído del mismo lado de la cabeza que el dolor de muelas, mientras que otros debían verterse en el lado opuesto. Las causas eran los gusanos de los dientes y los demonios de los dientes, pero también los humores, los distintos tipos de fluidos cuyo desequilibrio había sido propuesto por Hipócrates como causa principal de la enfermedad. Los causantes podían ser demonios, espíritus malignos mandados por los dioses o convocados por una maldición de un enemigo.

Estatua de Galeno de Pérgamo, conocido como el «Gran Médico», ubicada en Bergama, Turquía, su lugar de nacimiento en el 129-130 d. C. Galeno es considerado el fundador de la medicina experimental y uno de los médicos más influyentes de la antigüedad. Sus escritos y prácticas establecieron las bases de la medicina occidental durante más de un milenio. Esta estatua rinde homenaje a su legado en su ciudad natal, que fue un importante centro cultural y médico en el mundo antiguo [Thomas Wyness].

Los tratamientos incluían la inhalación de menta silvestre, el uso de huesos de liebre para hacer incisiones en las encías, llevar huesos cubiertos de heces y hacer gárgaras de ceniza de astas de ciervo. Otro tratamiento incluía atrapar una rana a la luz de la luna y escupir en su boca, luego ordenar a la rana que se fuera y se llevara consigo el dolor de muelas. Los médicos romanos seguían creyendo que los dolores de muelas eran causados por el «gusano de los dientes», la idea de los sumerios que reaparecerá una y otra vez en la literatura hasta bien entrado el siglo XVIII.

Arquígenes de Apamea, médico griego que trabajó en Roma en la época de Trajano, provenía de Apamea (Siria) y era representante de un grupo de médicos conocido como la escuela ecléctica. Arquígenes desarrolló la broca alrededor del año 100. Después de usarla como taladro trepanador para abrir el cráneo, se le ocurrió la idea de perforar un diente doloroso para aliviar la pulpa inflamada. Sin embargo, nunca se le ocurrió taladrar la dentina cariada para eliminar la caries.

Galeno de Pérgamo (aprox. 130-210), médico personal del emperador Marco Aurelio, retomó la idea de Celso sobre la regulación de los dientes y describió cómo se podían acomodar los dientes limándolos para reducir el apiñamiento. Galeno amplió los cuatro signos de inflamación para incluir la característica de *functio laesa*, la «función alterada». Escribió en su obra *De ossibus ad tirones* que la mandíbula inferior está formada por dos huesos, «lo que se puede comprobar por el hecho de que al cocinarse se deshace por la mitad». Celso y Galeno fueron los principales escritores médicos de los siglos I y II. Su influencia tuvo un enorme calado en la Edad Media, tanto en el mundo cristiano como en el árabe.

Galeno basa su teoría de la enfermedad en los cuatro humores de Hipócrates. En el texto *Sobre la Higiene*, Galeno está equivocado sobre las causas de la caries, la piorrea y otras enfermedades de la boca, pero es claro sobre quién debe tratar esas condiciones y que deben ser abordadas.

> Cuando la cabeza se vuelve desordenada en su naturaleza produce muchos excrementos a partir de los cuales surgen lesiones en los órganos inferiores, porque los excrementos pasan hasta ellos. El lugar más fácil para ese paso es la boca. Es obvio que la uvulitis, la tonsilitis y la gingivitis, así como la adenitis cervical y las caries dentales y las úlceras y la piorrea de la boca se deben a ícores catarrales que descienden a ellos desde la cabeza. Y la mayoría de los doctores o cortan la úvula o dan medicamentos para promover la expectoración de lo que fluye a través de la tráquea hasta los pul-

El final del cuarto libro de los *Epigramas* de Marcial, contenido en el manuscrito *Vat. lat. 2823* de la Biblioteca Apostólica Vaticana. Este folio (180v), fechado en 1466, pertenece a una cuidada copia renacentista que preserva las obras del poeta latino. Marcial, célebre por su aguda sátira y habilidad para capturar la vida cotidiana en la Roma antigua, continúa siendo una referencia en la literatura clásica [Biblioteca Apostólica Vaticana].

mones. Pero algunos doctores tratan el estómago, algunos los dientes y la boca e incluso las condiciones de la nariz. Pero es mejor, creo, quitar la fuente de los problemas, fortaleciendo la cabeza.

Otro referente importante para conocer la odontología romana son los escritores satíricos romanos, como Marcial y Juvenal. Los escritos de Marcial, que falleció en torno al 103, están llenos de referencias a prótesis dentales: «*Lucania tiene dientes blancos, Thaïs marrones. ¿Por qué será? Una tiene dientes falsos y la otra los suyos*». «*Y tú, Galla, pones tus dientes a tu lado por la noche. Igual que haces con tu vestido de seda*».

En uno de sus epigramas, un polvo dentífrico habla a una mujer mayor que tiene dientes postizos. «*¿Qué haces conmigo? Deja que me use una muchacha. No estoy acostumbrado a limpiar dientes comprados*».

El uso de polvos dentífricos estaba muy extendido y cuando más compleja fuese su preparación y más numerosos sus ingredientes, era más caro y más valorado. Otros accesorios también eran tenidos en alta estima y los invitados a una cena no solo recibían cucharas y cuchillos, sino también palillos de metal hermosamente decorados, a veces de oro, que luego se llevaban a casa como recuerdo de la cena y la generosidad del anfitrión.

El nacimiento de la Odontología forense

Los romanos son también responsables del primer caso conocido de Odontología forense, de identificar a una persona por su dentadura. En el año 49, un oficial de la guardia pretoriana llevó una cabeza en descomposición a Julia Agripina, esposa del emperador Claudio. La emperatriz, también conocida como Agripina la Joven, había ordenado el suicidio de Lollia Paulina, su rival.

Lollia Paulina había nacido en una rica familia patricia en el año 15. Heredó una fortuna de su abuelo paterno, el senador Marcus Lollius. Tuvo un hijo con su primer esposo Publius Memmius Regulus, prefecto de Macedonia y senador, pero al comienzo del reinado de Calígula le llegó al emperador información sobre la belleza de Lollia Paulina así que la ordenó que se divorciara inmediatamente de Regulus y se convirtiera en su tercera mujer. El inestable Calígula se divorció de ella seis meses después y ordenó que nunca se pudiera volver a casar.

Cuando Calígula fue asesinado en el año 41, su tío Claudio le sucedió al frente del imperio y buscó esposa. Finalmente, la búsqueda se concretó en dos opciones: Lollia Paulina o Julia Agripina y optó por esta última al parecer para unificar las dos ramas de la familia Julio-Claudia. Aunque la elegida fue ella, según el historiador Tácito, Agripina se sentía amenazada por la bella Lollia Paulina así que planificó su eliminación. Encontró a alguien que acusó a Paulina de brujería e hizo que fuera llevada a juicio y condenada. La condena incluyó el exilio y la confiscación de sus bienes, pero para Julia Agripina no era suficiente y ordenó que se suicidara. Como Lollia Paulina estaba fuera de Italia, envió a un oficial de la guardia a supervisar el suicidio y para que trajera la cabeza de aquella infeliz y comprobar su muerte. Sin embargo, al llegar a Roma con aquella cabeza, el rostro de Lollia Paulina estaba tan deformado que era irreconocible y Agripina tuvo que encontrar otro modo de confirmar identidad de la muerta. Agripina recordaba que Lollia Paulina tenía unos dientes peculiares, así que abrió la boca de aquella cabeza y miró dentro. Hay dudas sobre qué tenían de particular, una hipótesis apunta a que la noble llevaba unas distintivas restauraciones en oro y también podría haber tenido las paletas descoloridas o una diastema, una separación de los incisivos. El caso es que Agripina al ver el interior de la boca confirmó que sus órdenes se habían cumplido y se considera el primer ejemplo documentado del uso de dientes para dilucidar una identidad.

Retrato de Lolia Paulina en el *Promptuarii Iconum Insigniorum*, publicado por Guillaume Rouillé en 1553. Dama romana del siglo I, Lolia fue emperatriz consorte durante su breve matrimonio con Calígula en el año 38. Miembro de la influyente *gens Lolia*, se destacó por su inmensa fortuna y las intrigas políticas en las que estuvo envuelta, incluyendo su rivalidad con Agripina la Menor. La *Naturalis Historia* de Plinio el Viejo la menciona como un ejemplo de ostentación, describiéndola adornada con joyas de incalculable valor.

Instrumental

Celso (25 a.e.c.-50) hizo una detallada descripción de los instrumentos quirúrgicos usados por los médicos de su época e incluyó pinzas, alicates y un instrumento llamado *tenaculum*, una tenaza que servía para extraer las raíces dentales y del que se siguen usando variantes en la clínica odontológica actualmente. Celso pensaba que los dolores de muelas y los abscesos «*debían contarse entre las peores de las torturas*» y parece que recomendaba un cóctel de narcóticos que incluía canela, mandrágora, amapola del opio y castóreo. Su obra *De Re Medicina*, en ocho volúmenes, contenía descripciones detalladas del tratamiento de las enfermedades bucodentales.

Otra herramienta de los médicos primitivos era el torno de arco de mano. Las primeras brocas estaban hechas de piedras duras que se afilaban hasta tener una punta fina y se giraban sobre la zona dañada. Posteriormente, se fabricaron brocas a partir de finas barras metálicas que se movían con un arco o haciéndolas girar con las dos palmas.

Fórceps dentales romanos, datados en el siglo III d. C., descubiertos en el yacimiento arqueológico de Dion, al noreste del Monte Olimpo, en Pieria, Grecia. Este instrumento de hierro, con una longitud total de 18,7 cm, pertenece a la tipología clásica de fórceps romanos, caracterizados por brazos largos y extremos redondeados. Fue hallado junto a la Casa de Euvoulos, un área que probablemente funcionó como taller de manufactura, junto con otros instrumentos médicos [Koutroumpas D.Ch., Lioumi E., Vougiouklakis G., Museo Arqueológico de Dion].

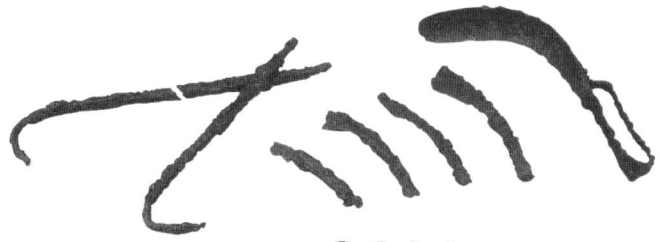

Este conjunto de instrumentos médicos, que incluye los fórceps dentales más antiguos descubiertos en Europa, fue hallado en una tumba intacta del siglo IV a. C. en el cementerio sur de Pydna, en Pieria, Grecia, junto al esqueleto de un médico colocado en un lecho de madera, acompañado de monedas de oro y bronce. Los fórceps, corroídos pero aún en posición abierta, presentan brazos largos terminados en ganchos y brazos cortos rectos, diseñados para procedimientos dentales [Koutroumpas D.Ch., Lioumi E., Vougiouklakis G., Museo Arqueológico de Dion].

Mapa de las zonas en las que se encontraron fórceps dentales, que datan del período del Imperio Romano [Koutroumpas D.Ch., Lioumi E., Vougiouklakis G].

Empastes

Las primeras referencias de empastes en Roma son en la primera mitad del siglo I. Los médicos romanos podían perforar las caries y llenar la cavidad con un ungüento para aliviar el dolor. Uno de los materiales utilizados para estos empastes estaba hecho con veratro negro, una planta que supuestamente tenía propiedades sedantes, mezclada con miel. En la actualidad no se consideraría una buena opción: el veratro negro es muy tóxico y contiene más de 200 alcaloides. Otros materiales utilizados para rellenar cavidades fueron la pasta de pimienta, cera, goma, hueso molido, cerebro de perdiz, resina y varios metales. Se cree que algunos de estos materiales, como el plomo, más que tener una función reparadora, servían para facilitar el agarre de un diente dañado y evitar que se rompiera durante la extracción.

Al contrario de los materiales duros que utilizamos en la actualidad como las amalgamas metálicas o los polímeros que se endurecen con luz ultravioleta, estas civilizaciones de la antigüedad no hacían nada para recuperar la fortaleza de las piezas dentarias, sino que se limitaban a intentar detener el dolor tapando la cavidad abierta. La única excepción parece ser un empaste más permanente llamado la pasta de plata y que los antiguos chinos desarrollaron en el siglo II. Parece que era bastante similar a las amalgamas de plata que usarían los dentistas occidentales más de mil años después.

Ilustración de veratro negro, de *Les liliacees* (1805) de Pierre-Joseph Redoute.

Extracción de dientes

En la antigua Roma, es posible que la extracción de dientes y muelas la practicaran especialistas que no estaban asociados a ningún otro profesional de la medicina. La práctica requería que los dientes se extrajeran de forma cuidadosa, para evitar el peligro que conllevaba que se rompieran las raíces. El dolor y los riesgos hicieron que esta práctica fuese poco frecuente. La literatura antigua describe otro proceso dedicado a la extracción de dientes. En este proceso, el diente se agarraba y se movía hasta que se podía extraer con las manos. Otra práctica consistía en separar la encía que rodea el diente y luego extraerlo. Celso, el famoso médico romano, recomendaba que los médicos también extrajeran el hueso cercano a los dientes y que se negaran a extraer los dientes de los niños a menos que impidieran el crecimiento de los dientes adultos.

Los antiguos médicos romanos creían que los dientes podían aflojarse debido a la debilidad de la raíz o a una enfermedad de las encías. Trataban esto cauterizando las encías y cubriéndolas luego con miel o hidromiel. Después colocaban medicamentos en los dientes. Si el diente seguía doliendo, se extraía. Este procedimiento se realizaba «raspando» el diente en «orden redondo» y luego se sacudía el diente hasta que se podía extraer con seguridad.

Celso describió tratamientos para la condición médica conocida como labio leporino y paladar hendido. Escribió que el método sugerido para tratar los defectos pequeños era aplicar una sutura y abrasiones en los labios. Los defectos más grandes y problemáticos se trataban mediante un procedimiento quirúrgico con la incorporación de colgajos.

Galeno, otro médico romano, probablemente describió el coloboma o la hendidura facial. Para tratar esta afección recomendaba escarificar la piel y unificar las partes dispares de la misma, eliminar los callos y terminar el procedimiento mediante cosido y pegado. Se creía que un paladar sano era necesario para hablar correctamente. Los antiguos romanos sacrificaban a los niños con labio leporino, debido a la creencia de que estaban poseídos por espíritus malignos.

Escribonio Largo (Scribonius Largus, en latín) fue un médico del siglo I que sirvió en la corte del emperador Claudio (años 41-54), y le acompañó en la conquista de Britania. En el año 47, a requerimiento de Cayo Julio Calisto, el liberto del emperador, compiló una de las primeras farmacopeas: una lista de 271 prescripciones médicas (*De Compositione Medicamentorum*), la mayor parte debidas a él mismo, aunque reconoce

Hyosciamus niger, beleño negro o hierba loca. Es una planta venenosa que aunque tiene alguna aplicación médica es peligrosa porque la cantidad de principios activos es muy variable [Arto Photo Designo].

su deuda con sus tutores, amigos y escritos de médicos eminentes. Se dice que buscaba esas recetas y las obtenía sin reparar en medios, incluido el soborno. La obra no tiene pretensiones de estilo e incluye remedios populares, pero tuvo una fuerte influencia en el Viejo Mundo. Para el tratamiento de los problemas dentales recomendaba la fumigación y los enjuagues, pero también el uso de agentes masticables, así como el humo resultado de quemar semillas de beleño, que por este motivo se denominaba *herba dentaria*. Escribonio indica que a veces se escupen algunos gusanos durante el tratamiento. Plinio el Viejo, por otro lado, no confiaba en la existencia del gusano dental, pero sí creía en un efecto curativo similar. Plinio también indica los ingredientes del polvo para limpieza de dientes que recomendaba llamado «dentifricium»: huesos pulverizados o quemados hasta convertirlos en cenizas, conchas de mejillón, polvo de piedra pómez y bicarbonato de sodio mezclado con mirra. Celso, a su vez, recomendó la sal molida. La sal dental todavía se utiliza hoy en día, especialmente en Asia.

Algunos pasajes de su obra han hecho que se le considere uno de los precursores del humanismo médico y es muy citado en cuestiones de ética médica, pues entendía su actividad como una profesión (*professio*, en el sentido sacerdotal de «vocación») y pensaba que incluía una obligación moral que exigía un comportamiento virtuoso. Para él, el profesional de la salud debía ser «*un buen varón, experto en el arte y la ciencia de la medicina y lleno de misericordia y humanidad*».

Largo recomendaba la preparación de opio a partir de las cápsulas de las amapolas. Incorporó a la tradición occidental la idea de que un gusano era responsable de la pérdida dental y el dolor de muelas. También incluyó en su obra un tratamiento estándar para librarse del gusano: quemar sobre carbón semillas y hojas de beleño negro (*Hyoscyamus niger*) e inhalar el humo. El beleño contiene sustancias narcóticas, por lo que es posible que aliviase el dolor. También dejó para la historia la descripción de las prácticas higiénicas de la emperatriz Mesalina, la famosa depredadora sexual esposa de Claudio. Su polvo dentífrico, según describe Largus incluía sales de amonio y cuerno calcinado de carnero, seguramente por sus propiedades abrasivas, aunque era también un famoso afrodisíaco.

Otro romano que contribuyó al conocimiento dental fue Cayo Plinio Segundo, más conocido como Plinio el viejo (23-79), que describió numerosas cosas del mundo de su época, aunque incluyó muchas fábulas, leyendas y supercherías. En su *Historia Natural* escribe:

Dipsacus fullonum, cardencha, cardo o vara de pastor. Una especie que se usaba tradicionalmente para cardar lana y como diurético [Natalia van D].

En los dientes del hombre existe una sustancia venenosa que tiene el efecto de disminuir el brillo de un cristal cuando se presentan descubiertos y si se descubren delante de un pichón, enferma y muere. En el cardo [*Dipsacus fullonum*], una hierba que crece cerca de los ríos, se encuentra un pequeño gusano que tiene el poder de curar el dolor de muelas, cuando dicho gusano se mata frotándolo en los dientes o cuando se le encierra con cera dentro de un diente hueco.

Otra de las sugerencias de Plinio es que si no se dejaba que el primer diente que cayera tocara el suelo y se montaba en una pulsera que se usaba constantemente, podía mantener sin dolores las partes íntimas de una mujer. Al igual que los sabios griegos que le precedieron, pensaba que «*los hombres tienen 32 dientes, las mujeres menos y tener más de lo normal se considera un indicio de una vida larga*».

Plinio también recogió remedios de la medicina popular, incluyendo una cura para el dolor de encías que se aliviaba frotando la zona con el diente de un hombre que hubiese tenido una muerte violenta. Los dientes flojos se podían afianzar atando una rana entera a la mandíbula y para prevenir el dolor de muelas recomendaba comer un ratón dos veces al mes. Si, por el contrario, el dolor de muelas ya estaba presente, una solución era «*morder un trozo de madera de un árbol que hubiese sido impactado por un rayo*» o «*tocar el diente con el hueso frontal de un lagarto capturado durante la luna llena*». Los jugos extraídos de plantas crecidas dentro de un cráneo humano estaban también incluidos en su lista de tratamientos y paliativos. Para las extracciones, Celso recomendaba separar totalmente la encía del diente, una propuesta muy dolorosa en aquella época sin anestesia. El diente era entonces manipulado hasta que se aflojaba lo suficiente para ser extraído con los dedos o con un tipo de fórceps llamado rizagra. Si se producía un sangrado muy intenso, era una indicación de que la mandíbula se había fracturado y los fragmentos de hueso resultantes debían ser extraídos. En ese caso, para tener acceso a la zona se hacía una amplia incisión en la encía y, según Celso, la recuperación requería de dos a tres semanas.

S. APOLONIA.

Xilografía holandesa del siglo XVII de Santa Apolonia, la santa patrona de los dentistas [Colección permanente de la Universidad del Pacífico].

EDAD MEDIA

Tras el colapso del Imperio Romano de occidente en el 476, se perdió parte del conocimiento médico de Grecia y Roma, pero persistieron mitos como el del gusano de los dientes. La mayoría de los mejores médicos de la Edad Media eran judíos o árabes, que preservaron el conocimiento del mundo antiguo a través de los contactos del mundo islámico con el Imperio Romano de Oriente. Bizancio consiguió salvar los libros de los sabios de la antigüedad clásica, incluidos los de Hipócrates, Galeno de Pérgamo y Cornelio Celso, pero no había prácticamente nada más en materia de odontología, salvo estas obras y, por supuesto, la medicina popular.

El médico árabe Abd al-Latif al-Baghdadi tuvo la oportunidad de examinar los restos de personas fallecidas durante una hambruna en El Cairo mil años atrás. En su libro *Al-Ifada w-al-Itibar fi al-Umar al Mushahadah w-al-Hawadith al-Muayanah bi Ard Misr* (*Libro de instrucción y exhortación sobre las cosas vistas y los acontecimientos registrados en la tierra de Egipto*), contradice a Galeno y dice que la mandíbula inferior es un hueso único y sin zona de unión.

En los primeros siglos de la Edad Media, la odontología volvió a impregnarse de la medicina popular y la magia. El dolor de muelas era una de las numerosas dolencias para las que se invocaba a los santos. En muchos casos se rezaba a santos que, según la tradición, habían sufrido como mártires en las mismas partes del cuerpo, como es el caso de Santa Apolonia.

Santa Apolonia era la patrona de los dentistas, de la odontología y de los dolores de muelas. El motivo de esa adscripción no era por una conexión con la odontología, sino porque le arrancaron todos los dientes durante su martirio en el siglo III. Las primeras noticias sobre su vida dicen que la joven, discípula de San Antonio de Egipto e hija de un magistrado, fue martirizada en Alejandría en torno al 248-249. Dionisio, obispo de Alejandría, registró su martirio y muerte:

En esa época Apolonia, virgen sagrada, [una sacerdotisa], era tenida en gran estima. Unos hombres la capturaron y mediante golpes repetidos le rompieron todos los dientes. Entonces erigieron a las afueras de las puertas de la ciudad una pila de leña y amenazaron con quemarla si rehusaba repetir después de ellos unas palabras impías. Cuando la dejaron, a petición suya, un poco de libertad, saltó rápidamente al fuego y murió abrasada.

La iconografía medieval y posterior la pinta a menudo con la palma del martirio y las tenazas que sujetan un diente. La catedral de Oporto (Portugal) conserva un relicario que según la tradición guarda un diente de Santa Apolonia. Su fiesta en las iglesias católica y ortodoxa es el 9 de febrero. El papa Juan XXI (1276-1277) aconsejó a los creyentes que rezaran a Apolonia si tenían dolor de muelas. Así se convirtió en la protectora contra los males de la dentadura, y también en la patrona de los dentistas y de todas las demás profesiones del sector odontológico. Fue canonizada en 1634 por el papa Urbano VII. Curiosamente, aunque Dionisio en su carta la describía como una mujer mayor, sus representaciones artísticas la muestran, prácticamente sin excepción como una mujer joven y hermosa. Un buen artista prefiere al parecer una buena modelo.

Los granos de peonía ensartados en cadenas se llamaban granos de Apolonia en el sur de Alemania y se les daba a los niños pequeños para que los masticaran. En Francia se les conocía como hierba de St. Antoine. Otras plantas analgésicas también recibieron nombres correspondientes, como la raíz de Apolonia en Salzburgo que era como se denominaba al acónito del lobo, un nombre que también se encontraba en Baviera, o la hierba apolonia (*Hyoscyamus niger*), que tanto se ha empleado para el tratamiento de las enfermedades dentales.

Khurasani Ajwain, también conocido como Ajwain Khurasani o Khorasni Yavani, es la semilla de una planta de la familia Solanaceae, *Hyoscyamus niger*. Tradicionalmente utilizada en la cultura ayurvédica, puede actuar como un sustituto del opio, como sedante o antiespasmódico [Aakruti].

Otra invocación contra las molestias de los dientes es el llamado Varón de los Dolores o Señor Dios del dolor de muelas, una de cuyas representaciones se encuentra en la catedral de San Esteban de Viena. Fue realizado hacia 1420 por un artista desconocido y muestra la figura de Cristo ataviado con un delantal con una corona de espinas y estigmas. Como era costumbre en el culto de la época, la figura estaba decorada con flores que se sujetaban a la cabeza con un paño. Según la leyenda, tres niños borrachos vieron a Cristo vestido con este paño y se burlaron porque parecía que Jesús tenía dolor de muelas. Esa misma noche los mismos niños experimentaron un gran malestar en su boca, que sólo desapareció cuando regresaron a la catedral al día siguiente para disculparse y pedir perdón. Desde entonces, numerosos vieneses han visitado al «Dios del dolor de muelas» para pedirle alivio ante sus molestias bucales.

EL MUNDO BIZANTINO

El emperador Diocleciano dividió el imperio romano en las regiones occidentales y orientales y situó la capital del este en la antigua metrópolis de Bizancio. En el año 330 el emperador Constantino el grande cambió su nombre a Constantinopla. Durante un milenio mantuvo su estatus, hasta su conquista por los turcos otomanos en 1453. Lo avances en los ámbitos médicos y científico en el mundo bizantino fueron muy escasos, pero se preservaron los textos fundamentales de la Grecia y Roma clásicas y después se difundieron en el imperio islámico y en la Europa cristiana.

Oribasio (c. 325-c. 403) médico del emperador Juliano el apóstata, editó un compendio monumental de setenta volúmenes titulado *Collectiones medicae*, que recogía muchos de los trabajos de Galeno, incluidas sus referencias a la odontología. Dos siglos más tarde, el principal enciclopedista médico fue Aëtio de Amida, médico del emperador Justiniano I, que dejó otra compilación amplia, el *Tetrabiblion*, que contenía descripciones detalladas de las enfermedades y tratamientos de la boca y los dientes. Más original fue Alejandro de Tralles (525-605) que escribió doce libros de medicina donde recordó los miedos de sus predecesores sobre el uso de fórceps para las extracciones y recomendaba, en cambio, mover el diente afectado hasta que pudiera ser extraído con los dedos.

Para ello proponía aplicar en la zona afectada un ungüento de aceite de rosa, carne de manzano silvestre, azufre, alumbre, pimienta, resina de cedro y cera. Esta pomada generaba una inflamación de las encías y facilitaba la extracción del diente.

El último de los compiladores que escribió sobre dientes fue Pablo de Egina (625-690) que según sus propias palabras añadió poco a lo que ya se conocía. Sin embargo, resumió de una manera acertada el conocimiento médico básico de los antiguos. En su *Epitome* en siete tomos, mostró una panorámica completa del estatus de la cirugía dental de su tiempo. En el capítulo titulado *Sobre las afecciones de la boca*, hizo una clara distinción entre los recrecimientos inflamatorio y tumoroso y describió cómo había que abordar cada tipo de problema. Discutió sobre la erupción de los dientes y sobre las extracciones, repitió el consejo de Celso sobre llenar un diente cariado con hilo de lino para minimizar el riesgo de que se rompiera la corona. También explicó cómo usar una lima para reducir la altura de un diente en relación con las piezas vecinas y fue probablemente el primero que escribió sobre la necesidad de limpiar los dientes quitando las incrustaciones de placa con pequeños cinceles u otros instrumentos. Abogó por una higiene oral frecuente, escribió sobre las comidas que inducían los vómitos y sobre los alimentos que dejaban residuos pegajosos en los dientes e insistió en que nunca había que usar los dientes para romper cosas duras y que el momento más importante para limpiar la dentadura era después de la última comida del día. Pablo de Egina es considerado el último eslabón en el progreso de la odontología hasta el Renacimiento.

Pablo de Egina, destacado médico bizantino del siglo VII, reconocido por su obra Epitome Médica, un compendio en siete volúmenes que recopilaba conocimientos médicos de la antigüedad. Sus escritos, especialmente sobre cirugía, se convirtieron en referencia fundamental para la medicina islámica y europea durante la Edad Media.

LA ODONTOLOGÍA TRAS LA CAÍDA DE ROMA

El imperio romano de occidente sufrió las incursiones de las tribus bárbaras en el norte y de los ejércitos islámicos en el sur. El latín se mantuvo como lengua oficial, pero fueron desarrollándose poco a poco versiones locales que conocemos como lenguas romances. Bajo la guía de la Iglesia, el conocimiento de los escritores clásicos fue compilado, traducido y analizado. Casiodoro (490-575) después de servir como canciller del rey ostrogodo Teodorico en el 540 se retiró a Squillace, en Calabria, donde fundó un monasterio en el que dedicará sus últimos 35 años de vida al estudio. Se le considera un personaje fundamental en la preservación de muchos textos latinos.

Hubo un gran interés por la recopilación de textos científicos, aunque se centran en una serie de resúmenes de Plinio, Galeno y otros sabios romanos, cuya autoría no se reconoce. Además, se crean nuevos textos que de una forma falsa se atribuyen a estos autores clásicos y así tenemos el pseudo-Plinio, el pseudo Sorano y muchos otros. El hombre más famoso de su tiempo es el obispo Isidoro de Sevilla (c. 570-636) que en sus *Etimologías* hace una auténtica recopilación enciclopédica del conocimiento de su época y que en su cuarto libro incluye una descripción de términos médicos, pero donde se añaden muchas derivaciones erróneas. Describe la dentición, pero usa el término *praecisores* para los incisivos debido a que era el que había usado San Agustín. También repite el error de Aristóteles de que los hombres tienen 32 dientes, pero las mujeres solo treinta, y adscribe erróneamente a las encías la formación de los dientes.

En Inglaterra, Beda el Venerable (673-735) escribe una historia eclesiástica en la que incorpora algunas discusiones sobre tratamientos médicos frecuentes en su época. Menciona los remedios para el dolor de muelas, la mayoría cocciones de distintas hierbas y sustancias. También recomienda sangrar una vena de debajo de la lengua como remedio para el dolor. Vindiciano (c. 632-c. 712) repite la doctrina hipocrática de que el dolor de muelas se origina en la cabeza y viaja hacia el diente y termina en su raíz. Repite muchas de las curas tradicionales que incluyen raíz de eléboro, espárragos cocidos en vinagre y la savia de hiedra depositada en gotas en el oído. Muchos remedios médicos de este período derivan de plantas y los herbarios, que listan las plantas y sus poderes curativos, así como los métodos de preparación y administración, se convierten en uno de los principales tipos de libros médicos.

Uno de los documentos más importantes sobre las prácticas odontológicas proviene de Santa Hildegarda, abadesa de Bingen, en Alemania (1099-1179). Esta mujer escribió sobre el poder sanador de las plantas, las carnes y los minerales en su libro *Physica* donde las identifica con sus nombres en alemán. Su información sobre los dientes es aristotélica y relaciona el dolor de muelas con la presencia de sangre estropeada en las arterias que llegan a los dientes. También menciona al gusano de los dientes y recomienda el humo del aloe y la mirra para eliminarlo. Además, propone cocciones calientes de plantas como la belladona y la artemisa y para los dientes flojos recomienda sal quemada y hueso pulverizado.

Hildegarda también creía en medidas preventivas sencillas, y defendía que el gusano de los dientes florecía porque las personas no se lavaban la boca con agua limpia y fría. De esta manera recomendaba lavar la boca al despertar por la mañana y varias veces más durante el día. El enjuague evitaba el livor, un depósito que se situaba alrededor del diente y producía las temidas lombrices. Los dolores intermitentes de dientes se explicaban como el resultado de los movimientos del gusano. Sin embargo, la principal intervención propuesta era usar una lanceta para abrir un absceso de las encías y facilitar el drenaje del pus.

Hildegarda, monja benedictina alemana, fue una destacada figura del medievo, reconocida como mística, compositora, naturalista y autora de textos médicos. Su obra abarca desde visiones espirituales hasta conocimientos sobre medicina y botánica, integrando ciencia y espiritualidad en una perspectiva única para su época [Wellcome Collection].

LA IGLESIA, LAS DISECCIONES Y LA SANGRE

Hay un error muchas veces repetido de que el estancamiento de la medicina en la Edad Media se debe a la oposición de la Iglesia, que habría prohibido las autopsias y muchos procedimientos médicos y quirúrgicos. Un inexistente texto conciliar o pontificio *Ecclesia abhorret a sanguine*, la Iglesia repudia la sangre, sería la prueba repetida -¡y falsa!- de este rechazo.

La Iglesia y la jerarquía eclesiástica, como todos los seres humanos, necesitaba de los médicos y cirujanos-dentistas. La propia Iglesia tuvo entre sus primeros referentes a un médico, el evangelista San Lucas, al que San Pablo alude en una de sus cartas como *medicus carissimus*, médico queridísimo. Cuatro pontífices fueron hijos de médico (San Eusebio, que ejerció su gobierno en 309 o 310; el benedictino San Bonifacio IV, que lo hizo entre el 608-615; el también benedictino León II, pontífice en 682-683; y posteriormente Nicolás V, entre 1447 y 1455). Algún otro había estudiado Medicina, como el benedictino Víctor III (1086-1087), que lo hizo en la Escuela Salernitana, y alguno también la ejerció, como el famoso Pedro Juliao, conocido por Petrus Hispanus, arzobispo de Braga y cardenal que fue pontífice con el nombre de Juan XXI entre 1276 y 1277.

Perlado Ortiz de Pinedo recoge cómo algunos autores han defendido la idea de que la cirugía y con ella la odontología se detuvo por prejuicios religiosos:

> ... el que sería profesor de la Historia de la Medicina en la Universidad Johns Hopkins de EE. UU., Garrison, repite la misma idea, escribiendo en su Historia de la Medicina —que tuvo diversas ediciones y reimpresiones— que la obsesiva idea de la cultura árabe de ser impío e impuro tocar con las manos el cuerpo humano en determinadas circunstancias fue ganando terreno en el ambiente escolástico y monástico, uniéndose al convencimiento de que la función intelectual es superior al trabajo manual, hasta culminar en «el famoso Edicto del Concilio de Tours *Ecclesia abhorret a sanguine* (1163)» a partir del cual la práctica quirúrgica, incluso las operaciones de mayor importancia, quedaron relegadas a barberos, celadores de baños, castradores de puercos y charlatanes nómadas, siendo tenido el cirujano en muy baja estima.

Para otros autores, las prohibiciones medievales a los religiosos profesos para ejercer labores relacionados con el cuerpo tuvieron como finalidad combatir el absentismo conventual y su avaricia, no ir en contra de los conocimientos médicos o de su práctica como tal. El Concilio de Montpellier de 1162 prohíbe que los canónigos regulares y los religiosos se dediquen a la medicina. Forma parte de una serie de actividades vetadas a los hombres de Iglesia por ser impropias de su condición. Además de vicios como la deshonestidad, la glotonería y la embriaguez, la codicia o la usura, se prohíben aquellas actividades que implican derramamiento de sangre o la mutilación de una persona, como el servicio de las armas. Distintos documentos lo aplican también a los cirujanos que se ocuparían de lesiones como contusiones, fracturas, heridas abiertas, tareas a las que se fueron añadiendo la inmovilización de huesos, aplicación de emplastos y cataplasmas, y la extracción de muelas. Eran actividades manuales, no intelectuales, que eran tenidas en menos por los médicos y arrastraron durante largo tiempo una imagen de vulgaridad, crueldad y barbarie.

Perlado Ortiz de Pinedo concluye que «*nunca ha existido constitución, decreto o canon conciliar alguno con la repetida fórmula* Ecclesia abhorret a sanguine».

Detalle de una inicial historiada «D» en el manuscrito *Omne Bonum*, realizado por James le Palmer entre 1360 y 1375. La escena muestra un dentista extrayendo un diente de un paciente con un instrumento rudimentario en forma de cinto [Biblioteca Británica].

LOS PRIMEROS PASOS DE LA FORMACIÓN DE LOS ODONTÓLOGOS

A finales de la Edad Media había una clara distinción entre las distintas profesiones que trabajaban en la salud bucodental. Muchos médicos miraban con superioridad a los cirujanos que, según ellos, hacían algo parecido al trabajo de un carnicero, un trabajo manual y sucio, carente de dignidad. Por su parte, los cirujanos con formación despreciaban a los barberos-cirujanos que, a su vez, consideraban que los simples barberos estaban un escalón por debajo de ellos. En los mercados aparecían sacamuelas, vestidos de manera llamativa, con collares hechos con los dientes que habían extraído y que atraían a los paisanos con música y espectáculos. Muchos de ellos tenían un toque de charlatanes, pedían un voluntario que tuviese algún diente con problemas y de forma aparentemente rápida y sencilla, con un sencillo movimiento de prestidigitación, mostraban un diente ensangrentado al público. A menudo el «voluntario» era un compinche que tranquilizaba y animaba a los posibles interesados.

En París se organizó el gremio de barberos-cirujanos en 1210. Puesto que algunos declaraban tener más formación y conocimiento que otros, se estableció una división entre cirujanos de bata larga y cirujanos de bata corta. Varios decretos reales a lo largo del siglo XIV prohibían a los miembros del segundo grupo practicar la cirugía si no habían sido examinados por los primeros. Algunas operaciones eran realizadas por ambos grupos como las sangrías y la extracción de dientes, sin embargo, con el tiempo las sangrías, los enemas, las sanguijuelas y la extracción de muelas quedaron en manos de los cirujanos-barberos. Progresivamente, los cuidados médicos fueron pasando del ámbito de los monasterios al de las universidades. La medicina de la Edad Media europea experimentó entonces un enorme desarrollo.

En Inglaterra se organizó un gremio de maestros cirujanos en 1368 y en 1462 se sumó una Compañía de barberos de Londres. Aunque muchos miembros de ambas asociaciones tenían habilidad y buena reputación, era claro que también había muchos incompetentes, pues el control de conocimientos era mínimo. William Clowes, considerado el mejor cirujano del período Tudor despotricaba contra los que practicaban la cirugía en su época caracterizándolos como «*no mejores que fugitivos o vagabundos, sinvergüenzas, desvergonzados en la contención, lascivos en la disposición, brutos en el juicio y la comprensión, vendedores ambulantes, muleros, carreteros, porteros, cuatreros, sanguijuelas, idiotas, brujas, clarividentes, vagos y cazadores de ratas».*

En Europa central, las casas de baños o balnearios eran lugares donde también se afeitaba o se practicaba cirugía menor. Dado que no todos los profesionales dedicados a esos temas podían permitirse un establecimiento por motivos económicos, con el tiempo surgió una nueva profesión que básicamente ofrecía la misma gama de tratamientos, pero sin baño, los barberos. Un relieve en la basílica de San Marcos en Venecia, tallado en el siglo XIII, muestra una extracción dental realizada por un barbero. Sin embargo, estos hombres no tenían formación ni eran capaces de leer las obras antiguas en latín, por lo que la superstición, la alquimia y la astrología dominaban las mentes de la mayoría de los *dentatores* de la época, los cirujanos que realizaban la extracción de dientes y muelas. Se especializaron en extraer los dientes en mal estado, rellenar las caries con hueso molido, reparar los dientes perdidos con alambres de metal y hacer dentaduras parciales. Era un trabajo complejo, especializado y caro por lo que otras gentes menos especializadas se dedicaban exclusivamente a extracciones, tanto monjes, como barberos, barberos-cirujanos y sacamuelas.

Barbero sacando un diente, óleo sobre tabla (c. 1630-1635) de Adriaen van Ostade, conservado en el Kunsthistorisches Museum de Viena, Austria. La obra retrata a un barbero-cirujano extrayendo un diente a un aldeano, en una escena típica del género costumbrista holandés del siglo XVII. Iluminada desde una ventana a la izquierda, mientras la derecha permanece en penumbra, la composición resalta el ambiente íntimo y dramático. Un par de tijeras colgadas en la pared simboliza el oficio del barbero, un recordatorio de su papel multifacético en la comunidad [Kunsthistorisches Museum].

Centros clave del desarrollo académico en la Edad Media fueron la Escuela Capitular de Chartres (Academia Carnotensis) y la Escuela de Salerno, que inició su andadura con los benedictinos, entre cuyos estudios se contaban los de cinco años de medicina. Estos dos centros mantuvieron una brillante historia hasta la aparición de las primeras universidades, varias surgidas de las escuelas catedralicias y bajo la tutela episcopal.

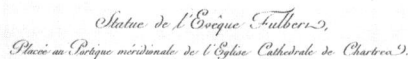

Ilustración de la estatua del obispo Fulbert, ubicada en el pórtico sur de la catedral de Chartres. Fulbert, una figura clave en la historia de la catedral y de la Iglesia en Francia, es recordado por su labor como teólogo, educador y por su papel en la reconstrucción de la catedral tras un incendio en 1020 [Artvee].

La Escuela de Chartres fue una escuela catedralicia medieval fundada por el obispo Fulbertus Carnotensis (960-1028) en el 990, en la ciudad de Chartres (Francia), y que floreció en los siglos XI y XII gracias a excelentes profesores, como Bernard de Chartres, Thierry de Chartres, William de Conches y el inglés John de Salisbury. La Escuela estuvo formada por un grupo de estudiosos de la escolástica temprana que compartían intereses y convicciones filosófico-teológicas, incluido un pronunciado platonismo, y formaron así una corriente intelectual que representó un movimiento humanista en contraste con la creencia anterior en el principio de autoridad. Como en otros lugares, las materias que se impartían eran las siete artes liberales: el trívium, compuesto por la gramática, la retórica y dialéctica, y el *quadrivium* que incluía la aritmética, la geometría, la música y la astronomía, las llamadas artes matemáticas. La escuela de Chartres puso especial énfasis en el quadrivium y en la filosofía natural. Con el paso del tiempo su fama se fue extinguiendo, entre otras razones, por la creación de las universidades, particularmente la Universidad de París.

Los primeros datos históricos sobre la escuela médica de Salerno son anteriores y se remontan a principios del siglo IX. Dirigida por los benedictinos, fue una de las primeras escuelas de medicina de Europa e integró conocimientos especializados de las culturas árabe, griega, judía y latina occidental. El estudio de la medicina en Salerno era eminentemente práctico: el arte de la salud era practicado por monjes que transmitían la enseñanza oralmente. La escuela fue sin duda la institución más antigua de Europa occidental para la enseñanza de la medicina y otras disciplinas, y durante siglos fue la más famosa. Los primeros cirujanos que obtuvieron prestigio fueron aquellos que escribieron ampliamente sobre su campo y cuyos tratados fueron guías para generaciones sucesivas de profesionales. Los más conocidos fueron Roger de Salerno y Rolando de Parma, que vivieron a finales del siglo XII y a comienzos del XIII, respectivamente.

Constantinus Africanus, que llegó a Salerno desde Túnez, hizo famosa la escuela de dicha ciudad a principios del siglo XI. Llevó a la costa norte del Mediterráneo los conocimientos antiguos y la teoría de los humores, pero también la creencia en el gusano de los dientes, que se había introducido en los trabajos médicos convencionales. Por ejemplo, el tratado del siglo XII *Practica brevis* de Johannes Platearius de Salerno describe las causas patológicas y las posibilidades de tratamiento del dolor de muelas, pero también habla del gusano dental, a cuyo desarrollo atribuye la caries y para cuyo tratamiento recomienda jugo de centaurea, mirra y opio, así como el humo de beleño.

*pozcec medicũ bene muestigare chimoz putce/
dinef que ex·nũ· nafcunt humozib; cũ natũzã
fũã fiue fimplices·fiue compofitã egrediantuz·*

Apertura del texto *De elephancia* (Sobre la lepra), de Constantino el Africano, en un manuscrito del siglo XII. Este folio pertenece a la Biblioteca del Convento de San Francisco en Asís. *De elephancia* es uno de los textos médicos más influyentes de la Edad Media, que refleja la síntesis de conocimientos grecorromanos, árabes y latinos que Constantino introdujo en Europa, marcando un hito en la transmisión de la medicina islámica al mundo cristiano occidental.

La fama de la Escuela de Medicina de Salerno durante la Alta Edad Media se atestigua a partir de la leyenda de la visita de Roberto II, duque de Normandía, hijo de Guillermo el Conquistador, que acudió a Salerno al parecer hacia 1099, tras la primera Cruzada, para curarse una herida en el brazo derecho producida por una flecha envenenada. En el ámbito del tratamiento dental seguían los criterios de Hipócrates y aconsejaban evitar la extracción de dientes, salvo como último recurso por los peligros asociados y recomendaban como tratamientos alternativos la fumigación y la cauterización. En sus tratados incluían discusiones sobre el tratamiento de las fracturas mandibulares y dislocaciones, drenar la sangre a través de una vena bajo la lengua y los «remedios» para el dolor de muelas, tales como colocar heces de cuervo en las caries dentales.

Otra línea de tratamiento está descrita en un manuscrito del siglo XIII que se conserva en la Biblioteca Bodleiana de la Universidad de Oxford. La idea es aliviar el dolor en distintas áreas del cuerpo cauterizando otras. En la obra se ilustra la localización de esos puntos en la parte superior de la espalda para tratar «*ad dentium dolorem*». Es cuando menos una coincidencia curiosa que estos puntos también aparecen en los carteles de la acupuntura china para el tratamiento de las afecciones de la boca.

En la odontología medieval se pueden encontrar informes sobre el uso de grasa de rana para supuestamente facilitar la extracción de dientes por parte de Petrus Hispanus y Juan de Gaddesden (1280-1348/49 o 1361), escritos sobre frotar con espuela para el dolor de muelas o la recomendación de aceite de lombriz de Arnaldo de Villanova (≈1235-1311). El famoso cirujano flamenco occidental Jan Yperman (1269/65-1350) también explicó la formación de pus en los dientes enfermos que atribuía al movimiento de los gusanos. En Inglaterra, John de Gaddensten, que trabajó a comienzos del siglo XIV, publicó un curioso libro titulado

⟨⟨Practica Joānis anglici phyfici clariſſimi ab operis preſtantia 'Roſa medicine nūcupata.

Icut dicit Galie. pmo ō ingenio ſanitatis:non viſites nimis curias ⁊ auτ las pncipū:ſicut nec ego feci qnouſq̃ ſciuerim liⁱ bros:qz dicit Galie.7°.de ingenio in pbemio:non ē poſſibile aliqd fieri proⁱ ximius deo q̃ per ſciam. Ideo optaui bumilibº faⁱ cere iſtum librū.Quia tñ nullus liber eſt ſine vituⁱ perio:ſicut dicit Gali.z. de criſi:ideo nec iſte ſine vituperio erit.'Rogo tamē vt iſtum librū3 videntes nō dente canino mordeant ſ3 buⁱ militer pertractēt:qz quicquid bīc dicet erit vel aucteⁱ ticū3 vel longa experientia approbatum:qz bec oīa ego Joānes ō gadeſdē 7°:āno lecture mee ppilaui.⟨⟨Lirca que3 librū talem volo obſeruare proceſſū3:qz pmo volo nomen inueſtigare cuiuſlib3 morbi. z° diffinitionē. 3° occaſionem eius ⁊ cam. iuxta illud Iſaac 4° febrū3.c. de icteritia:omne qd volumus inueſtigare tribº modis intelligimus:aut ſuo nomine qd eſt ad placitū:aut diffiⁱ nitione eius nam oſtendente:aut actione eius effectum demōſtrante:⁊ ibi actio ide3 eſt qd occaſio vel cauſa.4° dicam ſigna gnālia ⁊ ſpecialia:qz accidētia infirmo ſūt ſigna medico:vt dicit Joānitius.z.de ſignis officialium membrorū.5°.pronoſticū.6° curaz:⁊ ibi ſecūdo ꝺeſue dicam que ſunt faciēda in cura cuiuſcūq; morbi periculoſi ⁊ curabilis.Ante tamē q̃ iſta fiāt volo nomē iſti liⁱ bro imponere:vocando ipm 'Roſam medicine pp gn̄q3 additamenta que ſunt in roſa:quaſi qn̄q3 digiti tenētes roſam de quibº ſcribitur.Tres ſunt barbati:ſine barba ſunt duo nati.i.tres articuli vel partes circūdātes roſaz ſunt cū piloſitate:⁊ due ſunt ſine:⁊ iō erunt bīc qnq; liⁱ bri.primi tres erūt barbati barba lōga:qz ad multa ſe extendet:qz erunt de morbis cōib°:⁊ quot modis dicat morbus cōis vel vlis vide in pbemio ſecūdi.Duo ſeq̃nⁱ tes erūt de morbis pticularibus cum declaratione aliⁱ quozū omiſſorum in precedētibus quaſi ſine barba.Et ſicut roſa excellit omneſ flores:ita iſte liber excellit oēſ practicas medicine:qz erit pro pauperibus diuitibº ciⁱ rurgicis ⁊ medicis:qz bīc.v3.ſatis de morbis curabilibº in ſpeⁱ ciali videbitur ⁊ in gnāli.⟨⟨Sunt ergo capitula multa primi librī.primū de fe.colerica tertiana ſimplici ⁊ duplici vera ⁊ nota ⁊ cauſone ⁊ accidētibus.pᵐ accciōs ē ſitis. zᵐ vigile. 3ᵐ dolor capitis. 4ᵐ freneſis. 5ᵐ ſinⁱ copis. 6ᵐ fluxus ventris. 7ᵐ cōſtipatio ventris. 8ᵐ de icteritia. 9ᵐ de aduſtione ⁊ ſiccitate lingue. ioᵐ de vlceⁱ ratione lingue. iiᵐ de vomitu. izᵐ de canino appetitu ⁊ eius defectu. i3ᵐ de ſudore ad ſiſtendū3 ⁊ prouocandū. i4ᵐ de fluxu ſanguis nariū. i5ᵐ pfunditate ſomni ⁊ liⁱ targia nō va. i6ᵐ de dieta febricitātius ⁊ gnāli ⁊ ſpāli. ⟨⟨Caplu zᵐ pncipale eſt ō quotidiana diurna ⁊ nocturna ⁊ de emitriteis ⁊ de empiala ⁊ liparia. 3ᵐ principale eſt de quartana ⁊ de eius ſpeciebus. 4ᵐ Eſt de febre ſanguinea. 5ᵐ De febre effimera ⁊ morbis imālibus. 6ᵐ principale eſt de etbica febrili ⁊ ſenectutis:⁊ ſunt in iſtis caplis dubia appropriata ibi poſita ⁊c. ⟨⟨Quia ergo tres primi librī erunt de morbis cōibus ⁊

inter eos cōmunior eſt fe.⁊ inter fe.cōmunior eſt coleriⁱ ca:ideo primo de ea tractandrum eſt.pmo ergo ponēda eſt diffinitio febris abſolute:z° diffō febris colerice.

⟨⟨De febre quid ſit.   Caplm.   I.
Ebris nibil alid ē niſi calor nālis muⁱ tatus in igneu3.pmo affo.⁊ ſm Ga.8.ō ingenio ſanitatis in pñ°.F3 Auer.in 3°.coll.ca.3. Febris eſt calor qui totū corpus ledit:qz omnes actioneſ ⁊ paſſiōeſ mēbroz. ⁊ boc debet itelligi ſic:fe.būozales ſunt in būoribus:effimere in ſpiritibº:etbica in mēbris ſolidis:⁊ calor q̃ eſt in partibº vicinis eſt accñs morbi ⁊ febrilis non febris: ⁊ iſta cōtinet totū corpus ſm diuerſas partes niſi impeⁱ diat:vt dicit Auic.in.4.vnde colerica eſt circa coleraz: flegmatica in toto flegmate niſi impediaτ ppter opilaⁱ tionē vel ppter aliqd tale:⁊ boc aptitudinaliter eſt per totū:⁊ boc ſufficit ad diffōneẓ vt videbitur in.5.lib. vbi cōplebo deo dāte pma omiſſa p declarationē eoz.MŌ de colerica febre q̃ duplex ē:cōtinua ⁊ iterpolata. Interⁱ polata ē tertiana pura vel nota:ꝓtinua ē cauſon.

⟨⟨De tertiana ⁊ eius nomine.
Primo de tertiana ſciēdu3 q̃ eſt fe.ipſa tertiū diē tenēſ ſm etbimologia nois:⁊ ideo 4°.pti. affor.fe.in diatritis.i.in tribus dieb° ita bīc.Uel dr terⁱ tiana quaſi tertium vel tertiū bozā vel tertiā bozam diei: qz ſm Galie.libro de dinamidyz quaſi in principio Colera rubea ab bora diei tertia vſq; ad borā nonaz dominatur regnat ⁊ mouetur.⟨⟨Ex bis apparet ſiue ſint due tertiane:ſiue vna ſimplex:mouetur de terⁱ tio in tertium:vel de tertio die in tertiū diem:vel de tertia bora in tertiam bozam ſequentis diei:⁊ ſi ſit conⁱ tinua tunc mouetur fortius:⁊ boc ſi derelinquatur natu re proprie:⁊ non impediatur.

⟨⟨De tertiana quid ſit.
Secundo videndum eſt de diffinitione tertiane fe.que eſt calor innaturalis de incēſiⁱ ne colere generatus ledens oēs actiones ⁊ paſſiōes mēⁱ brorum de incēſio in tertium.⟨⟨Ad cui intellectum o3 ſcire qd colera multiplex eſt.naturalis:⁊ non naturalis. Nō naturalis eſt multiplex:nota pp aduſtionē flegmaⁱ tis:⁊ eſt nota ppter aduſtioneẓ colere eruginoſe quevoⁱ catur 3inaria vel praſſina:ſed de iſtis non fit fe. vt dicit Iſaac:⁊ Auer.ponit q̃ ſic in.4°.coll.ſed ipſa eſt mortal: ideo de ea non eſt ſalubris:⁊ ideo vterq; auctor ſalⁱ uatur.Et eſt colera nota ⁊ non vera propter admixtiōes flegmatis ſubtilis:⁊ illa eſt colera citrina:⁊ eſt nota per admixtioneẓ flegmatis groſſi ⁊ illa colera eſt vitellina. ⁊ l3 Auer.imponat Galie.q̃ illa vitellina ſit calidior na turali.tertio colliget:boc eſt verum de colera vitellina que fit propter mixtionem flegmatis groſſi ingroſſati p calorem conſumentem partem ſubtilem flegmatis:non de illa vitellina que fit per admixtionem groſſi ingroſⁱ ſati a frigiditate comprimente ⁊ dēſpante.⟨⟨Item noⁱ tandum q̃ de colera pura non eſt fe.nec ipa abſoluta ab alys bumoribus eſt ſubiectuẓ fe.tertiarum ſalubriū: ſed ſanguis ſubtilis colericus aut bumiditaẓ in qua doⁱ minatur colera.⟨⟨Et ſi dicat Auer.vel alius q̃ de coleⁱ ra pura non fit tertiana pura:ſicut dicit Auer.tertio colⁱ liget.dico q̃ boc eſt verum de ſanguine colerico vel de bumiditate colerica:qz qua nōn miſcetur flegma.⁊ bec eſt intentio Auer.tertio colliget.capi.3. Et ſi dicatur q̃ tunc non poteſt vari laxatiuu3 in tertiana:qz iuā ē meⁱ dicina purgatiua ſanguis.dico q̃ verum eſt ſanguinis puri non alterati nec mutati non eſt laxatiuū:tamē ſanⁱ guis alterati ſatis poſſibile eſt vt pars colericaⁱ ſanguiⁱ

angl. a 3

Rosa anglica, en el que recogía muchos de los remedios populares en su tiempo. Entre ellos estaba frotar las encías con el cerebro de una liebre, un remedio que al parecer no solo protegía la dentición, sino que incluso hacía crecer nuevos dientes en la boca de los que los habían perdido. Aunque él también consideraba las extracciones como la última opción, explicaba cómo hacerlo: «*Coge un hierro, ancho en la punta y afilado en la parte interior y fuerza el diente hacia abajo y así caerá*». En Italia hubo ejemplos de profesionales que se saltaban la prohibición a los clérigos de practicar la cirugía. Un ejemplo llamativo fue Teodorico Borgognoni o Teodorico de Cervia (1205-1296) que fue nombrado obispo, publicó una obra titulada *Cyrurgia* y fue el primero en notar la abundante salivación de los pacientes que eran tratados con mercurio para la sífilis.

La farmacopea de la época incluyó fórmulas magistrales que se aplicaban en forma de gotas sobre el diente dolorido, para calmar o destruir al gusano. Siguiendo las sugerencias de los médicos árabes, los especialistas colocaban en el diente cariado, ácidos como el agua fuerte, teniendo cuidado de proteger el resto de la boca. Una estrategia innovadora fue preparar un encofrado de cera alrededor del diente cariado y rellenar ese pocillo con un líquido cáustico. Hoy en día sabemos que cualquier alivio se debería a la destrucción de los nervios en la pulpa dentaria, aunque nuestros ancestros medievales lo atribuían a la muerte del gusano de los dientes.

Generalmente, la estrategia más habitual era atacar al gusano de los dientes con una fumigación hecha con semillas de beleño o puerro. Las semillas se mezclaban con sebo de oveja y se formaban pequeñas albóndigas. El paciente se arrodillaba junto a un brasero y sujetaba un embudo con la parte ancha sobre el fuego y el extremo pequeño dirigido hacia el diente dolorido. Entonces se echaban las bolas de semillas sobre las brasas y se suponía que el humo que ascendía desde el brasero expulsaba al gusano de los dientes.

Las obras árabes fueron traducidas al latín por Gerardo de Cremona (1114-1187), por Farajben Salim (hacia 1280) y otros entre los siglos IX al XIII. Los hallazgos árabes y muchos de la antigüedad clásica llegaron al mundo occidental a través de la escuela de traductores de Toledo. Estas traducciones provocaron un despertar intelectual en Europa y proporcionaron un impulso en todas las ramas de las ciencias médicas en los siglos finales de la Edad Media.

EL NACIMIENTO DE LAS UNIVERSIDADES

Según Haskins «*excepto por algún avance en anatomía y cirugía en algu-nas escuelas del sur como Bolonia y Montpellier, las universidades medie-vales no hicieron ninguna contribución al conocimiento médico, pues ningún tema estaba menos adaptado al método que prevalecía del dog-matismo verbal y silogístico*».

Durante los siglos XIII y XIV, el currículum médico seguía basado en los textos de los autores griegos y romanos, con algún añadido de los médi-cos islámicos, cuya obra había sido traducida, pero que en general se atri-buía a algún académico europeo contemporáneo. La formación era muy limitada, basada en supersticiones, aforismos y postulados pseudocientífi-cos. El diagnóstico se basaba en algo puntual, como el aspecto de la orina.

Arnoldo de Villanova (1240-1311)

Arnoldo de Villanova fue un alquimista catalán que compiló una edición del famoso texto de higiene personal de la escuela de Salerno que incluía ideas para la salud bucodental. Fue un libro extremadamente influyente que se publicó y republicó a lo largo de cinco siglos y la obra abarcaba los festines, los animales, los alimentos, las bebidas y numerosas hierbas medicinales, que servían entre otros temas para el mantenimiento de unos dientes sanos y el tratamiento del mal aliento. El libro hace referen-cia a los métodos publicados por Celso y Galeno, ofrece remedios para cada sufrimiento, dicta buenas normas para vivir sanamente y elimina el fanático misticismo medieval que imponía la privación de la carne.

Bernardo de Gordon (c. 1270-1330)

Fue un médico occitano, profesor de medicina en la Universidad de Montpellier a partir de 1285. En 1296 escribió una obra titulada *De Decem Ingeniis curandorum morborum*. En 1303, mencionó el uso de anteojos como una forma de corregir la hipermetropía. Su obra más importante fue la *Lilium medicinae*, impresa casi dos siglos después en Nápoles en 1480, en Lyon en 1491 y en Venecia en 1494. En esta obra describe la peste, la tuberculosis, la sarna, la epilepsia, el ántrax, y la lepra, entre otras enfermedades. Se sabe muy poco de él, que era un «echado para adelante», con pocas habilidades sociales y es posible que cayera en el olvido al centrarse en su labor como profesor, que incluía las clases teóricas y prácticas y la preparación de manuales. También se ha dicho que la escasez de menciones póstumas por parte de sus colegas probablemente tenga algo que ver con la poco amable tendencia de Gordon a burlarse de sus contemporáneos con desprecios apenas velados en sus tratados médicos. En el ámbito de la odontología su obra es un referente porque establece una teoría pionera sobre el aflojamiento de los dientes.

Retrato de Bernard de Gordon, médico y profesor de la Universidad de Montpellier durante el siglo XIV. Reconocido por su influyente obra *Lilium Medicinae*, un compendio médico que sirvió como referencia en la Europa medieval y contribuyó al desarrollo de la medicina clínica y la farmacología [Wellcome Collection].

◀ El rey Roberto de Nápoles dicta el tratado de agronomía de Bertran Boisset a Arnau de Vilanova. Esta ilustración, perteneciente al manuscrito 327 de la Biblioteca Municipal de Carpentras, folio 23r, refleja la colaboración entre el poder real y el conocimiento científico en la Baja Edad Media. Arnau de Vilanova, célebre médico y alquimista, fue una figura clave en la difusión del saber médico y agrícola en el Mediterráneo. La escena destaca el rol del mecenazgo en la producción y preservación del conocimiento durante el siglo XIV.

GUY DE CHAULIAC
(Médecin – Anatomiste),
Docteur de la Faculté de Montpellier,
Médecin des Papes Clément VI, Innocent VI
et Urbain V.

Né a Chauliac (Dépt de la Lozère).

vivait vers le milieu du 14ᵉ siècle.

Retrato de Guy de Chauliac, destacado cirujano medieval del siglo xiv, grabado al punteado por Ambroise Tardieu (1788-). De Chauliac es conocido por su obra *Chirurgia Magna*, un tratado fundamental que consolidó su reputación como una autoridad en cirugía y medicina en la Europa medieval. Este grabado, conservado en la Bibliothèque interuniversitaire de Santé, rinde homenaje a su legado en la historia de la medicina, marcando un hito en el desarrollo de técnicas quirúrgicas y su enseñanza [Wellcome Collection].

Guy de Chauliac (1300-1368)

De Chauliac fue el médico y cirujano más influyente del siglo XIV. Formado en Toulouse, Montpellier, París y Bolonia, se convirtió en el cirujano más conocido de su época y se le considera el padre de la cirugía médica, profesión que hasta entonces era considerada propia de barberos sin apenas formación. Invitado a Aviñón, se convirtió en médico personal de los papas Clemente VI, Inocencio VI y Urbano V. Su *Chirurgia Magna* fue escrita en 1363, cinco años antes de su muerte y allí se describe una nueva profesión: dentista. Tras la introducción de la imprenta en 1450, su obra se imprimió en 1493 y se tradujo a varios idiomas, entre ellos el francés, el inglés, el neerlandés y el italiano. Su tratado recoge los principios de obras anteriores de Hipócrates, Celso, Galeno y Avicena, pero fue un seguidor acrítico de estas obras de la antigüedad clásica y nunca cuestionó la veracidad de lo descrito en la obra de sus predecesores.

Chirurgia Magna describe procedimientos quirúrgicos comunes como la sangría, la cauterización, la trepanación, pero también la sutura y los vendajes, e incluye también información sobre los instrumentos utilizados en estos procedimientos. Contiene 49 xilografías originales que incluyen instrumentos quirúrgicos como retractores nasales y orales, cánulas, catéteres, herramientas de sutura, instrumentos para extraer cálculos, elevadores, herramientas de perforación y trépanos. Algunos de estos instrumentos habían sido descritos anteriormente por Abulcasis y otros fueron inventados por De Chauliac, como el taladro de mano. Hay también varias ilustraciones, atribuidas a Ambroise Paré, como las utilizadas para las extracciones dentales.

Otra obra importante es el *Inventorium Chirurgicalis Medicinae*, en el que analizaba la anatomía y erupción de los dientes, recomendaba la higiene dental con normas muy precisas y citaba problemas dentales tales como el dolor, la corrosión y el aflojamiento. Aconsejó la sustitución de los dientes perdidos por dientes humanos o por otros tallados a partir de colmillos de hipopótamo o marfil de morsa. De Chauliac defendió la higiene dental y señaló que la caries tenía tres fases: producción de dolor, dolor sin estímulo externo y flemón. Fue quizá el primero que defendió que el tratamiento de los dientes tenía que ser reconocido como una especialidad independiente, con sus propias técnicas y su corpus de conocimientos. El libro fue traducido al francés en 1592 y en los años siguientes al provenzal, italiano, inglés, holandés y hebreo, alcanzando más de 130 ediciones. Sus normas de higiene son bastante razonables:

eſt vaporem alicuius liquoris calefacti ſumere. Huiuſcemodi ſtupha ap-
pellari poteſt *Vaporarium*, quamuis hæc vox ātiquitus diceretur de furno
per quem hypocauſtum calefiebat. Fiunt hodie *ſtuphæ* diuerſis rationibus,
quas non opus eſt hîc lineamentis referre. Superiùs enim habetis vnam
relatam ac pictam ſub nomine *cannulæ ſuffumigatoriæ.*

 Trepanum vulgò dictū vel *tariere*,Græcè autem *trypanum*, terebram vel
terebellum ſignificat.Duæ ſunt eius ſpecies, quarum aliæ ſunt in forma cō
munis terebræ,quibus plura parua foramina fiunt: deinde cum forfice ſe-
paratoria inciditur os ab oſſe,vt iam dictum eſt,ſcalpendo,vel percutiēdo
cum malleo, ſicuti quandoque faciunt fabri lignarij:à quibus omnes poſ-
ſunt addiſcere,veluti etiam vſum ſcalprorum didicerunt. Alia trepani ſpecies circularis eſt in forma terræ rotundæ veluti pixis dentata, quæ à Lati-
nis *modiolus* appellatur , ex eo quòd eſt figuræ parui modioli , exceptis
 A. Terebellum pro agendis pluribus paruis foraminibus.

ferræ

Oooo j

Edición de 1585 de *Chirurgia Magna* de Guy de Chauliac, publicada en Lyon (*Lugduni*) por Philippe
Tinghi, Symphorien Beraud y Étienne Michel. Esta obra, escrita originalmente en el siglo xiv, es
uno de los tratados de cirugía más influyentes de la historia de la medicina. Incluye referencias
anatómicas, descripciones detalladas de técnicas quirúrgicas y un glosario interpretativo
acompañado de figuras de instrumentos quirúrgicos, adaptados en gran parte de los trabajos de
Ambroise Paré. Conservada en la Francis A. Countway Library of Medicine, esta edición refleja la
continuidad y la evolución del conocimiento médico en Europa.

— Evitar la comida que se pudre con facilidad.
— Evitar la comida o la bebida que está demasiado caliente o fría, especialmente evitar tragar comida extremadamente fría después de otra extremadamente caliente y viceversa.
— No morder cosas que sean demasiado duras.
— Evitar las comidas que se quedan pegadas a los dientes como los higos y los platos hechos con miel.
— Evitar ciertos alimentos que se saben son malos para los dientes (como ejemplo ponía los puerros).
— Limpiar los dientes generosamente con una mezcla de miel y sal quemada a las que se ha añadido un poco de vinagre.

Cuando De Chauliac habla de un tratamiento «particular», repetía mucho de los remedios planteados por los autores árabes. Además, recomendaba limpiar los dientes cariados con pociones de vino y menta, pimienta y otros agentes después de rellenar las cavidades con polvo de agallas, lentisco, mirra, alcanfor y otras sustancias. Aconsejaba el uso de astringentes para fijar los dientes flojos, y sugería que si se caían podían sustituirse por dientes humanos o de animales sujetados con ligaduras de alambre de oro.

De Chauliac tenía un nivel superior al de sus compañeros y sobre los remedios populares señalaba «*esos remedios prometen mucho, pero aportan poco*». En su época se usaban distintas sustancias estupefacientes como el opio, el beleño, la raíz de mandrágora, la hiedra y la cicuta. Explicaba que para administrarlo una esponja se empapaba «*en estos jugos y se dejaba secar al sol y entonces los cirujanos cuando la necesitaban metían la esponja en agua caliente y la sujetaban bajo la nariz del paciente hasta que se quedaba dormido. Entonces, hacían la operación*».

La influencia de De Chauliac continuó a través de sus discípulos como Pietro d'Argelata, catedrático en Bolonia y autor de una *Cirurgía*, publicada en Venecia en 1480, un tratado en seis volúmenes en el que las enfermedades y tratamientos de los dientes ocupaban una buena parte. Aunque repitió muchas de las ideas de De Chauliac, ayudó a sentar las bases de la práctica clínica de la odontología. Giovanni Arcolani, sucesor de D'Argelata en la cátedra de Bolonia, escribió un manual, *Cirurgia practica*, publicado en Venecia en 1483 y es considerado otro de los pioneros de la odontología.

REMEDIOS PRIMITIVOS Y SUPERSTICIONES

Durante siglos hemos sabido tan poco sobre la salud de los dientes que lo que se usaban eran remedios populares, la mayoría de ellos sin ningún criterio ni fundamento. Era una época en la que una persona se sentaba en un camino transitado, con un pañuelo atado alrededor de la cara, un signo universal de estar sufriendo un dolor de muelas, aunque su propósito no está nada claro, y esperaba el consejo de cualquier transeúnte sobre cómo librarse del gusano de los dientes. El origen de los remedios populares era muy variado y algunos procedían de animales:

GARRA DE TOPO. Las patas de topo tienen una larga tradición como amuleto contra el dolor de muelas, ya Plinio las recomendaba en el siglo I. Los romanos también usaban dientes de topo atados al cuerpo para librarse de los problemas bucodentales.

RANAS. Otro supuesto remedio era hervir pequeñas ranas verdes y usar el líquido para aliviar el dolor de muelas. Al parecer, hacía que los dientes se aflojaran y resultara sencillo extraerlos. Hieronymus Brunschwig, cirujano alemán, citaba a Rhazés como referente y decía que si una vaca pastaba en un prado y accidentalmente comía una pequeña rana verde, los dientes se le caían súbitamente.

LECHE DE BURRA. En la antigua Grecia, la leche de burra se usaba como colutorio para fortalecer las encías y los dientes. En la Alemania medieval se creía que besar a un burro aliviaba el dolor de muelas.

CERDO. Otro remedio popular era, durante la matanza, coger un trozo del estómago de un cerdo, envolverlo en un trapo y ponértelo en las encías durante treinta minutos.

ZORRO. En Alemania, durante la Edad Media, existía la idea de que, si los dientes te molestaban, tenías que correr alrededor de una iglesia y dar tres vueltas sin pensar en un zorro. Es más difícil de lo que parece cuando te dicen que no pienses en algo concreto.

PIOJO. Perforar un agujero en una alubia seca. Colocar dentro un piojo vivo, taparlo con cera y colgarlo del cuello como amuleto. En otros casos, el piojo se colocaba en la cavidad de un diente para calmar el dolor.

RATÓN. Para acabar con el dolor de muelas, otro consejo era arrancar la cabeza de un ratón vivo de un mordisco y colgarlo del cuello, con cuidado de que no hubiera nudos en el cordón o la cinta que se usa para suspenderlo. También se recomendaba para tener una buena dentadura comer pan que hubiera sido mordisqueado por un ratón, especialmente en el lugar donde se veían las marcas de los incisivos del roedor.

LECHUZA. Si te limpias los dientes con la uña del dedo medio de una lechuza, nunca tendrás dolor de muelas.

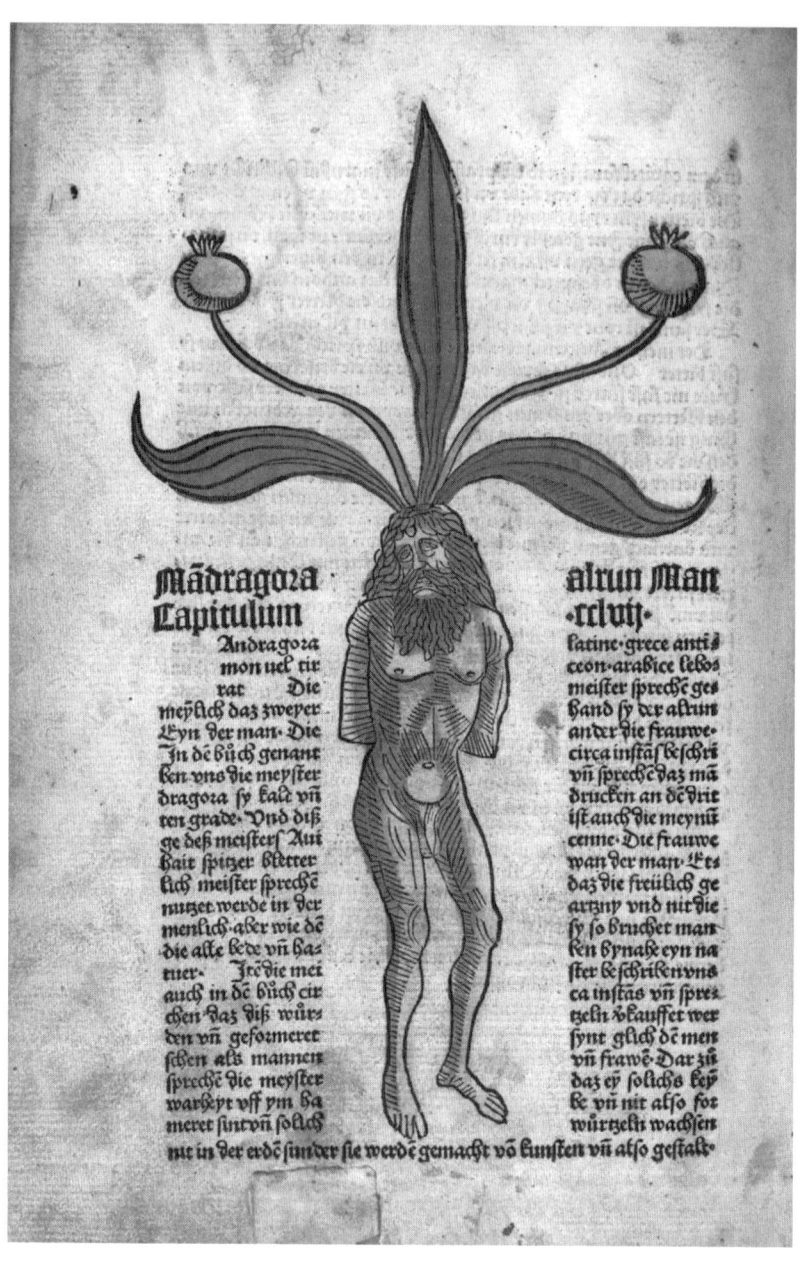

Xilografía coloreada con acuarela que representa una mandrágora masculina, de *El Jardín de la Salud*. Este grabado forma parte de un herbario medieval que combina descripciones botánicas con propiedades medicinales atribuidas a las plantas. La mandrágora, asociada con numerosas leyendas y prácticas medicinales, era valorada por sus supuestas propiedades anestésicas y místicas.

PLANTAS

Clavo. La especia se frotaba en las encías. El aceite de clavo sigue siendo parte del arsenal de los dentistas en la actualidad.

Mandrágora. Puesto que se creía en la teoría de las firmas, que los elementos curativos tenían una forma que recordaba al órgano que trataban, la raíz de *Mandragora officinalis*, que supuestamente se parecía a un cuerpo humano, se consideraba un potente remedio. Usada por los antiguos babilónicos y egipcios como narcótico, fue recomendada por Celso, que la hervía y usaba el líquido para tratar el dolor de muelas.

Ajo. Un ajo aplastado y transportado en la uña del pulgar del mismo lado donde se sufría el dolor de dientes curaba el dolor, al igual que el jugo de distintas plantas como la parietaria, la hiedra, la achicoria o los pétalos de rosa, siempre puesto en el oído o la narina, la apertura de la nariz, del lado dolorido. Los griegos pensaban que una mezcla de ajo, resina de pino e incienso, si se mantenía en la boca, era un buen remedio para el dolor de muelas. Los chinos antiguos, por su parte, tenían una receta hecha de ajo tostado mezclado con rábano, con lo que se hacía una pasta y se mezclaba con leche humana. La pasta se enrollaba en forma de píldoras y se insertaba en la narina del lado opuesto al diente dolorido.

Eléboro. Esta planta se usó durante mucho tiempo para fumigar la dentadura.

Cebolla. En la Edad Media se usaba una rodaja de cebolla y se colocaba en la oreja del lado de la cara donde estaba el dolor de muelas.

Perejil. Una raíz de perejil colgada del cuello se consideraba un talismán contra el dolor de muelas.

Centeno. Se envolvía un puñado de harina de centeno en un saco de lino, que se calentaba y se colocaba en la mejilla dolorida.

Granos de centeno [domnitsky].

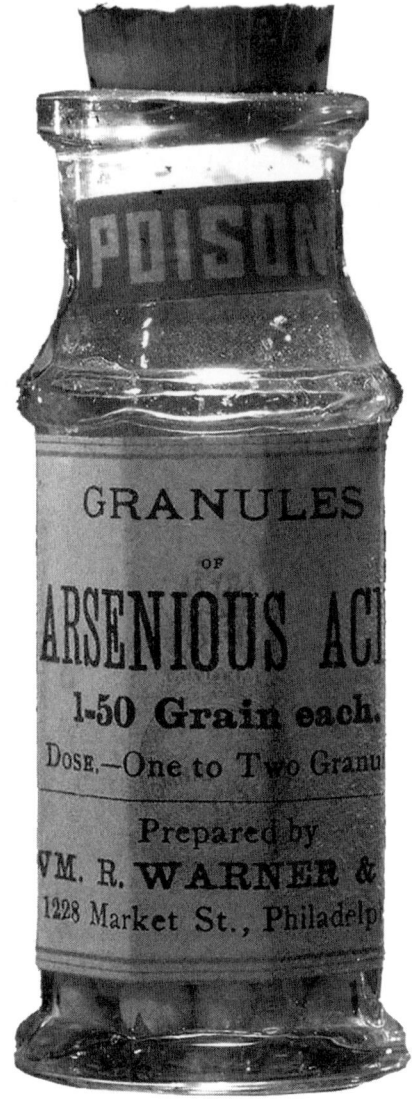

Frasco de grageas de arsénico producido por WM. R. WARNER & CO., hacia 1900. Durante este periodo, el arsénico era comúnmente empleado en la medicina para tratar una variedad de condiciones, como sífilis, anemia y trastornos cutáneos. Aunque su toxicidad era conocida, su uso persistió debido a la falta de alternativas más seguras. Este frasco es un ejemplo histórico de los remedios farmacéuticos de la época, antes de la regulación moderna de medicamentos [Wellcome Images].

Órganos humanos y secreciones.

HUESOS. Vete a escondidas por la noche al cementerio de la iglesia y muerde un hueso de un esqueleto. También se recomendaba frotar un fémur derecho en la zona de un dolor de muelas.

GRASA. Un diente dolorido se puede frotar con grasa humana para aliviar el dolor.

MANO. Tocar un diente dolorido con la mano de un muerto se consideraba una magia potente que generaba un alivio inmediato.

LABIOS. Una salvaguarda contra el dolor de muelas era besar los labios de un bebé antes de que hubiera sido bautizado y besado por cualquier otra persona.

ORINA. La primera orina de la mañana se utilizó como un colutorio bucal desde la antigüedad hasta el siglo XVIII.

Objetos y minerales

ARSÉNICO. Los antiguos chinos hacían píldoras de arsénico y las colocaban cerca del diente doloroso o en el oído del lado opuesto al de la zona afectada.

AGUJAS CALIENTES. Aunque la cauterización con agujas se utilizaba como remedio para el dolor de muelas, otros dentistas proponían usar las agujas en distintos lugares del cuerpo que se suponían estaban en contacto con el diente dolorido. Un lugar común era el lóbulo de la oreja, pero hubo una fuerte controversia entre los que afirmaban que para ser eficaz había que pinchar en el lóbulo del mismo lado de la cabeza y otros que defendían con el mismo vigor, que sí, que debía pincharse el lóbulo de la oreja, pero del lado opuesto.

HIERRO. El dolor de animales se aliviaba inhalando los humos que se producían al derramar aceite sobre una plancha de hierro al rojo.

PLOMO. Colocar debajo de la lengua una bala de plomo, que haya pasado por un ciervo u otro animal de caza.

SAL. Los antiguos hebreos creían en las virtudes de colocar un grano de sal en un diente dolorido. En la antigua Grecia usaban también sal para tratar las encías ulceradas. En la actualidad se usa sal con agua caliente para tratar la irritación de las encías.

AGUA. Se usaban los baños calientes de los pies para el dolor de muelas.

Albarelo de cerámica elaborado en Italia en 1641, utilizado para almacenar theriaca, un medicamento en forma de electuario espeso compuesto por hasta 64 ingredientes exóticos, que podían variar de unas fórmulas a otras. Originalmente empleado para tratar envenenamientos, con el tiempo se convirtió en un remedio universal para diversas enfermedades, siendo utilizado hasta finales del siglo XVIII. Este envase, posiblemente fabricado en Roma o Deruta, era empleado por los sacerdotes de la Orden Jesuita, quienes ofrecían atención médica a los pobres que no podían costear sus tratamientos [Wellcome Images].

Theriaca. Era un remedio universal conocido desde la época de Mitrídates, rey del Ponto. Esta mezcla se usó hasta bien entrado el siglo XVIII y una variante del siglo XVII contenía hormigas, gusanos y víboras secas.

LA TRANSFERENCIA DEL DOLOR DE MUELAS

Una de las estrategias más frecuentes para librarse del dolor de muelas consistía en realizar un ritual destinado a transferir el dolor a otro ser u objeto, un árbol, una roca, un clavo, el suelo o incluso a otra persona. Los rituales iban desde técnicas sencillas —uno de los remedios dice *«para curar el dolor de muelas, córtese las uñas de los dedos el viernes»* hasta recetas más complejas y exigentes—. En algunos países, el proceso de transferencia tenía lugar pinchando las encías con un clavo o una astilla hasta que sangraba. Entonces esa punta se clavaba en un árbol con un martillo. El demonio causante del dolor perdía sus poderes, puesto que quedaba encerrado en el árbol y no podía escapar de allí para volver a atormentar a su víctima. La misma estrategia se utilizaba para otros problemas de salud. En ocasiones se recomendaba un clavo que hubiese formado parte de un ataúd y muchas veces se recitaba un sortilegio al mismo tiempo que se clavaba en el tronco: *«Clavo, me quejo a ti, / mi diente me molesta. / De mí se va, / en ti se queda / no tendrá nada que ver conmigo nunca más»*. En Alemania el procedimiento era ligeramente distinto. El paciente se arrodillaba delante de un peral antes de amanecer y le pedía que se llevase al gusano rojo, el causante de aquel dolor. En un artículo de 1926 titulado «The Folklore of the teeth (IX): The Transference of Toothache», Leo Kanner cita la siguiente cura para el dolor de muelas recogida en Brandeburgo, Alemania:

> Se toma un bocado de sal y se va con él por la noche en silencio, sin saludar ni dirigirse a nadie, al patio de la iglesia. Allí se hace un pequeño agujero sobre la última tumba, se cruzan dos briznas de paja sobre el agujero y se escupe la sal. Luego se tapa el agujero con barro y el paciente vuelve a casa tan silenciosamente como vino. El dolor de muelas desaparecerá y no volverá a aparecer.

A.Forfex.
BBB.Pelicanus.

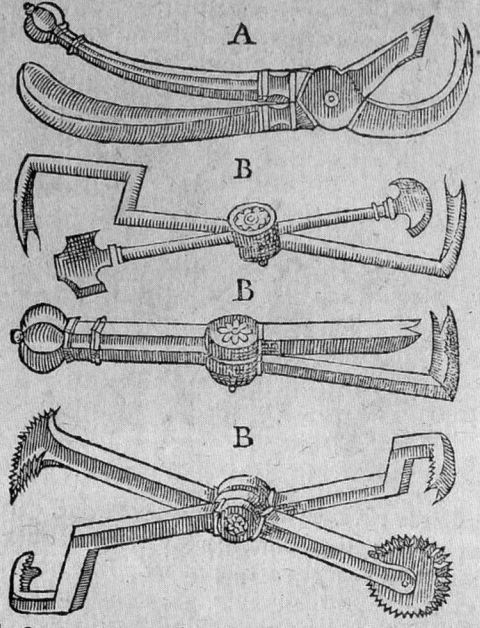

*V entouſe,*id eſt cucurbitula, tàm Græcè quàm Latinè nomen cucurbitæ
refert, *ſcya* ſcilicet & *cucurbita.* Ipſa comprehendit etiam *cornicula,* quæ ita
ſunt appellata,tàm ratione materiæ ipſorum,quæ vtplurimum eſt cornea,
quàm ratione figuræ formæque ipſorum.

A A A A A A. Cucurbitulæ.
B B. Cornicula.

Distintos modelos de pelícanos y un fórceps de la edición de 1585 de *Chirurgia Magna* de
Guy de Chauliac, publicada en Lyon (*Lugduni*) por Philippe Tinghi, Symphorien Beraud
y Étienne Michel. Conservada en la Francis A. Countway Library of Medicine.

El requisito de que estos rituales se realicen «en silencio» o «sin ser vistos» se repite en muchos casos. Joseph Carter, en *Folk Dentistry: Cultural Evolution of Folk Remedies for Toothache*, sugiere que este secretismo se basa en la antigua creencia de que la voz y la vista tienen poder en sí mismas, y las palabras pronunciadas en un momento inoportuno pueden romper un hechizo. Por otra parte, B.R. Townend propone que puede ser «*una reliquia de la idea... de que si un enemigo consigue obtener alguna parte del cuerpo como uñas, pelo, dientes, saliva, excrementos, etc., puede por medio de hechizos causar daño al propietario original*». Y en caso de que todo lo anterior no sirva para aliviar el dolor de muelas, Kanner cita el siguiente consejo humorístico: «*Tome un trago de agua fría y siéntese sobre una estufa caliente hasta que el agua de su boca empiece a hervir. Para entonces ya no sentirá ningún dolor en el diente*».

EXTRACCIONES

Si los sortilegios y encantamientos no funcionaban se intentaba la extracción del diente. Se hacía colocando un punzón de madera contra el diente afectado y golpeando con un pequeño mazo. Los resultados eran muy irregulares porque a menudo se rompía la corona y quedaban las raíces infectadas dentro de la encía. Se usaba también el pelícano, una tenaza que había derivado de la herramienta que usaban los toneleros para apretar las cinchas de hierro en torno a las duelas de los barriles. El pelícano evolucionaría a lo largo de los siglos siguientes para sujetar mejor el diente dañado, mediante tornillos y roscados que permitieran una mejor fijación. Los pacientes se sentaban en una silla baja con su cabeza sujeta por las rodillas del dentista que apretaba su pelícano en torno al diente dañado e intentaba extraerlo. Ambroise Paré, del que luego hablaremos, avisaba a estos barberos cirujanos para que tuvieran cuidado y no produjeran lesiones graves:

La extracción de un diente debe llevarse a cabo sin demasiada violencia, ya que hay riesgo de producir una luxación de la mandíbula o una concusión del cerebro y los ojos o incluso arrancar un trozo de la mandíbula con el diente (el propio autor lo ha observado en varios casos) por no hablar de otros accidentes serios que pueden sobrevenir como por ejemplo fiebre, apostema, hemorragia abundante o incluso la muerte.

Entran sudores de imaginar lo que tenía que ser tener una mala dentadura en esta época. Además, las raíces de los dientes superiores están muy cerca de un seno facial al otro lado del cuál se encuentra el cerebro. Hoy en día seguimos dando vueltas a la posibilidad de que alguna de nuestras enfermedades neurodegenerativas, como la de alzhéimer, sean la etapa final de lo que inicialmente fue una infección dental.

Un sacamuelas extrayendo un diente a un paciente de pie, mientras una mujer aprovecha para robarle. Grabado de Lucas van Leyden, realizado en 1523 [Wellcome Collection].

EMPASTES

La primera referencia de usar un metal blando o fundido como las amalgamas para taponar un agujero en un diente, creado tras eliminar los tejidos dañados con un taladro, es china. Un texto médico escrito por Su Gong (también conocido como Su Jing) está datado en la dinastía Tang y el año 659.

A finales del siglo xv, el escritor italiano Giovanni d'Arcoli describía el uso de una fina lámina de pan de oro para rellenar las caries de los dientes. Un siglo más tarde, el cirujano italiano Giovanni da Vigo describió en detalle los principios de este nuevo tratamiento: remover toda la dentina dañada con palillos y brocas, tratar la pulpa expuesta con compuestos de arsénico e ir colocando finamente capas de oro en la cavidad. Aunque un empaste bien hecho podía salvar el diente y durar años, requería horas de raspar, golpear y perforar. Esta técnica no se usó de forma generalizada hasta el desarrollo de la anestesia, casi cuatrocientos años después.

La fórmula para una amalgama de mercurio, estaño y plata se publicó en China en 1505 y se conoció en Europa poco después, por lo que muchas piensan que se empleó una versión actual o modificada de la receta china. La amalgama era una pasta blanda con una mezcla de varios metales que se podía colocar con bastante facilidad en la zona perforada.

Pero había muchas otras opciones. Para que nos hagamos idea del nivel de la odontología fuera de algunos pioneros, en torno a comienzos del siglo xvi, un renombrado cirujano alemán, Christopher Wirtzung recomendaba para una condición que describía como «una inflamación y caída del paladar», que era probablemente una infección del paladar blando y un absceso peritonsilar, extender sobre el paladar una pasta hecha de *album graecumh*

> Es decir, un excremento de un perro blanco (un perro que prácticamente solo come huesos). Si el paciente tiene el pelo largo, hacer que un hombre fuerte lo sujete y tire de él violentamente hasta que sienta que la piel se arranca o se separa del cráneo, entonces el paladar se levantará, porque está unido a la piel y se ha visto por experiencia que ayuda inmediatamente y evita que el paciente se ahogue.

Da Vigo reconocía la importancia que unos dientes sanos tenían para el bienestar psicológico y fisiológico: «*Los dientes sirven para las cortesías, para masticar carne y para la pronunciación, y por lo tanto deben ser curados con toda diligencia*». Abogaba por una buena higiene bucal y prescribía distintas mezclas de llantén, granada, olivo salvaje y otros materiales «*con los que hay que frotar las encías*». También especificaba en detalle como raspar el sarro de los dientes.

Estos pioneros hicieron avanzar la cirugía y la medicina y serían la base de una nueva profesión: la odontología. Las supersticiones se irían abandonando y sería posible «*empezar donde el viejo conocimiento lo dejó, donde había alcanzado los límites de su comprensión*».

BLANQUEAMIENTOS

Los cirujanos barberos intentaban limpiar los dientes con un trozo de tela sumergida en *aqua fortis*, ácido nítrico. Aunque blanqueaba los dientes, dañaba aún más el esmalte y la propia encía. Algunos sacamuelas usaron esto a su favor y proclamaban que podían extraer los dientes *sine ferro* (sin herramientas metálicas como alicates y pelícanos) debilitándolos con ácidos hasta que estaban tan sueltos que podían arrancarse con las manos.

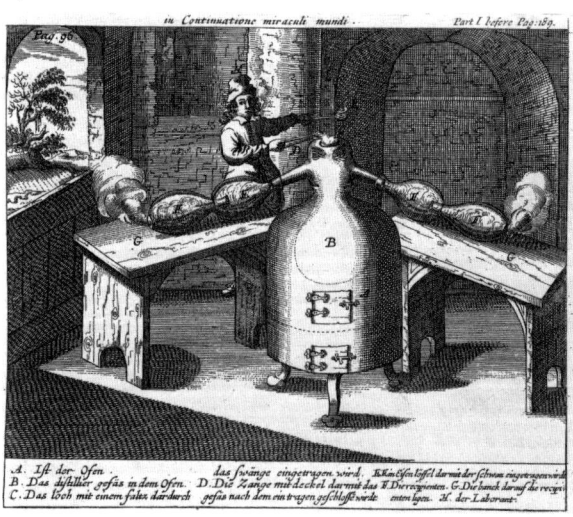

Destilación de ácido nítrico (*aqua fortis* o ácido de separación) en un recipiente de hierro con dos boquillas, utilizado históricamente en prácticas alquímicas y metalúrgicas [Wellcome Collection].

EL MUNDO ISLÁMICO

Las tribus de Arabia se unieron en un ejército cohesionado gracias al califa Omar, sucesor del profeta Mahoma, e iniciaron un proceso de conquista a partir del año 635. A finales del siglo VII, todo el Oriente Medio, el norte de África y casi toda la Península Ibérica estaban bajo su dominio.

En las etapas iniciales de ese proceso de conquista y conversión, los califas Umayyad, con la corte en Damasco ignoraron el fomento del conocimiento, pero a finales del siglo VIII, la dinastía reinante de los Abásidas se estableció en Bagdad y fomentaron el estudio y el respeto al conocimiento y la ciencia y la medicina florecieron en el califato oriental.

En el año 756 se establece un califato en Córdoba y dos siglos más tarde era la principal ciudad de Europa, con setenta bibliotecas, novecientos baños públicos, cincuenta hospitales y una universidad sobresaliente.

Los sabios de esta época escribían en árabe, que era la *lingua franca* del islam, pero muchos de ellos habían nacido en Persia o en Al-Ándalus y otro grupo eran judíos. Una de las contribuciones de esta comunidad de eruditos fue traducir los textos clásicos y hacerlos llegar a los monasterios y universidades europeas. El gran califa abbásida Harun al-Rashid ordenó la traducción de textos griegos, latinos, persas, asirios e indios. En 791 escribió a todos sus gobernadores principales dándoles instrucciones para que fomentasen el estudio, establecieran exámenes estatales y ofrecieran recompensas a los jóvenes que los superaran. Nombró al cristiano sirio Yuhann ibn-Massawayh para que tradujera los textos médicos al árabe. Otro compilador famoso fue Hunain ibn Ishaq (c. 809-877) que tradujo al árabe textos de Galeno, Oribasio, Pablo de Egina, Dioscórides, Hipócrates, Platón, Aristóteles y Arquímedes.

Aunque la literatura islámica dedicada a la salud es amplia inicialmente no hay ningún texto especializado en la odontología. La mayoría son textos médicos que recapitulan los trabajos de los clásicos y que añaden aquí y allá observaciones basadas en la experiencia de la época. Uno de los textos más antiguos es el *Firdaus alhikma* (Paraíso de la Sabiduría), escrito por Li ibn-Sahl Rabban at-Tabari en torno al año 850 y que trata brevemente sobre odontología, ofrece una explicación sobre el origen de los dientes, un tratamiento para la halitosis y recetas de dentífricos.

Solo en el siglo X encontramos amplios tratados de odontologías escritos por las cuatro grandes figuras de la medicina islámica.

RHASÉS EN SU LABORATORIO DE QUÍMICA EN BAGDAD.

Rhazés

Abu-Bakr Muhammad ibn-Zakariya al-Razi (841-926) escribió muchos libros, la mayoría de los cuales se han perdido. Entre los pocos traducidos está el *Kitab al-Hawi* o Liber continens, una selección de textos clásicos a los que Rhazés añade sus observaciones personales. Ejerció una profunda influencia sobre la medicina occidental, y se sumó al fondo de la biblioteca de la facultad de medicina de la Universidad de París en 1395. Incluye una buena descripción de la odontología islámica.

El *Kitab al-Mansuri* dedicado por Rhazés al soberano sosánida Al-Mansur es probablemente el primer libro desde la época clásica que describe la anatomía dental en detalle. Rhazés incluye las características de cada diente, así como el modo de acción de la mandíbula. Fue traducido al latín por Gerardo de Cremona alrededor de 1180. Una traducción en latín fue editada en el siglo XVI por el anatomista Andrés Vesalio.

Las ideas de Rhazés sobre los tratamientos dentales eran en su mayor parte muy básicas. Incluían un montón de remedios absurdos entre los que se encontraban colocar varias tinturas en los oídos para evitar el dolor de muelas, utilizaba la cauterización al rojo vivo a través de una cánula para prevenir los dolores y la fumigación y la aplicación de aceite hirviendo para traer las caries. Recomendaba los empastes hechos con alumbre y gomas y creía en los agentes astringentes para reafirmar los dientes flojos. Al igual que sus contemporáneos, era contrario a las extracciones y cuando era inevitable sugería colocar pasta de arsénico alrededor del diente para irlo aflojando.

Ali Abbas

Ali ibn'l-Abbas al-Majusi fue otro médico persa que publicó una obra que recogía la medicina árabe y se conoció en occidente como el Libro Real. Tenía un capítulo dedicado a las enfermedades bucodentales y recomendaba la cauterización para prevenir el dolor de muelas y si esto fallaba, la extracción.

Albucasis

Uno de los cirujanos más respetados de la Edad Media fue Abul Kasim (ca. 936-1013), nacido en Córdoba, donde también estudió y que fue conocido como Albucasis. Su verdadero nombre era Albu-al-Qasim Khalaf ibn-'Abbas al-Zahrawi. Se convirtió en médico del emir Hakam II y fue el autor de un gran tratado conocido como Al-Tasrif. (El Método). Contribuyó a la odontología al llegar a la conclusión que el sarro de los dientes era la principal causa de la enfermedad de las encías y debía eliminarse:

> Algunas veces en la superficie de los dientes, tanto interior como exterior, así como bajo las encías, se depositan unas escamas rugosas, de una apariencia fea y de color negro, verde o amarillo. Así la corrupción se comunica a las encías y los dientes terminan desnudos. Es necesario colocar la cabeza del paciente en tu regazo y raspar los dientes y las muelas, en las que se observen verdaderas incrustaciones o algo similar a arena y hacer esto hasta que no queden restos de esas sustancias y también desaparezca el color sucio de los dientes, ya sea negro o verde o amarillento o cualquier otro color. Si el primer raspado es suficiente, mejor, pero si no, debes repetirlo al día siguiente o incluso el tercero o cuarto día hasta que se obtiene el propósito deseado.

Albucasis también recalcó la importancia de proteger las estructuras adyacentes cuando se usaba un hierro candente para cauterizar y describió como usaba un tubo de cobre como si fuera una cánula. «*Después de la cauterización, el paciente debe mantener su boca durante una hora llena de buena mantequilla*». También recomendaba la prudencia a la hora de extraer un diente «*pues es un órgano muy noble, el deseo del cual no puede ser solucionado de una forma perfecta de ninguna manera*». También describía en detalle cómo realizar la extracción:

> Es necesario separar la encía del diente, todo alrededor con un escalpelo suficientemente fuerte y luego con los dedos o un par ligero de fórceps, el diente debe ser agitado hasta que se afloja. Entonces, el cirujano, manteniendo la cabeza del paciente firmemente entre sus rodillas, aplica un par de fórceps más fuerte y extrae el diente siguiendo una dirección recta, para no romperlo. Si el diente está corroído y hueco, es necesario llenar la cavidad con lino, compri-

miendo lo más duro posible con el extremo de una sonda, de manera que el diente no se rompa bajo la presión del instrumento. Es necesario, por lo tanto, no actuar como los barberos ignorantes y locos, que en su temeridad no respetan ninguna de las reglas anteriormente mencionadas y, por lo tanto, muy a menudo causan graves daños a los pacientes, el menor de los cuales es romper el diente dejando la raíz en su alveolo o arrastrar y llevarse con el diente un fragmento del hueso maxilar, como el autor ha visto a menudo.

Diseñó instrumentos especiales para limpiar estos depósitos. También puso a punto métodos mejores para extraer dientes, incluyendo elevadores, pinzas y lancetas para aflojar las encías. Rechazó la teoría del gusano de dientes, y consideraba que era una estrategia de los charlatanes. En algunos casos, estos curanderos ambulantes escondían lombrices en la comida, que el paciente debía chupar para supuestamente «sedar» la zona y luego sacaban el gusano de la boca ante el aplauso de la multitud asombrada.

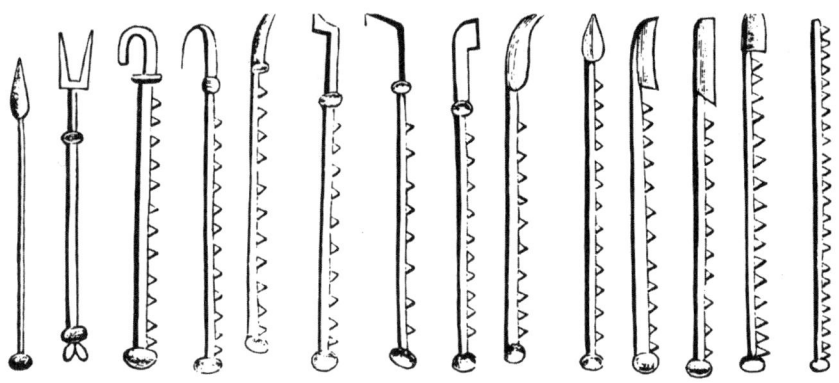

Ilustración de algunos raspadores dentales según el tratado médico de Abulcasis, célebre médico y cirujano andalusí. Estos instrumentos, detalladamente descritos en su obra *Kitab al-Tasrif*, se utilizaban para la limpieza y el tratamiento de los dientes, marcando un hito en el desarrollo de la odontología. Aunque el contenido original data del siglo XI, estos dibujos provienen de ediciones posteriores que recopilaron y difundieron el conocimiento de Abulcasis. Es considerado uno de los pioneros en describir técnicas quirúrgicas e instrumentales que influyeron en la práctica médica tanto en el mundo islámico como en Europa medieval [Wellcome Collection].

Avicena (980-1037)

Es considerado uno de los grandes médicos islámicos. Su nombre fue abu-'Ali al-Husayn ibn-Sina. Dicen que se aprendió el Corán con diez años y poco después estudiaba la lógica y las matemáticas de Euclides y Ptolomeo. A la edad de 16 terminó sus estudios médicos, pues, como dice en su biografía, «*la Medicina no es una ciencia difícil y obtuve un excelente conocimiento de ella en un tiempo corto*».

Fue un escritor prolífico y dicen que escribía cincuenta páginas cada tarde. De todas sus obras, la más famosa es su *Al-Qanun*, el *Canon*, que hizo que le conocieran como el príncipe de los doctores.

En relación con los tratamientos odontológicos escribió pocas cosas novedosas. Recalcó la importancia de la higiene bucal y para eso recomendaba una serie de productos como la espuma de mar, el cuerno de ciervo quemado, la sal y conchas de caracol quemadas y pulverizadas.

También habló sobre la erupción de los dientes y sugirió que las grasas y aceites, así como el seso de liebre o la leche de perra, podían frotarse en las encías en los casos difíciles.

Avicena examinó en detalle las causas del dolor de muelas y vuelve a mencionar al gusano de los dientes para el que prescribe una fumigación: «*Toma cuatro granos de eléboro y semillas de puerro y dos cebollas y media, machácalas con grasa de cabra hasta formar una pasta uniforme y con ellas haz píldoras que tengan el peso de un dirham, quema una píldora en un embudo con la cabeza del paciente con una cobertura*». También recomienda una lima para reducir la altura excesiva de un diente y del arsénico para las fístulas y las úlceras de las encías.

Una de las secciones más significativas de *El Canon* está dedicada a las fracturas de la mandíbula. Avicena recalca que es importante determinar si la fractura se ha reducido correctamente y para ello lo mejor es comprobar si, tras la reducción de la lesión, los dientes tienen una oclusión apropiada. Para eso recomienda colocar un vendaje de apoyo alrededor de la mandíbula, la cabeza y el cuello y usar una tablilla entre los dientes. Si es necesario se puede usar alambre de oro para reforzar la estabilidad del vendaje. Este procedimiento era bastante avanzado para el siglo XI, y no muy diferente de lo que se prescribiría hoy en día. Fue la base de tratamientos similares durante toda la Edad Media.

El Islam y la higiene bucodental

El Corán prohibía la disección, por lo que la cirugía solo se usaba como último recurso. Un médico inglés que estuvo en Oriente Medio al final del siglo XVIII quedó asombrado por el bajo conocimiento anatómico «*Cambian el lugar de las vísceras, alteran la distribución de nervios y vasos sanguíneos a placer y si es necesario para su demostración, crean nuevos huesos, desconocidos en los esqueletos europeos*».

Mahoma, nacido en la Meca en torno al 570, introdujo una higiene oral básica. El islam enseña la importancia de la limpieza del cuerpo, al

◀ Ilustración del siglo XV que representa a Avicena enseñando farmacia a sus discípulos, tomada de una copia del *Gran Canon de Avicena* (*Al-Qanun fi al-Tibb*). Esta obra monumental, escrita en el siglo XI, consolidó a Avicena como una de las figuras más influyentes en la historia de la medicina. El Canon sirvió como texto de referencia en Europa y el mundo islámico durante siglos, destacando por su sistematización del conocimiento médico, incluyendo la preparación y uso de medicamentos [Wellcome Collection].

igual que la de la mente. Entre las obligaciones requeridas en el Corán están las abluciones cinco veces al día antes de las plegarias. Las abluciones incluyen limpiar la boca tres veces, por lo que se hace quince veces al día, todos los días. Un viajero inglés a la ciudad de Alepo, en Siria, describía que al final de una cena a la que le invitaron «*Después de levantarse de la mesa, todo el mundo se sienta en el diván y espera a que les traigan agua y jabón para limpiar la boca y las manos*».

El profeta también recomienda limpiar los dientes con un siwak, una rama de *Salvador persica*. Se dice que Mahoma estaba tan orgulloso de su higiene bucal que en su lecho de muerte pidió su siwak y expiró pocos minutos después. Hay otras tradiciones de higiene oral atribuidas al profeta, como usar palillos para extraer residuos de alimentos y masajear las encías con un dedo. Hoy, aquellos que preparan los cuerpos para su entierro bajo la religión islámica, enrollan un trozo limpio de un trapo fuerte alrededor del dedo índice y limpian cuidadosamente los dientes del cadáver con él, antes de su entierro. El siwak se recomienda especialmente en cinco ocasiones: cuando los dientes se vuelven amarillos, cuando cambia el sabor de la boca, después de levantarse de la cama, antes de las oraciones y antes de las abluciones.

El *miswak*, un cepillo de dientes natural elaborado a partir de la rama o raíz del árbol *Salvador persica*, ha sido utilizado tradicionalmente desde hace más de 7000 años. Su uso se remonta a los babilonios y continuó en las civilizaciones griega, romana, egipcia antigua y en las culturas islámicas, donde sigue siendo una práctica recomendada por motivos de higiene y espiritualidad. Este instrumento natural contiene propiedades antibacterianas que contribuyen a la limpieza dental y a la salud oral [Hayati Kayhan].

AMÉRICA PRECOLOMBINA

Las principales culturas precolombinas fueron los aztecas, un pueblo guerrero que dominaba lo que es ahora la región central de México, los mayas, más pacíficos, que habitaban en la península de Yucatán y en lo que es actualmente Guatemala y Honduras y los incas, que se extendían por el actual Perú y partes de Bolivia, Chile, Ecuador y Argentina.

Al parecer, tanto entre los aztecas (donde, por ejemplo, se metía tabaco en las caries) como entre los mayas, se consideraba que los gusanos dentales eran la causa de las caries. Los conquistadores españoles quedaron impresionados por el avanzado nivel de odontología que encontraron en el Nuevo Mundo. Cortés informó a la corona española sobre el nivel de sofisticación de la comunidad médica azteca que, según le escribió al emperador Carlos, utilizaba nada menos que 1200 remedios naturales. En 1571, su hijo, el rey Felipe II, que estaba al tanto del informe, envió a México a un médico llamado Hernández para que estudiara las prácticas dentales y los remedios naturales de los aztecas y viera qué había de aprovechable en todo ello. Descubrió que estos pueblos precolombinos estaban obsesionados con la higiene bucal, el mal aliento y las caries y los intentaban prevenir con 49 plantas diferentes. Un desastre cultural fue la quema por el obispo Diego de Landa de los códices mayas delante del pueblo que los atesoraba que vieron «*no solo las cosas sagradas calcinándose en el ardiente calor, sino también la sabiduría escrita, el conocimiento acumulado de su raza, convirtiéndose en humo y cenizas*». Por otro lado, Diego de Landa recogió muchas de las costumbres de los pueblos americanos y es una de nuestras principales fuentes sobre aquellas culturas. De los mayas del Yucatán escribió que «*tenían el hábito de permitir que sus dientes fueran limados como una sierra. Se hacía por razón de vanidad. La tarea era realizada por mujeres ancianas que usaban ciertas piedras y agua*».

Los mayas tenían un buen desarrollo matemático con un buen conocimiento del tiempo y un calendario funcional. Por otro lado, sus herramientas eran de piedra y sus armas eran de madera incrustada con cuchillas de obsidiana afilada. Eran hábiles en el manejo de los metales preciosos y trabajaban con calidad el oro, la plata y en menor medida el bronce. Sus lapidarios eran habilidosos y se conservan joyas delicadamente talladas hechas de jadeíta, hematita —a la que llamaban piedra de sangre—, ónice, turquesa y otras piedras semipreciosas. Algunas de sus ceremonias implicaban el ennegrecimiento de los dientes y la escarificación del rostro y el torso.

Aunque tenían un dominio excelente del trabajo en piedra y en metal, no se han visto procesos de restauración o de corrección de los dientes o cualquier otro procedimiento de salud bucodental. Al parecer, los trabajos en los dientes eran principalmente por motivos rituales o religiosos, aunque algunos investigadores piensan que el adorno personal era el principal objetivo. Los antiguos dentistas aztecas, mayas e incas taladraban los dientes con un arco de mano, una herramienta que también se utilizaba para hacer finos trabajos de piedra, como las joyas de jade, y para encender fuego. Las brocas del taladro estaban hechas de metal, en general cobre, y montadas en un soporte, que giraba al mover el arco. Usaban polvo de cuarzo como abrasivo, con lo que conseguían realizar unas perforaciones de buena calidad. Las brocas tenían diferentes diámetros y solían tener dos o tres centímetros de longitud. Con estos taladros preparaban pequeñas cavidades en los dientes frontales superiores e inferiores. No hay duda de que se hacían en personas vivas y el proceso era de tal calidad que muchas de las incrustaciones de gemas permanecen en el diente mil años después. Al parecer se usaban cementos hechos con fosfato cálcico y también se ha visto sílice, pero no se sabe si es parte del cemento utilizado para fabricar un adhesivo más fuerte o son restos del abrasivo utilizado para perforar la cavidad.

Ilustración de una representación artística precolombina en un colgante fabricado en jade serpentina. A la derecha muestra un glifo maya vinculado al dolor dental, *Glifo del dolor de muelas*. La pieza, hallada en Bagaces, Guanacaste, Costa Rica, destaca por su detallado grabado que combina la figura de un chamán-odontólogo y un paciente con una expresión de dolor. Interpretada como una alegoría de la atención dental en la cultura maya, refleja la práctica ancestral de tratamientos dentales para fines curativos, estéticos y simbólicos. Es una pieza clave en la historia de la odontología mesoamericana, vinculada a tradiciones mágico-religiosas y usos médicos [Rodrigo Villalobos Jiménez, ilustración de Silvia Villalobos Sancho *Revista Odontológica Mexicana*, vol. 19, no. 4, 2015].

Los mayas también modificaban los dientes. Hay quien piensa que cada diseño tenía un significado religioso o quizá pertenecía a un grupo tribal concreto y se han identificado más de cincuenta patrones diferentes. Los bordes incisales de algunos dientes estaban modificados con un corte simple, otros tenían modificaciones más complejas y algunos tenían limadas las porciones distales del borde, dejando la porción mesial intacta.

Ha habido una animada controversia sobre un fragmento de cráneo encontrado en la zona maya de Esmeraldas (Ecuador) y que ahora se conserva en el Museo del Indio Americano de Nueva York. El espécimen fue descrito por Marshall H. Saville en 1913 y es parte de un maxilar con

Fotografía del profesor Marshall Howard Saville (1867-1935), arqueólogo estadounidense y pionero en el estudio de culturas precolombinas. Saville, formado en la Universidad de Harvard bajo la dirección de Frederic Ward Putnam, contribuyó significativamente al conocimiento de los constructores de montículos del sur de Ohio. Como profesor de arqueología americana en la Universidad de Columbia y director del Museo del Indio Americano de la Fundación Heye, lideró exploraciones en Ecuador, Colombia, Honduras y México. Se le atribuye la introducción del término «olmeca» para referirse a esta cultura mesoamericana, consolidándolo como un referente en la arqueología americana [Biblioteca del Congreso (Harris & Ewing, 1923)].

todos los dientes posteriores, salvo los terceros molares. Los dos incisivos contienen incrustaciones redondas de oro en las superficies labiales y parece que uno de ellos podría ser un trasplante procedente de otro individuo. Sin embargo, otros especialistas discuten esa teoría porque no se ve regeneración ósea en el alveolo dental y piensan que el implante se habría hecho *post mortem* por alguna creencia religiosa.

Otra evidencia, más clara, sugiere que los mayas utilizaban el implante de material inorgánico en personas vivas. La mandíbula encontrada por el Dr. Wilson Popenoe en Honduras en 1931, en el yacimiento de Playa de los Muertos, muestra tres fragmentos de la concha de un molusco situados en lugar de los incisivos inferiores. Fue datada en torno al año 600 y es uno de los ejemplos más antiguos de una operación de implante exógeno en una persona viva. El análisis con rayos x realizado por Amadeo Bobbio en 1979 muestra formación de hueso compacto alrededor de los implantes, similar a lo que se podría observar en un implante exitoso actual. La mandíbula se conserva en el Museo de Arqueología y Etnología de la Universidad de Harvard.

Las tres principales culturas precolombinas, la maya, la inca y la azteca, utilizaban ampliamente los cepillos y la pasta de dientes. Los antiguos dentistas americanos extraían los dientes y limpiaban el sarro con instrumentos de cobre. Más sorprendente aún es que tenían nombres para cada diente y cada procedimiento. Después de realizar un procedimiento dental, hacían que sus pacientes se enjuagaran con una solución salina, algo que todavía se hace hoy en día y utilizaban medicamentos naturales para tratar las enfermedades de las encías, las inflamaciones, las caries y las calenturas causadas por la fiebre. También utilizaban el alumbre para blanquear los dientes, tenían remedios para el mal aliento, recomendaban el cepillo de dientes y utilizaban mucho los palillos, que los aztecas llamaban «netlantataconi». Además, los aztecas utilizaban una goma de mascar sin azúcar, una especie de chicle, como preventivo contra la caries, pues servía para limpiar los dientes y para tratar afecciones leves.

Los aztecas y los mayas se decoraban los dientes según distintas modas. La costumbre de teñir los dientes comenzó con las mujeres otomíes y huaxtecas y se extendió rápidamente a las mujeres aztecas, que los teñían de negro o rojo. El tinte rojo se obtenía a partir de la cochinilla, un insecto de las chumberas. Se dice que a muchos hombres aztecas no les gustaba la moda de los dientes coloreados.

La representación más antigua de procesos odontológicos aparece en los murales de Tlalocan en el conjunto departamental de Tepantitla, Teotihuacán. El mural muestra el paraíso de Tlaloc, el dios de la lluvia. Los cronistas españoles describen el paraíso donde reina la alegría y el placer con figuras que cantan, atrapan mariposas y, sorprendentemente, para nuestras ideas del paraíso, una de las figuras presentes trabaja en los dientes de otro. Dicho mural, datado en el siglo IV, muestra a un personaje que hace un procedimiento a una persona con un objeto dentro de la cavidad bucal, probablemente un limado dental. Hay quien ha interpretado que los antiguos mexicanos limaban los dientes como una forma de acercarse a este paraíso. En las civilizaciones de Mesoamérica una dentadura sana se asociaba a la abundancia. El limado dental para obtener formas específicas en las piezas se realizaba con fines probablemente estéticos o religiosos, y tuvo su apogeo en el periodo Clásico, de los siglos II al VIII. La cultura maya utilizaba mucho las incrustaciones dentales y se les considera unos maestros de la Odontología estética primitiva. En lugar de centrarse en unos dientes más rectos o más blancos, como hacemos hoy en día, los mayas utilizaban piedras preciosas y gemas para decorar los dientes y aumentar su atractivo.

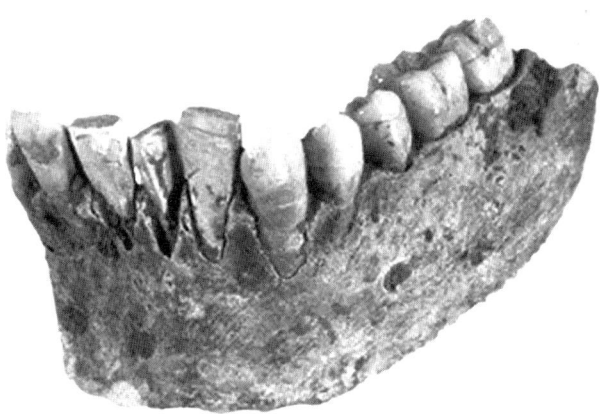

Fragmentos de concha utilizados como implantes dentales en alvéolos de incisivos, hallados en una mandíbula maya en la Playa de los Muertos, Honduras, por el Dr. Wilson Popenoe y su esposa. Estudiada por el brasileño Amadeo Bobbio en 1970, esta mandíbula presenta tres incisivos artificiales perfectamente implantados, con formación de hueso compacto alrededor de dos de ellos, según pruebas radiológicas de esos años. Se consideran unos de los primeros implantes endoóseos auténticos [*Dentistry: An Illustrated History*, Malvin E. Ring].

Conocemos las prácticas dentales de los aztecas gracias a los escritos de fray Bernardino de Sahagún. Era un joven monje, con una curiosidad insaciable, que aprendió la lengua de los indígenas y escribió una parte importante de su *Historia general de las cosas de Nueva España* en lengua náhuatl. Sahagún recogió cómo los aztecas trataban con plantas las enfermedades bucales, tradujo los nombres de los dientes y mencionó dientes fracturados y perdidos, formación de cálculos y caries, que los aztecas también pensaban era causada por un gusano y que se aliviaba masticando chile picante. Anotó la creencia de que solo los niños nacidos durante la luna llena podían tener un labio leporino y que las caries se podían tratar con un polvo hecho con cáscaras de caracoles, sal marina y una hierba llamada tlalcacaoatl, aunque no hay evidencia arqueológica de estos empastes.

Sahagún hace la única referencia a una extracción dental en relación con los aztecas. Decía que cuando un paciente sufría un dolor de muelas, la práctica era machacar un gusano, mezclarlo con trementina y pintarlo en la mejilla. Al mismo tiempo se colocaba un grano de sal en la cavidad del diente y se cubría con pimiento caliente. A continuación, se hacía una incisión en la encía y se colocaba allí la hierba tlalcacaoatl y si la infección y el dolor persistía se extraía el diente.

La *Historia general de las cosas de Nueva España*, también conocida como el *Códice Florentino*, es un manuscrito del siglo XVI atribuido a fray Bernardino de Sahagún, conservado en la Biblioteca Medicea Laurenciana de Florencia, Italia. Este monumental trabajo, escrito en náhuatl y español, documenta la cultura, religión, medicina, economía y sociedad de los pueblos indígenas del México prehispánico. Ilustrado con numerosos dibujos de estilo indígena, el códice es fuente para comprender la cosmovisión y el conocimiento científico de los antiguos mexicas [Sailko, Biblioteca Medicea Laurenziana].

Los incas dominaron las tierras altas andinas y al comienzo del siglo xv se extendían a lo largo de la costa del Pacífico. Su abordaje de la enfermedad era una mezcla de creencias religiosas, magia y alguna terapia racional. Así, aunque la enfermedad se consideraba causada por un pecado que solo se podía expiar tras la confesión a los sacerdotes, usaban también numerosos remedios y hierbas. Mucho de lo que sabemos sobre ellos proviene de las crónicas de Sebastián Garcilaso de la Vega, que descendía de los incas y al que se conoce como el Inca Garcilaso. Recogió el tratamiento de los problemas de los dientes y la boca, que incluían la escisión de material cariado de un diente con un palo incandescente. El bálsamo de Perú, una resina del árbol *Myroxylon pereirae*, se usaba para tratar enfermedades de las encías y en los casos más graves se procedía a la cauterización. También describe el uso de las hojas de coca para proporcionar un alivio del dolor de muelas. Los dientes que se tenían que extraer se aflojaban mediante la colocación de una resina cáustica en la encía y luego eran arrancados con un golpe seco con un palo.

Los incas no adornaban los dientes, pero en cráneos encontrados en Ecuador, la zona más septentrional de sus dominios, se ven dientes limados, incrustaciones de oro y lo que parece la inserción de pan de oro en cavidades previamente preparadas de los incisivos. Se duda de si era una variante local o que fueran extranjeros procedentes de otras culturas.

Con respecto a América del Norte, cuando los españoles llegaron a lo que ahora es Estados Unidos se encontraron con culturas que vivían prácticamente en la Edad de Piedra y trataban la enfermedad con un complejo sistema de creencias mágicas y supersticiones. Aunque las tribus eran muy diferentes, las prácticas médicas eran bastante parecidas entre ellas, con un chamán que era el hombre más poderoso del grupo o el segundo después del jefe. El resto de la comunidad pensaba que los poderes del chamán eran un don divino, por lo que podía no solo curar, sino obtener la ayuda de los dioses y enviar «*espíritus de la enfermedad*» para infectar a quien deseara. El chamán era temido y respetado y lo que hacía era averiguar los síntomas, preguntar por los sueños y trasgresiones de las normas y tabúes por parte del paciente y tras un rápido examen pronunciar algo parecido a un diagnóstico. Después rezaba, hacía exorcismos, cantaba a veces acompañado de algún instrumento musical, hacía pases con las manos, a veces humedecía con saliva la zona afectada y finalmente colocaba su boca sobre el punto más doloroso y chupaba con fuerza para «*extraer la enfermedad*».

El reverendo William Leach escribió en 1855 en Omaha (Nebraska) la actuación de un hombre medicina de los Pawnee que trató un dolor de muelas causado por un tercer molar inflamado: «*Bailó alrededor del paciente en un semicírculo, mientras agitaba una calabaza, entonces tomó un pequeño cuchillo de piedra y cortó una x en la mejilla de Running Wolf, directamente sobre el diente dolorido. Chupó en la zona de la muela ligeramente e hizo como que la extraía y la lanzaba al fuego diciendo 'los espíritus del mal no la podrán usar de nuevo'*».

Retrato de Ari-Wa-Kis, un chamán médico de la tribu Pawnee, tomado durante una expedición organizada por Rodman Wanamaker (1863-1928) en 1913. Esta iniciativa buscaba documentar y preservar la cultura de los pueblos indígenas de América del Norte.

Tintura preparada a partir de la corteza de *Zanthoxylum americanum*, conocida comúnmente como fresno espinoso o árbol de los dientes. Utilizada tradicionalmente por las culturas indígenas de América del Norte, esta tintura se empleaba para aliviar el dolor dental y otras afecciones bucales [M. M. Photo]. ▶

Aunque en este caso fue una práctica ficticia, frecuentemente sí que hacían verdaderas extracciones, que era realizadas con un golpe seco con un palo o tras atar una fina cinta de cuero al diente infectado y a un objeto fijo y hacer un movimiento súbito. Lo que parece claro es que la salud dental de los nativos americanos empeoró con la llegada de los europeos. En 1935, un jefe de los Hopi en Arizona le dijo a un investigador que la necesidad de coronas de oro en sus dientes era «*el resultado de tomar café caliente y otros lujos del hombre blanco*». Parece que en cierta manera tenía razón. En la misma década, Weston Price examinó las dentaduras de 87 indígenas que vivían en zonas remotas del Territorio de Yukón y encontró que solo 4 dientes de los 2464 examinados (0,16 %) presentaban caries mientras que la proporción iba del 25 al 40 % en los que vivían cerca de los asentamientos de europeos.

Un remedio prácticamente universal para los problemas dentales entre los nativos y que luego fue adoptado por los colonos blancos fue la corteza de un sauce *Zanthoxylum americanum*, que los europeos denominaban el «árbol del dolor de muelas». Otros remedios eran puras supersticiones, como cortar un trozo de césped antes del amanecer, respirar sobre él tres veces y volverlo a colocar en el mismo lugar de donde se había cogido. En algunas tribus era obligado no tirar al fuego nada que se hubiera masticado, como podía ser un poco de tabaco o la piel de una manzana y era importante escupir después de ver una estrella fugaz para evitar la pérdida de un diente. Por último, para asegurar tener una buena dentadura de por vida, los cherokis tenían que capturar una culebra verde, mantenerla horizontalmente sujetándola del cuello y la cola, moverla siete veces adelante y detrás entre las dos filas de dientes y finalmente dejarla libre. Era importante no tomar ninguna comida preparada con sal en los cuatro días después de este «tratamiento».

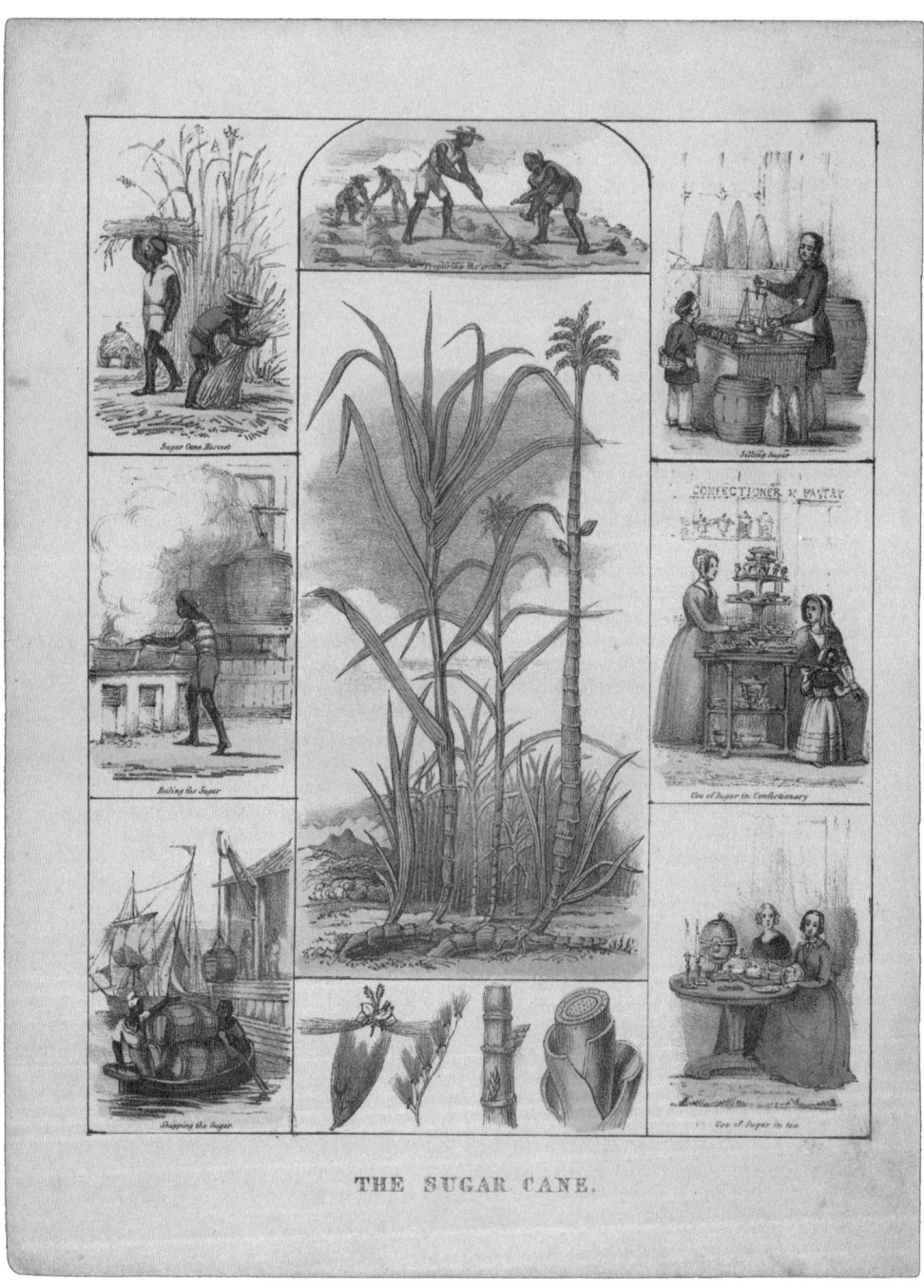

THE SUGAR CANE.

Litografía la caña de azúcar (*Saccharum officinarum*), c. 1840, mostrando su flor y secciones del tallo. La composición está enmarcada por seis escenas que ilustran su cultivo y uso por el ser humano, desde la cosecha hasta la producción de azúcar [Wellcome Collection].

EDAD MODERNA

Hay varios aspectos que cambiaron la odontología al comienzo del Renacimiento: el redescubrimiento de la Antigüedad clásica, con la valoración de los conocimientos de griegos y romanos; el cambio en la visión de la sociedad que se alejó sensiblemente de la teología y la religión y llevó a lo que Jacob Burchard ha llamado «*el descubrimiento del mundo y el hombre*» y la invención de la imprenta, que permitió una enorme difusión del conocimiento.

La pérdida de dientes era parte de la vida ordinaria, tanto entre la gente humilde como entre los poderosos. Un visitante alemán a la corte de Isabel I de Inglaterra informó en 1578 que «*sus labios son estrechos y sus dientes negros, un defecto al que los ingleses parecen ser proclives, por su abundante uso del azúcar*». En Romeo y Julieta, Mercutio dice que los labios de las damas están llenos de calenturas «*porque sus alientos están manchados con dulces*». Los entrantes de una comida terminaban con una mezcla que incluía media libra de azúcar y un salsero con agua de rosas y los pasteles, mermeladas y gelatinas eran platos preferidos. Fue el resultado de las nuevas rutas de comercio. Las primeras muestras de roca dulces y blancas las habían traído los cruzados en el siglo XIV, pero en el XVI los mercaderes habían establecido rutas comerciales con Marruecos que abastecían de azúcar a toda Europa. No era un producto barato y una libra, medio kilo, costaba lo que el salario anual de un artesano habilidoso, así que solo los ricos lo podían consumir con cierta ligereza. Todo esto cambió cuando los ingleses establecieron plantaciones de caña de azúcar en las Indias Occidentales, llevaban barcos cargados de esclavos que venían con las bodegas llenas de azúcar y ron y en torno a 1660 el precio del azúcar había bajado drásticamente. Un nuevo producto de las plantaciones, el tabaco, vino también a dar un nuevo «aroma» al aliento.

Azucarera descrita por Jean-Baptiste Labat, un misionero, ingeniero y esclavista francés, documentó sus experiencias entre 1694 y 1706 en la isla de Martinica, donde contribuyó al desarrollo de las plantaciones de azúcar y la infraestructura local [Wellcome Collection].

No solo los monarcas tenían mal la dentadura. Cervantes describía así el estado de su boca: «*la boca pequeña, los dientes ni menudos ni crecidos, porque no tiene sino seis, y esos mal acondicionados y peor puestos, porque no tienen correspondencia los unos con los otros*». El dentista como tal no existía y quienes realizaban esas funciones eran los barberos, que extraían los dientes sueltos de las encías infectadas. La mayoría de estos profesionales eran itinerantes y trabajaban en ferias y mercados. Se les llamó «*toothers*» en Inglaterra, «*arracheurs de dents*» en Francia, «*cavadenti*» en Italia y «sacamuelas» en España. Buscaban atraer a los paisanos a sus «*consultas*» por lo que se acompañaban de bailarines, músicos, comediantes y monos y se vestían con trajes llamativos que a menudo incluían collares con las muelas que habían extraído. El barbero-cirujano-dentista se mantuvo hasta bien entrado el siglo XX en la mayoría de los países de Europa occidental. En principio se abstenían de realizar extracciones, aunque se sintiera un dolor increíble, y las utilizaban solo como último recurso, pues comprendían la gravedad de tales acciones y sus riesgos. Un ejemplo es la reina Isabel I de Inglaterra, que tenía tal dolor de muelas que no podía dormir. Finalmente, el anciano John Aylmer, obispo de Londres, acudió en su rescate

Y la persuadió de que su dolor no era tanto, y no debía temerlo [la extracción], y para convencerla de ello tendría una experiencia en sí mismo y aunque era un hombre viejo y no le sobraban muchos dientes, hizo llamar a un cirujano para que viniera y le extrajera uno de sus dientes, quizá uno que estaba estropeado, en presencia de Su Majestad, lo que se hizo así y de esta manera ella se animó a someterse ella misma a la operación.

La nueva consideración de la boca implantaba nuevas normas de conducta. Baltasar Castiglione escribió en 1528 *Il Libro del Cortegiano* en el cual planteaba a sus lectores que debían establecer nuevos límites a su comportamiento, en especial a lo que hacían con sus bocas. La risa «*convertía a los hombres en bestias*» y una boca abierta con una risa incontrolada era el culmen de la vulgaridad lasciva, en particular en las mujeres. Con ese comportamiento y la idea de la enfermedad asociada a los malos olores surgieron técnicas para mantener un aliento fresco y fragante. Thomas Vicary escribía en *The English Man's Treasure* (1613) lo siguiente:

La primera edición de Il libro del Cortegiano de Baldassarre Castiglione, publicada en Venecia por Aldo Manuzio en la primavera de 1528, es una obra maestra del Renacimiento italiano. Compuesto por cuatro libros, el texto imagina un diálogo entre personajes ilustres en la corte de Urbino, quienes discuten las cualidades del perfecto hombre y mujer de corte. Más allá de ser un manual de etiqueta, la obra aborda temas como la moralidad política, la crisis italiana y la transición hacia nuevas instituciones monárquicas en Europa. Reconocido por su influencia en las literaturas europeas del siglo XVI y XVII, el tratado permanece como un modelo literario y social, reflejo de los ideales renacentistas [Marshall Rare Books].

Retrato de Antoine d'Aquin (1629-1696), médico francés que sirvió como primer médico del rey Luis XIV de Francia. Estudió medicina en Montpellier, donde obtuvo su doctorado en 1648, y ascendió a la corte real con el apoyo de Antoine Vallot, su predecesor. D'Aquin atendió tanto a la reina María Teresa como al monarca, aunque su carrera terminó abruptamente en 1693 tras caer en desgracia bajo la influencia de Madame de Maintenon. Pese a las críticas históricas sobre sus prácticas médicas, su papel en la corte destaca por la importancia política y médica de su posición durante el reinado del «Rey Sol» [Wikipedia Commons].

Para quitar el hedor de la boca, lávala con agua y vinagre, mastica una ramita y luego aclara la boca con una cocción de semillas de anís, menta y clavos empapados en vino.

Salvo en las grandes ciudades no era sencillo disponer de un tratamiento odontológico. Podían hacerte un trabajo dental si tenías suerte y el cirujano-barbero estaba en tu zona en el momento adecuado. Normalmente hacían extracciones, y el instrumento que utilizaban para extraer dientes era el pelícano. Los sacamuelas a menudo no eran muy precisos y podían arrancar algún diente sano o causar un daño en la mandíbula. El principal atributo que diferenciaba a los buenos profesionales de los malos era, como es lógico, la habilidad y rapidez con la que trabajaban. Cuanto más rápido se hacía, mejor valorado era.

Los reyes también sufrían la escasa calidad de los cuidados odontológicos. En 1685, el primer médico del rey Luis XIV, Antoine d'Aquin (1629-1696), había ordenado a un *operador de los dientes*, extraer los pocos molares que quedaban en la mandíbula superior derecha del monarca. Al parecer estaban bien anclados y al final del procedimiento el especialista había arrancado una parte de la mandíbula superior de Su Majestad y había hecho una perforación en su paladar por la que había alcanzado la cavidad nasal. La herida curó, pero como anotó el propio d'Aquin en su diario, «*cada vez que el rey bebe o hace gárgaras, el líquido le sale por la nariz como si fuera una fuente*». El cirujano jefe del rey, Charles-François Félix, fue llamado a palacio y el monarca le dio una orden clara «*Vamos a ello, y no quiero que me trate como a un rey, quiero que me cure como si fuera un campesino*». En lo que debió ser una ordalía, Félix siguió las órdenes recibidas y usó un hierro al rojo vivo para cauterizar el agujero en el paladar del Rey Sol.

Las nuevas herramientas se fueron incorporando paulatinamente a la atención bucodental, aunque con resultados irregulares. Un manuscrito del siglo XVIII, realizado por François Watkins y conservado en la Biblioteca Welcome muestra varios dibujos que representan gusanos dentales que se dice que fueron vistos con un microscopio.

Ilustraciones de *L'exercice du microscope* (1754), escrito por François Watkins. Este tratado reúne un compendio de observaciones microscópicas realizadas por destacados autores de la época, acompañado de recomendaciones para realizar estudios con precisión. Incluye además la descripción de un microscopio universal diseñado por Watkins, que combina las propiedades de diversos modelos

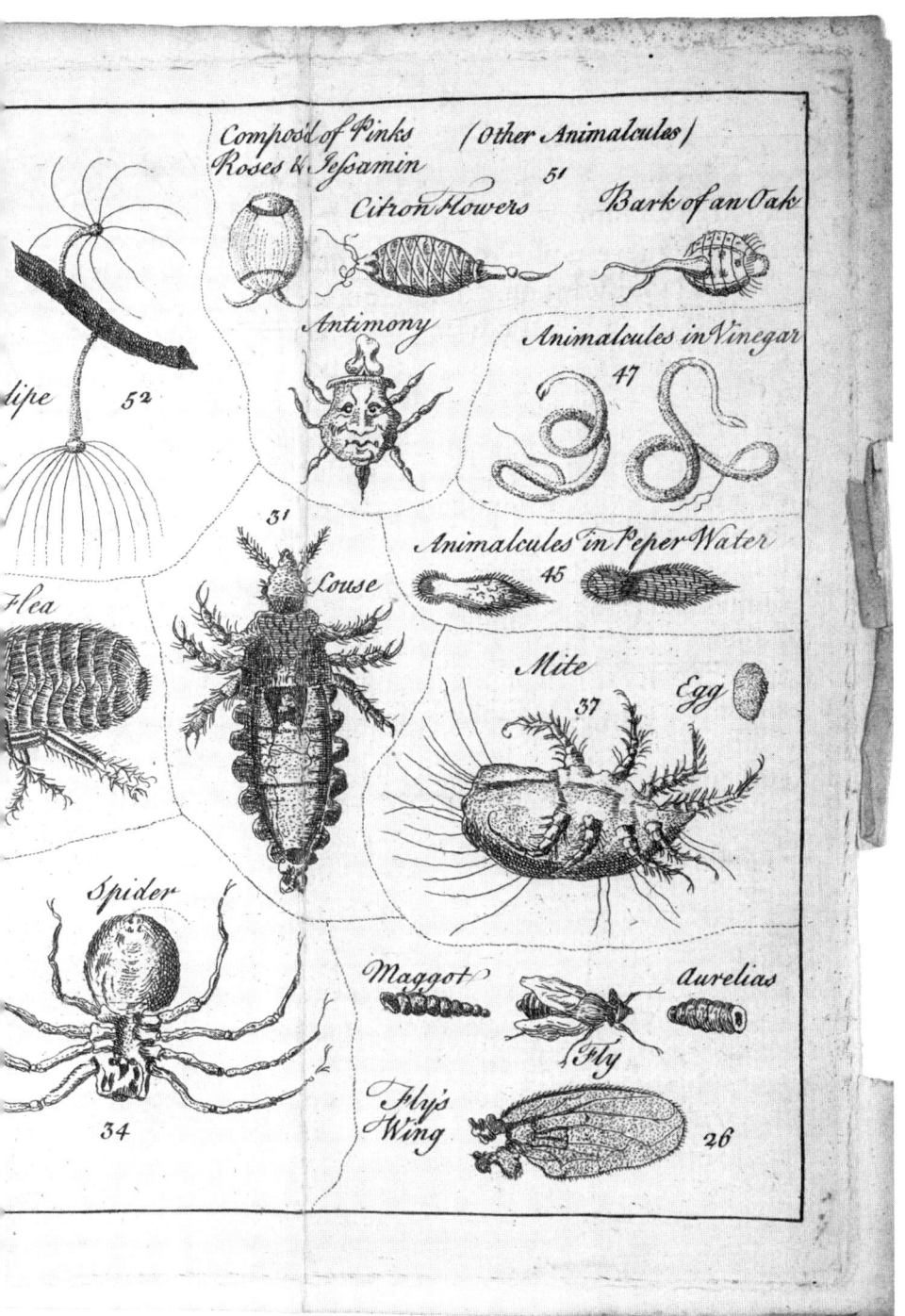

Compos'd of Pinks
Roses & Jessamin

(Other Animalcules)

Citron Flowers

51

Bark of an Oak

Antimony

Animalcules in Vinegar

47

dipe

52

31

Louse

Animalcules in Peper Water

45

Flea

Mite

37

Egg

Spider

Maggot

Aurelias

Fly

Fly's
Wing

34

26

existentes, construyendo un instrumento innovador para su tiempo. La obra refleja el interés del siglo XVIII por explorar el mundo microscópico y su impacto en las ciencias naturales con resultados diversos. La figura marcada con el número 77 muestra supuestos gusanos dentales.

Formación especializada

Un tema en el que se avanzó en la Edad Moderna fue en requerir una formación especializada y una habilitación profesional para el ejercicio profesional de la odontología. En 1210 se crea en Francia un gremio de barberos que, con el tiempo, se dividen en dos grupos: los cirujanos, formados y entrenados para realizar operaciones quirúrgicas complejas, y los barberos legos, o barberos-cirujanos, que realizaban servicios higiénicos más rutinarios, como afeitar, sangrar y extraer dientes. En 1400, en Francia, una serie de decretos reales prohíben a los barberos practicar todos los procedimientos quirúrgicos, excepto sangrías, aplicación de ventosas y sanguijuelas y extracciones dentales. Por tanto, al principio los encargados de las extracciones dentales eran, en el mejor de los casos, cirujanos-barberos. Estos profesionales también eran conocidos como «cirujanos de bata corta» para distinguirlos de los llamados «médicos de bata larga», cuyo título universitario y formación especializada les daba un indudable reconocimiento social.

En el siglo XIV, los sacamuelas fueron admitidos como miembros de la Compañía de Maestros de Barbería y Cirugía, Londres. Hasta 1450, estos profesionales, a semejanza de sus colegas franceses y según una decisión del Parlamento, solo podían realizar sangrías, extraer dientes y cortar el cabello con tijeras y navajas. En 1451 recibieron la Concesión de Escudo de Armas y la Carta Real en 1462. En 1540 y por otra Carta Real concedida por el rey Enrique VIII, esta compañía se fusionó con el Gremio de Cirujanos, del que formaban parte algunos exmonjes. La presencia de antiguos monjes tiene sentido porque el rey había ordenado la disolución de los monasterios entre 1536 y 1539 y frailes, monjes y monjas tuvieron que buscar de alguna manera su sustento. Hasta entonces, monasterios y conventos tenían un formidable patrimonio: había una broma medieval que decía que si se casaran el abad de Glastonbury y la abadesa de Shaftesbury, su heredero tendría más tierras que el rey de Inglaterra.

Mientras tanto, en Francia, los cirujanos de bata larga se educaban en el colegio de San Cosme y no en la facultad de medicina de la Universidad de París, cuyos profesores les despreciaban. Los cirujanos intentaban imitar a los médicos en sus maneras, sus instrumentos e incluso en su forma de vestir. Guy Patin, decano de la facultad de París, les denomina *«lacayos con botas, una raza de malvados vanidosos, extravagantes, que llevan mostacho y blanden navajas de afeitar».* A su vez, los cirujanos desprecian a los barberos, pero en 1655 tienen que tragarse su orgullo y formar una unión de cirujanos-barberos. Unos se aprovecharán de la experiencia práctica de los otros y los otros del mejor estatus de los primeros. En 1660 ambos grupos quedaron bajo la supervisión del cirujano del rey, cuya posición iba a cambiar en pocos años.

En 1686 sucede un acontecimiento que tendrá un fuerte impacto en el estatus social y profesional de los cirujanos. Luis XIV de Francia, que sufría una fístula anual y que había probado cada ungüento, tintura y fármaco prescrito por los médicos de la corte, pide ayuda en un momento de desesperación al cirujano real, Charles-Francois Felix, quien le opera y consigue un éxito total. En gratitud, el rey le concede un título nobiliario, tierras y un salario de 15 000 luises de oro, el triple de lo que cobraban los médicos de la corte. Este hecho puntual supuso un aumento llamativo del prestigio de los cirujanos de Francia, algo que permeará a toda la sociedad en el siguiente siglo.

La Facultad de Medicina de París publicó el Edicto de 1699, que creó el título de «*expert pour les dents*», o «experto en dientes», la primera titulación desarrollada para realizar trabajos odontológico. Para conseguir el título era necesario superar un examen de dos días, pero estaba prohibido que se denominaran a sí mismos cirujanos. Francia fue pionera también en exigir un examen en 1700 para la cirugía bucal y el cuidado dental reconstructivo. Sin embargo, el nivel era todavía penoso. Lazare Rivière, un catedrático de medicina de Montpellier, explicaba así cómo tratar el dolor de muelas:

> Cuando el dolor era ocasionado por humores calientes, el tratamiento comenzaba por una sangría en el brazo. Al día siguiente se administraba un aperitivo. Después, si el dolor persistía, se colocaban copas de cristal al enfermo en la región de la escápula o la columna vertebral, se creaban ampollas detrás de las orejas en la nuca y se colocaban emplastos resinosos en las sienes. Además, se introducían varios remedios en los oídos, se realizaban varias operaciones en la parte dolorida y, a continuación, se extraía el diente culpable.

Hubo avances en la fabricación de prótesis dentales. En 1953, la mujer de un granjero encontró un objeto de hueso y lo llevó al Museo de Historia Natural de Aviñón, donde lo identificaron como un puente dental. Los expertos lo dataron en la mitad del siglo XVII y estaba hecho de un trozo de hueso, tallado para simular tres dientes anteriores, estaba fijado a la boca por unos pivotes de plata que se cementaban en los canales de las raíces de dientes del extremo. Era claramente un avance sobre los diseños de Paré del siglo anterior y mucho más bastos que las prótesis que fabricaría Fauchard en el siglo siguiente.

En 1699, el parlamento francés aprobó una ley estipulando que los *experts pour les dents*, junto a otros especialistas como los oculistas y los ajustadores de huesos, debían ser examinados por un comité de cirujanos antes de que se les permitiera ejercer en París y sus alrededores.

En Inglaterra, hasta 1754, las corporaciones de cirujanos existieron con las de barberos. Por decisión del rey Jorge II de Gran Bretaña, las corporaciones fueron separadas, y los barberos pudieron dedicarse al cuidado del cabello y los cirujanos al bisturí. El rey Luis XIV de Francia tomó una decisión similar unos años más tarde. En 1779, los barberos y los barberos-cirujanos fueron agrupados por leyes de lo que luego sería Alemania.

L'arracheur de dents, grabado de N. Dupuis a partir de un diseño de François Eisen (c. 1695-c. 1778). Representa a un sacamuelas francés que, vistiendo un turbante y pretendiendo ser turco, sostiene un gran diente y un extractor desproporcionado. El texto que acompaña a la imagen dice: «*L'arracheur de dents. Ce Turc né dans nos murs, grace à notre folie, Ne doit tous ses succès qu'à son vaste turban. Il nous apprend que dans la vie On ne peut reussir sans être charlatan*». Esta escena humorística destaca la teatralidad y las estrategias engañosas empleadas por los practicantes itinerantes de odontología en el siglo XVIII para atraer clientes [Wellcome Collection].

Libros sobre odontología

Un invento anticipa y prepara la llegada del Renacimiento: la imprenta. Antes de que acabe el siglo XV, varios millones de libros son impresos en Europa, los incunables, con lo que los libros pasan de ser un producto de lujo a un bien de consumo bastante generalizado.

El primer tratado importante sobre cirugía militar es el *Buch der Wund-Artnezy* (*Libro de cirugía de las heridas*) publicado en Estrasburgo en 1497 por Hyeronymus Brunschwig. Introdujo procedimientos innovadores como atar un vaso sanguíneo con una ligadura para detener una hemorragia o suturar una herida para acercar sus bordes. También incluía ilustraciones de instrumentos y procedimientos. No ofrecía ideas sobre la reparación de los dientes, pero sí discutía las heridas de la boca y los tejidos próximos. Diseñó un soporte para la barbilla en casos de fractura de la mandíbula, una bolsa de cuero que se sujetaba con correas a la parte superior de la cabeza. Anotó que cuando los fragmentos de la mandíbula se desplazaban, los dientes tenían que ser aproximados y unidos con un alambre.

Otro autor fue Walter Hermann Ryff (1500-1562) cuyo nivel ético debía ser ínfimo y fue expulsado de numerosas ciudades, pero que escribió otra obra, el *Gross Chirurgey oder Volkommene Wundartzeney*, donde incluía magníficas ilustraciones de instrumentos dentales. Aunque en el libro no aportaba nada sobre odontología, indicaba que lo haría en un próximo volumen, algo que impidió su temprana muerte.

En 1530 se publica en Alemania la primera obra centrada exclusivamente en la Odontología, el *Artzney Buchlein*, cuyo título completo es *Artzney Buchlein wider allerlei Kranckheyten und Gebrechen der Tzeen* (El pequeño libro de medicina contra todo tipo de enfermedades y dolencias de los dientes). Este librito consta de cuarenta y cuatro páginas, aunque el texto «útil» se reduce a treinta y ocho. El autor, que no se sabe quién fue, indica en la portada que la información proviene de autores clásicos como Cornelio Celso (25 a.C.-50 d.C.), Claudio Galeno (129-216), Yuhanna ibn Masawaih conocido como Mesué el Viejo (777-857), Avicena (Ibn Sinna), (980-1037) y otros referentes de la medicina antigua y medieval. Es posible que fuese obra de un cirujano alemán que no quisiera rebajar su nombre por el bajo nivel que tenía la odontología.

Después de un prólogo en el que advierte de la importancia de mantener sana la dentadura, pues sirve para masticar y hablar adecuadamente, divide el texto en trece capítulos:

Sección I: Cuándo y cuántos dientes crecen en el hombre.

Sección II. Por qué causas se estropean los dientes.

Sección III. Cómo ayudar a los niños para que sus dientes erupcionen con facilidad.

Sección IV. Del dolor de muelas.

Sección V. De los dientes huecos y cariados. Lo explica de acuerdo a la «teoría del gusano» y recomienda los enjuagues y sahumerios para eliminar a dicho «agente causal» de la caries.

Sección VI. De los dientes de leche.

Sección VII. De dientes amarillos y negros

Sección VIII. De dientes deprimidos (impactados).

Sección IX. De los dientes flojos.

Sección X. De los gusanos en la boca.

Sección XI. De ulceraciones, malos olores y encías enfermas.

Sección XII. Cómo extraer los dientes malos.

Sección XIII. Cómo conservar los dientes buenos.

Esta obra tuvo una gran aceptación popular y así lo demuestran las más de diez reediciones que tuvo en menos de un siglo, variando a veces las portadas. También se incluyó dentro de algunos manuales generales de Medicina como Haus Apotek oder Artzneybuch (Botica casera o Libro de medicamentos), editado en 1565.

El cirujano Walter Ryff, inspirado por el éxito del Artney Buchlein, escribió otra obrita de 61 páginas titulada *Useful Instruction on the Way to Keep Healthy, to Strengthen and Reinvigorate the Eyes and the Sight, With further instruction of the way to keeping the mouth fresh, the teeth clean and the gums firm.* (Instrucción útil sobre la manera de mantenerse sano, de fortalecer y revigorizar los ojos y la vista, Con instrucción adicional sobre la manera de mantener la boca fresca, los dientes limpios y las encías firmes). Iba dirigido a una persona corriente y no al profesional, por lo que no incluía información sobre tratamientos dentales.

En 1547, el clérigo-médico Andre Boorde publicó el *Breviarie of Helthe*, uno de los primeros libros médicos de Inglaterra. Mostraba interés en los tratamientos dentales, aunque estaba muy influidos por la teoría de los humores. Sus recomendaciones incluían cuidar la humedad o hacer gárgaras y sacar sangre de la vena bajo la lengua. También era un firme partidario de las fumigaciones para expulsar el gusano de los dientes. Aunque probablemente salvó pocos dientes, quería al menos intentar hacer algo y se nota la compasión por las personas que sufrían «*Un diente es un hueso sensible, el cual al estar en la cabeza de un hombre vivo tiene sentimiento, algo que no tiene ningún otro hueso en el cuerpo del hombre, y por lo tanto, el dolor de muelas es un dolor extremo».*

Una obra menos conocida, pero de mayor enjundia, es el *Coloquio breve y compendioso. Sobre la materia de la dentadura y maravillosa obra de la boca, con muchos remedios y avisos necesarios. Y la orden de curar y enderezar los dientes*. El libro, escrito por Francisco Martínez, natural de la villa de Castrillo (ca. 1525-1585), fue publicado en Valladolid en 1557. Aunque su protagonista parece ser un capellán sin formación médica, la obra es considerada un hito en la historia de la odontología. Martínez fue nombrado dentista de la Casa Real española y su sueldo fue equiparado al de los médicos y cirujanos del monarca, acompañó al rey Felipe II en sus viajes y sirvió en la corte hasta su fallecimiento.

El *Coloquio* se caracteriza por presentar de una forma estructurada en diálogos los conocimientos de la época sobre la dentición. Parte del concepto anatomofisiológico de la unidad dentaria y expone las enfermedades dentales, su abordaje terapéutico y, en lo que se muestra más avanzado, la importancia de la higiene como la mejor estrategia para la prevención de los problemas bucodentales. Hace una revisión de los clásicos de la medicina y la cirugía, e incluso de la filosofía, y sobre esa base interpreta las observaciones que ha recogido en su labor profesional como dentista. El libro está planteado con un coloquio entre varios personajes que presentan diversas opiniones y creencias populares sobre los dientes, que el doctor Valerio, un alter ego del autor, enjuicia y analiza.

La segunda edición, publicada en Madrid en 1570, cambia el formato y está estructurada en forma de tratado y su título es acorde: *Tratado breve y compendioso, sobre la maravillosa obra de la boca y dentadura*. El texto se divide en cuatro partes en las que se expone todo el saber odontológico de la época, «excesivo» objetivo a tenor de la pobreza de lo escrito hasta el momento en el capítulo odontológico, incluso llega a negar por vez primera la llamada «teoría vermicular» según la cual eran los gusanos los responsables de la caries dental:

> Digo que en el neguijón no hay gusanos, sino que es una corrupción que se hace en el diente o muela como en otro miembro del cuerpo, y de esto tienen harta experiencia y son buenos testigos los barberos y maestros de sacar muelas, que ninguno de ellos podrá con verdad decir que halló en muela ni diente gusano, sino fuere alguno que quiere burlar.

Esta afirmación era revolucionaria para la época, pues faltaban aún dos siglos para que Pierre Fauchard llegara a la misma opinión. Tras negar la presencia de gusanos del diente, Martínez critica la aplicación de plantas y raíces y sentencia con contundencia que «*no hay tal hierba ni raíz, como el gatillo del barbero*»; es decir, la tenaza con la que arranca los dientes enfermos.

Una de las mayores aportaciones de la nueva edición lo constituye la inclusión de la casuística de primera mano del autor, quien a lo largo del texto expone casos prácticos enfocados con pericia y desengaña al lector al comentar las peticiones de ayuda que recibe de quienes acuden buscando sus servicios tras ser víctimas de los remedios seudocientíficos de los charlatanes.

Portada de *Tabulae Anatomicae*, obra maestra del anatomista italiano Bartolomeo Eustachi, publicada en Venecia por Bartolomeo Locatelli en 1769. Este compendio incluye 22 láminas anatómicas que habían permanecido inéditas durante siglos, rescatadas por Giovanni Maria Lancisi, quien enriqueció la obra con notas y una introducción. La edición veneciana, precisa y bellamente grabada, incorpora además cartas de Giovanni Battista Morgagni y otros autores destacados, así como un compendio de la vida de Eustachi [Biblioteca Europea di Informazione e Cultura].

CIENTÍFICOS DE LA EDAD MODERNA

Científicos avanzaron el conocimiento odontológico en los siguientes siglos:

Bartolomeo Eustachio (1500-1574)

Eustachio nació en San Severino (Italia) y murió en Fossombrone. Hijo de un médico, Bartolomeo siguió los pasos de su padre y estudió medicina en Roma, en el Archigimnasio della Sapienza. Trabajó en Urbino como médico del duque y en Roma por invitación del cardenal Giulio della Rovere. En 1549 fue nombrado profesor de la Sapienza. Fue contemporáneo de Andreas Vesalius, y junto con él y otros pocos médicos de la época, sentó las bases científicas de la anatomía a partir de disecciones. Sus descubrimientos incluyen una descripción detallada de las glándulas suprarrenales, de los huesos del oído medio y del conducto que conecta el oído medio con la faringe, la estructura que conocemos como trompa de Eustaquio.

Su libro *Libellus De Dentibus* incluye la primera descripción completa de los dientes y de las estructuras anatómicas bucales que la sustentan y está organizado en 30 capítulos, fue publicado en 1563 tanto como libro independiente como parte de un volumen mayor titulado *Opuscula Anatomica*. En esta obra, describía en detalle la función de cada diente y mostraba cómo su forma contribuía a su función. Anotó que los dientes no eran igualmente duros en todos los animales y comentó que incluso los perros más poderosos se volvían cobardes después de perder los dientes. Fallopio recalcó la importancia que para la odontología tienen los nervios trigémino, auditivo y glosofaríngeo, así como la *chorda tympani* y los canales semicirculares.

Al igual que Vesalio, que trabajó con Ian van Calcar para ilustrar su famoso libro *La fábrica del cuerpo humano*, Eustachio trabajó con Pier Matteo Pini, que preparó una serie de 47 grabados para ilustrar su obra. En 1552 cuando era profesor en el Colegio della Sapienza de Roma, completó sus *Tabulae Anatomicae*, un grupo de planchas excepcionales dibujadas por él mismo, pero que se mantuvieron inéditas en la biblioteca papal durante 162 años. Finalmente, fueron impresas en 1714, con anotaciones de Giovanni Battista Morgagni y están entre los primeros estudios anatómicos grabados en cobre. Aunque no tienen la belleza artística de la obra de Vesalio son más correctos y parecidos a la realidad.

Paracelso (1493-1541)

Su verdadero nombre era Theophrastus Bombastus von Hohenheim, pero se le conoce por su apodo, en recuerdo del médico romano Celso. Si Vesalio fue el fundador de la anatomía científica, Paracelso fue el pionero de una terapia farmacológica racional. Hijo de un médico suizo, tenía una mente enormemente abierta y una pasión por viajar que le llevó por toda Europa, periplos en los que recogió información de barberos, gitanos, verdugos, matronas y adivinos.

Nombrado catedrático de Medicina en Basilea en 1527, empezó quemando públicamente los trabajos de Galeno y Avicena y dando sus clases en alemán, en vez de latín, que era el lenguaje académico por antonomasia, y comentaba su propia experiencia. Rechazó la teoría galénica de los humores y planteó que las enfermedades eran específicas y requerían remedios particulares. Sustituyó la alquimia por la química y rechazó la uroscopia, que era todavía extremadamente popular, así como el estudio de los cielos como apoyo para el diagnóstico y el tratamiento. Planteó que era la naturaleza la que cicatrizaba las heridas y que no era bueno interferir con sus procesos. Amplió el arsenal terapéutico con nuevos fármacos, entre los que estaban los que llegaban de América como la quinina y la ipecacuana o la producción de gutapercha a partir del caucho, que todavía se usa hoy en día para las endodoncias.

Aunque su influencia actual es mínima, Paracelso permanece como un ejemplo del cambio que supuso el Renacimiento, época en la que mediante la prueba y el examen y el dejar de lado los prejuicios y el respeto a las creencias irracionales de la antigüedad clásica se inició el camino de la verdadera ciencia.

Ambroise Paré (c. 1510-1590)

Paré está considerado el mejor cirujano de su época. Hijo de una familia humilde, sirvió largos años en el ejército francés en tiempos de guerra, y también prestó sus cuidados a los enfermos más desfavorecidos de París. Su hermana Catherine se casó con Gaspard Martin, un cirujano-barbero de París, y su hermano Jean también se convirtió en barbero-cirujano en Bretaña. Parece que su formación inicial la recibió junto a su hermano.

En 1532, cuando tenía 15 años, empezó su aprendizaje en París y consiguió un nombramiento como cirujano ayudante y cosedor de heridas en el hospital del Hôtel-Dieu de París. Años más tarde, Paré decía que había estudiado cirugía durante nueve o diez años, que luego estuvo contratado en el hospital durante otros tres y durante su residencia pasó el examen para ser considerado maestro barbero-cirujano.

Decidido a progresar, en 1537 se convirtió en cirujano militar. Su habilidad llamó la atención del comandante de las fuerzas francesas en el Piamonte que le nombró para su servicio. La experiencia que Paré adquirió en el campo de batalla y en las calles de la capital y su constante sed de conocimientos resultaron determinantes para el desarrollo de los avances médicos que se le atribuyen.

Sello postal francés de 1943, con la efigie de Ambroise Paré (1510-1590), célebre médico y cirujano considerado el padre de la cirugía moderna y la patología forense. (Algunos autores dan como fecha de su nacimiento 1509 y 1517).

◀ Sello emitido en Austria en 1991, conmemorando el 450 aniversario de la muerte del médico y alquimista renacentista Paracelso (1493-1541). Reconocido como una figura revolucionaria en la medicina, Paracelso introdujo enfoques químicos en el tratamiento de enfermedades y desafió las prácticas médicas tradicionales de su tiempo.

Paré empezó su carrera profesional como aprendiz de cirujano-barbero. Era un oficio de muy poco prestigio y a él se dedicaban individuos que tanto afeitaban barbas y cortaban cabellos como hacían sangrías, frenaban hemorragias, curaban las heridas e incluso arrancaban muelas, pero pronto se distinguió por «*su humanidad en una era de crueldad*» y en el campo de batalla trataba por igual a los heridos de ambos bandos. De hecho, el cirujano sentó las bases de lo que debería ser la práctica de su profesión con estas palabras: «*La cirugía tiene cinco cometidos: eliminar lo superfluo, restaurar lo que ha sido alterado, separar lo unido, unir lo separado y modificar lo que la naturaleza ha deformado*».

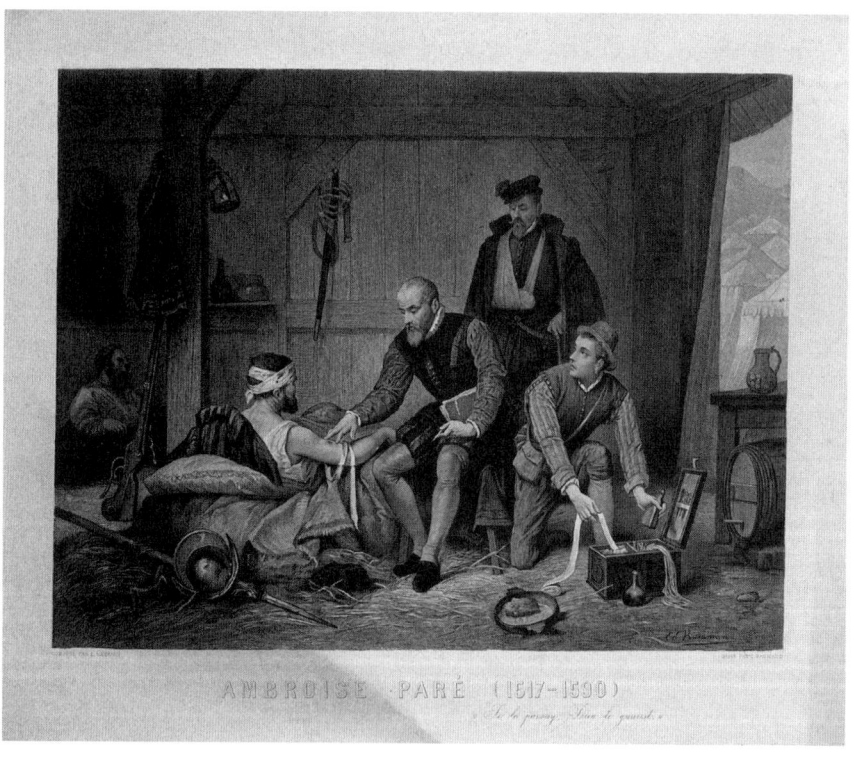

Grabado de Ambroise Paré, por C. Manigaud a partir de una obra de E. J. C. Hamman. Paré, reconocido como uno de los padres de la cirugía moderna, revolucionó la práctica quirúrgica del Renacimiento con innovaciones como la ligadura de arterias y el uso de prótesis. Combinó compasión y conocimiento técnico para transformar la medicina y establecer principios que influirían en generaciones de cirujanos.

Prestó servicio a cuatro reyes franceses (Enrique II, Francisco II, Carlos IX y Enrique III) a pesar de sus humildes orígenes y su religión protestante. Su inteligencia y largos años de experiencia, acrecentada durante las campañas militares y las guerras de religión francesas de 1562-1598, le granjearon el respeto y la protección de la Casa Real francesa. Durante la masacre de San Bartolomé (23 de agosto de 1572), en la que una turba asesinó a decenas de miles de hugonotes (protestantes calvinistas) en París, Paré fue ocultado por el propio Carlos IX.

Escribió sobre cirugía, obstetricia, anatomía y sobre la peste y otras enfermedades. Puesto que no tenía una educación clásica, sus libros estaban escritos en francés en vez de en latín, lo que le dio popularidad. Por esto y otras cosas, Paré despertó la ira de los profesores de la facultad de medicina de París, no solo porque había atacado los remedios más dudosos de la profesión, sino porque ellos pensaban que se metía en su terreno y él consideraba que no hacían otra cosa que pontificar desde sus cátedras.

> ¿Te atreves a enseñarme cirugía, tú que nunca has salido de tu estudio? La cirugía se aprende por el ojo y por las manos. Tú, mi pequeño maestro, no sabes otra cosa que charlar desde una silla.

Paré ejerció como barbero-cirujano con gran destreza. Fue autor de nuevos procedimientos y técnicas y se le atribuye la invención de nuevos instrumentos dentales y quirúrgicos, la introducción de la ligadura para detener la hemorragia en lugar de la aplicación de un hierro caliente y la cauterización con aceite hirviendo utilizada para deshacerse de la naturaleza «tóxica» de la pólvora. Aplicaba a las heridas apósitos de yema de huevo y aceite de trementina, lo que le valió el apodo de «el cirujano gentil».

Su principal obra, los *Trabajos Completos*, apareció tarde en su vida (1575), tuvo decenas de ediciones y traducciones. Antes de esa recopilación, Paré publicó *El método de curar las heridas causadas por arcabuces y armas de fuego* en 1545 y el *Tratado de cirugía* 19 años más tarde. Los médicos estaban alarmados por los tratados de Paré, así como por las obras de Vigo y las traducciones de Galeno, al igual que los cirujanos de Saint Côme, que intentaron bloquear su publicación mediante un acuerdo del parlamento.

Paré tuvo una amplia práctica dental y sus libros contienen mucha información sobre el tema. Discutió la anatomía dental, pero sin la exactitud de Eustaquio o incluso Vesalio. Sus tratamientos eran en general racionales y bien fundamentados. Sugería estabilizar las facturas de la mandíbula con ligaduras de alambre de oro, las caries las trataba mediante cauterización con ácido, aunque no menciona el rellenado de las cavidades. Los dientes rotos o aquellos que sobresalían del plano oclusal y causaban problemas, eran limados con instrumentos especiales. Reimplantaba dientes uniéndoles a los dientes adyacentes con alambres. También planteaba soluciones para los niños a los que no les salía bien la dentición, aunque recomendaba frotar las encías con el cerebro asado de una liebre. Una de sus prótesis más ingeniosas era el obturador palatal, descrito en los *Diez libros de cirugía*, un aparato para cerrar una perforación del paladar duro, algo muy frecuente debido a la sífilis.

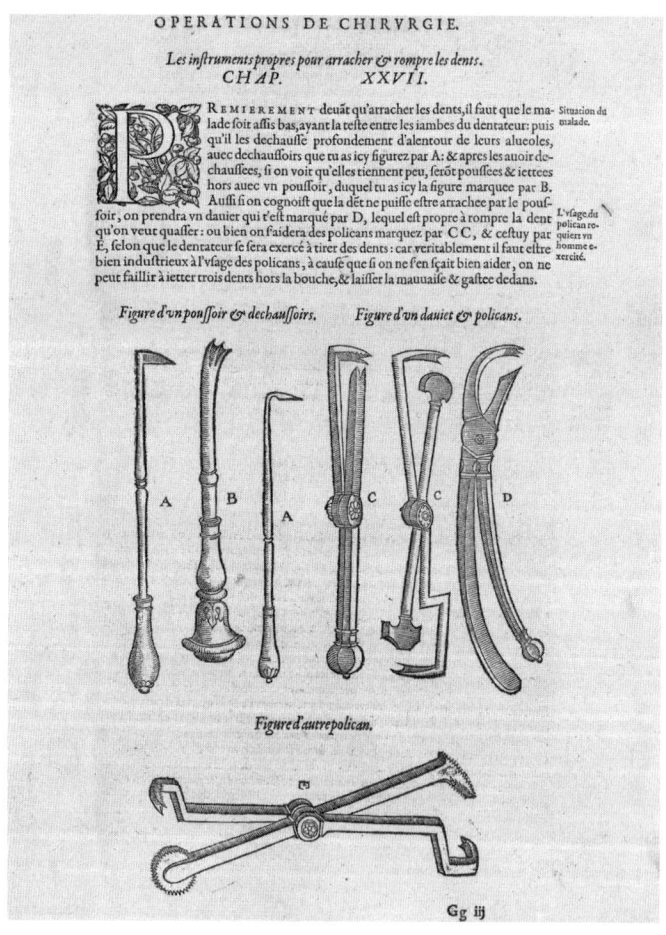

Oeuvres de Ambroise Paré, un compendio anatómico y quirúrgico emblemático que reúne las innovaciones y conocimientos del célebre cirujano del Renacimiento (1510-1590). Incluye detalladas ilustraciones anatómicas y quirúrgicas como la de estos pelícanos.

Se hacía una placa oval de oro con un clip también de oro soldado. En el clip se colocaba un trozo de esponja y el obturador se presionaba en la zona del defecto del paladar. La esponja se llenaba al absorber secreciones nasales y mantenía el obturador en su sitio.

Diseñó varios instrumentos para extraer los dientes, uno para apartar las encías, otro para sujetar las raíces y arrancarlas y varios tipos de pelícanos. También advertía contra el uso excesivo de la fuerza:

> La extracción de un diente no debe hacerse con demasiada violencia ya que uno se arriesga a producir una luxación de la mandíbula o una concusión del cerebro o los ojos, o incluso arrancar una porción de la mandíbula junto con el diente (algo que el autor ha observado en varios casos) para no hablar de otros accidentes serios que pueden sobrevenir como fiebre, apostema (absceso), hemorragia abundante o incluso la muerte.

Paré fue fundamental en elevar el estatus de la cirugía, indicando que tenían que combinar una sólida formación en anatomía junto a la experiencia práctica. Consiguió elevar la profesión de una actividad manual a una parte del arte de salud, con un prestigio que se acercaba cada vez más al de la medicina.

Andreas Vesalio (1514-1564)

Vesalio es considerado el «padre» de la anatomía, tal como la conocemos. Nació en Bruselas, en una familia de origen alemán, y estudió en París con Jacques du Bois (Jacobus Sylvius), un galenista que se convertiría en su crítico más acerbo. Su gran obra es *De humani corporis fabrica,* una detallada exposición de la anatomía del cuerpo humano y cuyas ilustraciones fueran realizadas por Jan van Calcar, un discípulo de Tiziano, bajo la supervisión directa de Vesalio. En la obra, se eliminan muchos de los errores presentes en las obras de Galeno y tuvo un inmenso impacto en las nuevas generaciones de médicos y cirujanos. Solo una pequeña parte de *De humani corporis fabrica* trata sobre las estructuras dentales, pero el autor también rompe con Galeno al defender que los dientes no son huesos. Sin embargo, Vesalio comparte las ideas de Galeno de que los dientes siguen creciendo a lo largo de toda la vida de una persona, al confundir como si fuera crecimiento la extrusión que se produce cuando falta el diente opuesto.

Solus non poterat GVILMÆVM fingere pictor,
Parte sui scriptis hîc meliore patet ⅀

Anno Ætatis · 35 · 1585 · A · valleus fecit ·

P. Mariette excud ·

Grabado de Jacques Guillemeau (1550-1613), médico francés y pionero en el campo de la obstetricia y la oftalmología (por Alexandre Vallée en 1585). Reconocido discípulo de Ambroise Paré, contribuyó significativamente al desarrollo de la cirugía y la medicina, especialmente en el manejo de partos complicados y enfermedades oculares. El grabado, parte de la colección de J.T. Bodel Nijenhuis en la Biblioteca de la Universidad de Leiden, es un homenaje a su legado en la historia de la medicina europea.

Matteo Realdo Colombo (c. 1516-1559)

Colombo es considerado el discípulo más importante de Vesalio y copió con largueza las observaciones de su maestro y otros anatomistas al compilar *De re anatomica*, publicado en 1559, el año de su muerte. No obstante, Colombo hizo algunos descubrimientos notables. Uno de los más importantes, realizado al diseccionar fetos, fue la observación de los gérmenes dentales, con lo que pudo rebatir la idea presente en el momento de que los dientes deciduos se formaban de la leche que el bebé ingería. Sin embargo, también mantuvo la idea incorrecta de Vesalio de que los dientes permanentes se formaban a partir de las raíces de estos dientes de leche.

Jacques Guillemeau (1550-1613)

Fue un cirujano francés de Orleans. Se le atribuyen contribuciones pioneras en los campos de la obstetricia, la oftalmología y la pediatría. Fue cirujano del Hôtel-Dieu de París y alumno aventajado de Ambroise Paré (1510-1590), que posteriormente fue su suegro. Guillemeau, al igual que Paré, fue cirujano de la Casa Real francesa.

En 1584, publicó *Traité des maladies de l'oeil* (*Tratado de las enfermedades de los ojos*), considerada una de las mejores obras de medicina oftalmológica del Renacimiento. También se le atribuye la primera descripción de la reparación del coloboma palpebral, un defecto de los párpados. En 1609 publicó *De l'heureux accouchement des femmes* (*El feliz alumbramiento de las mujeres*), la primera descripción de un método de parto de nalgas. Otras publicaciones de Guillemeau son *Tables anatomiques* y *La chirurgie française*. En el ámbito de la odontología, fue el primero en recomendar colocar dientes artificiales de materiales diferentes como el coral blanco o las perlas.

Luis Collado (1520-1589)

Estudió medicina en la Universidad de Padua. Fue discípulo directo de Andrés Vesalio, de quien dijo: «*Fue mi único maestro en el conocimiento de la anatomía*» y añadía a la confidencia: «*Cuanto puede valer mi habilidad en la disección, a él y no a otro se la debo*». Ejerció el cargo de protomédico y visitador del Reino de Valencia desde 1576. Profesor de cirugía y anatomía en la Universidad de Valencia, y luego en la Universidad de Alcalá, entre sus obras están: *Galeni Pergameni Liber de Ossibus* y *Enarrationibus Ilustratus* (1555) Fue un renovador de la enseñanza anatómica siguiendo el modelo docente vesaliano e hizo la primera descripción de los agujeros que existen al lado de la raíz de los incisivos.

Cotton Mather (1663-1728)

Mather era un clérigo de Boston y el autor del primer libro médico que se publicó en lo que con el tiempo serían los Estados Unidos, *The Angel of Bethesda*. Entre otros temas, Mather escribió sobre las enfermedades de la boca, y recordaba a sus lectores que el pecado de Adán y Eva fue ocasionado por este órgano y describía sus dolencias como el resultado de un desequilibrio de los humores. Recogió numerosos remedios populares para el alivio del dolor de muelas y criticó a los médicos por su indolencia con estas palabras:

Retrato de Cotton Mather, grabado y publicado en 1728 por Peter Pelham, basado en su propio retrato previo [Museo Metropolitano de Arte, donación de Charles Allen Munn en 1924].

244

Parece una desgracia para el médico que tantas personas, incluso entre sus parientes más queridos o más cercanos pasen días enteros incluso semanas bajo los tormentos de un dolor de muelas sin aliviarlo. Parece que dijeran, Señor, usted es un médico de poco valor, ni siquiera es capaz de curar un dolor de muelas.

No se sabe mucho de los primeros profesionales en las colonias de Norteamérica, pero se conoce que la Massachusetts Bay Company envió tres cirujanos-barberos a Plymouth para servir las necesidades de los colonos. Además de un tratamiento médico básico, también proporcionaron los mínimos de la atención dental y extracciones. Uno de ellos, William Dinly, murió en una tormenta de nieve cuando iba camino de la cabaña de un colono para extraerle un diente dañado.

La mayoría de los médicos en la época de la colonia incluían entre sus servicios los tratamientos dentales. Extraer dientes era algo tan común que la Sociedad Médica de Nueva Jersey lo introdujo en sus tarifas de 1766: «*Extraer un diente, un chelín, seis peniques*». Aun así, la mayoría de los norteamericanos trataban sus problemas dentales con remedios caseros, que pasaban de generación en generación en las familias o se encontraban en los almanaques, una lectura muy popular. Entre estos trucos caseros estaba el jugo de ruda que se ponía en la oreja del oído del mismo lado del dolor de muelas y las cenizas de tabaco que se frotaban sobre los dientes como remedio preventivo. Mientras, en Europa, una nueva odontología científica estaba dando sus primeros pasos.

Ruta graveolens, conocida como ruda común, es una planta herbácea perenne perteneciente a la familia Rutaceae. Utilizada tradicionalmente en la medicina popular, se le atribuyen propiedades antiinflamatorias, antiespasmódicas y emenagogas [Spline].

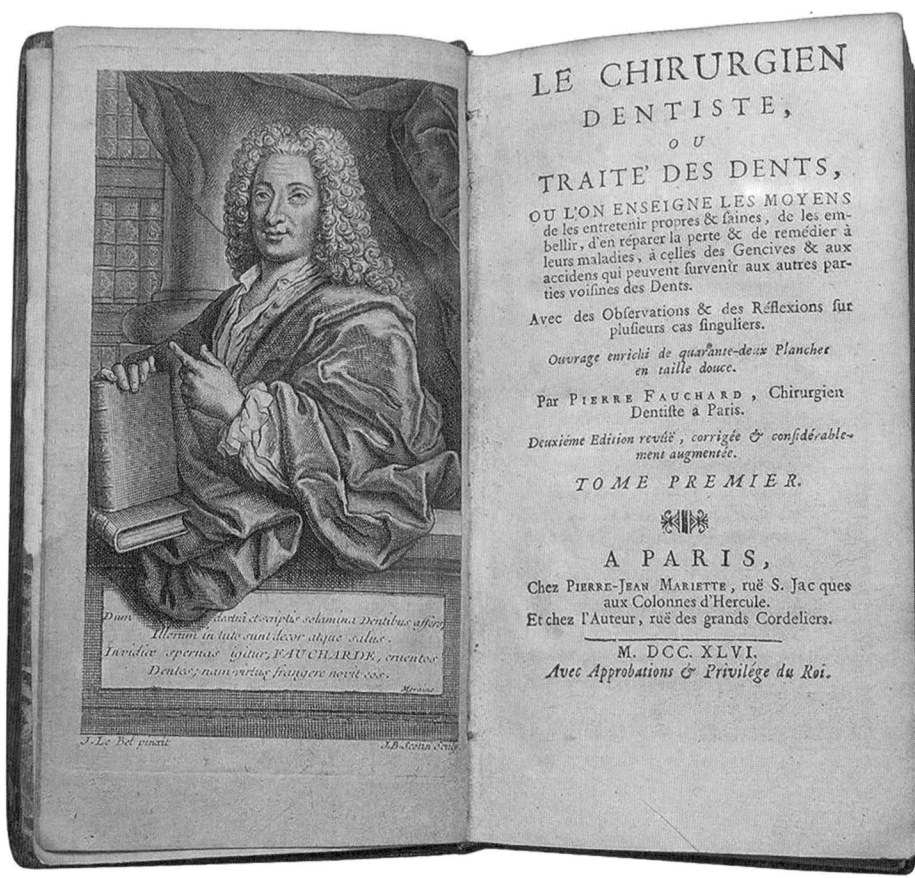

Portada de la segunda edición ampliada de *Le Chirurgien Dentiste*, ou Traité des Dents (1746), de Pierre Fauchard, considerado el padre de la odontología moderna. Esta obra, publicada en París por Pierre-Jean Mariette, sintetiza el conocimiento teórico y práctico de la odontología de la época y contiene el primer uso documentado del término *«dentiste»*. Dividida en dos volúmenes, aborda el desarrollo, cuidado y tratamiento de los dientes, incluyendo la descripción de más de 100 enfermedades bucales. Ilustrada con 42 láminas, detalla técnicas de ortodoncia, prótesis y restauraciones dentales, marcando un hito en la historia de la odontología [Wellcome Collection].

Pierre Fauchard (1679-1761)

Fauchard es considerado el «padre de la odontología moderna». Escribió la primera obra científica específica de la odontología, *Le Chirurgien Dentiste* (El cirujano dentista), publicada en 1728, donde describía la anatomía y función bucal básica, los signos y síntomas de las principales patologías bucales, los métodos operativos para eliminar las caries y restaurar los dientes, la enfermedad periodontal (piorrea), la ortodoncia, la sustitución de dientes perdidos y el trasplante de dientes. Fauchard plantea la siguiente paradoja:

> Los dientes en su condición natural son los más pulidos y los más duros de todos los huesos del cuerpo humano, pero al mismo tiempo son los más proclives a enfermedades que causan un dolor agudo y a veces se convierten en muy peligrosos.

Le Chirurgien Dentiste es para muchos el libro fundamental de la historia de la odontología. En su época los dentistas llevaban en secreto sus procedimientos y habilidades, pero Fauchard abominaba de ese secretismo e hizo sus métodos públicos diciendo «*He perfeccionado y también inventado varias piezas artificiales tanto para sustituir una parte de un diente como para remediar su pérdida completa y en perjuicio de mis propios intereses, ahora daré la descripción más exacta posible de ellos*».

Fauchard nació en Saint-Denis-de-Gastines en 1679. A la edad de quince años se enroló en la Marina Real francesa, y empezó su formación bajo la tutela de Alexander Poteleret, un cirujano mayor de la Armada, que había dedicado tiempo a estudiar las enfermedades bucodentales. Uno de los principales problemas de la época era el escorbuto, que generaba inflamación de las encías y pérdida de dientes. Poteleret lo inspiró y lo animó a leer e investigar cuidadosamente los hallazgos de sus predecesores en las artes curativas y a difundir los conocimientos aprendidos en el servicio en la Armada. Cuando Fauchard dejó la marina, se instaló en Angers, donde ejerció la medicina en el Hospital Universitario. Allí inició parte del revolucionario trabajo odontológico que ha hecho de él un referente y un pionero en la cirugía oral y maxilofacial. Fauchard a menudo se describía a sí mismo como un *chirurgien dentiste* (cirujano dentista), un término muy raro en ese momento, ya que los dentistas del siglo XVII generalmente extraían los dientes cariados y no hacían ningún intento de tratarlos. Fauchard cambió todo esto.

A pesar de las limitaciones de los instrumentos quirúrgicos primitivos de finales del siglo XVII y principios del XVIII, muchos de sus colegas del Hospital Universitario de Angers consideraban a Fauchard un cirujano altamente calificado. Hizo notables improvisaciones de instrumentos dentales, a menudo adaptando herramientas de relojeros, joyeros e incluso barberos, que adaptaba para su uso odontológico. Introdujo los empastes como tratamiento para las caries, afirmó que los ácidos derivados del azúcar como el tartárico eran responsables de la caries dental y también sugirió que las últimas etapas de la caries podían dar lugar a tumores en las encías. Fue un pionero de las prótesis dentales y planteó diversas alternativas para reemplazar los dientes perdidos. Sugirió que se podrían hacer prótesis a partir de bloques tallados de marfil o hueso y que esas piezas dentales fabricadas artificialmente podían ser unos sustitutos útiles de las naturales. Uno de estos métodos establecía que los dientes artificiales se mantendrían en su lugar si se ataban a los dientes sólidos restantes mediante pivotes, utilizando hilo encerado o alambre de oro. También introdujo los aparatos dentales, aunque inicialmente eran de oro, descubrió que la posición de los dientes se podía corregir, ya que los dientes seguían el patrón de los alambres. Generalmente, se utilizaban hilos encerados de lino o seda para sujetarlos tirantes.

Consciente de la baja calidad de la formación de los dentistas en Francia, Fauchard denunció que en la comisión de examinadores establecida por el edicto de 1699 faltaba «*un dentista hábil y experimentado*», e indicó que «*la mayoría de los expertos dentales están solo equipados con menos del conocimiento medio*». Desafortunadamente, su sugerencia de incorporar un dentista al comité examinador no fue asumida.

En 1718, Fauchard se trasladó a París. Durante su estancia en la capital francesa, se dio cuenta de que las bibliotecas médicas carecían de buenos libros de texto sobre odontología y que se necesitaba un manual de cirugía bucal, por lo que tomó la decisión de escribir un tratado para los dentistas basado en su experiencia. También era probablemente una estrategia para entrar en la profesión por la puerta grande. Durante meses, Fauchard revisó todos los libros de medicina a los que tuvo acceso, buscó información sobre los dientes y las enfermedades bucales, entrevistó a numerosos dentistas y revisó los diarios de sus años de profesional en Angers. Finalmente, en 1723, a la edad de 45 años, completó el primer manuscrito de 600 páginas titulado *Le Chirurgien Dentiste* (traducido aproximadamente como *El dentista cirujano*). En los cinco años siguientes, Fauchard recogió y aprovechó los comentarios de sus colegas sobre su obra y amplió y mejoró la información. Cuando en 1728 se publicó una nueva edición en dos volúmenes, el manuscrito había crecido a 783 páginas. El libro fue bien recibido en la comunidad médica europea, en 1733 se tradujo al alemán, en 1746 se publicó una edición ampliada en francés, pero la versión inglesa tuvo que esperar doscientos años más, pues no se tradujo hasta 1946.

Fauchard creía que la principal forma de mantener los dientes limpios era lavarse la boca cada mañana con agua y frotar los dientes con una esponja húmeda. También afirmaba que un poco de etanol mezclado con el agua era una solución limpiadora suficiente. Afirmó que los cepillos de dientes debían utilizar esponja en lugar de tela o lino porque la tela era demasiado áspera y a menudo desgastaba los dientes. Señaló que los ingredientes de los dentífricos como el ladrillo, la porcelana, la piedra pómez, el talco o el alumbre eran demasiado abrasivos y hacían más mal que bien. También advirtió de que el zumo de acedera, el zumo de limón, los alcoholes de vitriolo y la sal, que se usaban también para la higiene dental, destruían el esmalte. El dentífrico que Fauchard recomendaba era una mezcla de coral, sangre de dragón, miel quemada, semillas de perlas, espinas de sepia, ojos de cangrejo, bol armenio (una arcilla rojiza), *terra sigillata* (una arcilla muy fina), tierra hematita, canela y alumbre calcinado. Todos estos componentes eran reducidos a un polvo fino y mezclados entre sí. Sin embargo, recomendaba utilizar este tipo de dentífrico solo si no bastaba con cepillar y aclarar con agua.

Las aportaciones de Fauchard son innumerables. En su libro describió los síntomas de 103 enfermedades de la boca y cómo tratarlas. Describió cinco instrumentos que usaba para las extracciones: la lanceta para las encías, el punzón, las pinzas, la palanca y el pelícano. Consideraba el pelícano el más útil, pero también el más peligroso. Sugirió que la teoría de los gusanos dentales era errónea como explicación de la caries dental e indicó que sus observaciones a simple vista y al microscopio no habían mostrado ningún indicio de gusanos. Con el ánimo de no ofender, mencionó que, si el gusano existía, no era la causa de la pérdida de dientes. Quizá como solución de compromiso llegó a indicar que los huevos de insectos presentes en la fruta pocha podían entrar en las caries y eclosionar en esas cavidades produciendo gusanos. También afirmó que la causa de la caries dental era el azúcar y que la gente debía limitarlo en su dieta. Refutó las teorías de la generación espontánea de los dientes, propuso que la pérdida de los dientes se producía por un «desequilibrio humoral» y argumentó que los dientes de leche se separan de sus raíces. Sus ideas fueron la base de la ortodoncia moderna. Recalcó la

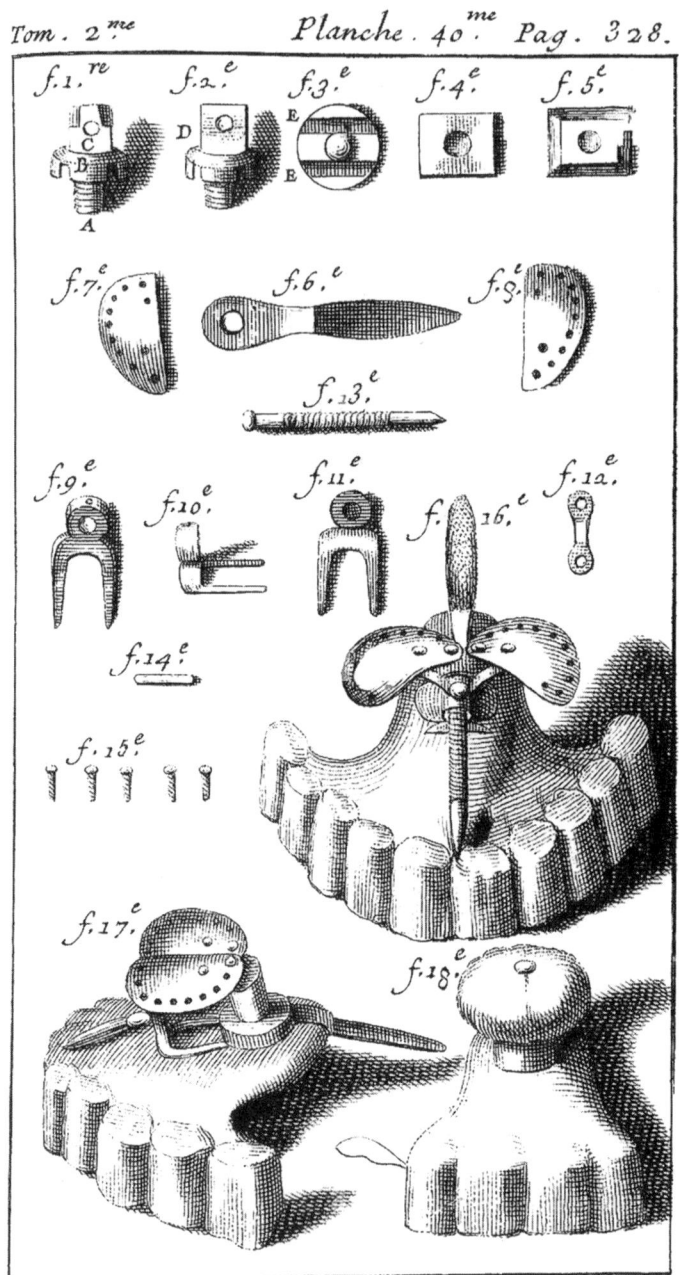

Herramientas dentales utilizadas en la fabricación y ajuste de prótesis dentales, ilustradas en el tomo 2, lámina 40, página 328, de *Le Chirurgien Dentiste, ou Traité des Dents* (1746), de Pierre Fauchard. Estas herramientas incluyen dispositivos para moldear, fijar y ajustar prótesis, reflejando los avances técnicos en odontología del siglo XVIII [Wellcome Collection].

necesidad de alinear correctamente los dientes porque los dientes apiñados eran difíciles de limpiar y causaban infecciones, inflamación de las encías y pérdidas de piezas. Introdujo los empastes dentales como tratamiento para las caries, y propuso amalgamas como el plomo, el estaño y a veces el oro y también dijo que los dientes debían ser limpiados periódicamente por un dentista. Decía que los aparatos dentales podían utilizarse para corregir la posición de los dientes y que los dientes de los niños se movían más fácil y rápidamente que los de los adultos, debido al menor tamaño de sus raíces. Recomendó que el dentista se situara detrás del paciente para ayudarle a relajarse y resaltó la importancia de tener una buena iluminación en el sillón del dentista y la boca del paciente. También enfatizó la necesidad de una formación dental especializada. No tenía ningún respeto por los sacamuelas a los que llamaba un «teatro de impostores» que engañaban a la gente y criticó también a los malos dentistas que estaban poco cualificados y sin conocimientos, pero ofrecían servicios de salud bucodental.

Fauchard no solo trabajaba con las últimas herramientas y técnicas para crear la *bouche orneé*, sino que empezó a prestar atención a la sensibilidad y al sufrimiento de sus pacientes. Les ofrecía, en sus palabras, una mano que era «*ligera, estable y hábil*». Calentaba los instrumentos metálicos antes de usarlos para evitar intensificar el malestar en los delicados tejidos de la boca y daba tiempo a los pacientes para calmar sus emociones después de una operación dolorosa. También se lamentaba de cómo la comunidad médica había ignorado en gran medida los dientes y las patologías orales. Los cirujanos más famosos habían abandonado esta parte del cuerpo, o al menos le habían prestado poca atención, lo que había provocado la aparición de personas que, sin teoría ni experiencia, la habían degradado y practicaban la odontología a su aire, sin principios ni conocimientos. Los dentistas, por su parte, reflejaban la nueva cultura de Versalles y un capitalismo de consumo inicial donde el profesional era también un emprendedor que usaba sus contactos y una publicidad primitiva para llevar a su negocio una necesaria (y lucrativa) conexión entre buenos dientes, belleza y éxito.

En su libro y durante toda su vida, Fauchard denunció la charlatanería y el fraude de los malos profesionales y el abuso de los pacientes. Aconsejaba evitar las técnicas altamente perjudiciales utilizadas por los charlatanes y advertía a sus lectores médicos de que el ácido nítrico y el ácido sulfúrico utilizados por los sacamuelas para eliminar el sarro de los dientes eran potencialmente peligrosos. Así denunciaba estas prácticas fraudulentas:

Supuestos afectados remunerados van de vez en cuando al operador que sujeta en su mano un diente envuelto en una piel muy fina, con la sangre de un pollo u otro animal. Introduce su mano en la boca del supuesto afligido y deja caer allí el diente que está sujetando. Entonces, solo tiene que tocar el diente con un polvo o una paja o la punta de su espada, le basta, si así lo desea, con hacer sonar una campana en la oreja de su supuesto paciente, que entonces solo tiene que escupir lo que tiene en su boca: la sangre y el diente sanguinolento que fue colocado allí.

Si el paciente tiene un verdadero dolor de muelas y el charlatán no consigue extraerlo pondrá todo tipo de excusas: «*que la fluxión es demasiado grande, que debe tener paciencia durante o unos días o que ese diente es un diente del ojo que no debe ser extraído, porque* [así se decía] *estos dientes están conectados con el ojo y este se perderá si se extrae el diente*». Fauchard fue uno de los primeros en denunciar la negligencia de algunos supuestos profesionales y contaba ejemplos en los que los sacamuelas habían hecho terribles errores como un tal Henri Amarton de Nonette en la Auvernia. Amarton había ido a un charlatán y le había pedido que le extrajera una muela estropeada, pero este no había conseguido extraerla. En vez de simplemente admitir su fracaso, el sacamuelas había golpeado el diente con un martillo hasta introducirlo en el seno maxilar del paciente y a continuación le dijo que se lo debía haber tragado. A los pocos días, el rostro de Amarton estaba enormemente hinchado y sufría un terrible dolor, por lo que era un absceso potencialmente mortal. Un cirujano se dio cuenta y pudo extraer el diente y salvar la vida de Amarton a costa de otra operación realmente complicada. A los ojos de Fauchard la única manera de evitar estos desastres era ir a un dentista y alejarse de los sacamuelas, en especial de aquellos que confundían tener herramientas con tener habilidad, conocimientos y experiencia.

Los dos grandes cambios que Fauchard impulsó fueron, en primer lugar, intentar conservar los dientes de sus clientes, en vez de ir directamente a extraerlos. En segundo lugar, hacerles más hermosos, limpiando y enderezando los dientes existentes y haciendo puentes para cubrir los huecos con prótesis de buena calidad. Un dentista como él rellenaba las cavidades con oro al estilo italiano y fijaba los dientes estropeados con alambre de oro o seda. Si era necesario se podían colocar falsos dientes con un aspecto realista tallados en marfil o hueso y que se mantenían en su lugar con muelles de plata. *Le Chirurgien-Dentiste* incluía 42 páginas de ilustraciones sobre nuevas herramientas para hacer dentaduras y prótesis, modificadas a manudo de los talleres de joyeros y relojeros. En vez de hacer soportar una cauterización a sus pacientes, podían tapar los agujeros en su paladar o esconder el daño de la sífilis con un obturador, una esponja pegada a una placa de oro o plata, pintada para ajustarse al color del interior de la boca. Fauchard murió en París a la edad de 82 años y en el registro de su entierro es descrito como lo que él siempre se consideró: Maitre Chirurgien-Dentiste, o maestro en cirugía dental.

La obra de Fauchard se amplió y mejoró gracias a sus seguidores. Robert Bunon (1702-1748) que también ejerció en París, escribió una serie de tratados en los que denigraba la creencia de que las piezas maxilares no debían extraerse porque la operación dañaría a los ojos. También refutó la idea de que las mujeres preñadas no debían recibir tratamiento dental e insistió en que era precisamente en esa época cuando más cuidados necesitaban.

Claude Mouton, fallecido en 1786 y que se convertiría en dentista del rey, publicó en 1746 su *Essay d'odontotechnie*, el primer libro que trataba de la odontología mecánica. Diseñó una corona de oro y un poste de oro para colocarlo en el canal de la raíz y describió por primera vez desde la época de los romanos, las coronas de oro, que evitaban que los molares dañados se siguieran deteriorando. Para hacer que las coronas de los dientes anteriores fuesen más atractivas estéticamente, sugirió esmaltar las superficies labiales en los colores naturales del diente. Otra de sus invenciones fue colocar dos pequeños muelles de oro que se sujetaban en los extremos de un puente extraíble y permitía mantenerlo en su sitio o sacarlo para proceder a su limpieza.

Etienne Bourdet (1722-1789) sucedió a Mouton como dentista del rey y fue uno de los seguidores más fieles de Fauchard, citaba y le acreditaba por su trabajo pionero. Su *Recherches et observations sour toutes les parties de l'art du dentiste* fue publicado en 1757 y tuvo numerosas reimpresiones. Sus principal contribución fue la descripción o de una periodontoclasia grave, que abrió la puerta a la gingivectomía moderna. También abogó por extraer las primeras bicúspides para aliviar el apiñamiento de la boca y describió como los dientes mal alineados se podían colocar con alambres unidos a una astilla de marfil. Uno de sus inventos fue una dentadura con una base de oro con pequeñas perforaciones para usar como alveolos de los dientes. Desde esos *sockets* salían pivotes verticales en los que se podían colocar dientes, moldeados por debajo del cuello. Al contrario de Fauchard, que usaba acero para la retención de la dentadura, Bourdet propuso usar muelles de oro, que no se oxidaban. Fue el primero en presentar un nuevo instrumento, la llave, para sustituir al pelícano. Bourdet las diseñó con extremos intercambiables para ajustarlas a distintos tipos de dientes.

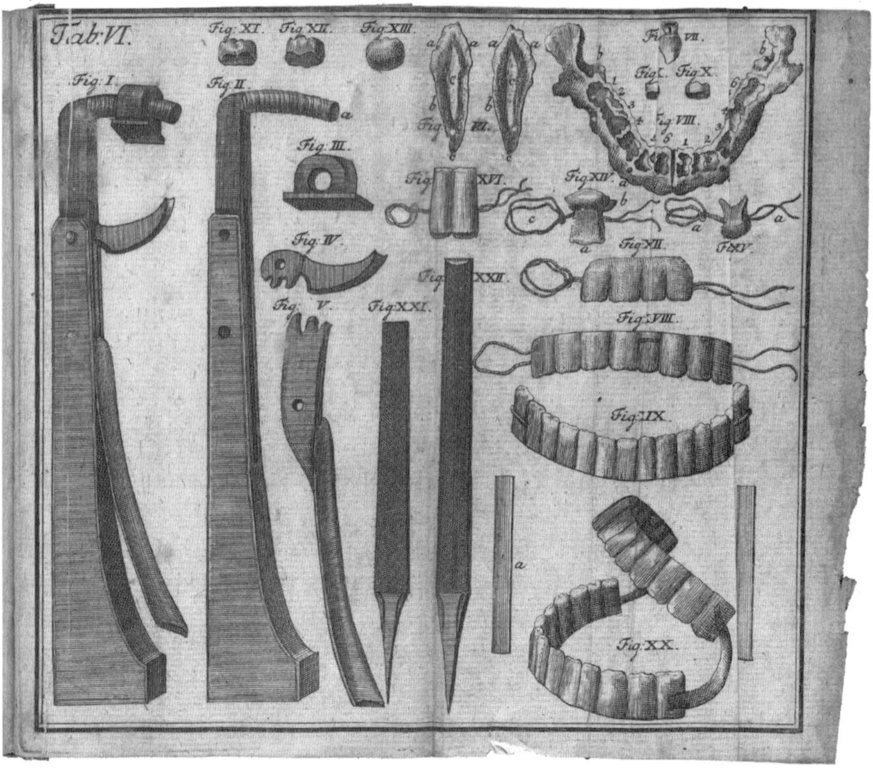
Tab: VI.
Fig: I.
Fig: II.
Fig: III.
Fig: IV.
Fig: V.
Fig: XI.
Fig: XII.
Fig: XIII.
Fig: XXI.
Fig: XXII.
Fig: VIII.
Fig: IX.
Fig: XX.

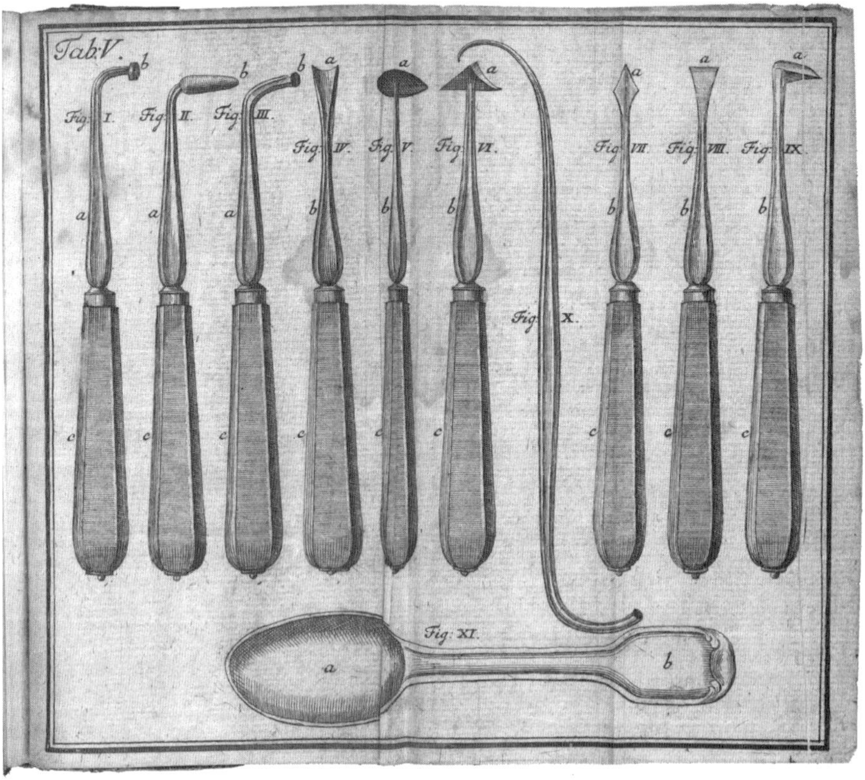
Tab: V.
Fig: I.
Fig: II.
Fig: III.
Fig: IV.
Fig: V.
Fig: VI.
Fig: VII.
Fig: VIII.
Fig: IX.
Fig: X.
Fig: XI.

Philip Pfaff (1713-1766)

Pfaff fue el referente de la odontología en Alemania y hay quien le ha llamado el Fauchard alemán. Su padre, cirujano y dentista en ejercicio, enseñó a su hijo Philip mientras este se formaba como cirujano en Berlín. Philip Pfaff se convirtió en el primer «dentista de Estado» de Alemania y prestó servicio militar como cirujano de campaña en la Primera Guerra de Silesia (entre Prusia y Austria, 1740-1742). Fue el dentista de la corte del rey de Prusia, Federico el Grande, y uno de los primeros alemanes en publicar un tratado de odontología, el *Abhandlung von den Zähnen des menschlichen Körper* (1756), traducido como Tratado sobre los dientes del cuerpo humano y sus enfermedades. Fue el primer libro de texto relacionado con la odontología en Alemania y en él describe la anatomía, fisiología, patología y tratamientos de los dientes. Explica cómo la extracción es la única opción para los dientes afectados por abscesos gingivales y fístulas. Fue el primero en tomar impresiones dentales y describió cómo trabajar con impresiones hechas con cera de abeja y obtener luego modelos de mayor dureza con yeso de París. Lo hacía en dos pasos, primero la mitad derecha de la arcada y luego la izquierda y combinaba las dos después.

Pfaff también planteó nuevos materiales para fabricar dientes artificiales, como la plata y el cobre. En su época, el marfil de elefante, el hueso y los colmillos de morsa eran los materiales utilizados tradicionalmente. También fue la primera persona que realizó el recubrimiento de la pulpa dental con una lámina de oro antes de colocar un empaste, lo que se conocía como «cobertura directa». Pfaff se adelantó a su tiempo cuando advirtió en contra del uso de cepillos de dientes duros, aunque afirmó que era suficiente su uso una vez cada dos semanas.

Como dentista del rey de Prusia, tuvo una influencia considerable dentro de la profesión y utilizó este prestigio para difundir técnicas innovadoras. Philip Pfaff y su esposa, Dorothea Sophia Pfaff, eran conocidos por su modestia y humanidad. No tuvieron hijos. Philip Pfaff murió a los 53 años debido a una «enfermedad del pecho», probablemente tuberculosis. Su esposa asistió a Pffaf en sus tratamientos y, tras la muerte de su esposo, siguió tratando a niños pobres gratuitamente.

◀ Pulidores y otros instrumentos utilizados en la restauración dental, ilustrados en las Tabla v y vi de *Abhandlung von den Zähnen des menschlichen Körpers und deren Krankheiten* (1756) de Philipp Pfaff. Esta obra, pionera en la odontología moderna, detalla técnicas avanzadas de restauración y tratamiento de los dientes, acompañadas de descripciones precisas de herramientas y utensilios   [Wellcome Collection].

John Hunter (1728-1793)

Hunter es considerado el mejor cirujano británico del siglo XVIII y un pionero de la odontología. Nació en Escocia en 1728 y fue el menor de diez hermanos. A pesar de no haber recibido una educación completa, pues su padre murió cuando él tenía trece años y la familia quedó en una situación financiera frágil, desde niño mostró una intensa curiosidad que no disminuyó a lo largo de su vida. Nunca terminó la universidad y, como muchos cirujanos de la época, no intentó convertirse en médico, sino que tuvo una formación eminentemente práctica. En 1748, a la edad de 20 años, llegó a Londres, donde empezó a trabajar con su hermano mayor, William, como ayudante de disección. William Hunter ya era un reputado anatomista que se había hecho un nombre en el campo de la

Retrato grabado de John Hunter (1728-1793), destacado cirujano y científico escocés, basado en una pintura de Sir Joshua Reynolds. Hunter, sentado en su escritorio rodeado de libros y especímenes de estudio, simboliza su enfoque pionero en la observación rigurosa y el método científico aplicado a la medicina. Reconocido como Cirujano Extraordinario de Jorge III en 1776, John Hunter revolucionó la cirugía y fue mentor de generaciones de médicos y cirujanos. Este grabado, realizado por William Sharp en 1788, captura su legado como una de las figuras más influyentes de su época [Medical History Museum. The University of Melbourne].

obstetricia y a su consulta iban a aprender médicos y cirujanos. John no tardó en demostrar su destreza como cirujano y, con el tiempo, empezó a dar clases particulares de disección, al tiempo que realizaba estudios experimentales de anatomía.

Durante los dos veranos siguientes a su llegada a Londres, Hunter se dedicó a aprender las técnicas y la práctica de la cirugía con William Cheselden, un famoso cirujano muy respetado en la comunidad médica londinense de la época. En 1754, Hunter obtuvo el título de cirujano y pronto empezó a trabajar en el Hospital de Saint George. A medida que su reputación crecía, también lo hacían las oportunidades que le surgían. Recibió un nombramiento como cirujano del ejército entre 1760 y 1763. Durante este tiempo, colaboró con el dentista James Spence en trasplantes dentales y otros procedimientos experimentales. Hunter creía que un diente recién extraído podía ser insertado con éxito en otro paciente siempre que el procedimiento se hiciera con la suficiente rapidez. Con anuncios en la prensa y folletos, atrajo a multitudes de 'donantes de dientes' pobres a quienes les extraían los dientes sanos a cambio de unos pocos peniques para que pudieran ser reutilizados inmediatamente y colocados en las mandíbulas de sus conciudadanos más ricos.

La reputación científica de Hunter hizo que sus «trasplantes de dientes» fueran imitados no solo en Europa sino también en Estados Unidos. No fue hasta finales del siglo XVIII que se abandonó este método, que además iba asociado con un alto riesgo del contagio de infecciones (especialmente sífilis) para los receptores de los trasplantes dentales. En los pocos casos «exitosos» lo que sucedería sería probablemente una anquilosis del hueso mandibular alrededor del diente muerto, muy parecido a lo que sucede en la actualidad con un implante metálico. El problema es que el desconocimiento de los agentes infecciosos y sus vías de transmisión hacía que las posibilidades de un que objeto sin esterilizar y de forma imperfecta encontrase un acomodo adecuado en la mandíbula eran increíblemente bajas.

Otro problema sobrevenido fue que conseguir buenos dientes para trasplantes era una actividad lucrativa y, por eso, se convirtió en una actividad irregular y también criminal. Bandas de ladrones llamados «rompedientes», pululaban por las calles de Francia e Inglaterra a lo largo del siglo XVIII. Estos delincuentes observaban las bocas de la gente en las tabernas mientras hablaban y luego, armados con un fórceps y con un arma, les atracaban y arrancaban los dientes para venderlos después a dentistas deshonestos y sacamuelas.

Raseality

Ilustración incluida en *The Life of John Hunter*, escrita por Jessé Foot y publicada en Londres por T. Becket en 1794. Esta obra biográfica, ampliada con manuscritos y grabados adicionales en la copia personal de Foot, documenta la vida y los logros de John Hunter (1728-1793), pionero de la cirugía moderna. Hunter, conocido por su enfoque científico y su extensa colección anatómica, transformó la práctica médica del siglo XVIII [Wellcome Collection].

A su regreso a Londres, John Hunter continuó dando clases y conferencias, además de trabajar en su consulta privada hasta su muerte. Se hizo amigo de James Spence, el dentista más famoso y más excéntrico de su tiempo, y también de William Rae, quien dio una serie de charlas sobre los dientes en casa de Hunter. En 1767, su fama y reputación le valieron una invitación para ser miembro de la Royal Society y en 1776 fue nombrado cirujano extraordinario del rey Jorge III. Durante todo este tiempo, Hunter siguió dando conferencias, realizó numerosos experimentos y publicó tratados médicos y en todo ese proceso, elevó la cirugía al nivel de profesión científica respetable.

Además de su consulta privada y sus tareas docentes, Hunter reunió una extensa colección de especímenes anatómicos humanos, animales y vegetales, que estudió con un interés constante. A lo largo de su vida publicó varios volúmenes sobre una amplia gama de afecciones médicas, como las heridas de guerra y las enfermedades venéreas. Sin embargo, fue en el campo de la odontología donde Hunter se hizo un hueco entre la élite quirúrgica londinense. Tras trabajar con cadáveres que le proporcionaban los «resurreccionistas», gente que obtenía cuerpos a escondidas, normalmente mediante el robo de tumbas, hizo un estudio detallado de la boca y las mandíbulas que culminaron en la publicación en 1771 de su trabajo *The Natural History of the Human Teeth Explaining Their Structure, Use, Formation, Growth and Diseases*. En esta obra escribe lo siguiente:

> La importancia de los dientes es tal que merecen nuestra mayor atención, tanto en lo que se refiere a su conservación cuando están sanos, como a los métodos para curarlos cuando están enfermos. Requieren esta atención, no solo para la conservación de sí mismos como instrumentos útiles al cuerpo, sino también por otras partes con las que están conectados; porque las enfermedades de los dientes son propensas a producir enfermedades en las partes vecinas, a menudo de consecuencias muy graves. A primera vista podría pensarse que las enfermedades de los dientes deben ser muy simples y como las que tienen lugar en las demás partes óseas de nuestro cuerpo, pero la experiencia demuestra lo contrario. Los dientes, siendo singulares en su estructura, tienen enfermedades peculiares propias. Estas enfermedades, consideradas en abstracto, son, en efecto, muy simples, pero por las relaciones que los dientes tienen con el cuerpo en general y con las partes con las que están inmediatamente conectados son extremadamente complicadas.

PLATE VII

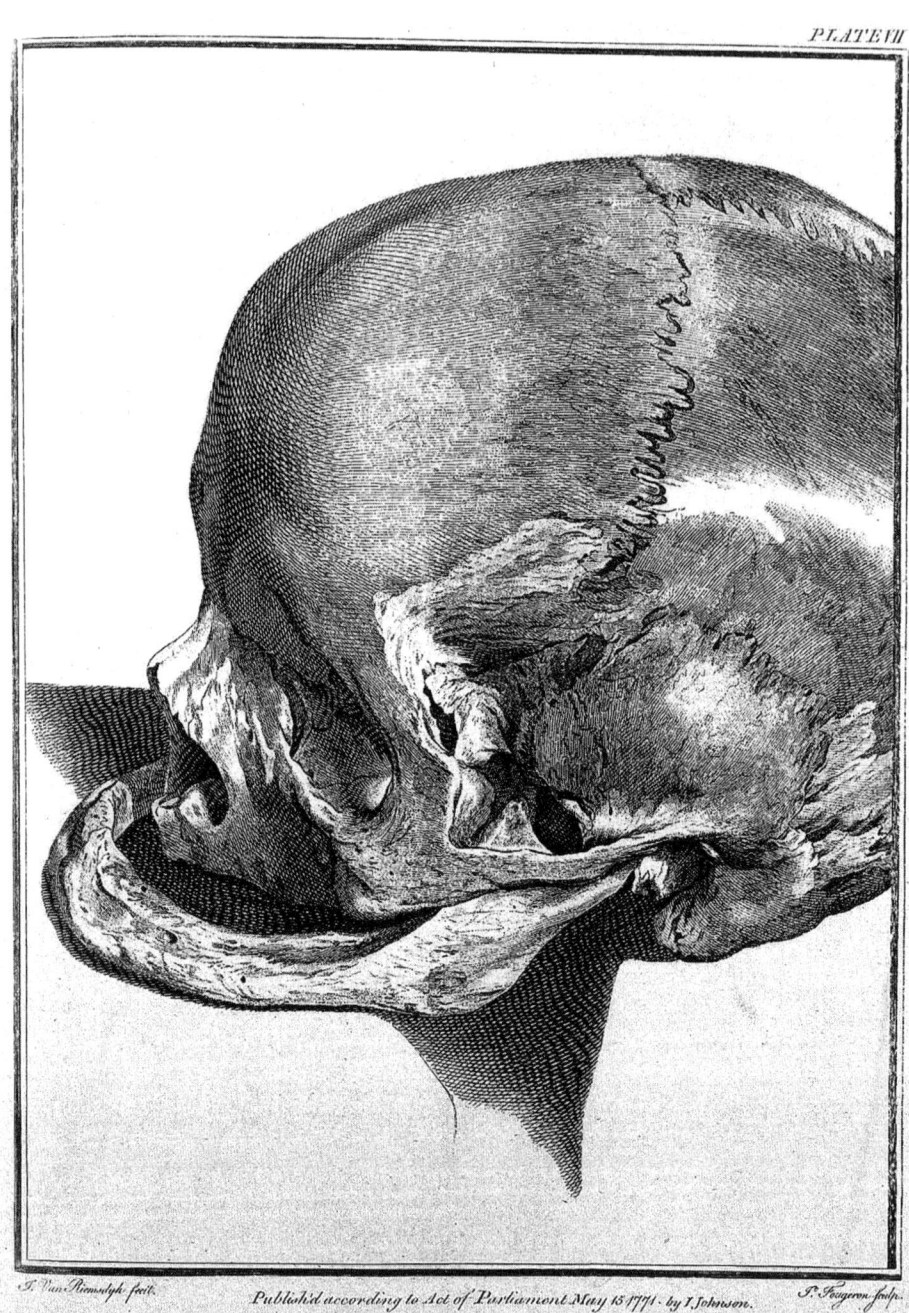

T. Van Rienesdyk fecit.   Publish'd according to Act of Parliament May 15 1771 by I. Johnson.   J. Fougeron sculp.

Ilustración de The Natural History of the Human Teeth (1771), obra pionera escrita por John Hunter (1728-1793). Este tratado, uno de los primeros estudios científicos sobre la anatomía, formación y enfermedades de los dientes humanos, incluye detalladas representaciones anatómicas que marcaron un hito en la odontología. Hunter, conocido por su enfoque metódico y observaciones precisas, estableció las bases para la comprensión moderna de la estructura y función dental. La obra es una referencia fundamental en la historia de la medicina y la odontología [Wellcome Collection].

El libro tuvo un rápido éxito comercial y se convirtió en el texto de referencia para el tratamiento dental de la época. En los años siguientes se tradujo al alemán, holandés, italiano y latín. Esta obra detalla la forma y estructura de la dentadura, los maxilares y los músculos relacionados, cómo se desarrollan los dientes, su aspecto habitual cuando están sanos, así como sus presentaciones cuando están enfermos y otra información variada que Hunter consideraba importante y necesaria para una comprensión adecuada de la anatomía oral y los tratamientos disponibles en la época. A lo largo de toda la obra, el autor hace gala de una gran atención al detalle y de un impresionante conocimiento de la anatomía, sin duda extraído de sus miles de disecciones y experimentos, todo ello con vistas a encontrar nuevas y mejores formas de tratar a los pacientes utilizando un enfoque empírico razonado. Por ejemplo, Hunter propuso usar trasplantes dentales y aparatos de ortodoncia para tratar las maloclusiones. Hunter también realizó investigaciones en el campo de la ortodoncia y sugirió retirar la pulpa dental antes de rellenar los dientes cariados. También se ocupó del tratamiento de anomalías en la posición de los dientes. Quizá su aportación más longeva es que fue el primero en proponer un sistema de clasificación para describir los dientes, separándolos en incisivos, caninos, premolares y molares, el sistema que se sigue utilizando hoy en día por los dentistas de todo el mundo. Hunter les llamó incisivos, cúspides (caninos), bicúspides (premolares) y molares. Las muelas tienen cuatro o cinco cúspides en su superficie oclusal.

En 1778 publicó su segundo libro odontológico al que tituló *A Practical Treatise on the Diseases of the Teeth*, pero tuvo menos impacto, al parecer porque no estaba basado en su propia experiencia y muchos de los procedimientos se trataban superficialmente ya fuera porque no los había hecho nunca o porque ni siquiera lo había visto realizar a otros. Por ejemplo, recomendaba tratar una muela con un absceso, extrayéndola, hirviéndola y colocándola inmediatamente de vuelta en su alveolo, ya que, razonaba, al estar «muerta» quedaba libre de enfermedad. En esta obra también fue un gran valedor del trasplante de dientes y para ello diseñó un experimento en el que colocaba un diente humano en la cresta de un gallo, algo que remataba cosiendo un testículo del gallo en el vientre de una gallina. Con ese sorprendente experimento que supuestamente confirmaba las posibilidades de un trasplante, Hunter escribió a sus lectores «*No hace falta apenas mencionar que el nuevo diente debe estar en buenas condiciones y ser extraído de una boca con la apariencia de una persona sana y no creo posible trasplantar una infección de nin-*

gún tipo por los jugos circulantes». También comentaba que era un procedimiento difícil *«Debo recalcar aquí que este experimento no suele ser exitoso. Lo he conseguido solamente una vez tras un gran número de intentos».* Con lo que sabemos ahora, lo sorprendente es pensar que alguna vez pudo funcionar.

John Hunter murió en 1793 a la edad de 65 años de un ataque al corazón. Tras su muerte, sus trabajos fueron apareciendo, pero no de la manera esperada. Su cuñado y antiguo estudiante, el cirujano Everard Home, empezó a publicar artículos científicos espectaculares a un ritmo asombroso. Este ejemplo de productividad científica y el impacto entre la comunidad de investigadores hizo que Home fuese nombrado vicepresidente de la Royal Society, también se convirtió en cirujano del rey Jorge III, fue nombrado caballero y elegido presidente del Real Colegio de Cirujanos. Durante años, la junta directiva de un museo dedicado a Hunter intentó conseguir de Home los cuadernos, borradores y trabajos de Hunter, pero en 1823, en vez de entregarlos, Everard Home los quemó. Sí que sobrevivieron sus especímenes conservados, incluida la cabeza del gallo con su diente en la cresta y que se encuentra actualmente en el Hunterian Museum de Londres. Aunque hoy en día se le recuerda sobre todo como el «padre de la cirugía moderna», la contribución de John Hunter a la odontología fue probablemente la parte más perdurable de su legado.

Preparación anatómica realizada por John Hunter (1728-1793) en el siglo XVIII, mostrando un diente humano trasplantado en la cresta de un gallo. Este experimento, descrito en su obra *Treatise on the Natural History and Diseases of the Human Teeth* (1778), buscaba demostrar la posibilidad de regenerar tejidos vasculares en un diente trasplantado. Aunque Hunter reconoció que el experimento fue exitoso solo una vez entre numerosos intentos, el estudio refleja su enfoque pionero y experimental en la cirugía y anatomía [Hunterian Museum. Royal College of Surgeons of England].

Claudius Ash (1792-1854)

Ash fue un orfebre y fabricante dental inglés. Nació en Bethnal Green, Londres, el 2 de marzo de 1792. Cuatro de sus ocho hijos, junto con otros miembros de la familia se dedicaron a la manufactura dental o ejercieron como cirujanos dentistas y construyeron un auténtico imperio comercial en torno a la odontología. Claudius Ash siguió a su padre en la profesión de platero y orfebre en la empresa Ash & Sons, 64 St James's Street, Westminster. Hacia 1820 le pidieron que aplicara su destreza artesanal a la fabricación de una dentadura postiza. Hasta ese momento, la mayoría de las dentaduras postizas se fabricaban con marfil de hipopótamo o morsa, que era propenso a decolorarse, o con dientes humanos extraídos de cadáveres, incluidas víctimas de campos de batalla (los «dientes de Waterloo»). Los dientes de Ash, hechos de porcelana montada sobre placas de oro, con resortes y rótulas de oro, se consideraron superiores tanto estética como funcionalmente y sentaron las bases de su empresa como principal fabricante británico de dientes artificiales, prótesis y aparatos dentales. El negocio se expandió rápidamente y a mediados del siglo xix las prótesis y aparatos dentales Claudius Ash dominaban el mercado europeo. Claudius Ash & Sons se convirtió en una empresa internacional y en 1924 se fusionó con De Trey & Company para formar la Amalgamated Dental Company; actualmente es una división de Plandent Limited.

Nicolás Dubois de Chémant (1753-1824)

En la década de 1770, un boticario de Saint-Germain en Laye, Alexis Duchâteau (1714-1792), se hizo fabricar una prótesis con marfil de hipopótamo, tras el deterioro de sus propios dientes. Sin embargo, era un material bastante poroso y pronto le molestó el hedor de la prótesis y se planteó fabricar dientes de otro material, la porcelana. En 1774, Duchâteau contactó con la fábrica de porcelana de Sèvres y se reunió con el dentista Nicolas Dubois de Chémant, que vivía en esa misma localidad, para pedirle consejo y ambos vieron que compartían una misma visión y decidieron producir y vender unas prótesis que llamaron incorruptibles. La colaboración de Alexis Duchâteau y Dubois de Chemant duró poco, pues no conseguían vender sus prótesis y Duchâteau abandonó el negocio. Quizá algo tuvo que ver el precio, un juego de dientes costaba mil libras, el triple del salario anual de un obrero y además eran poco confortables y apenas funcionales.

Grabado de Thomas Rowlandson, publicado el 26 de febrero de 1811, que representa a Dubois de Chémant, dentista francés, demostrando su innovadora técnica de dientes artificiales a un cliente potencial. En el fondo se lee un aviso que resalta su habilidad para fijar dientes sin dolor, colocar paladares artificiales y ojos de vidrio. Dubois de Chémant, pionero en la fabricación de dientes minerales, revolucionó la odontología de la época. La escena satiriza las prácticas de los dentistas y refleja la curiosidad del público por las nuevas técnicas médicas del siglo XIX [Wellcome Collection].

Dubois de Chémant persistió en la idea de los dientes de porcelana y se convirtió en uno de los pioneros de la prostodoncia mediante la fabricación de dientes artificiales duraderos y estéticos. Obtuvo el título de maestro cirujano en 1788 y ese mismo año publicó su *Dissertation sur les avantages des nouvelles dents et rateliers artificiels, incorruptibles et sans odeur* (Disertación sobre las ventajas de los dientes y dentaduras artificiales incorruptibles y sin olor).

En 1790, estableció una nueva colaboración con la Real Fábrica de Porcelana de Sèvres. El 6 de septiembre de 1791, obtuvo una patente de 15 años para la fabricación de dientes y dentaduras de pasta cruda. Durante el periodo revolucionario, Dubois de Chémant se exilió en Londres a principios de 1792 y se instaló en el Soho. Obtuvo una patente para sus dientes de «pasta mineral» en Inglaterra: y a principios del siglo XIX, colaboró con otra de las grandes del sector de la porcelana, la empresa inglesa Wedgwood, para la fabricación de dientes artificiales.

Giuseppangelo Lucinto Fonzi (1768-1840)

Fonzi fue un cirujano dentista y protésico dental siciliano conocido por la mejora de las prótesis dentales. Comenzó a estudiar Derecho, pero interrumpió sus estudios y se enroló en un buque de guerra español llamado La Bettina, donde aprendió español, astronomía y navegación. Cansado de la vida marítima, se marchó a España y trabajó en diversos oficios para sobrevivir. Allí observó la habilidad de algunos sacamuelas y dentistas, aprendió el oficio, que le pareció un buen negocio, y comenzó a practicarlo con habilidad y fortuna. Se convirtió en dentista itinerante y atendía a sus clientes al aire libre. Decidió ir a Francia para perfeccionar y profundizar sus conocimientos de odontología y en 1795 estableció una clínica dental en París donde atendió a personajes ilustres como Eugène de Beauharnais, hijo de Joséphine de Beauharnais, la primera esposa de Napoleón.

En París se interesó por los dientes imputrescibles de Dubois de Chémant, aprendió química y comenzó a fabricar él mismo lo que denominó dientes «terrometálicos». Desarrolló distintos sistemas para la fijación de dientes de cerámica sobre bases metálicas, al tiempo que veía las buenas posibilidades de nuevos materiales como el platino. También inventó ganchos flexibles para la retención de las prótesis.

Fonzi sustituyó las prótesis cerámicas de una sola pieza de sus predecesores por prótesis en las que los dientes se cuecen uno a uno, se les coloca un gancho de platino a cada uno de ellos, luego se insertan sobre una base y se sujetan con este gancho. La composición variable de su innovadora pasta cerámica le permitió crear prótesis con 28 tonos diferentes, obtenidos mediante la mezcla de distintos óxidos metálicos.

Para fabricar las bases, Fonzi tomaba una primera impresión en cera de la boca a partir de la cual realizaba un modelo en escayola de la mandíbula. Tras tomar una impresión en arcilla de este modelo, Fonzi lo fundía en bronce. Sobre esta réplica de bronce aplicaba una placa de platino que daba la forma exacta de la arcada. La fijación a otras piezas mediante ganchos elásticos esmaltados dio finalmente a las prótesis un alto grado de estabilidad y un resultado estético notable. Finalmente, para mejorar la comodidad y evitar el dolor de encías, Fonzi utilizó una mezcla de caucho extendida sobre la base de la prótesis, que permitía una interfaz más suave con el tejido subyacente.

En 1807, Fonzi presentó con éxito ante la Academia Francesa de Ciencias sus sistemas para la mejora y adaptación protésica de dientes porcelánicos, así como las técnicas empleadas para la fabricación de placas dentales metálicas. Esta presentación supuso un avance significativo en la protésica dental y Fonzi logró un gran éxito que exasperó a algunos dentistas parisinos, entre ellos Dubois Foucou, dentista personal de Napoleón, que le desafió en 1808. Fonzi respondió con una carta pública bien documentada e incluso se ofreció a proporcionar a todos sus colegas, incluido Foucou, los dientes de porcelana que necesitaran. Así pues, en 1808 se produjo la primera oferta de un protésico dental para vender dientes de cerámica a los dentistas y se inició la producción industrial de prótesis dentales.

En la época de la Restauración, debido a su pasado pronapoleónico, Fonzi fue objeto de vigilancia policial y acusado de conspiración, por lo que decidió poner tierra de por medio y aprovechar que sus servicios profesionales eran solicitados por varios monarcas europeos. En 1815 fue nombrado dentista del rey bávaro Maximiliano i y recibió una importante recompensa económica. En 1816 trabajó en Londres y, el 4 de septiembre de 1818, recibió 80 000 reales de vellón por los servicios prestados al monarca español Fernando vii, una pequeña fortuna. En 1823 fue nombrado cirujano dentista de la Corte Imperial Rusa. El 20 de junio de 1825, su presencia en Madrid fue requerida de nuevo por Fernando vii y trabajó como dentista de cámara del rey hasta 1835. Entre medias, en 1827, tras otro breve periodo en París, se trasladó a Nápoles con la esperanza de montar una fábrica de dientes artificiales similar a la que había fundado en París, pero las autoridades borbónicas le negaron la licencia debido a su pasado republicano y decidió regresar a la capital francesa. Sin embargo, su fortuna empresarial empezaba a declinar y en 1835 vendió su fábrica a un sobrino. Vivió un tiempo en Madrid y, enfermo, se instaló en Málaga. Una vez recuperado, se trasladó a Barcelona, donde, sorprendido por otro ataque, falleció el 31 de agosto de 1840.

Representación de la histórica cabalgata nocturna de Paul Revere, del 18 de abril de 1775, durante la Revolución Americana. Revere, junto con William Dawes y Samuel Prescott, alertó a sus compatriotas sobre el avance de las tropas británicas hacia Lexington y Concord, gracias a un sistema de señales con linternas desde la Old North Church en Boston. Este acto permitió preparar a los *minutemen* y contribuyó al éxito en las batallas subsiguientes. Popularizado por el poema de Henry Wadsworth Longfellow de 1861, esta hazaña histórica ha quedado grabada como un símbolo de resistencia y valentía en la historia estadounidense. ▸

Paul Revere (1735-1818)

Revere es muy conocido en EE. UU., pero no tanto como dentista sino por su cabalgata nocturna en la que avisó a la milicia colonial en abril de 1775 de la inminente llegada de las fuerzas británicas que pretendían destruir los almacenes de municiones que los rebeldes estadounidenses tenían en Concord. Este hecho se dramatiza en el poema de Henry Wadsworth Longfellow de 1861, «*Paul Revere's Ride*».

Aunque su oficio principal era el de platero, para ayudar a llegar a fin de mes hacía algunos trabajos dentales, un oficio que le enseñó un cirujano que se alojaba en casa de un amigo. Uno de sus clientes fue Joseph Warren, médico, formado en Harvard y líder de la oposición a los ingleses, con quien Revere entabló una estrecha amistad. El 17 de junio de 1775, Warren, recién nombrado general de división, encontró la muerte en Bunker Hill durante el tercer asalto frontal británico al reducto. «*Joseph Warren estaba muerto a la edad de treinta y cuatro años, con un disparo en la cara y el cuerpo horriblemente mutilado por las bayonetas británicas*». Fue enterrado en una tumba poco profunda por el capitán británico Walter Sloane Laurie, quien declaró que «*metió al canalla con otro rebelde en un agujero*». Cuando los británicos abandonaron Boston nueve meses después, dos de los hermanos de Warren, junto con Paul Revere, encontraron la tumba sin nombre y exhumaron el cuerpo de Warren, que estaba irreconocible. Sin embargo, Revere pudo identificar los restos por el alambre que él mismo había utilizado para sujetar la dentadura postiza de Warren. Es otro de los primeros casos conocidos de identificación forense por un examen dental *post mortem*.

EL NIÑO DE SILESIA Y SU DIENTE DE ORO

En 1593, en la remota aldea de Weigelsdorf, en Silesia, en lo que hoy es el suroeste de Polonia, un niño de siete años llamado Christoph Muller asombró a los espectadores con su sonrisa. Cuando abrió la boca, todos pudieron ver que tenía un diente de oro. La noticia no tardó en llegar a oídos del Dr. Jakob Horst, catedrático de medicina de la Universidad Julius de Helmstadt. Inmediatamente, el intrépido Dr. Horst cabalgó hasta Silesia para investigar el fenómeno por sí mismo.

Tras conseguir que Christoph abriera la boca, el Dr. Horst hurgó el diente con una piedra de toque, un trozo de jaspe que se utilizaba en la época para determinar la aleación del oro, y comprobó que el diente era realmente de oro, aunque no de la mejor ley. Convencido de que tenía una gran primicia científica entre manos, el médico escribió un tratado de 145 páginas sobre el tema, titulado *De aureo dente maxillari pueri Silesii*, o, traducido al español, *Del diente de oro del niño de Silesia* con un subtítulo que decía La primera cuestión a saber si su creación fue natural, la segunda, si se puede realizar una interpretación correcta.

Retrato de Jacob Horst (1537-1600), médico alemán y académico destacado del Renacimiento. Se formó en las universidades de Wittenberg y Frankfurt/Oder, donde obtuvo su doctorado en medicina en 1562. Ejerció como médico en diversas ciudades del Sacro Imperio y alcanzó reconocimiento por sus escritos médicos y observaciones únicas, como su tratado sobre el «diente de oro» (*De aureo dente*), que exploraba fenómenos extraordinarios en el contexto de las creencias de su época [Wikimedia].

Como podemos imaginar, 145 páginas es mucho escribir sobre un diente, aunque sea de oro. El Dr. Horst especulaba sobre cómo habría llegado el diente a la boca del pequeño y qué significaba todo aquello. Comprobó que el niño había nacido el 22 de diciembre de 1585, un día en que se había producido una inusual alineación de los planetas con Saturno en la casa de Capricornio y especuló con la posibilidad de que este suceso astrológico hubiera provocado un aumento de la temperatura del Sol suficiente para que el hueso de la mandíbula de Christoph se convirtiera en oro en vez de en diente. Horst no pareció detenerse a considerar por qué otros niños nacidos el mismo día no presentaban el mismo fenómeno, pero al parecer dio muchas conferencias explicando sus teorías sobre el diente de oro del niño de Silesia.

El padre de Christoph era un carpintero pobre y los pagos que exigía a cualquiera que quisiera examinar el diente ayudaban a mejorar su maltrecha economía. A la gente se le permitía mirar, pero si alguno intentaba examinar en más detalle el diente, el niño entraba en un berrinche formidable que hacía imposible la observación de la pieza. En cuanto a lo que significaba todo aquello, Horst argumentó que el diente era presagio de una nueva edad de oro para el Sacro Imperio Romano Germánico. Sin embargo, como el diente estaba en el lado izquierdo de la boca del niño, y ya que se consideraba que la izquierda o «siniestra» representaba la desgracia y el mal, habría una serie de calamidades antes del amanecer de esa nueva era.

No todos estaban tan convencidos como Horst de que el diente de oro de Christoph fuera un acontecimiento milagroso. En concreto, un escocés, pragmático y realista donde los haya, Duncan Liddell, médico afincado en Helmstadt, sostenía en otro tratado, *Tractatus de dente aureo pueri Silesiani*, el Tratado del diente de oro del niño de Silesia, que la única explicación era que el diente hubiera sido fabricado por el hombre.

El paso del tiempo demostró que Horst había sido engañado. El uso natural del diente por parte del niño, unido a los experimentos periódicos con piedras de toque para examinar la constitución de la muela, hicieron que el oro se desgastara. De hecho, vieron que el diente no era de oro macizo, sino que un diente natural estaba recubierto de una fina capa del metal precioso. Christoph se mostró reacio a permitir que se siguiera examinando su muela, decisión que enfureció lo suficiente a un noble borracho que le puso una daga en la cara para obligarle a abrir la boca. Tras mirar cuidadosamente observó que el verdadero diente asomaba en la zona desgastada de la corona. Todo era un fraude.

Al parecer, el hombre que había realizado la operación huyó del pueblo y su nombre se perdió en la noche de los tiempos. El pobre Christoph, sin embargo, fue encarcelado por su participación en el engaño. Por otro lado, se cree que este timo es el primer caso documentado de colocación de lo que hoy llamamos una corona de oro en un diente. Pero eso sí, en un diente sano.

Ochenta años más tarde, en 1673, otro niño, esta vez de tres años y polaco, también indicó que tenía un diente de oro. Sin embargo, un estudio más cuidadoso demostró que era más amarillo que dorado y que lo que tenía es un depósito desmedido de sarro y el obispo de la localidad ordenó que se lo quitaran. Poco a poco la era de la superstición e ignorancia fue dando paso a una nueva basada en la razón y en la ciencia, el siguiente siglo sería la época de la Ilustración.

Portada del libro de Robert Jütte, *Ein Wunder wie der goldene Zahn: Eine unerhörte Begebenheit aus dem Jahre 1593 macht Geschichte(n)*, publicado en 2004. Este libro examina el caso histórico del diente de oro de 1593, un fenómeno que fascinó a la sociedad de su época, generando debates médicos, religiosos y filosóficos [Jan Thorbecke Verlag].

LA REVOLUCIÓN DE LA SONRISA

A punto de entrar en la era de la Ilustración, los tratamientos odontológicos eran limitados y afectaban a un pequeño porcentaje de la población, era claramente un servicio para privilegiados. En 1991, unas obras en las cercanías de la Christ Church, a las afueras de Londres, obligaron a extraer los restos de una cripta situada bajo la nave de la iglesia. Era una oportunidad poco frecuente para examinar los restos de las personas allí enterradas antes de devolverlos a su descanso eterno. De los 968 cuerpos enterrados entre 1729 y 1852, solo 12 mostraban alguna evidencia de trabajos dentales y solo 9 de ellos presentaban dentaduras postizas. Aunque existe la posibilidad de que algunas de esas prótesis se retiraran antes del entierro, es más probable que su ausencia tenga que ver con que las prótesis eran caras y pocas personas se las podían permitir.

La sonrisa parece la más natural de las expresiones emocionales. Sonreímos con facilidad y a menudo sin pensar; los bebés sonríen y existen sonrisas en todas las culturas como una forma de expresar bienestar, confianza y felicidad. En su libro *La revolución de la sonrisa en el París del siglo XVIII*, Colin Jones describe cómo entre 1700 y 1780 occidente cambió de opinión en relación con la sonrisa y la expresión facial. A comienzos del siglo XVIII, las sonrisas que revelaban dientes estaban mal vistas, especialmente entre las clases dirigentes. En la corte de Luis XIV (1638-1715) las sonrisas con los labios apretados eran un símbolo de contención, de control físico, de saber estar. Era también una decisión prudente: ningún cortesano quería ser visto, y mucho menos retratado, con la boca abierta. Los retratos del Rey Sol le mostraban en toda su majestad, pero las mejillas hundidas delataban una dura verdad: no le quedaba ni un solo diente. Las dentaduras con dientes estropeados, ennegrecidos o perdidos eran muy frecuentes, especialmente debido al estilo de vida decadente, la poca higiene y la dieta rica en azúcar. Abrir la boca habría sido algo inapropiado y, para bastantes personas, repulsivo. Sonreír también se consideraba un signo de credulidad, descuido, mala educación o incluso locura. Las normas de conducta que se remontaban a la Antigüedad desaprobaban la apertura de la boca para expresar sentimientos en la mayoría de las situaciones sociales. La sonrisa abierta y desenfrenada se asociaba a las clases inferiores y poco educadas, y en libros como *Reglas de cortesía y urbanidad cristiana* (1703), de San Juan Bautista de La Salle, se desaconsejaban las manifestaciones emocionales indecorosas, como la sonrisa y la risa. *«Dios no habría dotado a los humanos de labios* —se argumentaba— *si hubiera querido que los dientes estuvieran a la vista»*. En el arte europeo los retratados con la boca abierta eran «plebeyos o dementes», como el Niño de Vallecas de Diego Velázquez (1635-1645) o el Niño cojo (1637) de José de Ribera. Sólo los niños y quienes no controlaban sus emociones sonreían abiertamente.

En el siglo XVIII, las obras literarias y escénicas de Samuel Richardson (1689-1761) y Jean-Jacques Rousseau (1712-1778) provocaron un cambio de moda. Estas novelas incluían personajes que sonreían de manera «encantadora» o «dulcemente», lo que trasformó el gesto de algo grotesco en algo romántico. Los dentistas se convirtieron en facilitadores de esos cambios, pero sus servicios eran algo restringido a la élite social, cultural y económica que podía permitirse los tratamientos dentales. La sonrisa se descubre también como un arma de seducción. En el *Almanaque del Pobre Richard*, Benjamín Franklin escribe de una dama: «*Se ríe de todo lo que dices. ¿Por qué? Porque tiene dientes bonitos»*.

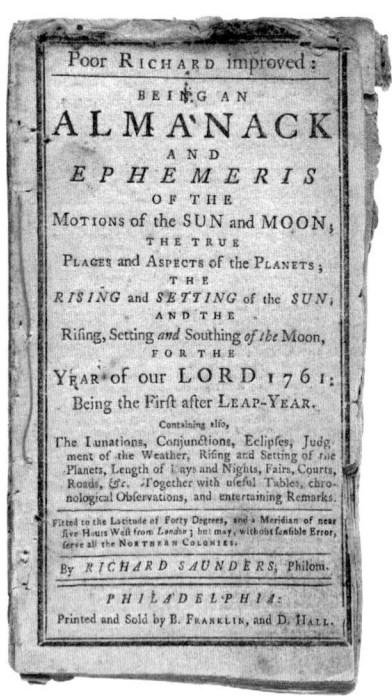

Poor Richard Improved: Being an Almanack and Ephemeris of the Motions of the Sun and Moon ... for the Year of Our Lord 1761, publicado en 1760 por Benjamin Franklin y David Hall en Filadelfia. Este almanaque incluye grabados en madera que ilustran un eclipse solar y las efemérides mensuales, además de un ensayo de cuatro páginas sobre la inoculación contra la viruela, un tema de gran controversia en la época. Formato de bolsillo, diseñado para ser práctico y «portátil», parte de una serie iniciada en 1732 bajo el pseudónimo de Richard Saunders [Sotheby's].

Los dientes y los dentistas se volvieron «chic», lo que se debió en gran parte a la influencia de Fauchard. De los métodos brutales de extracción se pasó a una nueva política de preservación de los dientes y prevención de los problemas dentales y se fueron fabricando, cada vez con mayor calidad, costosas prótesis con dientes de porcelana como las que hacían Dubois de Chémant o Fonzi que permitían recuperar la sonrisa y una boca funcional. Basta comparar este nuevo enfoque con lo que hacía Jean Thomas, Le Grand Thomas, un extraordinario sacamuelas y una imagen familiar para el paseante parisino. Thomas extraía dientes desde un carro cubierto situado en el Pont-Neuf, acompañado por músicos y actores y con la formidable presencia del propio Thomas (lo de «Grand» era un apodo descriptivo), un lujoso carruaje con un diente gigantesco colgado, que decía que era la asombrosa muela de Gargantúa y el desconcertante lema de su bandera: «*el diente, y si no, la mandíbula*». Un escritor de la época contaba así su puesta en escena:

El soberbio caballo que tuvo el honor de llevar al incomparable Thomas iba adornado con una prodigiosa cantidad de dientes ensartados uno tras otro. Un ayuda de cámara se encargó de conducir las bridas por temor a que la alegría y las exclamaciones de la gente le hicieran perder la seriedad que corresponde a una ceremonia como esta. Su bonete de plata maciza tenía en la cúspide un globo rematado por un gallo. La parte inferior de su tocado acababa con un escudo de armas en cuyo centro podían verse las armas de Francia y Navarra, y en el lado izquierdo, un sol y estas palabras: nec pluribus impar. Su capa escarlata, de factura turca, estaba adornada con dientes, mandíbulas y piedras del Templo. Además, tenía una coraza de plata que representaba el sol, pero tan luminosa que solo podía verse de perfil. Su sable tenía dos metros de largo. Su séquito estaba compuesto por un tambor, un trompetero y un portaestandarte que se movía delante de él, a los que se sumaban un fabricante de infusiones y un panadero.

Las leyendas sobre este personaje dan para un libro. Decían que pesaba como tres hombres, que comía como cuatro y que si un diente se resistía, apretaba su pelícano en torno él, levantaba al cliente en el aire y dejaba que el propio peso del desventurado realizara la extracción. Era objeto de admiración y burlas y aparecía en poemas, caricaturas y pasquines, pero el llamado *perle des charlatans*, no era un fanfarrón ignorante como parecía. Bajo su vestimenta teatral, Thomas era un maestro cirujano del Colegio de San Cosme, uno de los gremios de cirujanos más eminente en la Europa del momento. Era un hábil hombre de negocios y murió rico y famoso, pero para un grupo nuevo y visionario, los dentistas, encarnaba todo lo que ellos querían eliminar: histrionismo, brutalidad, charlatanería y exhibicionismo.

Hasta entonces los sacamuelas ocupaban los escalones más bajos de la escalera de la cirugía. En las afueras de las ciudades muchos eran herreros que usaban ocasionalmente sus tenazas para extraer dientes a algún paisano dolorido. Fauchard y sus colegas, los *chirurgien-dentistes*, iniciaron una nueva forma de trabajar: empatizaban con los clientes en lugar de convertirlos en un espectáculo risible, la odontología se trasladó de la calle al interior de una consulta privada, y los profesionales demostraron sensibilidad y empatía hacia el miedo de los pacientes, mantenían los instrumentos lo más lejos posible de su vista y abrieron la puerta a las políticas y las herramientas de cuidado bucal: se popularizaron los mondadientes, los raspadores de lengua, los cepillos de dientes, las gárgaras y los pintalabios (para realzar la blancura de los dientes). El interior de la boca dejó de ser un sucio secreto para convertirse en un reclamo para el atractivo y el consumo. Esto permitió la aparición de la sonrisa moderna por excelencia: la sonrisa de boca abierta que, a la vez que resalta la

Autorretrato de Marie Louise Elisabeth Vigée Le Brun, 1790 [colección de los Uffizi, Florencia].

belleza física y expresa la identidad individual y una promesa de bienestar, deja ver unos dientes blancos. Se trata de una transformación vinculada a la evolución de las normas de cortesía, a nuevos ideales de sensibilidad y libertad, a cambios en los estilos de presentación de uno mismo y, no menos importante, a la aparición de la odontología como una ciencia digna de tal nombre.

Estos cambios marcaron el comienzo de un cambio llamativo, la revolución de la sonrisa. El arte fue rompedor una vez más. A finales del XVIII, los visitantes de una exposición en el Louvre pudieron ver un autorretrato de la apreciada artista Marie Louise Elisabeth Vigée Le Brun (1755-1844). El problema era su boca. Sonreía, no con la enigmática sonrisa de la Mona Lisa, sino con una boca abierta que dejaba al descubierto sus dientes. *«¿Vigée Le Brun estaba loca, era una puta o una revolucionaria salvaje?»* Lo único que los visitantes podían hacer era fingir que no se habían dado cuenta. En las comedias y novelas los adjetivos para la sonrisa fueron cambiando. Al principio se describían con epítetos negativos como de desdén, amarga, burlona, soberbia, sardónica, irónica... pero empezaron a aparecer otros adjetivos más positivos como dulce, amistosa, virtuosa, cariñosa... Una nueva valoración de la emotividad y el trabajo de los dentistas hizo que en los salones de París la sonrisa se convirtiera en un símbolo de simpatía, sensibilidad e inteligencia.

Como en tantas otras cosas, la Revolución Francesa (1789-1799) cambió las cosas, la «sonrisa parisina» se generalizó cada vez más, pero pronto fue reprimida por el Terror revolucionario y pasó a ser una sonrisa de resignación, incluso de desesperación en las víctimas de la guillotina. En esa época oscura, sonreír ya no era una expresión de franqueza, sino un signo que despertaba sospechas. Si al principio los revolucionarios franceses mostraban una sonrisa de esperanza, el Terror no tardó en borrarla. La gente perdió la sonrisa y con ello los dentistas fueron empujados a los márgenes de la sociedad y perdieron su reputación. No fue hasta el siglo XX cuando la sonrisa amplia de dientes blancos resurgió como modelo aceptado de presentación personal y social de un país pujante, la marca de los Estados Unidos. De nuevo la «sonrisa Profiden», la «sonrisa Pan-Am», volvió a ser el ejemplo y el objetivo en la sociedad, algo que difundió la omnipresencia de la cultura norteamericana a nivel mundial. Aun así, para muchos europeos del siglo XX, un desconocido que te sonríe por la calle solo podía significar tres cosas: estás ante un loco, un borracho o un norteamericano. Aun así, la sonrisa amplia y franca se convirtió en la referencia de todos los profesionales de éxito y, en particular, de los odontólogos.

A

TREATISE

ON THE

SCURVY.

IN THREE PARTS.

CONTAINING

An Inquiry into the Nature, Causes,
and Cure, of that Disease.

Together with

A Critical and Chronological View of what
has been published on the Subject.

By *JAMES LIND*, M. D.

Fellow of the Royal College of Physicians in *Edinburgh*.

The SECOND EDITION corrected, with Additions
and Improvements.

L O N D O N:
Printed for A. MILLAR in the *Strand*.
MDCCLVII.

EL ESCORBUTO

El escorbuto se debe a una deficiencia en vitamina C. Esta molécula es abundante en los cítricos, muchas verduras y en la carne fresca, pero los marinos pasaban meses alimentándose de carne salada, galletas secas y cereales. Entre ellos, el escorbuto no era un problema ocasional, era prácticamente la norma. La expedición de Vasco de Gama en 1499 perdió 117 de sus 170 hombres por el escorbuto. Elcano murió en otra expedición, la de García Jofre de Laoísa a las Molucas, también de escorbuto. En esta expedición partieron 450 hombres y volvieron 24 tras pasar las de Caín. Se calcula que entre 1500 y 1800, más de dos millones de marinos murieron de escorbuto. La vida a bordo no era fácil. Según el Dr. Samuel Johnson, más le valía a un hombre estar en la cárcel que en un barco, porque en prisión tendría más espacio, mejor comida, «mejor compañía normalmente» y todo ello sin el riesgo de morir ahogado.

La primera gran expedición que consiguió no tener bajas por esta enfermedad nutricional fue la española comandada por Alexandro Malaspina y que tuvo lugar entre 1789 y 1794. El médico de los expedicionarios, Pedro González, estaba convencido de que la solución eran las naranjas y los limones y cargó todas las que pudo, y reabastecía su aprovisionamiento cada vez que tocaban puerto. Tras pasar 56 días a mar abierto, solo tuvo un brote, que afectó a cinco marineros, uno de gravedad, pero que se curaron inmediatamente tras pasar tres días en Guam y conseguir fruta fresca. Los británicos, que lograron sustituir el poderío naval de España y mantenerlo hasta el siglo XX, no consiguieron repetir estos éxitos. Las ideas entre los cirujanos navales ingleses eran muy contradictorias. James Lind, cirujano naval del HMS Salisbury, montó un experimento sencillo en el barco. Cogió doce enfermos de escorbuto y a uno le dio rábanos; a otro, sidra; a otro, champiñones; a otro, agua de mar, a otro, ajos; a otro, limones y a otro, naranjas. Los que recibieron cítricos se curaron rápidamente y Lind escribió un *Tratado sobre el escorbuto* en 1753. Sus ideas tardaron en imponerse en parte porque también achacaba la enfermedad a la mala ventilación, al exceso de sal y al «bloqueo del sudor» en los climas fríos. Otros responsables del Almirantazgo pensaban, que la solución eran los ácidos y, por eso, si no había cítricos, recomendaban tratar a los enfermos con un aceite con ácido sulfúrico. Para otros, la explicación era que el escorbuto se debía a un problema de falta de higiene, disciplina laxa, baja moral e indolencia. La expedición de Cook tuvo pocos casos y era un ejemplo de tener el barco como una patena, pero se prestó menos atención a las grandes cantidades de comida fresca que incorporaban en cada puerto de los Mares del Sur en que atracaban. Además, Cook embarcó en el *Endeavour* grandes cantidades de col fermentada, el Sauerkraut de los alemanes, el único encurtido que mantiene un poco de vitamina C. Muchos barcos británicos llevaban en sus bodegas grandes cantidades de zumo de lima, pero, aunque sea más ácida, contiene mucha menos vitamina C que el limón y, además, el método de preparación del zumo eliminaba la mayor parte de ella, por lo que muchos capitanes no creían que los cítricos fuesen la solución. Las expediciones británicas tuvieron problemas hasta entrado el siglo XX. Las dos expediciones al Polo Sur de Robert F. Scott (1903 y 1911) sufrieron de escorbuto, pero este no lo incluyó en sus diarios, porque se asociaba con la suciedad y la vagancia, con un mal liderazgo. La expedición de Shackleton, esa gesta, un ejemplo de que se puede alcanzar la gloria en medio del fracaso, también sufrió de escorbuto.

Los síntomas más conocidos de esta enfermedad carencial son los relacionados con los problemas en la síntesis de colágeno, una proteína que forma el armazón de muchos tejidos. La alteración de la síntesis de colágeno conduce, entre otras cosas, a una síntesis reducida de las fibras de Sharpey del periodonto, que están compuestas principalmente de colágeno, lo que conduce a la pérdida de dientes. Hay también manchas en la piel (petequias), hemorragias o dificultades para la cicatrización de las heridas y problemas en las encías. Urdaneta, compañero de Elcano en la expedición de Loaísa, escribió:

> Toda esta gente que falleció (unos treinta desde la salida al océano) murió de crecerse las encías en tanta cantidad que no podían comer ninguna cosa y más de un dolor de pecho con esto; yo vi sacar a un hombre tanto grosor de carne de las encías como un dedo, y otro día tenerlas crecidas como si no se le hubiera sacado nada.

La lucha contra el escorbuto duró siglos. John Greenwood, fabricante de dentaduras postizas para George Washington, publicaba un anuncio en el Daily Advertiser de Nueva York en 1790 donde ofrecía «*curar el escorbuto y las encías ulceradas y con la observancia de sus instrucciones, el escorbuto nunca retornará*». Su coetáneo, el dentista irlandés-americano John Baker vendía un dentífrico «*contra el escorbuto, una cura segura para todos los trastornos de los dientes, las encías y el mal aliento*».

Retrato grabado de John Greenwood (1760-1819), cirujano dentista de George Washington, publicado en el American Journal of Dental Science en 1839. Greenwood, reconocido como uno de los pioneros de la odontología en los Estados Unidos, fue responsable de diseñar y mantener las prótesis dentales del primer presidente del país. El grabado incluye la inscripción de su consultorio en Nueva York: «No. 15 opposite the Park, near the Theatre, New York». Esta obra fue grabada en París por Roy Peintre y refleja el prestigio del oficio dental en el siglo XIX. [Library of Congress Prints and Photographs Division].

El escorbuto también se presentó en tierra, particularmente en los meses de invierno, en fortalezas sitiadas, en prisiones o entre los primeros colonos de América del Norte, donde las frutas y verduras eran inicialmente escasas. En el siglo XX, el escorbuto se produjo a gran escala durante la Primera y Segunda Guerra Mundial, en los campos de concentración alemanes y en el Gulag soviético. En la actualidad aparece escorbuto en ocasiones entre los niños autistas de los países desarrollados por su selectividad alimentaria, muchos de ellos rechazan gran parte de los alimentos, incluidos aquellos ricos en vitamina C.

FISONOMÍA Y PERSONALIDAD

La fisiognomía es una teoría según la cual el carácter de una persona puede deducirse a partir de su aspecto físico, en particular de las características faciales. Fue popularizada a finales del siglo XVIII por el fisónomo suizo Johann Kaspar Lavater, quien también señaló la importancia de los dientes. En sus *Physiognomische Fragmente zur Menschenkenntnis und Menschenliebe* (*Fragmentos fisonómicos para comprender y amar a las personas*), Lavater afirma:

> Unos dientes limpios, blancos y bien alineados muestran una mente limpia y pulida y un corazón bueno y honesto, mientras que unos dientes podridos o desalineados revelan o bien enfermedad o bien alguna mezcla de imperfección moral.

Retrato de Johann Kaspar Lavater, por William Blake.

En otras obras siguió resaltando la relación entre la dentadura y las características morales.

> Quien deja sus dientes sucios y no intenta limpiarlos, ciertamente traiciona mucho de la negligencia de su carácter, que no le hace ningún honor.
>
> Como son los dientes del hombre, es decir, su forma, posición y limpieza (en la medida en que esta última depende de él mismo) así es su gusto.
>
> Tener una boca funcional, hermosa y libre de dolores no es solo una necesidad práctica —lo necesitamos para respirar y comer y hablar—, sino que es también una parte central de nuestro sentido de ser nosotros mismos. El dolor en la cabeza nos afecta a nuestra vida cotidiana y tener un mal aliento o unos dientes ennegrecidos conlleva un estigma que es a la vez personal y social.

Las ideas de los fisónomos persisten hasta cierto punto en la sociedad actual. Un folleto publicado en el año 2000 por la American Association of Orthodontists declaraba que los dientes correctamente alineados representaban «*un compromiso muy visible con la superación personal*» y «*un orgullo tangible de que mamá y papá están haciendo lo correcto por los niños, expresando la belleza de la confianza y la belleza de los logros*». El enfoque propagandístico es muy claro.

La fisonomía no tiene base científica, pero algunos aspectos de ese intento por relacionar dientes y personalidad son ya puras supersticiones. En Hong Kong, la tradición dice que los que tienen los dientes apiñados tienden a ser agresivos y pelearse con los demás, mientras que en Noruega consideran que estos individuos son propensos a ser tacaños. Si se encuentra en Italia, tenga cuidado: según el folclore transalpino, los que tienen la mala suerte de tener «los dientes muy juntos» están condenados a sufrir una vida desastrosa, pero si sus dientes están «*tan separados que se puede poner una moneda entre ellos*» puede que tengan más suerte: una superstición canadiense afirma que estas personas están destinadas a ser ricas. En algunas partes de Alemania, un niño que nacía con algún diente se consideraba embrujado. En África Oriental ocurría algo similar en el pasado, cuando los incisivos superiores salían antes que los inferiores. Según testigos contemporáneos recogidos por L. Storch, existía incluso la costumbre de «*asesinar a los niños si no les salían los dientes con regularidad*».

LA DENTADURA DE GEORGE WASHINGTON

Quizá la dentadura postiza más famosa del mundo es la que usaba George Washington. A pesar de su fuerte constitución, los dientes fueron para Washington una fuente de sufrimiento durante toda su vida. A los 24 años, registró en su diario que pagó 5 chelines a un «Doctor Watson» por la extracción de uno de los dientes. Su correspondencia y las anotaciones posteriores en el diario dan cuenta de forma repetida de problemas dentales que incluyen dolor de muelas, pérdida de dientes, inflamación de las encías, dentaduras postizas mal ajustadas y toda una serie de problemas odontológicos. Se piensa que sus súbitos cambios de humor y mal carácter durante la guerra de la Independencia pueden estar relacionados con sus problemas dentales. John Adams, el segundo presidente de los Estados Unidos, dijo que Washington atribuía la pérdida de sus dientes a que los utilizaba para cascar nueces, pero los historiadores modernos sugieren que es más posible que el cloruro de mercurio o calomel, que se le administró a Washington para tratar la viruela, contribuyera a la pérdida de piezas.

La salud bucal es un tema que preocupó siempre a Washington y los pagos a dentistas y la compra de cepillos de dientes, raspadores, limas de dentaduras postizas, medicamentos para el dolor de muelas y soluciones de limpieza bucal también están presentes de forma regular en las notas y diarios del estadista norteamericano.

Uno de los mitos más extendidos sobre George Washington es que sus dentaduras postizas estaban hechas de madera. Es muy posible que algunas de ellas, particularmente después de haber sido teñidas, tuvieran ese aspecto, pero la madera nunca se usó en la construcción de sus accesorios dentales, sino que se hacían con dientes humanos, y proba-

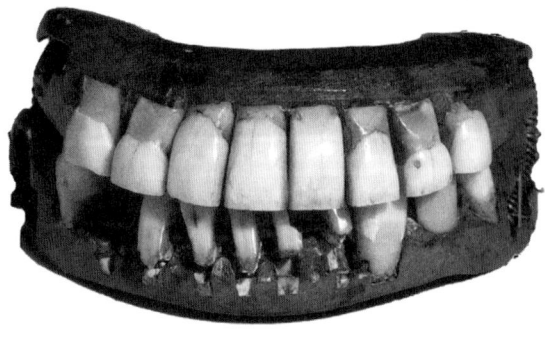

blemente de vaca y caballo, marfil (posiblemente de elefante), aleaciones de plomo y estaño, de cobre (posiblemente latón) y de plata. Las prótesis tenían cierres metálicos, muelles para ayudar a abrirlas y pernos para mantenerlas cerradas.

Durante la guerra de la Independencia, Washington utilizó los servicios de un dentista francés que había estado proporcionando asistencia odontológica a oficiales británicos de alto rango. En 1781, este dentista, llamado Jean-Pierre Le Mayeur, escapó de la ciudad de Nueva York ocupada por los británicos y se pasó al bando de los americanos. El motivo es que el francés, enfadado por los comentarios despectivos hechos por un oficial británico contra la alianza franco-estadounidense, decidió que había tenido suficiente, empaquetó su instrumental odontológico y se dirigió hacia las líneas enemigas. Una vez que los patriotas estadounidenses determinaron que Le Mayeur era sincero en su deseo de servir a la causa independentista, el general Washington buscó ansiosamente sus servicios y el dentista fue un visitante frecuente de Mount Vernon, la residencia de Washington, en los años posteriores al final de la Guerra Revolucionaria.

Consciente de su mala salud dental, George Washington conservó varios de sus dientes dentro de un cajón de escritorio cerrado con llave en Mount Vernon. En una carta del día de Navidad de 1782, Washington escribió a Lund Washington, su primo lejano y gerente temporal de Mount Vernon, y le pidió que empaquetara estos dientes y se los enviara a Newburgh, Nueva York, para usarlos en las nuevas dentaduras postizas que le estaban adaptando para su uso.

Washington compró también dientes a esclavos afroamericanos. En uno de sus libros de cuentas hay una entrada que detalla la compra de nueve dientes a «negros» por 122 chelines. No está claro si los dientes proporcionados por los esclavos de Mount Vernon estaban destinados al propio Washington, pero dado que pagó directamente por los dientes, se piensa que fueron para su propio uso o para alguien de su familia.

◀ Dentaduras postiza utilizada por George Washington, conservado en la colección de Mount Vernon. Estas prótesis, fabricadas con materiales como dientes humanos, marfil de elefante y aleaciones de metal, desmienten el mito de que estaban hechas de madera. A pesar de los avances dentales de su tiempo, Washington padeció severos problemas dentales durante toda su vida adulta, lo que afectó su comodidad, apariencia y, en ocasiones, su capacidad para hablar [Museo y Centro Educativo Donald W. Reynolds, Mount Vernon].

A pesar de sus intentos por salvar los dientes supervivientes, a Washington solo le quedaba uno el día de su investidura como primer presidente de los Estados Unidos. Su dentadura postiza tenía un hueco por el que asomaba este último superviviente natural. Este último diente fue finalmente retirado por el Dr. John Greenwood en 1796 y Washington permitió que su dentista conservara la pieza extraída como recuerdo. Greenwood hizo insertar el diente en una pequeña pantalla de vidrio que colgó de la cadena de su reloj y también le dijo a Washington que su pasión por el vino de Oporto era responsable de que sus dentaduras se oscurecieran, pues ese tinto era «*muy pernicioso para los dientes*». En una carta le recomendaba que «*se quitara los dientes después de cenar, que la colocara en agua limpia y que los limpiara con un cepillo y un poco de polvo de tiza que, —según él— absorbe el ácido que recogía de la boca y los conservaba durante más tiempo*».

Los problemas dentales de Washington afectaron a la forma de su rostro. Era muy consciente del impacto que las dentaduras postizas mal ajustadas tenían en su apariencia y en una carta fechada en 1797 al Dr. Greenwood, Washington se quejaba de que sus dentaduras postizas eran «*ya demasiado anchas y demasiado salientes para las partes sobre las que descansan; lo que hace que tanto el labio superior como el inferior se abulten, como si estuvieran hinchados*». Según sus diarios, la dentadura postiza le desfiguraba la boca y a menudo le causaba dolor, por lo que tomaba láudano, una solución alcohólica de opio. La distorsión antinatural de sus labios se aprecia en la imagen que aparece en el billete de un dólar, una imagen tomada del retrato del Athenaeum, una pintura inacabada de 1796 de Gilbert Stuart. Para hacer este retrato, Stuart colocó algodón en las mejillas y labios de Washington para recuperar las líneas naturales de su rostro, pero en vez de mejorar su aspecto le dio un aspecto aún más deformado y hay quien dice que parece una abuela. Muchos contemporáneos e historiadores han postulado que los constantes problemas dentales de George Washington redujeron en gran medida el deseo y la capacidad de hablar en público del presidente y minimizaron su presencia pública y su ascendencia política.

◀ Retrato de George Washington, pintado en 1795 por Rembrandt Peale, hijo del destacado artista Charles Willson Peale. Washington accedió a posar para el joven de 17 años en un estudio donde también estaban presentes su padre, su hermano Raphaelle y su tío James, todos artistas. El retrato original pertenece a la colección de la Sociedad Histórica de Pensilvania, mientras que esta versión es una de las dos réplicas conocidas, la otra se encuentra en el Detroit Institute of Arts [National Portrait Gallery, Smithsonian Institution].

10 DAYS
FREE TRIAL
ABSOLUTELY
FIREPROOF
AND
NOISLESS
Satisfaction
Guaranteed
ETH SPEAK
THEMSELVES
EOPLE

Benjamin Rush

Retrato de Benjamin Rush, grabado por James Barton Longacre (1794-1869) a partir de una pintura de Thomas Sully (1783-1872). Benjamin Rush, médico, político y uno de los Padres Fundadores de los Estados Unidos, fue un destacado defensor de la salud pública y un innovador en el tratamiento de enfermedades mentales. Reconocido por su firma en la Declaración de Independencia, Rush también desempeñó un papel crucial en la formación de la medicina moderna en América. [Smithsonian Libraries and Archives].

EDAD CONTEMPORÁNEA

Fauchard y los *dentistes* iniciaron un camino que ya no tuvo marcha atrás: se consolidó la idea de que uno debía ir al profesional de la boca no solo para el alivio del dolor, sino para mejorar el atractivo y con ello las posibilidades de éxito social ¡incluso de matrimonio! Poco a poco, el trato con el dentista se convirtió en una relación estable que duraba años o décadas. La odontología abría camino a una promoción personal que cada vez valoraba más el poder adquisitivo, el estatus y la apariencia física. Al mismo tiempo se producía un cambio en la valoración de las emociones y la expresión facial. Los grandes viajes de los exploradores mostraban que los gestos, las sonrisas, por ejemplo, eran un lenguaje universal. El anatomista y artista Charles Bell argumentaba que Dios había creado la boca humana para expresar emociones únicamente humanas. Una boca hermosa, mostrar los dientes, se empezó a convertir en el nuevo santo y seña del éxito, la salud y el bienestar.

La odontología también se beneficiaría del progreso científico. Las investigaciones sobre la epidemiología de las enfermedades bacterianas, como las bucodentales, progresaron decididamente a partir del siglo XIX. En 1801, un artículo escrito antes del descubrimiento de la teoría de los gérmenes y publicado por Benjamin Rush, uno de los firmantes de la Declaración de Independencia y uno de los médicos más notables de Estados Unidos, relataba sus observaciones clínicas sobre la conexión entre la extracción de dientes cariados y enfermos y la curación de enfermedades generales, en particular las nerviosas. También creía que el éxito en el tratamiento de todas las enfermedades crónicas se vería muy favorecido por un mejor estado de los dientes en los enfermos y aconsejaba su extracción en todos los casos en que estuvieran dañados. En 1818, Rush asumió la teoría de la infección focal, una gran hazaña dada la dificultad de imaginar la complejidad de estos procesos sin el concepto de la teoría de los gérmenes.

LEEUWENHOEK.

Retrato de Anton van Leeuwenhoek (1632-1723), por J. Chapman. Comerciante, científico autodidacta y pionero de la microscopía; considerado el «Padre de la Microbiología», Van Leeuwenhoek perfeccionó el diseño de microscopios y fue el primero en observar y describir organismos microscópicos, incluidos protozoos, bacterias y espermatozoides. Sus descubrimientos revolucionaron la ciencia y abrieron nuevas fronteras en la comprensión de la vida microscópica.

Los odontólogos fueron tomando un nuevo papel en el siglo XIX. La emergencia de la anestesia se unió a las ambiciones de los profesionales, que mezclaban la curiosidad humana, la habilidad técnica y un claro enfoque comercial. Apareció una amplia y próspera clase media que estaba dispuesta a pagar unas tarifas mayores por una asistencia odontológica indolora y de calidad frente a los sacamuelas itinerantes. También los dentistas empezaron a mirar a los gobiernos y a las universidades para garantizar un nivel mínimo de competencia, a través de diplomas oficiales y registros profesionales. Los dentistas fueron, paso a paso, ganando respetabilidad y dinero y discutían abiertamente cuál era la forma más apropiada de consolidar su posición.

Aunque el holandés Antonie van Leeuwenhoek ya había demostrado en 1683 la existencia de bacterias en la boca y se había asombrado de su número indicando que en una boca había más animálculos que el número de personas que vivían en su país, solo en el siglo XIX se alcanzó a comprender la importancia de los microorganismos en la salud bucodental. Louis Pasteur (1822-1895) avanzó en las investigaciones sobre microorganismos, confirmó que la fermentación requería de la presencia de microbios, y demostró que estos organismos podían venir por el aire y estaban en prácticamente todos los ambientes. Posteriormente, Robert Koch (1843-1910) reveló tras una serie de estudios impecables que los microorganismos eran la causa de diferentes enfermedades infecciosas, y dio lugar a la Teoría de los Gérmenes. Por primera vez se empezó a relacionar a los microorganismos, las fermentaciones de azúcares y la presencia de caries.

El siglo XIX fue también el que vio el desarrollo de lo que conocemos como la odontología moderna: el torno eléctrico, el sillón, las paredes con diplomas y certificados y, sobre todo, la idea de unos empastes y extracciones indoloras, de una mejora de la salud dental asequible a toda la población. Esta salud bucodental mejoró notablemente en el siglo XX. En Gran Bretaña, las Encuestas de Salud Dental de Adultos revelaron que en 1968 el 79 % de las personas de entre 65 y 74 años no tenían dientes naturales; en 1998, en solo treinta años, esta proporción se había reducido al 36 %.

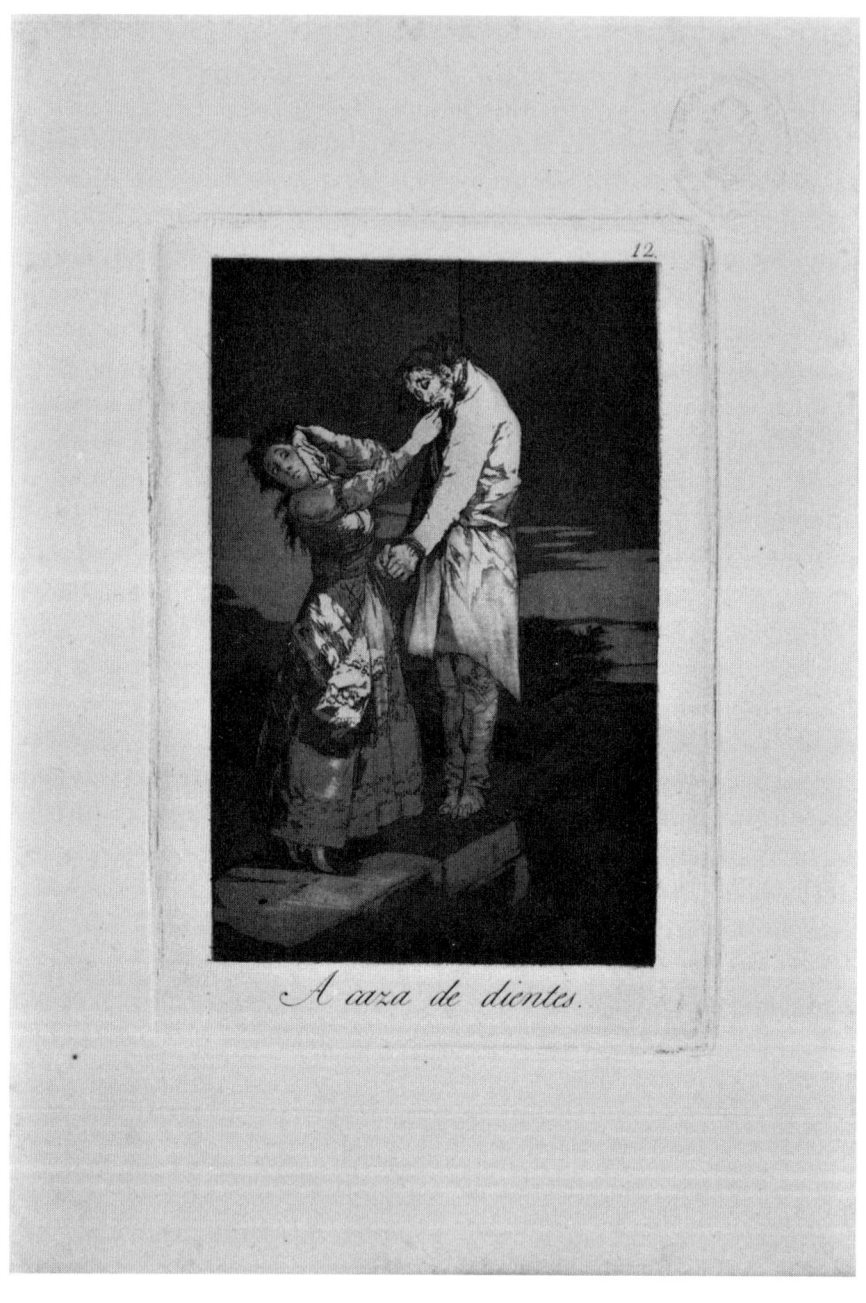

A caza de dientes, grabado perteneciente a la serie Los Caprichos de Francisco de Goya (1746-1828), realizado aproximadamente entre 1908 y 1912. La escena representa a una mujer tapándose el rostro con un paño mientras extrae un diente de un hombre ahorcado, un acto vinculado a las supersticiones y prácticas de brujería de la España del momento. Goya critica las creencias irracionales y las prácticas supersticiosas que invadían la sociedad, y también refleja su visión de la educación femenina de la época, marcada por la ignorancia y el sometimiento [Patrimonio cultural de la Universidad de Jaén].

LOS DIENTES DE WATERLOO

Tradicionalmente, los dientes de repuesto y las dentaduras postizas se fabricaban con marfil de hipopótamo, morsa o elefante. Sin embargo, estos dientes no siempre parecían naturales y se deterioraban más rápidamente que los propios. El motivo es que se tallaban para que se parecieran más a los dientes humanos y eso eliminaba el esmalte y dejaba una superficie mucho más porosa que absorbía productos de la alimentación e iba cambiando de color y de olor. Si se quería una dentadura postiza realmente bonita y la podías pagar, se fabricaba una base de marfil o metal y sobre ella se colocaban dientes humanos. Eran caras, ya que se tardaban semanas en hacer una dentadura completa, y necesitaban un artículo indispensable y difícil de conseguir: dientes humanos.

En un aguafuerte de 1799, Francisco de Goya dibuja a una joven bien vestida que arranca los dientes de la boca de un ahorcado. Este grabado representa una superstición que prevalecía todavía entre el pueblo: el alto precio de los dientes, que servían para dentaduras postizas y también para realizar hechizos. En el Acto VII de la Tragicomedia de Calixto y Melibea, en la que la Celestina dice de la madre del personaje Pármeno: «*Siete dientes quitó a un ahorcado con unas tenacitas de pelar cejas, mientras yo le descalcé los zapatos*». En sus *Caprichos*, Goya criticaba las condiciones de la España de la época, especialmente la superstición y la codicia.

Conseguir dientes de un criminal ajusticiado no debía ser sencillo, eran pocos afortunadamente mientras que la demanda era muy alta. Una fuente mucho mayor de dientes humanos para prótesis eran las guerras y una especialmente famosa fue la batalla de Waterloo (1815), en la que murieron decenas de miles de soldados, hombres jóvenes con dientes sanos. El comercio de estos dientes alcanzó tales proporciones que fueron famosos durante décadas. De hecho, la recolección masiva de dientes comenzó tras la batalla de Leipzig, del 16 al 19 de octubre de 1813. Allí se enfrentaron alrededor de 600 000 soldados de varios estados europeos, se llamó la Batalla de las Naciones, y más de 92 000 jóvenes perdieron la vida. Una vez extinguido el ruido del combate, los campos de batalla a las afueras de Leipzig fueron invadidos por una multitud de saqueadores que buscaban apoderarse de todo lo que llevasen de valor aquellos desdichados. Los peores de todos fueron los Fledderers, «*que abrían las fauces de los muertos y arrancaban los dientes más bellos y blancos para venderlos y usarlos más tarde*». A veces arrancaban también los dientes a los moribundos.

Castelli del.   Imp.^{ie} de Brewster, rue de Fanarro, a Paris.   Outhwaite sc.

FANTINE

Otra opción para obtener dientes en buen estado era comprarlos a los vivos, algo que menciona el dentista de Würzburg y fundador de la odontología científica alemana Carl Joseph Ringelmann (1776-1854) en su obra *El organismo de la boca, especialmente de los dientes*. Ringelmann consideraba éticamente reprobable extraer dientes sanos de personas de clases sociales más bajas para los ricos y lo consideraba un procedimiento bárbaro, «*por el cual el arte de la medicina se revela como un servidor profano del más alto grado de depravación humana*». Víctor Hugo (1802-1885) inmortalizó esta práctica inmoral en su novela *Los Miserables*. Allí, Fantine, que se ha quedado sin trabajo, vende sus dientes frontales para ayudar con ese dinero a su hija Cosette. Hugo lo describe así:

> La vela iluminó su semblante. Era una sonrisa sanguinolenta. Una saliva rojiza manchaba las comisuras de sus labios y tenía un agujero negro en su boca. Ambos dientes habían sido arrancados.

Los dientes de Waterloo siguieron apareciendo en los catálogos de suministros dentales hasta la década de 1860, pero en realidad en los últimos años procedían de los fallecidos en la guerra de Secesión (1861 a 1865). Allí también se extraían los dientes a los caídos y se enviaban a granel a Londres. El negocio siguió durante décadas y probablemente terminó gracias al cambio que supuso la firma de la primera Convención de Ginebra el 22 de agosto de 1864. En la conferencia internacional, doce estados europeos dieron un paso revolucionario hacia una mayor humanidad en las guerras. El Reglamento de Guerra Terrestre de La Haya de 1907, en el Capítulo I. Heridos y Enfermos, Artículo 3 (Deber del Vencedor) establece: «*Después de cada batalla, el bando que ocupa el campo debe tomar medidas para buscar a los heridos y protegerlos, así como a los caídos, contra robos y para protegerlos de malos tratos*». Esto puso fin oficialmente a la práctica del saqueo de cadáveres, aunque se continuó esporádicamente y también de forma organizada en la extracción del oro dental en los campos de exterminio nazis.

◀ Grabado de Jean Jacques Outhwaite, basado en un diseño de Horace Castelli, impreso por Lemercier y publicado en 1866 por Albert Lacroix. Esta estampa, realizada mediante grabado en acero, ilustra el capítulo ii del libro iii de la primera parte de *Les Misérables* de Victor Hugo. Representa al personaje de Fantine, un símbolo de sacrificio y sufrimiento en la obra, reforzando la narrativa humanista de Hugo. Forma parte del *Album de vingt gravures pour Les Misérables*. Actualmente se encuentra en las colecciones de las Casas de Victor Hugo en París y Guernesey [Musée Carnavalet, París].

Sir Richard Owen (1804-1892), destacado biólogo, anatomista comparativo y paleontólogo británico. Famoso por acuñar el término «dinosaurio» en 1842, Owen realizó importantes contribuciones al estudio de fósiles y la anatomía de animales extintos. En esta fotografía se le muestra con
un cráneo de cocodrilo, ejemplificando su profundo interés por la anatomía comparada y los reptiles prehistóricos [Royal Society Picture Library].

EL NACIMIENTO DE LA ODONTOLOGÍA COMPARADA

La odontología comparada estudia y compara las estructuras dentales de diferentes especies animales, incluidos los humanos, con el fin de comprender la evolución, función y adaptación de los dientes en diversas especies. Esta disciplina analiza las diferencias y similitudes en la anatomía dental, la forma de los dientes, la estructura ósea de la mandíbula y otros aspectos relacionados con la masticación y la dieta.

Richard Owen (1804-1892) es considerado el fundador de la odontología comparada. Owen realizó una gran cantidad de trabajos científicos, pero probablemente se le recuerda más por haber acuñado la palabra «dinosaurio», que significa «reptil terrible». Crítico abierto de la teoría de la evolución por selección natural de Charles Darwin, Owen estaba de acuerdo con Darwin en que la evolución se producía, pero pensaba que era más compleja de lo que se describía en *El origen de las especies.*

Su *Odontografía* de 1840-1845 marcó el inicio de esta disciplina. Este libro era un resumen de las conferencias sobre anatomía y fisiología comparadas de los dientes, que formaron parte de los cursos Hunterianos dictados en el Real colegio de cirujanos en los años 1837, 1838 y 1839. Incluía no solo mamíferos, sino también reptiles, aves, anfibios y peces y dio un gran impulso a la anatomía dental comparada. Muchas de las principales características de la anatomía dental microscópica fueron corroboradas y ampliadas en el siglo XIX por investigadores prestigiosos como Purkinje, Retzius, Preiswerk, Owen, von Ebner y Tomes (padre e hijo). Sir John Tomes es considerado el padre de la odontología moderna.

En el otoño de 1930, Sir Frank Colyer pronunció para el Consejo Dental del Reino Unido cuatro conferencias sobre «Condiciones anormales de los dientes de los animales en su relación con condiciones similares en el hombre», con capítulos adicionales sobre «Variaciones de los dientes en número y forma», «Erupción anormal de los dientes», «Crecimiento excesivo de los dientes» y «Odontomas», que profundizó y amplió el estudio de las enfermedades dentales a otras especies. Durante muchos años, antes y después de su jubilación, Sir Frank Colyer fue conservador del Museo Odontológico de la Royal University de Londres.

LOS DIENTES DE LOS NIÑOS

Los primeros años del siglo XX supusieron un nuevo impulso para la salud infantil. Los nuevos nacionalismos hicieron que los gobiernos europeos y americanos tomaran un interés manifiesto por la salud de los pequeños, que luego serían la siguiente generación de trabajadores, soldados y dirigentes. Había también una preocupación eugenésica por las virtudes de la raza propia y el miedo a una degeneración racial causada por la llegada de inmigrantes y la rápida reproducción de los menos dotados intelectualmente. Es la época también de una nueva medicina, donde se van identificando las causas de muchas enfermedades infecciosas y se amplían las estrategias preventivas como las vacunas, la buena alimentación, el agua sanitaria o la higiene y la limpieza. Esa misma forma de pensar se extiende a los cuidados bucodentales. El argumento básico era que un niño con dientes sanos necesitará menos intervenciones cuando sea adulto, lo que ahorrará dinero, tiempo y dolor.

Desde 1880 la British Dental Association llamó la atención sobre el mal estado de los dientes de los niños británicos y en los 1890 se fundó la School Dentists' Society, la asociación de los dentistas escolares. George Cunningham, un dentista de Cambridge, estableció la primera clínica odontológica diseñada expresamente para niños en 1907 y se crearon por todo el país «Clubs del Cepillo de dientes» para animar a los niños a limpiarse la boca por la mañana y antes de acostarse. En EE. UU., por su parte, los programas escolares de salud dental mezclaban lo público y lo privado y las escuelas públicas y los funcionarios colaboraban con organizaciones caritativas y con dentistas comprometidos en mejorar la salud bucodental. Los resultados fueron beneficiosos para las dos partes: por un lado, los dentistas educaban a la nación sobre la importancia de los cuidados de la boca y mejoraban el estado general de las dentaduras, pero por otro también crearon en los niños americanos un hábito de por vida de visitar la clínica odontológica. Los dentistas americanos garantizaron su clientela para siempre.

LOS SOLDADOS DE LA GRAN GUERRA

El mundo cambió con la I Guerra Mundial. En los hospitales de campaña y en los quirófanos de la retaguardia, los médicos y cirujanos observaron con admiración y respeto el trabajo de sus colegas odontólogos. La guerra de trincheras había hecho que la cabeza y el rostro estuvieran especialmente expuestas al fuego de los francotiradores y a la metralla de los obuses. Los dentistas lideraron muchas de esas operaciones de cirugía maxilofacial. Una nueva herramienta bélica, los aviones, también aportaba un número de heridos necesitados de reconstrucción y rehabilitación de su rostro. Los depósitos de combustible de los primeros aviones estaban situados justo delante del piloto, si explotaban o se incendiaban causaban terribles quemaduras a los aviadores. Se ha calculado que aproximadamente el 15 % de los heridos graves que eran evacuados de primera línea, tenían heridas en el rostro y su supervivencia dependía de saber más. Los camilleros, por ejemplo, descubrieron que los soldados con mayor daño facial podían ahogarse con sus lenguas si se les dejaba yacer sobre sus espaldas. Los que sobrevivían al difícil traslado desde el frente a las zonas de rehabilitación requerían tratamientos específicos y de precisión durante meses o años. El que muchos consiguieran recuperar una buena parte de su función facial y de su apariencia se debió en buena parte a un dentista franco-americano llamado Auguste Charles Valadier.

Valadier había nacido en París en una familia rica y había estudiado en la Universidad de Columbia y en la Philadelphia Dental School. Volvió a Francia en 1910 y para obtener un título que le permitiera ejercer realizó estudios en la Ecole Odonto-Technique de París durante seis meses. Entre su clientela estaba el rey de España y cardenales de la Iglesia católica. En julio de 1913, se casó con la nieta del embajador de Estados Unidos en Brasil, Robert Clinton Wright. Parece que el párroco le hizo pagar 25 000 francos al enterarse en la propia boda de que Charles había estado casado y se había divorciado y, por lo tanto, no tenía derecho a una boda por la iglesia.

Al estallar la guerra, Valadier se presentó voluntario en la Cruz Roja y llegó al Hospital General n.º 13 del cuerpo expedicionario inglés en su Rolls-Royce Silver Ghost conducido por un chófer. Harold Gillies, que fue su asistente en el quirófano y luego una figura prestigiosa de la cirugía británica, le describía así:

Un hombre grande y gordo, con el pelo del color de la arena y la cara roja, que había equipado su Rolls-Royce con un sillón de dentista, taladros y los metales pesados necesarios. El nombre de este hombre cuyas botas altas de montar tenían un brillo similar al pulido de sus espuelas era Charles Valadier. Dio vueltas hasta que rellenó con oro todos los dientes que quedaban en el cuartel general británico. Con los generales atados en su sillón, les convenció de la necesidad de crear una unidad de cirugía plástica y mandibular.

En octubre de 1914, durante la batalla de Aisne, sir Douglas Haig, comandante general del Primer ejército de la fuerza expedicionaria británica en Francia, sufrió un fuerte dolor de muelas. Cuando sus ayudantes pidieron un dentista para aliviar a su general, se encontraron que no había ninguno entre el personal médico de un destacamento que contaba con 90 000 soldados. En cuanto les llegó la noticia, el War Office envió un puñado de profesionales que cuando llegaron se encontraron que Charles Valadier ya había sido nombrado «teniente local» y adscrito al Royal Army Medical Corps. El ejército británico no tendría un cuerpo de dentistas hasta 1921.

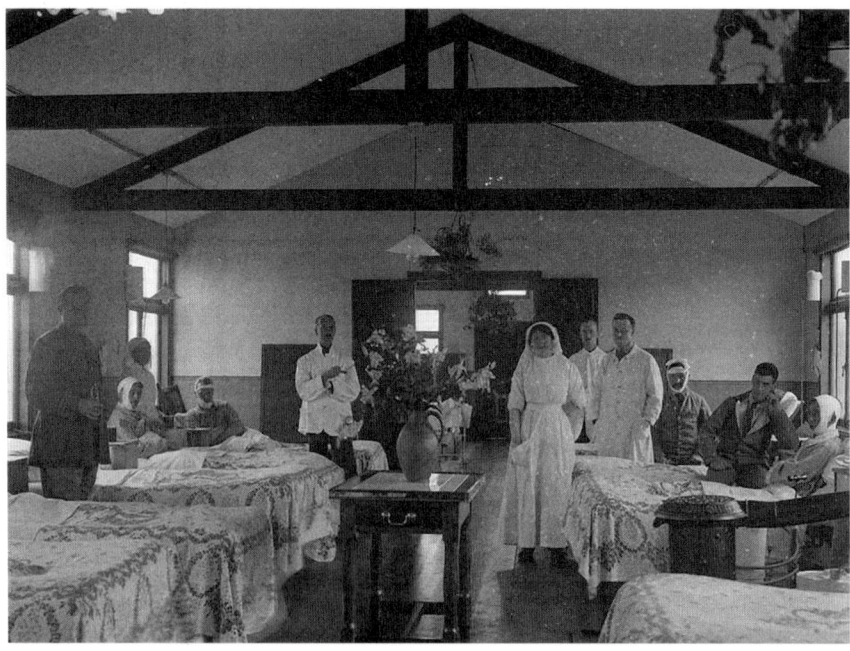

Stationary Hospital No.13. Sala de ortodoncia para lesiones en los oídos. El mayor Sir Auguste Charles Valadier a la izquierda [Royal Engineers Collection].

Valadier conocía de sobra la complejidad de la anatomía facial y desarrolló nuevas técnicas para tratar las heridas del rostro, intentando salvar siempre el mayor número de dientes y la mayor cantidad de hueso posible. Inspirado por el trabajo con Valadier, Gilles volvió a Inglaterra y en 1917 se convirtió en cirujano jefe en el Hospital de la Reina en Sidcup, donde diseñó innovadoras prótesis para pacientes con lesiones de mandíbulas. Valadier trató más de mil casos, muchos de los cuales llegaban en un estado séptico, pero, a pesar de las condiciones deplorables y la ausencia de antibióticos, solo 27 fallecieron. La importancia del trabajo de los dentistas quedó clara para todos los que vivieron esa época. Después de la guerra, Valadier retornó a su exitosa práctica privada, recibió distintos honores incluido el tratamiento de sir al convertirse en ciudadano británico, pero la adicción al juego le dejó prácticamente en la ruina hasta su fallecimiento en 1931. Su viuda pidió ayuda a los británicos por los servicios gratuitos prestados durante la guerra, pero su verdadero salvador fue un paciente de su esposo, un maharajá indio, que la hizo una importante donación.

Harold Gillies (en pie, a la derecha) observa una demostración de una ambulancia dental en 1940 [Library of Congress Prints and Photographs Division].

FLORESTÁN AGUILAR

Si Valadier fue un referente en la odontología británica, Florestán Aguilar y Rodríguez, Vizconde de Casa Aguilar, fue uno de los principales impulsores de la odontología en España. Nació en La Habana en 1872, pero tras una estancia en Estados Unidos, donde estudió odontología en Filadelfia y obtuvo el título de odontólogo y cirujano dentista y el grado de doctor en Cirugía dental con una tesis titulada *The Dental Uses of Nitrous Oxide*, retornó a España donde desarrolló toda su carrera. A su regreso a España comenzó a trabajar en Cádiz, pero realizaba frecuentes viajes a Madrid, donde acabó instalándose definitivamente en 1890.

Con su dominio del inglés y el español, empezó a trabajar como ayudante del odontólogo norteamericano Dr. Henry Higdlans, que prestaba sus servicios a la Casa Real. No obstante, con motivo de la guerra hispanonorteamericana, Higdlans decidió que era más prudente abandonar el país y Aguilar le sustituyó en el cuidado de las bocas de la familia real, lo que le dio prestigio y ascendiente político. Con esa influencia impulsó que en 1900 se creara una Escuela de Odontología en la Universidad de Madrid. Aunque el plan de estudios fue criticado por algunos colegas, el éxito que supuso para Aguilar la aprobación de la nueva titulación fue enorme, pues por primera vez en la historia la profesión en España alcanzaba el prestigio social que implicaba un título universitario. Aguilar fue designado inicialmente profesor interino y cuatro años después obtuvo una cátedra en propiedad. Pronto instituyó un premio, financiado personalmente por él, para abonar los derechos del título de odontólogo al alumno más brillante de cada promoción. En 1903 fundó y fue elegido primer presidente de la Sociedad Odontológica Española y de la Federación Odontológica Española. A partir de este momento no existe congreso de Odontología en España o Europa donde la figura de Florestán Aguilar no sea relevante, bien presidiendo el congreso, presentado una ponencia principal, o simplemente configurando nuevas estructuras que apoyen a la cada vez más activa especialidad.

El conflicto entre una odontología como profesión independiente o como una rama de la medicina era cada vez más intenso. Aguilar, viendo la fuerza de los colegios médicos, decidió estudiar la licenciatura de Medicina, que comenzó en el Colegio de San Carlos, en la Facultad de Medicina de Madrid, y la acabó, no sin problemas y prisas, en 1911 en Santiago de Compostela. Más tarde, en 1914, obtuvo en Madrid el título de doctor tras defender con éxito su tesis sobre *Prótesis de los maxilares*.

En 1910 se creó la Escuela de Odontología adscrita a la Facultad de Medicina y con ella se dotaron cinco plazas de catedráticos numerarios, siendo condición imprescindible para acceder a ellas ser médico. La Real Academia Nacional de Medicina fue la encargada de evaluar las habilidades docentes y las aportaciones científicas y profesionales de los candidatos, y propuso a Florestán Aguilar y a Bernardino Landete que fueron nombrados oficialmente catedráticos. Eso le enfrentó a otros compañeros de prestigio, que no habían estudiado medicina y que consideraban que la normativa de los nuevos planes de estudio y dotaciones de cátedras los marginaba. Aguilar y Landete tendrían posteriormente una difícil relación.

En 1915, durante la I Guerra Mundial, Aguilar visitó algunos de los principales hospitales de Francia e Inglaterra para ver cómo se abordaba el tratamiento de las lesiones maxilofaciales en los soldados con heridas de guerra. Aprovechó esos conocimientos para mejorar la asistencia quirúrgica a los soldados españoles heridos en la guerra de Marruecos de 1921. Ese mismo 1921 fue nombrado director de la Escuela de Odontología. Sin embargo, a partir de estos años y a pesar del éxito profesional y académico alcanzado, comenzó a ser cuestionado por muchos compañeros debido al control que ejercía sobre multitud de clínicas dentales, sobre sociedades científicas y por la influencia que desarrollaba a través de la revista *Odontología*. Landete, a través de otra revista, *La Odontología clínica*, criticaba su poder y sus decisiones, su absentismo de la cátedra y su caciquismo. Aun así, incluso sus acérrimos adversarios le respetaban, y entre ellos el mismo Landete, que llegó a decir tras su muerte «*de él aprendí hasta a ponerme el sombrero*».

Florestán Aguilar
[Ministerio de Cultura, Gobierno de España].

El prestigio y ascendiente de Florestán Aguilar con la familia real hizo que tuviera un papel destacado en uno de los grandes proyectos de la época: la construcción de la Ciudad Universitaria de Madrid. Fue el secretario general de la Junta Nacional de Construcción establecida para llevar a cabo el proyecto, órgano que presidía el propio Alfonso XIII. Realizó innumerables viajes a Norteamérica y a países europeos para conocer otras ciudades universitarias finalizadas o que se estaban construyendo en esos momentos. Su dedicación a este proyecto fue absoluta y consiguió introducir en el proyecto un edificio específico de grandes dimensiones para la enseñanza de la Odontología, con una dotación similar a la de la Facultad de Farmacia. En esas gestiones logró ayudas y aportaciones económicas que contribuyeron a hacer realidad el importante proyecto. Sus contactos internacionales hicieron que se convirtiera también en el odontólogo de las casas reales de Austria y Baviera. En 1926 fue nombrado en Filadelfia presidente de la Federación Dental Internacional. Fue sin duda la figura más sobresaliente de la odontología española de su tiempo. Ingresó en 1933, como académico de número en la Real Academia Nacional de Medicina, con un discurso titulado *Origen castellano del prognatismo en las dinastías que reinaron en Europa*.

LO PÚBLICO Y LO PRIVADO

El siglo XX veía la mala salud de la población como un proceso general en el que la propia nación estaba enferma. Temas como el alcoholismo, la enfermedad mental, las enfermedades de transmisión sexual y otros problemas eran síntomas de una degeneración física y mental de la raza. Los científicos empezaron a proponer dietas equilibradas, las madres debían cuidar qué comida daban a sus hijos y los dentistas empezaron a pensar que podían guiar a sus países hacia un futuro dental mejor, más sano y prometedor.

Dos tendencias se enfrentaron entre sí: en Estados Unidos una minoría de dentistas defendía un sistema colectivo de salud, donde el estado asumía la responsabilidad de la educación y la prevención, y empleaba dentistas para proporcionar tratamiento gratuito a la población. La mayoría, sin embargo, pensaban que el espíritu americano se centraba en la libre empresa y preferían ser empresarios antes que funcionarios. Curiosamente, la discusión sobre los modelos sanitarios se mezclaba con las ideas políticas. En 1923, un dentista americano declaraba a la revista Oral Hygiene que «*nunca había un visto un bolchevique que no tuviera mal los dientes. El cuidado adecuado de los dientes evita las explosiones mentales que causa el bolchevismo*». El desarrollo de un sistema nacional de salud, de una seguridad social, era visto por muchos médicos y odontólogos americanos como una propuesta comunista.

En Europa la situación era otra. La I Guerra Mundial había puesto a los ingleses frente a su triste realidad: una proporción significativa de los reclutas no eran aptos para el servicio militar por el desastroso estado de sus bocas. Con la llegada de la II Guerra Mundial la situación era insostenible. El gobierno de Churchill encargó a un economista, William Beveridge, analizar el estado del bienestar en distintos ámbitos. La comisión que se formó para la odontología planteó la creación de un servicio dental público y generalista con tres grupos diana primordiales: madres embarazadas y en lactancia, niños y adolescentes. Aunque el apoyo para la creación de un servicio de esa ambición era abrumador entre la población, la British Dental Association se opuso y demandó un acuerdo que permitiera a sus socios mantenerse como profesionales independientes. En 1948, el gobierno laborista de Clement Attlee creó el National Health Service, lo que podríamos llamar la Seguridad Social británica, y la demanda de servicios médicos y dentales se disparó. Mucha gente humilde que había aguantado años o décadas de dolor pudo recibir ayuda profesional y los que no habían podido permitirse una dentadura postiza la recibían del estado gratis. Los dentistas del NHS encargaron dos millones de dentaduras el primer año de servicio y sus cuentas no salieron mal: el salario típico de uno de estos dentistas era en 1948 el triple que la media antes de la guerra.

Los médicos americanos seguían gritando comunismo ante las noticias del Reino Unido, pero ¿qué pasaba en la Unión Soviética de la época? Los rusos defendían la integración entre el sistema sanitario y la industria, por todo el territorio, médicos, dentistas y farmacéuticos trabajan juntos en «policlínicas». Aunque el tratamiento dental y las prótesis eran gratuitos para los veteranos de la Gran Guerra Patriótica y para cualquiera con una pensión personal (típicamente un miembro senior del partido comunista), la mayoría de los ciudadanos rusos tenían que pagar los servicios dentales, algo que la propaganda soviética no contaba. Las campañas de salud pública se centraban en los niños, a los que se enseñaba en las escuelas a cepillarse los dientes y si era necesario se persuadía o avergonzaba a sus padres del estado de la boca de sus hijos.

Sarah Jaffe escribía en el *New York Times* que la barrera de la clase media podía ser aquella que separase a las personas que gastaban miles de dólares en una sonrisa esplendorosa de aquellos que podían enfermar o incluso morir de un problema en los dientes. Un dentista le contaba a Mary Otto, la autora del libro *Teeth* que su profesión «*antaño centrada exclusivamente en empastes y extracciones, hoy se consideran proveedores de belleza*». Y gracias a décadas de desregulación, que permitieron la publicidad médica y luego las tarjetas de crédito médicas, no les va nada mal: según un estudio de 2010, los dentistas de EE. UU. ganan más por hora que los médicos. No le va tan bien a la sociedad: Según Otto, un tercio de los niños blancos carecen de atención odontológica; esta cifra se aproxima a la mitad en el caso de los niños negros y latinos. Cuarenta y nueve millones de personas viven en «zonas de escasez de profesionales dentales», e incluso para los que tienen prestaciones de programas públicos como Medicaid, que aparentemente cubría a Deamonte Driver, un niño que murió por lo que empezó como una infección en un diente, puede ser difícil encontrar un proveedor. El dentista que trataba a DaShawn, hermano de Deamonte, escribe Otto, «*interrumpió los tratamientos porque DaShawn se movía demasiado en el sillón dental*».

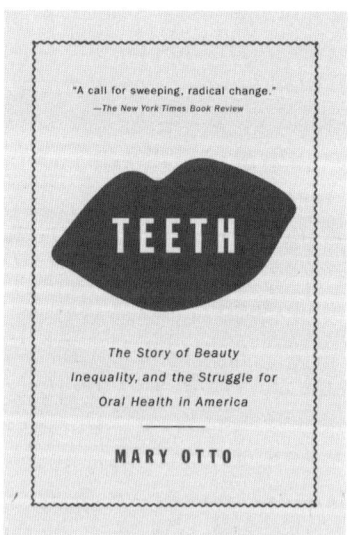

Portada de la obra de Mary Otto, *Dientes: La historia de la belleza, la desigualdad y la lucha por la salud bucal en Estados Unidos* [The New Press].

La invención del todavía raro seguro dental vino de un hombre llamado Max Schoen, que «*se ganó la distinción de ser el primer dentista en ser llamado ante el Comité de Actividades Antiamericanas de la Cámara de Representantes*». Trabajando con el legendario líder sindical «Red» Harry Bridges, Schoen ayudó al sindicato internacional de estibadores y al sindicato de almacenistas a establecer no solo un plan dental, sino una clínica dental de prepago racialmente integrada para proporcionar atención. Podría haber sentado las bases de un sistema de atención dental radicalmente distinto del actual. En cambio, el declive de los empleos sindicados en Estados Unidos provocó el correspondiente declive de las prestaciones dentales. Al igual que los higienistas, Schoen quería centrarse en la prevención y se ganó la animadversión de los dentistas conservadores.

Los dentistas conservadores utilizaron su influencia social como proveedores médicos para afianzar su propio poder sobre su industria, para controlar a los higienistas y a los rebeldes como Schoen, aunque en última instancia querían que sus actividades fueran tratadas más como ofertas opcionales disponibles en un mercado libre que como servicios sociales.

LA GRAN SONRISA AMERICANA

Otro punto clave de la evolución de la odontología en el siglo XX fueron las películas de cine y la popularidad del «star system». Con la llegada del sonido al final de la década de 1920, actores y actrices tenía que abrir la boca, dialogar y cantar. El problema es que una mala dentadura podía arruinar una carrera y los estudios, como en cualquier otro tema, del vestuario a la calidad de los guiones, buscaron a los mejores profesionales, ninguno más famoso que el dentista Charles Pincus. Pincus fabricaba coronas y dientes postizos que podían ponerse encima de un diente dañado o cubrir un hueco y se le considera el inventor de los «frentes de Hollywood» o carillas estéticas. La lista de sus famosos clientes incluía a Jack Benny, Montgomery Clift, Joan Crawford, James Dean (que supuestamente habría perdido dos dientes en un accidente de trapecio), Walt Disney, Bob Hope, Robert Taylor y Mae West. También consiguió solucionar el problema de Shirley Temple cuando la niña conocida como America's Sweetheart empezó a perder sus dientes de leche y tenía que

Un marinero estadounidense asoma la cabeza por una escotilla [Everett Collection].

mantener la misma sonrisa durante todo el rodaje. Fue el inicio de lo que algunos han denominado la Gran Sonrisa Americana.

No obstante, la salud bucodental incluso en el país más avanzado del mundo que ya era Estados Unidos, era un verdadero desastre y de noviembre de 1940 a septiembre de 1941, el 8,8 % de los reclutas americanos fueron considerados no aptos para el servicio activo por tener enfermedad periodontal o no tener un mínimo de doce dientes oponibles, incluidas las prótesis, que era el nivel dental que exigían los militares. En octubre de 1942 el ejército consiguió «solucionar» el problema al eliminar prácticamente los requerimientos mínimos de salud bucodental, lo que hizo que solo un 1 % de los soldados fueron considerados no aptos por problemas en la boca.

LA ODONTOLOGÍA EN EL TERCER REICH

Quizá el gran hito político del siglo xx es el desarrollo del nazismo, su implicación en la Segunda Guerra Mundial y el Holocausto. Hay un dato estremecedor sobre los odontólogos en el Tercer Reich: fue el grupo profesional que se afilió en mayor porcentaje al partido nazi. De hecho, Groß pudo comprobar la afiliación a partidos políticos de los 360 profesores universitarios de odontología y cirugía maxilofacial nacidos antes de 1922 y encontró que 217, es decir, un 60 %, estaban afiliados al NSDAP, una proporción inusualmente alta. Los mismos resultados se observan comparando a los dentistas con otros grupos de profesionales. Pero ¿cómo se explica la gran afinidad de los dentistas por el partido de Hitler? La competencia con los médicos ofrece una explicación importante: ambos grupos profesionales luchaban por el máximo reconocimiento, ambos buscaron el apoyo de los nuevos gobernantes y, por tanto, se pusieron entusiásticamente al servicio del régimen nazi. Además, los dentistas creían que encontrarían una respuesta positiva de los nacionalsocialistas en la lucha contra las impopulares clínicas del seguro médico. También es un hecho que en la profesión dental existían tendencias antisemitas mucho antes de 1933: ya en 1909, la revista *Im Deutschen Reich* publicó una lista de «*dentistas que boicotean a los pacientes judíos*». Finalmente, el régimen nazi dio a los odontólogos un papel central en la educación sanitaria del «organismo nacional alemán» y en la salud dental de los soldados germanos. Esto fue visto no solo como una mejora general de estatus, sino también como una fuente de oportunidades profesionales individuales por muchos odontólogos alemanes.

Evidentemente, entre los dentistas hubo víctimas y verdugos. En abril de 1933, al igual que los médicos, los dentistas judíos de instituciones públicas como hospitales, incluidos los profesores universitarios, y los dentistas escolares, fueron despedidos. Al mismo tiempo, a los dentistas «no arios» se les retiró la autorización para trabajar en el seguro médico. Solo hubo excepciones para unas pocas personas, la mayoría de las cuales habían servido en el ejército en la Primera Guerra Mundial. Para muchos, esto significó la ruina económica de la noche a la mañana, acompañada de una total exclusión social. Por su lado, 38 destacados profesores de odontología alemanes fundaron en Leipzig el Frente Unido de Dentistas una organización comprometida con el «Principio del Führer» nacionalsocialista, una regla de conducta que implicaba asumir la autoridad incondicional del líder, que tiene el mando supremo, y al que se ofrece una obediencia sin restricciones ni control.

El 1 de enero de 1934, en el Reich alemán estaban registrados un total de 11 332 dentistas, entre ellos 1064 personas clasificadas como judías por los nacionalsocialistas. El criterio decisivo no era la religión, sino la ascendencia familiar, de modo que entre los perseguidos se encontraban protestantes, católicos y personas sin afiliación religiosa, pero que tenían al menos uno de sus cuatro abuelos judío. Cuatro años más tarde, el 1 de enero de 1938, quedaban 579 dentistas judíos en todo el Reich, y el 1 de enero de 1939 el número había caído a 372, de los cuales 250 todavía tenían una licencia del seguro médico. Sin embargo, en ese momento el número total de dentistas había aumentado a 15 006 por lo que la proporción de judíos entre los dentistas autorizados por el seguro médico obligatorio bajó del 9,4 % al 1,6 %. Pocos días después, como resultado de la Octava Ordenanza sobre la Ley de Ciudadanía del Reich del 17 de enero de 1939, todas las licencias de dentistas judíos para ejercer fueron finalmente revocadas, cuatro meses después que las de los médicos. Solamente un grupo muy pequeño recibió permiso para continuar como odontólogos al servicio de la menguante comunidad judía superviviente en Alemania.

Alrededor de dos tercios de los dentistas represaliados pudieron huir de Alemania. La emigración a menudo se produjo en varias etapas: muchos se dirigieron inicialmente a los países vecinos de Alemania y tuvieron que huir de allí nuevamente después del comienzo de la guerra mundial y la invasión por los alemanes de los países limítrofes. Los principales países destinatarios finales fueron Estados Unidos, Gran Bretaña y el Mandato Británico de Palestina, que se terminaría convirtiendo en el estado de Israel. Únicamente una minoría volvió a trabajar en su profesión después de la emigración. Las alternativas más comunes eran trabajar como técnico dental o en profesiones no cualificadas. Aquellos que no abandonaron el país antes del inicio de la guerra pronto fueron amenazados con la deportación a guetos, campos de concentración y campos de exterminio. Aproximadamente una cuarta parte de los dentistas perseguidos sufrieron esta suerte y solo unos pocos sobrevivieron a los campos. Otros eligieron el suicidio.

Una característica importante de la política sanitaria nacionalsocialista fue la exigencia de promover métodos curativos alternativos como formas de terapia equiparables a la llamada medicina convencional. La reforma sanitaria nacionalsocialista tenía como objetivo allanar el camino hacia una medicina alternativa, holística y «biológica», que se denominó la «nueva medicina alemana» o para el ámbito específico de la salud bucodental, la nueva odontología alemana. La idea postulada era que los procedimientos médicos alternativos ayudaban a los métodos de curación de origen alemán, que habían sido descuidados en el período prenacionalsocialista debido a la «creciente judaización» de la odontología. Las ideas extremistas llegaron a culpar de las enfermedades dentales a «influencias judías».

Además de por su ascendencia judía, otros dentistas fueron perseguidos por sus ideas políticas, ser socialdemócrata o comunista, por oponerse a los nacionalsocialistas, por su orientación sexual o por ser considerado un miembro inútil de la sociedad por tener, por ejemplo, una enfermedad psiquiátrica. A cualquiera que fuera descubierto con estas circunstancias se le revocaban sus títulos, se le prohibía ejercer y era amenazado con prisión y pena de muerte. La prensa de Berlín publicó en 1939 el siguiente titular: «*Todo el sistema sanitario ha sido purificado de judíos*».

También hubo odontólogos entre los verdugos. De los 16 299 dentistas que había en Alemania en octubre de 1939, el 9 % pertenecían a las SS y 305 de ellos a las Waffen SS, un grupo militarizado que buscaba imponer la cosmovisión nazi. A modo de comparación: en aquella época la proporción de médicos en las SS rondaba el 5 % y la de profesores el 0,4 %. Alrededor de 100 de estos dentistas de las Waffen SS trabajaron en campos de concentración. Al principio, trataban tanto a los prisioneros como al personal de las SS. Sin embargo, la actividad con los primeros se transfirió cada vez más a los prisioneros dentistas. Los dentistas de las SS participaron junto a los médicos en las selecciones en la rampa, que era la separación en la estación de llegada entre los prisioneros que eran inmediatamente asesinados en las cámaras de gas y aquellos con mayor capacidad de trabajo que eran internados en el campo. Los dentistas de las SS también desempeñaron un papel especial en el «robo de oro dental»: la extracción de las prótesis de oro de los prisioneros asesinados. Los dentistas reclusos solían realizar este procedimiento por orden y bajo la supervisión de los dentistas nazis del campo de concentración, que se aseguraban de que el oro dental se fundiera y se almacenara hasta su entrega a las autoridades nazis.

También se han documentado prácticas sádicas e incluso asesinas por parte de algunos dentistas de campos de concentración, como Georg Coldewey, que, entre otras cosas, extraía dientes sanos y dientes de oro a prisioneros sin anestesia, o Walter Sonntag, que maltrató a las prisioneras en el campo de concentración de mujeres de Ravensbrück, o Willi Jäger, quien amputó a prisioneros de campos de concentración con fines de entrenamiento personal y finalmente asesinó a las víctimas con inyecciones letales o Werner Rohde, que administró dosis mortales de fenol a cuatro mujeres en el campo de concentración de Natzweiler-Struthof.

La responsabilidad de los criminales se analizó después de la guerra. Desde noviembre de 1945 hasta abril de 1949 se llevaron a cabo doce «juicios de Nuremberg». Según su propia defensa, los dentistas solo eran especialistas en salud bucal, pero, a pesar de ello, 48 odontólogos fueron acusados y condenados por tribunales aliados o federales alemanas, quince de ellos a muerte. Los castigos más severos fueron dictados por los tribunales franceses (seis sentencias de muerte) y los más leves por los tribunales alemanes. Las acusaciones centrales fueron asesinato y homicidio, malos tratos y, especialmente en el caso de los dentistas afiliados a los campos de concentración, las selecciones «en la rampa» con resultado de muerte y el saqueo de los dientes de oro antes mencionado. También aquellos que se pronunciaron a favor de la esterilización forzada de portadores de taras, como por ejemplo el profesor Reinhold Ritter y Martín Wassmund, o que abogaron por el despido y la privación de derechos de los colegas judíos a su cargo, como Hermann Euler, rector de la Universidad de Breslau, que denunció a dieciséis colegas judíos a sus perseguidores y fue así cómplice de su asesinato. No obstante, la gran mayo-

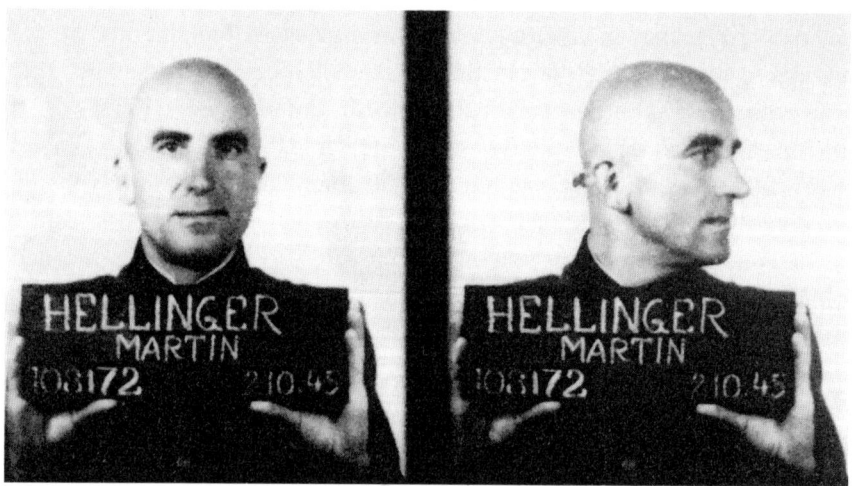

Martin Karl Hellinger (1904-1988), dentista alemán afiliado al régimen nazi. Hellinger fue asignado al campo de concentración de mujeres en Ravensbrück en 1943, donde participó en la recolección sistemática de oro dental de prisioneros fallecidos. En 1947, fue condenado a 15 años de prisión en el primer juicio de Ravensbrück, pero fue liberado en 1954. Posteriormente, reanudó su práctica dental en Alemania Occidental con apoyo financiero del gobierno. [U.K. Public Record Office].

ría de los representantes destacados de la profesión dental en el Tercer Reich superaron los tribunales de desnazificación a más tardar en 1948, regresaron a las universidades y consultorios y, en muchos casos, continuaron sus carreras. El comisario de antisemitismo del gobierno federal, Felix Klein, aboga desde 2020 por que se modifiquen los currícula académicos para que los delitos cometidos por los profesionales biosanitarios durante la era nazi se incluyan en los planes de estudios, ya que son desconocidos para muchos estudiantes de medicina y odontología.

La odontología forense prestó un último servicio en el desplome del Tercer Reich: confirmar la muerte de Hitler. Reidar Sognaes (1911-1984) un patólogo dental que fundaría la Facultad de Odontología de la Universidad de California en Los Angeles pudo estudiar el estatus dental de Adolf Hitler *ante mortem* y *post mortem*. El último consistió en el análisis de una mandíbula, varios dientes y un puente de oro recuperado del hoyo donde los rusos habían quemado los cuerpos de Hitler y su recién casada Eva Braun. Al comparar estas piezas con las imágenes de rayos x tomadas por los dentistas de Hitler, Sognaes pudo eliminar los rumores de que el dictador había escapado y confirmó que Hitler había muerto tras su suicidio en el búnker de Berlín el 30 de abril de 1945.

Exposición de cajas que contienen coronas de oro y dentaduras postizas retiradas de prisioneros en el campo de concentración de Buchenwald, descubiertas por las tropas estadounidenses tras la liberación del campo en mayo de 1945 [Arnold Bauer Barach, United States Holocaust Memorial Museum].

EL ESTATUS DE LA PROFESIÓN

Al contrario que la cirugía, la historia de la odontología en el siglo XIX no fue un ascenso meteórico hacia el éxito profesional y el estatus social. Los dentistas europeos y norteamericanos pasaron los siglos XIX y XX envueltos en controversias sobre su posición como una profesión independiente o una especialidad de la medicina, sobre su nivel académico y profesional, equiparable al de los médicos o mucho menor, y sobre su problemática relación con el estado, con países que incluyeron la salud bucodental en sus planes nacionales y otros que lo consideraban una intromisión ilegítima y casi comunista.

Otros cambios fueron ligados al progreso científico. Desde comienzos del siglo XIX se desarrollaron diversas teorías sobre el desarrollo de la caries, que reemplazaron las ideas basadas en la patología humoral. En 1825, el dentista londinense Andrew Clark planteó que las enfermedades dentales eran el resultado de la dieta caprichosa de las personas ricas y concluyó que las personas menos pudientes, que estaban acostumbradas a una vida dura y comían menos dulces y menos carne, tenían generalmente dientes más sanos y con menos caries. En 1843, el anatomista de Múnich Michael Pius Erdl (1815-1848) actualizó la teoría del gusano y la convirtió en la teoría del parásito. A esto siguió la teoría de la inflamación de Leonhard Koecker, según la cual los productos metabólicos especiales procedentes de la transformación química de los componentes de los alimentos eran los responsables del desarrollo de las caries.

Otro elemento clave fue el paso a lo largo del siglo XIX del liderazgo de la odontología de Europa a los Estados Unidos. En primer lugar, los efectos de la Revolución afectaron al desarrollo científico de Francia, el país líder hasta ese momento, que sufrió profundas convulsiones sociales. La joven democracia estadounidense tuvo, por el contrario, un rotundo interés desde el primer momento por el progreso y la ciencia. En segundo lugar, América era vista como una tierra de oportunidades y algunos de los profesionales europeos más inquietos y ambiciosos decidieron cruzar el Atlántico y establecerse de forma temporal o definitiva en los nuevos países surgidos de las independencias americanas, en Estados Unidos sobre todo, pero también en Cuba o Argentina por parte de profesionales de origen español. Un dato revelador es que entre 1800 y 1840 se publicaron cuarenta y cuatro tratados de odontología en los Estados Unidos. Tercero, Estados Unidos contaba con una población en crecimiento demográfico y económico que demandaba nuevos servicios y era un campo fértil para nuevos inventos, nuevos productos y nuevos tratamientos. En cuarto lugar, la educación pública generó una nación alfabetizada, que leía muchos periódicos y libros y que estaba al día de las novedades europeas o de su propio país y atentos al cuidado de la salud y la apariencia física. Como resultado de todo ello, Leonhard Koecker, un dentista con clínicas en Baltimore y Londres escribía en sus *Principles of Dental Surgery* en 1826. «*En ninguna parte del mundo ha conseguido* [el arte dental] *una situación más elevada*» que en los Estados Unidos.

Odontología científica

Una figura clave en este proceso que se conoce como Odontología científica fue Willoughby D. Miller (1853-1907). Miller nació en Alexandria, Ohio, y estudió matemáticas y física en la Universidad de Michigan. Viajó a Edimburgo para continuar sus estudios, pero los problemas económicos le obligaron a trasladarse a Berlín, donde recibió la ayuda del dentista estadounidense Frank Abbot. Miller se casó más tarde con la hija de Abbot, Caroline. Interesado por la profesión de su suegro, Miller regresó a Estados Unidos para formarse como dentista en la Facultad de Odontología de Pensilvania y en 1879 fue uno de los miembros de la primera promoción de esta facultad.

Tras graduarse, Miller oyó la teoría de Koch sobre los microbios patógenos y viajó a Berlín, donde trabajó primero en la clínica de Abbot para interesarse posteriormente por la naciente ciencia de la microbiología, en la que se formó en la Universidad de Berlín con Robert Koch (1843-1910). Se le considera el primer microbiólogo oral. Pasteur había descubierto que las bacterias pueden fermentar los azúcares en ácido láctico, y otro francés, Émile Magitot (1833-1897), había demostrado que la fermentación de los azúcares podía disolver los dientes en el laboratorio. Mientras, Koch estaba investigando la relación entre distintos tipos de bacterias y las enfermedades sistémicas.

Magitot hizo interesantes estudios sobre el desarrollo y estructura de los dientes humanos, desde el año 1858 en que comenzó, hasta sus últimos informes sobre la necrosis de los huesos maxilares causada por el fósforo (Enfermedad de Magitot), un tema de investigación que un siglo más tarde retomaría el cirujano maxilofacial norteamericano Robert Marx. En 1877 publicó un extenso ejemplar titulado *Tratado sobre la caries dental*, considerada su obra cumbre.

Willoughby D. Miller (1853-1907), considerado el primer microbiólogo oral, introdujo principios modernos en la odontología durante la «edad de oro» de la microbiología. Es célebre por su teoría quimio-parasitaria de las caries, que explicaba cómo los ácidos producidos por bacterias al fermentar azúcares disuelven el esmalte dental, y por su teoría de la infección focal, que vinculaba microorganismos orales con enfermedades sistémicas. Su legado, desde su trabajo en Berlín junto a Robert Koch hasta su posición como decano electo en la Universidad de Michigan, sentó las bases para avances en odontología y medicina [*The Dental Cosmos*, 1907].

Underwood y Miles habían observado bacterias en el interior de la dentina cariada en 1881, y estos investigadores también propusieron que los ácidos bacterianos eran responsables de la desmineralización de los dientes. Miller se convenció de que la boca era un foco de infección y que este hecho podría explicar la mayoría de las enfermedades humanas. Observó un papel de los microorganismos orales o sus productos en el desarrollo de abscesos cerebrales, enfermedades pulmonares y problemas gástricos, así como una serie de enfermedades infecciosas sistémicas. En el prefacio de una serie de artículos titulados *La boca humana como foco de infección*, afirmó:

> Durante los últimos años ha crecido la convicción entre los médicos, así como entre los dentistas, de que la boca humana, como lugar de reunión e incubadora de gérmenes patógenos desempeña un papel importante en la producción de diversos trastornos del cuerpo, y que si muchas enfermedades cuyo origen se desarrolla en el misterio pudieran ser rastreadas hasta su fuente, se encontraría que se originaron en la cavidad bucal.

Miller desarrolló la «teoría quimioparásita», según la cual la caries está causada por los ácidos producidos por las bacterias orales tras la fermentación de los azúcares. Miller repetía una frase: *«Un diente limpio nunca se cae»*. Los principios de la teoría quimioparasitaria se vieron reforzados por las descripciones de la placa bacteriana en las superficies dentales realizadas de forma independiente por G.V. Black y por J.L. Williams en 1898. La biomasa de la placa ayuda a fijar los ácidos en la superficie del diente e impide su dilución por la saliva. Paul Keyes finalmente descubrió en 1960 que, de todas las especies de la microbiota oral, *Streptococcus mutans* es el principal causante de las caries. No obstante, un examen más reciente de la microbiología de las lesiones cariosas mediante la secuenciación del ARNr 16S y la secuenciación del ADN de alto rendimiento indica que las comunidades de diversos microorganismos pueden ser más importantes que las especies individuales.

En sus últimos años, Miller fue nombrado decano de la Facultad de Odontología de la Universidad de Michigan en 1906, pero falleció en 1907 tras una operación de apendicitis, antes de asumir el cargo. A lo largo de su vida, aisló 58 variedades de microorganismos de la boca, muchos de los cuales son patógenos o pueden serlo en circunstancias determinadas.

En el Congreso Internacional de Higiene, Miller presentó sus investigaciones ante un público que incluía a William Hunter (1861-1937). Hunter, médico del London Fever Hospital, comenzó a investigar la existencia y los efectos de la infección séptica oral —prevalencia, potencia, facilidad de observación y tratamiento— como causa importante y complicación de toda una serie de enfermedades. En 1898, Hunter resaltó la importancia de la infección dental, introduciendo el término «sepsis oral». Sobre este término, afirmó:

> Mi objetivo al buscar un nombre especial, y después de la creación de este, era enfatizar el importante hecho de que no es la ausencia de dientes sino la presencia de sepsis, que no son defectos dentales sino los efectos sépticos, que no es la masticación defectuosa, sino la sepsis efectivamente asociada a tales defectos dentales a menudo presente en condiciones de gingivitis aparte de tales defectos, los que son responsables de la mala salud asociada a las «malas» bocas.
>
> El segundo objetivo era destacar la importancia de la infección causada por organismos estafilocócicos y estreptocócicos, a diferencia de las infecciones puramente saprofíticas tan frecuentes en la mucosa de la boca; o la presencia temporal de organismos específicos, por ejemplo, tifus, tuberculosis, neumonía, ...

En numerosos trabajos relató el peligro de la sepsis oral, y cómo se asociaba frecuentemente a infecciones de las encías. En otro artículo publicado en 1911, describió la vía a través de la cual las infecciones orales podían extenderse por el cuerpo:

> La característica principal de esta particular sepsis oral es que toda ella es ingerida o absorbida por los vasos linfáticos y la sangre... los efectos de la misma, por lo tanto, caen en primer lugar sobre todo el tracto alimentario... desde la amígdala hacia abajo. Estos efectos incluyen todos los grados y variedades de amigdalitis y faringitis; de problemas gástricos, desde la dispepsia funcional hasta la gastritis y la úlcera gástrica; y todos los grados y variedades de enteritis y colitis, y problemas en las partes adyacentes, por ejemplo, apendicitis. Los efectos recaen en segundo lugar sobre las glándulas (adenitis); sobre la sangre (anemia séptica, púrpura, fiebre y septicemia), en las articulaciones (artritis), en los riñones (nefritis) y en el sistema nervioso.

En 1910, Hunter dio una conferencia con un enfoque un tanto dramático en la facultad de medicina de la universidad McGill de Montreal sobre la sepsis y la antisepsis. Dijo que había tratado muchos problemas de salud que desaparecían después de sacar de las bocas de los pacientes prótesis colocadas por dentistas americanos, que había encontrado coronas y puentes en ambientes infecciosos y dijo que las prótesis americanas eran «*mausoleos de oro sobre masas de sepsis*», una metáfora terrible que rápidamente recogió la prensa. Inmediatamente, muchos americanos pidieron que les quitaran sus prótesis, a lo que siguió una oleada de extracciones, la mayoría innecesarias.

Hunter llevó su pasión sobre las infecciones hasta el punto de untar su propio pene con pus contaminado de gonorrea. Lo hizo, al parecer, en un esfuerzo para sufrir la enfermedad y poderla estudiar y como *bonus* contrajo sífilis a la vez. Además de autoadministrarse dos enfermedades de transmisión sexual, Hunter fue el primero que hizo con éxito una inseminación artificial en humanos.

Volvamos a las enfermedades bucales. Los dentistas americanos respondieron a las críticas de Hunter y Edward Cameron Kirk, editor de *Dental Cosmos*, indicó que la odontología americana era ejemplar y que se sabía de dentistas europeos que añadían detrás de su nombre un inmerecido D.D.S. (doctor en cirugía dental) y que quizá eran los trabajos de esos profesionales los que Hunter había visto en condiciones tan lamentables.

Sello conmemorativo de Serbia emitido el 9 de noviembre de 2018 en honor a los grandes médicos de la Primera Guerra Mundial. Este sello, diseñado por M. Kalezić, destaca la figura de William Hunter (1861-1937), un renombrado médico británico, reconocido por sus contribuciones médicas durante el conflicto y su labor en el tratamiento de enfermedades infecciosas.

A pesar de estas controversias «nacionalistas», las ideas sobre la sepsis oral inspiraron la teoría de Henry Cotton de la sepsis focal que condujo al aumento del número de extracciones dentales y amigdalectomías en las décadas de 1910 y 20, bajo la presunción de que la sepsis oculta podría ser la causante de un deterioro más amplio de la salud de los individuos. En la década de 1930, este punto de vista había caído en desgracia y se siguió una estrategia de mayor prudencia, pero no hasta después de que se hubieran realizado miles de cirugías innecesarias.

Hunter describió con contundencia cuán constante era la omisión del médico en esta área interdisciplinaria. Afirmaba que no había parte del cuerpo más comúnmente examinada por el médico que la boca, pero que cuando veía los dientes defectuosos o cariados lo consideraba algo independiente, quizá el resultado de una salud deteriorada o una mala nutrición, pero raramente lo relacionaba con un pobre estado de salud general. Aún hoy sigue siendo escaso el diálogo entre odontólogos y médicos sobre la salud de sus pacientes.

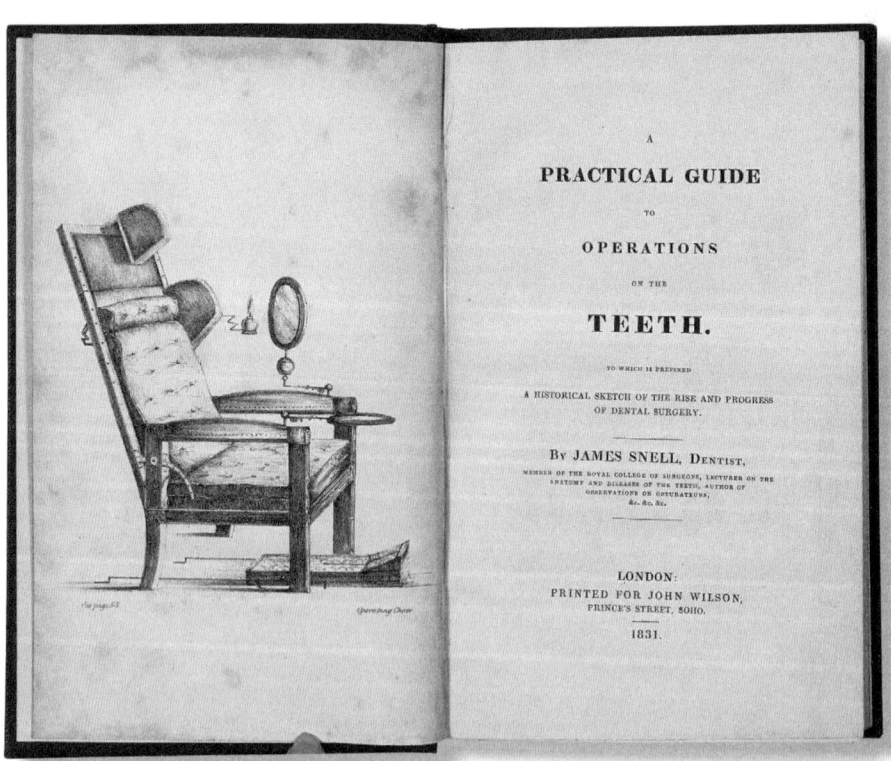

AVANCES TÉCNICOS

Hoy, la odontología utiliza un conjunto de sofisticados instrumentos. No siempre fue así, pero podemos ver la conexión entre las antiguas herramientas que se usaban para los tratamientos odontológicos en los primeros tiempos y los instrumentos modernos y sus futuros desarrollos.

Sillón dental

Un sillón dental es un aparato de gran tamaño que se utiliza en la consulta del dentista. El dentista estadounidense Josiah Flagg (1763-1816) creó el primer sillón dental ajustable a finales del siglo XVIII, para lo que adaptó una silla Windsor de madera a la que añadió una bandeja para instrumentos en un lateral y un reposacabezas ajustable en la parte superior. Flagg había sido voluntario en la guerra de 1812 y fue capturado por los británicos que lo llevaron preso a Inglaterra y lo pusieron en libertad condicional. Durante ese período practicó la odontología y pudo asistir a una charla del famoso cirujano sir Astley Cooper. Cooper tenía dificultades para extraer una muela y le preguntó a Flagg si quería probar. Flagg pidió unos alicates a un joyero, los insertó en la boca del paciente y poco después la muela salió volando por la habitación.

El sillón se fue mejorando continuamente y en el siglo XX se convirtió en una unidad de tratamiento integrada, que incorporaba electricidad, aire comprimido, conexión de agua a la red, salida de sumidero y extracción de saliva por un sistema de vacío. El paciente estaba sentado y el dentista de pie. En 1958 John Naughton creó un sillón con asiento y respaldo articulados, que supuso la introducción de lo que se denomina «odontología a cuatro manos».

◀ Un sillón dental en la portada del libro *A Practical Guide to Operations on the Teeth* (1831), escrito por James Snell, dentista miembro del Royal College of Surgeons y conferenciante sobre anatomía y enfermedades dentales. Este manual incluye un esbozo histórico sobre el desarrollo de la cirugía dental. Publicado en Londres por John Wilson, Prince's Street, Soho [Bonhams House].

Sillón de barbero del siglo xviii, posiblemente de origen holandés, modificado para realizar extracciones dentales. Refleja la estrecha relación histórica entre barberos y práctica dental. Las modificaciones del sillón, originalmente diseñado para el afeitado y corte de pelo, permitían una mejor posición tanto para el paciente como para el practicante durante las extracciones [JSTOR].

El sillón dental incorpora energía mecánica o neumática para una o varias piezas de mano. Normalmente, también incluye un pequeño grifo y una escupidera, que el paciente puede utilizar para enjuagarse. Entre las piezas de mano están el micromotor, la turbina, el depurador, el cauterizador, la lámpara de polimerización, así como una o varias mangueras de aspiración y una boquilla de aire comprimido/agua de irrigación para soplar o lavar los residuos de la zona de trabajo en la boca del paciente. Además, puede incluir un aparato de limpieza por ultrasonidos, un sistema de radiografía, una lámpara de quirófano y un monitor o pantalla de ordenador.

Las lámparas de quirófano LED han transformado el trabajo del dentista en los últimos años al proporcionar una luz «fría», con una bombilla que no necesita cambiarse y que inunda la cavidad bucal con una luz que reduce las sombras y mejora, a su vez, la fatiga visual. Esta fuente de luz tiene un brillo de 5000-30 000 lux y una dirección de dispersión de luz precisa, con la que el dentista ilumina la cavidad bucal del paciente

Catálogo de 1912 de The Dental Manufacturing Company Limited, que muestra dos modelos de sillones dentales de la época. Representan la evolución del equipamiento odontológico a principios del siglo xx, con innovaciones en ergonomía y funcionalidad que mejoraban tanto la comodidad del paciente como la eficiencia del dentista. Los diseños reflejan la creciente sofisticación de la práctica dental y la industrialización de los equipos médicos.

Sillón dental hidráulico escolar fabricado por The Dental Manufacturing Co. en Inglaterra entre 1910 y 1930. Este modelo, diseñado específicamente para el tratamiento de niños, combinaba una estructura de hierro fundido con acabados en caoba. Su diseño representa un importante avance en la odontología pediátrica de principios del siglo xx, cuando las escuelas comenzaban a implementar programas de salud dental infantil y se reconocía la necesidad de equipamiento especializado para el tratamiento de los más pequeños [JSTOR].

para un trabajo más cómodo y eficiente. Hoy en día también existen lámparas dentales con sensores, es decir, que se puede controlar con un gesto de la mano sin tocarla, para evitar contaminaciones. Una luz con un alto índice de reproducción cromática refleja con precisión el color para el diagnóstico de tejidos blandos y duros; algunas luces también disponen de un útil modo de composite, que ilumina sin curar las resinas fotosensibles.

Muchos sillones de dentista tienen interruptores de pedal. Con ellos, el dentista puede utilizar su pie para accionar las distintas funciones de la unidad de tratamiento dental (por ejemplo, la posición del sillón de tratamiento, la velocidad de rotación de las piezas de mano ...), de modo que sus manos puedan permanecer libres y estériles durante la atención al paciente. Los sillones tienen un diseño que las hace fáciles de limpiar, pues son una fuente potencial de infección por varios tipos de bacterias, incluida la famosa *Legionella pneumophila*.

S. S. White Exodontist's Chair
An adaptation of the
S. S. White Diamond Chair

This special Diamond Chair meets the requirements of the extraction specialist. It has three heavy leather straps and strap attachments and a plain floorboard without the toepiece. The seat, back, armrests, working mechanism, etc., are the same as the Diamond Chair.

Finishes. Black and Mahogany are standard finishes. White, Pearl Gray, Neptune Green and Ivory Tan on special order at additional cost. All metal parts are chromium plated.

Publicidad del sillón «S. S. White Exodontist's Chair». Adaptación de la Silla Diamond de S. S. White, diseñada específicamente para especialistas en extracciones dentales. Equipada con correas de cuero resistentes y un reposapiés simple. Disponible en acabados estándar, negro y caoba, otros bajo pedido especial. Todos los componentes metálicos son cromados [Australian Dental Associationy].

Una bomba para dentistas, un dispositivo que se usaba para accionar herramientas como el torno dental y sistemas básicos de lavado. Este equipo empleaba un mecanismo de bombeo accionado por el pie para generar la potencia necesaria para las herramientas [M.F.A.M. Museum].

Torno dental

Una de las primeras herramientas dentales es el torno o taladro. El primero apareció en el año 7000 a.e.c. y fue un invento de la civilización del valle del Indo. En realidad, era un taladro de arco y se cree que lo manejaban hábiles artesanos que estaban especializados en la producción de abalorios y joyas que a menudo requerían finas perforaciones y fueron usados en dientes cariados. El siguiente paso en este desarrollo instrumental fueron los taladros manuales mecánicos, de los que habla Pierre Fauchard, pero eran bastante lentos. El primer taladro mecánico de pedal fue construido por John Greenwood, uno de los dentistas de George Washington, en 1790, y se inspiró en la rueca accionada con el pie que manejaba su madre. Von Lautenschläger desarrolló en 1803 un taladro accionado por una manivela. En 1846, Wescott introdujo un taladro cuyo cabezal se fijaba al dedo con un anillo. A esto le siguió en 1864 la invención del Erado por parte del dentista británico George Fellows Harrington, que conectó un taladro dental a un resorte con un mecanismo de relojería. Se daba cuerda al resorte y luego funcionaba durante unos dos minutos y aunque era mucho más rápido que los taladros manuales y permitía una mayor precisión, era también ruidoso e incómodo.

Amos Westcott (1815-1873), al que algunos han llamado el primer dentista de América, un título más honorario que cronológico, y que fue alcalde de Siracusa, utilizaba una broca que giraba entre el pulgar y el índice. Tiene fama de haber contribuido a sacar a la odontología de la era del «sillón de barbero». Mejoró las herramientas dentales, entonces insatisfactorias, escribió libros sobre cirugía oral, y fue uno de los fundadores del New York College of Dental Science de Siracusa, la quinta institución de este tipo en Estados Unidos. Westcott utilizó el cloroformo, mejoró las dentaduras postizas e inventó un nuevo tipo de mantequera y un sistema de cerraduras a prueba de ladrones. Por otro lado, su fama se debe a uno de los timos más conocidos de EE. UU., el gigante de Cardiff. En 1869, compró un cuarto de acción del Gigante de Cardiff, que fue desacreditado tres meses después de que el hombre petrificado de tres metros fuera «descubierto» en la granja de Stubb Newell en Cardiff, 14 millas al sur de Siracusa. Las fuentes de Roscoe Whitman para *Tragedies and Hoax of Some Westcotts* informan de que el engaño fue enteramente obra de Westcott:

Fue el Dr. Amos Westcott quien concibió el engaño del gigante de Cardiff, una de las estafas más extrañas jamás perpetradas. Con un amigo comerciante de caballos de Homer, N.Y., se dice que suscitaron una discusión sobre si los gigantes existieron realmente. En apoyo de su argumento de que sí, el Dr. Westcott señaló la declaración bíblica de que «había gigantes en aquellos días». Se dice que se emplearon dos años en la preparación de la figura del gigante tallada en piedra, construida de tal manera que cupiera la duda de si se trataba de un ser humano fosilizado o de una escultura prehistórica. Fue frotada con arena hasta que los rasgos quedaron parcialmente borrados, reconstruida con lo que parecían ser perforaciones de gusanos, bañada en ácido sulfúrico y sometida a un tratamiento que le dio apariencia de gran antigüedad. La figura medía diez pies y cuatro pulgadas, pesaba 2990 libras y tenía hombros de más de tres pies de punta a punta; luego fue plantada en una granja de Cardiff, una pequeña comunidad agrícola del condado de Ononadaga, N. Y. Fue desenterrada por un tercero y su «descubrimiento» generó mucho interés. Se expuso en el Geological Hall de Albany en diciembre de 1869 y atrajo una gran atención. El Dr. Westcott y su cómplice se divirtieron mucho con las exhibiciones del Gigante de Cardiff hasta que, finalmente, se descubrió el engaño.

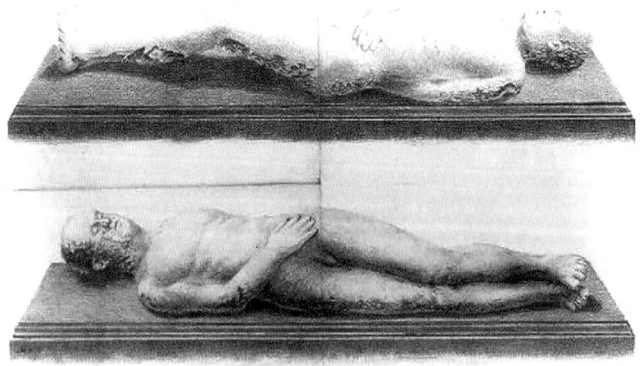

Ilustración del Gigante de Cardiff, una de las más famosas farsas arqueológicas del siglo xix. Descubierto en 1869 en Cardiff, Nueva York, este supuesto «fósil petrificado» fue en realidad una escultura enterrada deliberadamente para engañar al público. Diseñado por George Hull, el gigante fue presentado como un hallazgo histórico, atrayendo multitudes de curiosos y convirtiéndose en una lucrativa atracción.

Volviendo a los taladros, James B. Morrison desarrolló un taladro dental accionado por pedal en 1871 que se basaba en el principio de la máquina de coser. El primer taladro dental eléctrico fue patentado por George F. Green en 1875. La lista de inventores también incluye a William Gibson Arlington Bonwill con su motor dental Bonwill, aunque en 1875 se lanzó al mercado un desarrollo similar, pero que funcionaba con baterías, de SS White, una de las empresas punteras del sector.

En 1883 se introdujo el extractor de saliva. Se habían probado pinzas para cerrar las aperturas de los conductos salivares, servilletas de algodón dobladas dentro de la boca, papel «bibuloso», cajas hechas con cera e incluso un sistema de aspiración que recogía la saliva y la depositaba en un depósito en el suelo. Un gran avance se produjo cuando Sanford C. Barnum inventó los diques de goma. Este dentista recordaba que *«el 15 de marzo de 1864 se le había presentado un caso con una cavidad en un molar inferior y una boca tan húmeda que parecía que salía agua de todas partes»*. Después de colocar todo el papel absorbente que pudo alrededor de la muela en un momento de desesperación, Barnum cortó un hueco en su protector, una delgada capa de cuero aceitado y lo envolvió alrededor del papel. Entonces empujó un pequeño anillo de goma alrededor del cuello del diente y creó lo que se conoció como el dique de goma.

Un dentista ambulante ejerciendo su oficio en la India [Chippix].

En 1893 comenzó la era del varillaje Doriot, una transmisión por correa que llevaba el par de un motor eléctrico a piezas de mano. Fue inventada por el dentista parisino Constant Doriot y fue el equipo estándar en una consulta dental durante casi 70 años, aunque también se utilizaron taladros accionados hidráulicamente (Water-Motor Dental Engine).

Los taladros dentales eléctricos fueron mejorando con el tiempo y en 1914 podían alcanzar velocidades de hasta 3000 rpm. El belga Emile Huet (1874-1944) diseñó en 1911 un motor para los tornos dentales que podía alcanzar una velocidad de 10 000 rpm, pero las piezas de mano de la época no estaban diseñadas para tales velocidades y el resultado era irregular.

Robert B. Black desarrolló el primer dispositivo llamado Air Dent (Air-Flow, Air-Polishing) en 1945 para su uso en la preparación y profilaxis de cavidades, que utilizaba un polvo de bicarbonato de sodio altamente abrasivo. En 1949, John Patrick Walsh, junto con empleados del Laboratorio de Física *Dominion* en Nueva Zelanda, diseñaron el predecesor del moderno taladro dental manual con turbina de aire. Los taladros dentales modernos, basados en este, pueden tener hasta 800 000 rpm, aunque lo más habitual es que no vayan más de 400 000 rpm. En 1950, la pieza de mano se desarrolló aún más y se modificó su diseño hasta conseguir mayor flexibilidad y poder trabajar con distintos ángulos. En 1965, las empresas Kerr Dental y Siemens (más tarde Sirona y desde 2015 Dentsply International) fabricaron los primeros micromotores dentales. El micromotor se montaba directamente en la pieza de mano, lo que eliminaba el problema de la transmisión de potencia a largas distancias. A esto le siguió en 1957 el desarrollo por John Borden de una pieza de mano de turbina de aire de alta velocidad, llamada Airotor (Dentsply), que aceleró significativamente los tornos para la preparación de los dientes y las caries dentales a hasta 300 000 revoluciones por minuto y un espray que mezcla aire y agua y enfría la superficie del diente. Desde 1987, una lámpara integrada garantizaba una mejor visibilidad en la zona de tratamiento.

Jeringa carpule utilizada en anestesia odontológica, un dispositivo esencial que permite administrar anestésicos locales con precisión durante procedimientos dentales. Introducida en el siglo XX, esta herramienta revolucionó la odontología al proporcionar una forma controlada y segura de insensibilizar áreas específicas de la boca, reduciendo el dolor y mejorando la experiencia del paciente. Su diseño incluye un soporte para ampollas de anestesia y un émbolo que facilita la aplicación gradual del anestésico [Natatravel]. ▶

La jeringa

Después de que Robert Boyle y Christopher Wren experimentaran con jeringas en el siglo XVII, la jeringa, tal como la conocemos, fue diseñada por el cirujano de campaña francés de la época de Luis XIV, Dominique Anel (1679-1730), que la utilizaba para limpiar heridas. Posteriormente, Charles-Gabriel Pravaz (1791-1853) desarrolló una jeringa para inyección subcutánea en 1850, que se considera el prototipo de la jeringa hipodérmica.

El médico irlandés Francis Rhynd (1801-1861) inventó la aguja hueca y la probó en un paciente en 1844. En 1897, la Maison Lüer patentó una jeringa de vidrio para la administración de anestésicos, que enfrentó desde 1909 la competencia de un diseño de los fabricantes de instrumentos berlineses Dewitt & Hertz. Su «jeringa de precisión récord» estaba hecha de vidrio y metal y se caracterizaba por su alta estanqueidad, lo que le permitía vaciar completamente la solución inyectable. Sin embargo, su conexión de cánula tenía un diámetro diferente al de las jeringas Lüer y era necesario utilizar adaptadores adecuados. Otro problema era la antisepsia: Durante gran parte del siglo XX, médicos y dentistas utilizaban una «hervidora» de las jeringuillas de vidrio con el objetivo de cumplir las condiciones higiénicas que se consideraban necesarias, hasta que a mediados del siglo XX se introdujeron las jeringuillas desechables.

En 1917, el médico estadounidense Harvey Samuel Cook (1888-1934) desarrolló la jeringa con ampolla cilíndrica, que se ha utilizado ampliamente en odontología, en particular para la administración del anestésico local. El farmacéutico, veterinario e inventor neozelandés Colin Murdoch (1929-2008) inventó la jeringa desechable de plástico. Murdoch presentó su invento al ministerio de salud, donde lo consideraron «*demasiado futurista*». Debido a la falta de apoyo financiero, el desarrollo de su idea quedó paralizado durante años, pero cuando se le concedió la patente en 1956, la jeringa desechable se convirtió en un éxito mundial y en el siglo XXI se utilizan millones de unidades al día.

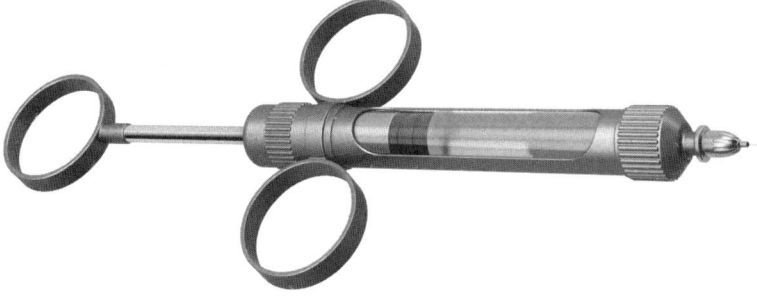

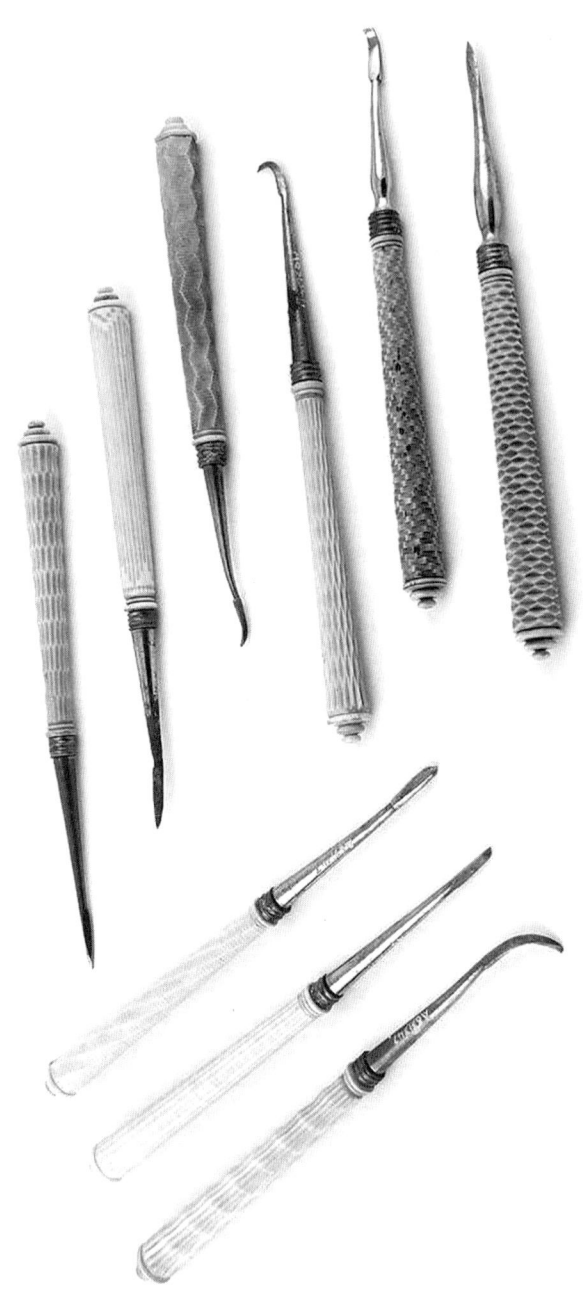

Colección de instrumentos dentales del consultorio del Dr. W. Reif, ubicado en el 75 de Wimpole Street, Londres [Science Museum Group Collection].

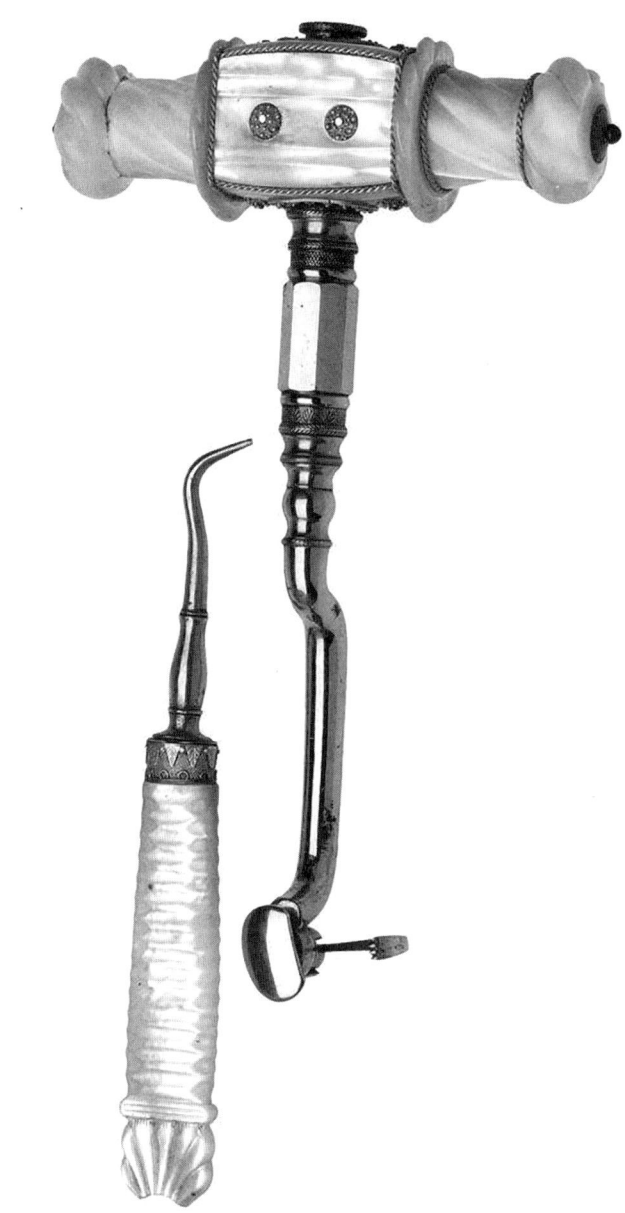

Instrumentos dentales de finales del siglo XIX perteneciente al dentista
estadounidense Eleazor Gidney [Science Museum Group Collection].

Retrato de Richard Adolf Zsigmondy (1865-1929) —hijo de Adolf Zsigmondy (1816-1880)—
ganador del Premio Nobel de Química en 1925 por sus investigaciones en los coloides.
La fotografía fue tomada por Walter Gircke antes de 1926 [Biblioteca del Congreso].

Esquemas dentales

Los esquemas dentales de Adolf Zsigmondy (1816-1880) y Victor Haderup (1845-1913) son históricamente importantes. Zsigmondy desarrolló la idea en 1861 utilizando una cruz, la cruz de Zsigmondy, para registrar los cuadrantes de las posiciones de los dientes. Los dientes adultos se numeraban del 1 al 8, y la dentición primaria infantil se representaba con una cuadrícula de cuadrantes utilizando números romanos I, II, III, IV, V para numerar los dientes desde la línea media. Palmer lo cambió por A, B, C, D, E, lo que lo hacía menos confuso y menos propenso a errores de interpretación.

Los hijos de Zsigmondy tuvieron vidas llamativas. El mayor, Ottó, también era dentista. Su campo de investigación profesional fue la odontología conservadora. Utilizó el superóxido de sodio para ensanchar el conducto radicular y realizó empastes permanentes de gutapercha negra dura. Basándose en observaciones realizadas en sí mismo, describió la masticación bifásica o temporal que lleva su nombre. En sus publicaciones luchó por el reconocimiento de la odontología como parte orgánica de la ciencia médica. El segundo hijo, Emil, era médico. Tanto Ottó como Emil eran conocidos alpinistas; participaron en la primera ascensión al Meije por la arista este en julio de 1885, pero Emil murió en otro intento de ascensión al Meije al mes siguiente. El tercer hijo de Adolf Zsigmondy, Richard Adolf, ganó el Premio Nobel de Química en 1925. Su cuarto hijo, Karl, era matemático y el teorema de Zsigmondy lleva su nombre.

El dentista danés Victor Haderup fue el creador del sistema conocido por su apellido, que se utilizó en gran parte del mundo hasta los años 70 y que todavía se utiliza en Dinamarca. El sistema nombra los dientes con números desde el centro hacia los lados, comenzando con 1 para los dientes frontales. Los dientes de la mandíbula superior se agregan «+» (más) y los dientes de la mandíbula inferior se agregan «−» (menos), y la posición del signo más o menos en relación con el número determina si el diente está en el lado izquierdo o derecho; si se coloca a la izquierda del número, es el lado izquierdo del paciente, y si se coloca a la derecha del número, es el lado derecho del paciente. Para los dientes permanentes, el número se escribe con un dígito, mientras que para los dientes de leche va precedido de un cero.

La notación de Palmer (a veces denominada «Sistema Militar») se llama así por el dentista estadounidense del siglo XIX Dr. Corydon Palmer de Warren, Ohio. A pesar de la adopción de la notación de la Federación Dental Internacional (ISO 3950) en la mayor parte del mundo y por la

Organización Mundial de la Salud, la notación de Palmer seguía siendo el método preferido por la gran mayoría de los ortodoncistas, estudiantes de odontología y profesionales del Reino Unido.

En 1928, IBM patentó una tarjeta perforada de 80 columnas con orificios rectangulares, que se utilizó ampliamente como tarjeta IBM hasta la década de 1970. Basándose en esto, Joachim Viohl (1933-) desarrolló un diagrama dental adaptado a la tarjeta perforada. Debido a la limitación de 80 columnas, equivalentes a 80 caracteres, los nombres de los dientes en el diagrama de dientes se comprimieron a solo dos dígitos por diente. Los 32 dientes de la dentición humana podrían así representarse y registrarse con 64 dígitos, equivalentes a 64 caracteres. El nombre «primer premolar superior, derecho, permanente» se convirtió en el código corto «14». Esto marcó el comienzo del procesamiento de datos, que se potenció en la Universidad Libre de Berlín a partir de 1960.

Cuando la FDI, la Federación Internacional de Dentistas, buscaba un sistema uniforme y reconocido internacionalmente para la designación de dientes para la comunicación entre países, especialmente para exámenes en el contexto de la odontología forense, Viohl propuso su esquema de designación de dos dígitos al comité especial de la FDI. Basándose en el uso exitoso de la documentación de hallazgos dentales durante varios años, su sugerencia fue la solución para la FDI. Desde entonces, la Organización Mundial de la Salud también lo ha utilizado como cuadro dental de la OMS. En 1971 se publicó la norma DIN (DIN 13910), más tarde la notación ISO 3950. También se le conoce como Sistema de Dos Dígitos.

En el esquema dental estadounidense (Sistema de Numeración Universal), que fue desarrollado en 1883 por el británico George Cunningham (1852-1919) y que todavía se usa ampliamente en los EE. UU., los dientes se numeran en el sentido de las agujas del reloj del 1 al 32, comenzando con la muela del juicio superior derecha y terminando con la muela del juicio inferior derecha.

Las dentaduras postizas

Una prótesis dental es un aparato intraoral que se utiliza para restaurar defectos como dientes o partes de dientes que faltan y estructuras blandas o duras de la mandíbula y el paladar alteradas o inexistentes. La prostodoncia es la especialidad odontológica que se centra en las prótesis dentales, que sirven para rehabilitar la masticación, mejorar la estética y facilitar el habla. Las prótesis dentales pueden sujetarse conectándose a dientes o implantes dentales, por succión o de forma pasiva mediante los músculos circundantes. Pueden ser fijas o removibles, las fijas utilizan adhesivo dental o tornillos y las removibles usan la fricción contra superficies, el encaje en dientes adyacentes o implantes dentales.

La historia de las prótesis dentales es muy larga. En el siglo VII a.e.c., los etruscos fabricaban prótesis parciales con dientes humanos o de otros animales sujetos con bandas de oro. Los romanos probablemente adoptaron esta técnica un par de siglos más tarde. Las prótesis completas de madera son mucho más tardías, se inventaron en Japón a principios del siglo XVI. Se introducía cera de abeja blanda en la boca del paciente para crear una impresión, que luego se rellenaba con cera de abeja más dura. A partir de ese modelo, se tallaba meticulosamente una réplica en madera, a la que posteriormente se añadieron dientes humanos o copias fabricadas en marfil o asta.

En su tratado de 1728, el gran dentista francés Pierre Fauchard describía dos dentaduras superiores completas que dependían para su sujeción solamente de la presión atmosférica. Al parecer no se dio cuenta de la importancia de este descubrimiento y siguió recomendando el uso de muelles para la construcción de las dentaduras. Sin embargo, los dentistas japoneses llevaban para entonces dos siglos construyendo dentaduras completas que funcionaban por adhesión y presión atmosférica. Estas dentaduras estaban hechas de madera y empleaban materiales que tuvieran un olor agradable como el boj, el cerezo o el melocotonero. La base se extendía en el pliegue mucobucal para mejorar la retención y se tallaba en la madera según los niveles irregulares del paladar duro para mejorar el ajuste. Los dientes se hacían de mármol o hueso, aunque también se usaban dientes humanos. En vez de dientes posteriores se colocaban clavos de cobre o hierro en la base de madera para incrementar la eficiencia del masticado. Las dentaduras de madera siguieron utilizándose en Japón hasta la apertura a Occidente en el siglo XIX.

Fauchard construía las dentaduras postizas utilizando un armazón de metal y dientes esculpidos en hueso. En 1770 Alexis Duchâteau incorporó la porcelana como un material más estético y práctico. En 1791, se concedió la primera patente británica a Nicholas Dubois De Chemant para la «Especificación de De Chemant»:

> ... una composición con el fin de fabricar dientes artificiales, ya sean individuales, dobles, en filas o en conjuntos completos, y también resortes para sujetar o fijar los mismos de una manera más fácil y eficaz que cualquier otra descubierta hasta ahora. Dichos dientes pueden fabricarse de cualquier tono o color, que conservarán durante cualquier período de tiempo y, en consecuencia, se parecerán más perfectamente a los dientes naturales.

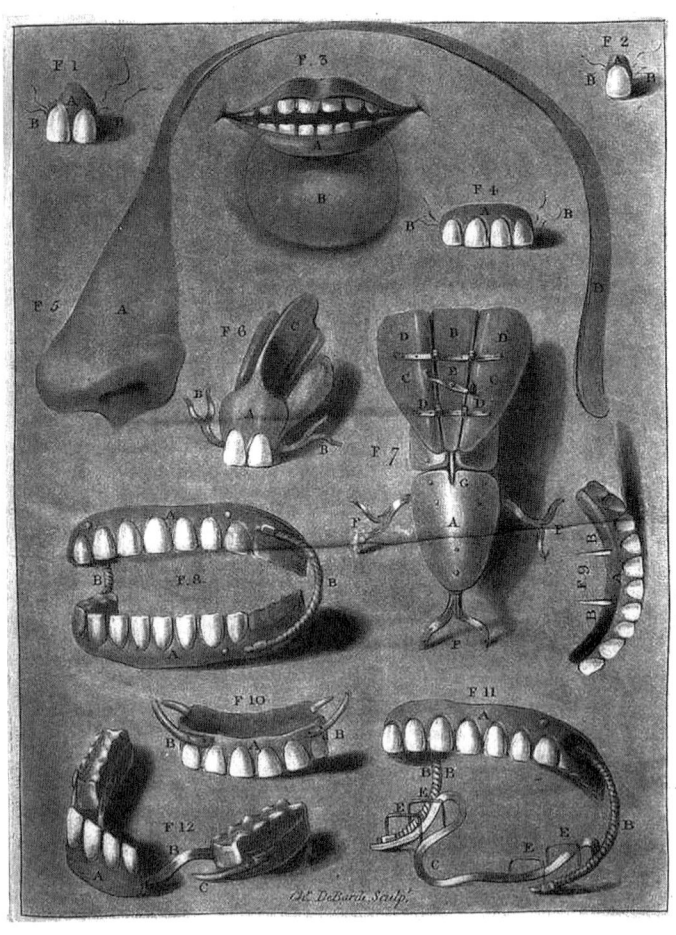

De Chemant comenzó a vender sus productos en 1792, y la mayor parte de su pasta de porcelana era suministrada por la empresa Wedgwood. La complejidad de las nuevas prótesis exigía nuevos profesionales. Peter de la Roche, londinense del siglo XVII, fue uno de los primeros «operadores para los dientes», hombres que se anunciaban como especialistas en trabajos dentales y que ahora asimilaríamos a un protésico dental. A menudo eran por profesión orfebres, torneros de marfil o aprendices de barberos-cirujanos.

En torno a 1820, Christophe François Delabarre diseñó unos soportes para imprimir tridimensionalmente los dientes de las dos arcadas. En 1857, un dentista londinense, Charles Stent, introdujo un compuesto que se disolvía en agua caliente y se solidificaba lo suficiente para sacarlo de la boca sin que se deformara. Era un avance sobre lo que usaban los dentistas americanos, que era habitualmente yeso de París. Estos sistemas ayudaban a establecer la relación entre las mandíbulas superior e inferior y también se diseñaron modelos que permitían establecer y reproducir los movimientos mandibulares. William A, G. Bonwill, un dentista de Filadelfia, es considerado un genio mecánico y acuñó el término «articulación» para referirse a las posiciones relativas de maxila y mandíbula durante el movimiento de la boca y desarrolló una serie de reglas para el posicionamiento de los dientes. También inventó un mazo electromagnético para moldear la hoja de oro, un mecanismo de perforación mejorado, un disco de goma-corindón para pulir matrices cervicales, puntas de diamante para trabajar en los canales de las raíces y coronas con un diseño especial.

En 1820, Samuel Stockton White, orfebre de profesión, empezó a fabricar dientes de porcelana de alta calidad montados sobre placas de oro de 18 quilates. Hasta entonces los dientes de porcelana se fabricaban en París y cada año se exportaban unos 500 000 a los Estados Unidos. En 1844, White fundó su compañía, la SS White Dental Manufacturing Co., que todavía sigue activa en la actualidad. White fue elegido presidente de la ADA y, se reunió con Abraham Lincoln durante la Guerra Civil (1861-1865) para sugerirle que estableciera un servicio dental para los soldados de la Unión. Sin embargo, debido a dificultades logísticas, su propuesta

◀ Grabado perteneciente a la obra *A Dissertation on Artificial Teeth* (1797), de Nicolas Dubois de Chémant, considerado uno de los pioneros en el desarrollo de la prótesis dental moderna. En esta ilustración, el autor muestra diversos diseños de dentaduras fabricadas con su innovadora porcelana, un material que supuso un gran avance frente a los dientes tallados en marfil o extraídos de cadáveres que se utilizaban hasta entonces. Este tratado marcó el inicio de una nueva era en la odontología protésica [NYU College of Dentistry].

finalmente quedó en nada. El interés militar se fundamentaba en que cada soldado debía tener al menos seis dientes superiores y seis inferiores para poder sujetar y abrir con los dientes el extremo del cartucho de papel al cargar su rifle, siguiendo una instrucción del ejército prusiano: «*el hombre debe morder hasta probar la pólvora*». Por esta misma razón, algunos hombres jóvenes se hacían extraer los dientes frontales sanos para evitar tener que incorporarse a filas.

En 1839, Charles Goodyear inventó la vulcanización, un proceso mediante el cual, mediante la adición de azufre, el caucho se vuelve resistente a las influencias atmosféricas y químicas, así como a las tensiones mecánicas y la influencia del tiempo, la temperatura y la presión. Esto redujo en gran medida el coste y el peso de las prótesis dentales y otros aparatos, que se podían fabricar con facilidad calentando la mezcla en un molde. El nuevo material, denominado vulcanita, se utilizó rápidamente para la fabricación de prótesis de caucho endurecido, en las que se fijaban dientes de porcelana y sustituyó rápidamente al oro. En 1940, alrededor del 70 % de las prótesis dentales estaban hechas de vulcanita y llevaban ventosas para mantenerlas fijas en la posición correcta. Sin embargo, tras un uso prolongado, las ventosas generaban defectos en la mandíbula e incluso perforaciones en el paladar, lo que hizo que se abandonara progresivamente este sistema.

En 1864, un dentista desconocido llamado John A. Cummings tuvo éxito en patentar todo el proceso de fabricar una dentadura de goma, desde la toma de impresión hasta la fabricación de la prótesis y la colocación en la boca. Por qué le dieron la patente es un misterio porque la Oficina de Patentes llevaba doce años rechazando solicitudes parecidas

Retrato grabado de Charles Goodyear [Wikimedia Commons].

indicando que eran procedimientos que se conocían desde hacía más de cien años. Cummings vendió inmediatamente la patente a la Goodyear Dental Vulcanite Company, que a continuación reclamó que cualquier dentista que quisiera hacer dentaduras de vulcanita tenía que tener una licencia de la empresa que costaba una buena cantidad al año. La profesión reaccionó de distintas maneras, unos 5000 dentistas compraron una licencia, otros volvieron al oro, otros probaron otros materiales de peor calidad y otros más continuaron usando vulcanita a escondidas.

Los dentistas se organizaron y llevaron a juicio a Goodyear, con el apoyo de Samuel S. White, propietario de una de las principales empresas dentales y editor de *Dental Cosmos*, la revista dental más influyente del mundo. Sin embargo, el Tribunal Supremo dio la razón a Goodyear y su tesorero Josiah Bacon persiguió inmisericorde por todos los tribunales de América a los dentistas que habían infringido el uso de las patentes. Uno de sus objetivos fue Samuel Chalfant un dentista de buena reputación, al que Bacon denunció y persiguió en Wilmington, Delaware, luego en St. Louis y finalmente en San Francisco. En este último juicio, el dentista, humillado y acosado, rompió a llorar. En 1879, desesperado por el juramento de Bacon de destruirle, Chalfant disparó a Bacon y le asesinó, un delito que fue portada de los periódicos de todo el país. Huyó durante tres días, pero acabó entregándose. A pesar del apoyo de muchos dentistas durante el juicio, fue declarado culpable de asesinato y condenado a diez años de prisión. Al recuperar la libertad, Chalfant volvió a ejercer la odontología y tras el asesinato de Bacon, la empresa Goodyear fue menos persistente en la aplicación de la patente, que expiró dos años más tarde.

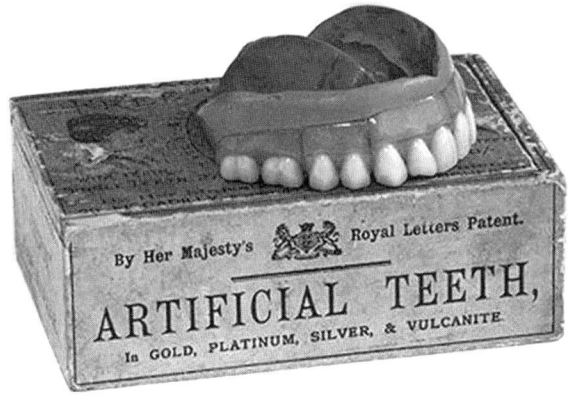

Dentadura de vulcanita de finales del siglo XIX a principios del XX. La vulcanita, un tipo de caucho endurecido, revolucionó la fabricación de prótesis dentales al ofrecer una alternativa más económica y duradera que los materiales tradicionales [Vulcanite Dentures].

Los problemas con Goodyear llevaron a probar sustitutos a la vulcanita. Edwin Truman probó dentaduras hechas con gutapercha, pero el material era inestable y difícil de trabajar. Alfred A. Blandy introdujo las dentaduras queoplásticas, hechas de una aleación de plata, bismuto y antimonio, una mezcla que tenía un bajo punto de fusión. Sumergía un modelo de cera en yeso de París y después de fundir la cera añadía el compuesto metálico sobre el negativo de yeso donde fraguaba. Aunque el compuesto no triunfó, su técnica se adaptó para la fabricación de las dentaduras de vulcanita. En 1856 se probó el colodión, una solución de nitrocelulosa, y en 1866 el aluminio, pero no era sencillo eliminar los errores y era difícil fijar los dientes a ese metal. El celuloide parecía un material más prometedor y se creyó que podría sustituir a la vulcanita por su transparencia y bajo peso, pero también fue un fracaso. Alfred P. Southwick, un dentista de Buffalo que es más recordado como padre de la silla eléctrica, pues presidió la comisión del estado de Nueva York nombrada para evaluar y recomendar un método de ejecución, dijo sobre las dentaduras de celulosa que había fabricado:

> Una por una volvieron a mis manos, hoy la última, algo que agradezco al Cielo. Algunas se han vuelto negras como la tinta, otras que encajaban bien y eran satisfactorias al principio, se doblaron gradualmente y no ajustaban, otras empezaron a perder los dientes.

Afortunadamente para los odontólogos, las patentes de la vulcanita expiraron en 1881 y la compañía Goodyear no intentó presionar a los dentistas con nuevas licencias.

En el siglo xx se empezaron a fabricar dentaduras postizas hechas con resina acrílica y otros plásticos. El plástico protésico polimetilmetacrilato (PMMA) se desarrolló en Alemania, Gran Bretaña y España en la misma época, en torno a 1928. En 1936, la empresa Kulzer & Co. introdujo el procesamiento quimioplástico llamado proceso Paladon. La idea básica era juntar partículas de polímero con un monómero líquido e introducirlas en moldes huecos para que la mezcla se endureciera adoptando la forma deseada. El importante desarrollo de los plásticos en la década de 1950 reemplazó al caucho, pero para los pacientes que se quejan de alergia o intolerancia al plástico, una prótesis dental parcial o completa de goma es todavía una alternativa útil.

La anestesia

Ningún avance en el conocimiento médico ha aliviado tanto el sufrimiento de los seres humanos como el descubrimiento de la anestesia. El tratamiento de los problemas dentales ha estado unido históricamente al dolor. Aunque el uso de una anestesia digna de tal nombre solo llega en la Edad Contemporánea, en 1844 y gracias a un dentista americano, los médicos medievales conocían y utilizaban los efectos analgésicos de la adormidera, que fue recomendada por Yuhanna ibn Masawaih para tratar el dolor de muelas. No obstante, el erudito islámico at-Tabarī explicó que la adormidera podía ser mortal y que los extractos de adormidera y el opio debían considerarse venenos.

Los conocimientos del mundo islámico llegaron a la Europa cristiana. El cirujano francés Guy de Chauliac escribió *Chirurgia magna* en 1386, que incluye una parte dedicada a la patología y terapia de los dientes. Entre otras cosas, describe el uso del opio y la mandrágora para aliviar las enfermedades dolorosas, pero también advierte sobre sus efectos secundarios y los problemas asociados a su administración.

Grabado que representa al célebre cirujano Guy de Chauliac (1300-1368), considerado uno de los padres de la cirugía europea. En su obra *Chirurgia Magna*, incluyó importantes observaciones sobre enfermedades dentales y técnicas de extracción, siendo uno de los primeros en describir detalladamente procedimientos odontológicos. Su influencia en la medicina medieval fue tan significativa que sus textos se siguieron estudiando durante siglos [Colección Ranchin].

El óxido nitroso

Los anestésicos solo se empezaron a utilizar mucho más tarde. Primero, Joseph Priestley sintetizó el óxido nitroso (N_2O) en 1772. Era parte de un esfuerzo planificado para ver si el conocimientode nuevos gases podía ayudar a conquistar distintas enfermedades. Para ello se fundaron «instituciones pneumáticas» *«donde una multitud de gases se administraban a pacientes que sufrían enfermedades que iban de la tuberculosis a problemas del estómago».*

En el verano de 1799, Humphry Davy, el joven superintendente del laboratorio de la Instalación Pneumática de Bristol, nombrado a los 21 años, estaba distraído de sus experimentos por una dolorosa muela del juicio, que le causaba un *«gran dolor, que igualmente destruía el poder de reposo y de una acción consistente».* Una de sus tareas era determinar el efecto de inhalar distintos gases y en algún momento de agosto:

Retrato del célebre químico británico Sir Humphrey Davy (1778-1829), grabado por el artista Ambroise Tardieu a partir de una pintura original de Thomas Phillips. Davy realizó importantes contribuciones a la odontología al descubrir las propiedades anestésicas del óxido nitroso o «gas hilarante», abriendo el camino hacia la anestesia moderna en los procedimientos dentales. Su descubrimiento revolucionaría para siempre el tratamiento del dolor en la práctica dental [Bibliothèque Interuniversitaire de Santé].

...en el día en que la inflamación era más problemática, respiré tres grandes dosis de óxido nitroso. El dolor disminuía siempre después de las primeras cuatro o cinco inspiraciones, la excitación vino como siempre, pero el malestar fue, por unos pocos minutos, engullido por el placer.

Davy escribió sus experiencias en su *Researches, Chemical and Philosophical, Chiefly Concerning Nitrous Oxide* (1800) donde comentaba que el efecto era solo temporal y que *«imaginaba que el dolor era más grave después del experimento que antes»*, pero es llamativo que si había visto las posibilidades como analgésico del gas, ¿por qué no se estudió durante medio siglo y por qué no se hizo en los laboratorios de los ingleses, la principal potencia científica de la época, sino en las clínicas de dentistas americanos con feriantes ambulantes administrando el gas? Por otro lado, Davy hizo una afirmación profética:

Como el óxido nitroso en una amplia operación parece capaz de destruir el dolor físico, probablemente será usado con ventaja en las operaciones quirúrgicas en las que no se produce una gran efusión de sangre.

El óxido nitroso es un gas inodoro, incoloro y no inflamable. Produce un estado de euforia, lo que explica su apodo de «gas de la risa» y es un anestésico inhalatorio débil, con efectos mínimos sobre la respiración y la hemodinámica. Suele utilizarse mezclado con oxígeno como gas portador de otros anestésicos generales más potentes, como el sevoflurano o el desflurano. Los dentistas utilizaban una máquina sencilla que suministraba una mezcla de N_2O/O_2, el paciente se mantenía consciente durante todo el procedimiento y conservaba las facultades mentales adecuadas para responder a las preguntas e instrucciones del dentista. El óxido nitroso resultó ser un anestésico poco potente para su uso en cirugía mayor en entornos hospitalarios, pero sí tuvo éxito en las clínicas dentales.

El óxido nitroso (N_2O), conocido popularmente como «gas de la risa», fue el primer anestésico empleado en odontología. Su sencilla estructura molecular, formada por dos átomos de nitrógeno unidos a uno de oxígeno, esconde las extraordinarias propiedades que revolucionaron el tratamiento del dolor dental.

A GRAND
EXHIBITION

OF THE EFFECTS PRODUCED BY INHALING
NITROUS OXIDE, EXHILERATING, OR
LAUGHING GAS!

WILL BE GIVEN AT *The Masonic Hall*

Saturday EVENING, *15*

JO GALLONS OF GAS

will be

prepared and administered
to all in the audience
who desire to inhale it.

MEN will be invited from the audience, to protect those under the influence of the Gas from injuring themselves or others. This course is adopted that no apprehension of danger may be entertained. Probably no one will attempt to fight.

THE EFFECT OF THE GAS is to make those who inhale it, either

LAUGH, SING, DANCE, SPEAK OR FIGHT, &c. &c.

according to the leading trait of their character. They seem to retain consciousness enough not to say or do that which they would have occasion to regret.

N. B. The Gas will be administered only to gentlemen of the first respectability. The object is to make the entertainment in every respect, a genteel affair.

Those who inhale the Gas once, are always anxious to inhale it the second time. There is not an exception to this rule.

No language can describe the delightful sensation produced. Robert Southey, (poet) once said that "the atmosphere of the highest of all possible heavens must be composed of this Gas."

For a full account of the effect produced upon some of the most distinguished men of Europe, see Hooper's Medical Dictionary, under the head of Nitrogen.

Date: 1845   #405, Buck Hill Associates, Johnsburg, N.Y.

Las primeras experiencias

El menor de once hermanos, Gardner Q. Colton (1814-1898) creció en la pobreza en un pequeño pueblo de Vermont. Las difíciles circunstancias de su familia le convirtieron en un buscavidas con el claro objetivo durante toda su vida de mejorar su situación económica. Colton dejó su primer trabajo de aprendiz de sillero en Vermont y se trasladó a Nueva York para cursar estudios en el Colegio de Médicos y Cirujanos de Crosby Street. No tardó en darse cuenta de que podía ganar más dinero si entretenía a los curiosos con demostraciones recreativas de óxido nitroso (N_2O) así que abandonó los estudios de medicina y se convirtió en un *showman* itinerante por ferias y mercados.

El 10 de diciembre de 1844, ofreció una actuación en Hartford, Connecticut, publicitada como «Una gran exhibición de los efectos producidos por la inhalación de óxido nitroso, estimulante o gas de la risa». Esa tarde, uno de los voluntarios del público intoxicado por el óxido nitroso empezó a dar saltos y se dio un golpe terrible en una espinilla contra un mueble, pero no mostró señales de dolor. El dentista de Connecticut Horace Wells, que estaba presente, se dio cuenta de las posibilidades de utilizar aquel gas en su consulta y le pidió a Colton *«que trajera una bolsa de gas a su oficina dental»*. Así lo hicieron. Wells llevó a cabo la primera extracción de un diente bajo anestesia sin dificultad y al recuperar sus facultades supuestamente el paciente gritó *«¡Una nueva era en sacar dientes! No me ha dolido más que el pinchazo de un alfiler»*.

Tras haber probado repetidas veces en su consulta, el 20 de enero de 1845, Wells decidió hacer una demostración pública de la anestesia en el Hospital General de Massachusetts, en Boston. Sin embargo, preocupado por una posible sobredosis, Wells solo administró al paciente unas pocas inspiraciones de gas antes de intentarle extraer un diente infectado. Un miembro de la audiencia registró lo que sucedió:

> El paciente empezó a gritar y a gesticular de una forma salvaje y casi tira al Dr. Wells al suelo. Los dos dentistas intentaron sin éxito sujetarlo, pero era demasiado fuerte para ellos y apartando la silla y tirando los instrumentos al suelo, se fue a por Wells buscando venganza por la broma que le habían gastado. El público le siguió en esa línea y empezó a gritar: ¡estafa!, ¡patrañas!, ¡echadle de aquí, esto es una universidad y no un circo!

Fue un enorme fracaso, lo que dejó a profesores y estudiantes con serias dudas sobre la eficacia y seguridad del procedimiento. El paciente admitió más tarde que, a pesar de sus exclamaciones, no recordaba ningún dolor y no supo cuándo le extrajeron el diente. El problema es que era muy difícil estimar las dosis, en particular si se administraba desde una gran bolsa de goma. Más tarde se descubrió que el gas no era tan eficaz en obesos ni en alcohólicos y el paciente era ambas cosas. Tras el bochorno de su demostración fallida, Wells regresó inmediatamente a Hartford. Poco después enfermó y su práctica dental se volvió esporádica.

Mientras tanto, Colton se había sumado a la fiebre del oro de California, pero sus malas inversiones financieras lo obligaron a revivir su carrera como empresario ambulante en ferias comarcales. Sin embargo, no había olvidado aquella primera extracción indolora que había protagonizado en la clínica dental de Wells. En 1863, Colton fundó la Asociación Dental Colton (CDA), con sede en Manhattan, que más tarde se extendió a las grandes ciudades estadounidenses. Para contrarrestar las afirmaciones que asociaban la administración de óxido nitroso con la muerte o la locura (lesión cerebral hipóxica), Colton empezó a documentar sus éxitos anestésicos y exhibía en su consultorio dental un enorme pergamino con las firmas de cientos de pacientes agradecidos. Según él, juntando los datos de todas sus franquicias habían administrado óxido nitroso a *«más de cien mil personas, sin un fallo o accidente»*. Era probablemente una exageración, pero la puerta hacia una odontología indolora estaba ya abierta.

La anestesia con éter y cloroformo es algo más tardía y se descubrió en 1846 y 1847, respectivamente. El descubridor de la anestesia con éter fue William Thomas Green Morton (1819-1868) en 1846, aunque el punto de partida fue el efecto embriagador del éter sulfúrico que Michael Faraday ya había descrito en un tratado en 1818. El 30 de septiembre de 1846, el violonchelista Eben Frost acudió a la consulta de Morton con un dolor de muelas tan intenso que aceptó que se probara el éter durante la extracción de su muela infectada. Cuando el paciente despertó de la anestesia, confirmó a Morton que no había sentido dolor alguno durante la extracción y él lo contó así:

> Hacia la tarde, un hombre residente en Boston vino sufriendo un gran dolor y deseando que se le extrajera un diente. Le asustaba la operación y pidió si podía ser mesmerizado. Le dije que tenía algo mejor y saturando mi pañuelo se lo di para que lo inhalara. Quedó inconsciente casi inmediatamente. Estaba oscuro y el

Dr. Hayden sujetaba la lámpara mientras yo le extraía un diente bicúspide con firmes raíces. No hubo alteración del pulso ni relajación de los músculos. Se recuperó en un minuto y no sabía nada de qué se le había hecho. Permaneció durante un tiempo hablando sobre el experimento. Esto fue el 30 de septiembre de 1846.

Morton intentó ocultar qué principio activo había utilizado para beneficiarse de una exclusividad comercial y lo denominó Letheon. El 16 de octubre de 1846, Morton hizo una demostración con éxito de la anestesia con éter, pero al enterarse Wells publicó una carta en la que relataba sus exitosos ensayos de 1844 en un intento de reivindicar su prioridad en el descubrimiento de la anestesia, pero sus esfuerzos fueron en su mayoría infructuosos.

Morton se arruinó por el coste de un litigio sobre patentes. El reconocimiento sucesivo de la anestesia con éter se produjo tras la exitosa amputación transfemoral de un paciente de veinte años realizada por Henry Jacob Bigelow el 7 de noviembre de 1846. Los nuevos gases anestésicos eran fáciles de transportar y acabaron con los voluminosos aparatos necesarios para generar y almacenar el gas de la risa. El procedimiento se fue extendiendo: cuando había que amputar una extremidad o extraer las raíces de una muela infectada, los pacientes exigían un tratamiento indoloro.

Las noticias de este descubrimiento se difundieron rápidamente por todo el mundo y en solo dos meses se llevaba a cabo una operación en Londres por el más famoso de los cirujanos británicos, Robert Liston. El 21 de diciembre de 1846 amputaba la pierna a un paciente dormido. Después se volvió a los médicos que observaban la operación y les dijo: *Este truco yanqui, caballeros, supera a la mesmerización sin pestañear.*

¿Y qué fue de Wells? Reclamó el premio de 10 000 dólares que había ofrecido el Congreso de los Estados Unidos como reconocimiento al descubridor de la anestesia, pero también lo hicieron Morton y Jackson. Crawford Long (1815-1878), un médico desconocido de Georgia, también reclamó que él lo había usado con sus pacientes y aportó declaraciones de ellos. Sin embargo, no había presentado su técnica en ninguna reunión ni hecho demostraciones o publicaciones. Finalmente, el congreso decidió retirar su oferta, aunque el estado de Georgia un siglo después decidió erigir una estatua en Washington a Long, con el título de «Descubridor de la anestesia», algo que los historiadores de la medicina niegan, pero que nunca es un obstáculo para unos políticos especialmente si son de una comunidad autónoma.

El responsable de un descubrimiento tiene que cumplir tres características: encontrar algo novedoso, darse cuenta de su importancia y comunicar su descubrimiento a otros. Wells es el único que cumple esta triple condición. Wells se trasladó a Nueva York en enero de 1848 y dejó a su mujer y a su hijo pequeño en Hartford. Vivía solo en el número 120 de la calle Chambers, en el Bajo Manhattan, y empezó a experimentar en sí mismo con éter y cloroformo y terminó desarrollando una adicción a este último. El 21 de enero de 1848, día en que cumplía 33 años, salió a la calle y arrojó ácido sulfúrico sobre la ropa de dos prostitutas. Fue internado en la infame prisión neoyorquina de Tombs. Al disminuir la influencia de la droga, su mente empezó a aclararse y se dio cuenta de lo que había hecho. Pidió a los guardias que le acompañaran a su casa para recoger su kit de afeitado y se suicidó en su celda el 24 de enero, cortándose la arteria femoral izquierda con una cuchilla de afeitar tras inha-

Grabado en acero de Horace Wells (c. 1912), conservado en la Biblioteca Clendening de Historia de la Medicina. Wells, un visionario de la odontología, es recordado como el pionero de la anestesia moderna al descubrir las propiedades del óxido nitroso para el control del dolor dental. Su trágica muerte en 1848, a los 33 años en una celda de Nueva York, contrasta con sus brillantes contribuciones a la profesión, que incluyen innovaciones en higiene oral y técnicas protésicas [Linda Hall Library].

lar una dosis analgésica de cloroformo. Doce días antes de su muerte, la Sociedad Médica de París votó y le honró como el primero en descubrir y realizar operaciones quirúrgicas sin dolor. Además, fue elegido miembro honorario y se le concedió el título de doctor *honoris causa*. Wells murió sin conocer estos reconocimientos. Años después la American Dental Association y la American Medical Association le reconocieron como descubridor de la anestesia.

Antes de estos experimentos en Europa y Estados Unidos, parece que el cirujano chino Hua Tuo (ca. 145-220) y el médico japones Hanaoka Seishū (1760-1835) ya habían realizado con éxito una anestesia general. Hua Tuo, según los Registros de los Tres Reinos (ca. 270) y el Libro de los Han Posteriores (ca. 430), realizaba operaciones quirúrgicas bajo anestesia general utilizando una fórmula que había desarrollado mezclando vino con una mezcla de extractos de hierbas a la que llamó mafeisan. La composición exacta del mafeisan, al igual que todos los conocimientos clínicos de Hua Tuo, se perdieron cuando quemó sus manuscritos, justo antes de morir.

Seishū ya había realizado con éxito una anestesia general con su anestésico Mafutsusan, también denominado Tsūsensan, en una operación de cáncer de mama el 13 de octubre de 1804. Sin embargo, era parte de la tradición japonesa el mantener en secreto los procedimientos de tratamiento y hasta 1963 no se reconoció su labor como un pionero de la anestesia.

Con la anestesia hubo también un debate religioso. Algunos creyentes se resistían a intervenir el dolor, pues era considerado un medio divino para educar a los hombres. ¿Quiénes éramos nosotros para alterar los designios divinos? Sin embargo, poco a poco, muchos representantes de la Iglesia, como Protheroe Smith, experto anglicano en obstetricia, el reverendo Thomas Chalmers, de la Iglesia Libre de Escocia, o el rabino Abraham de Sola (1825-1886), primer rabino de Canadá, apoyaron a los partidarios de la anestesia y la nueva herramienta quirúrgica y odontológica se asumió como un alivio para la humanidad.

El uso de la anestesia general en odontología y medicina oral y maxilofacial se complicó por la coincidencia de la zona de trabajo y la vía anestésica. La inhalación de gases anestésicos solo permitía intervenciones cortas, ya que se trabajaba sobre la boca y era muy complicado usarla al mismo tiempo para mantener la anestesia. Por otro lado, si se hacía que el paciente inhalara por la nariz, exhalaba el óxido nitroso por la boca, lo que a su vez intoxicaba al dentista. Así comenzó la búsqueda de un anestésico local.

Los anestésicos locales

Los primeros arbustos de coca llegaron a Europa procedentes de Sudamérica en 1750. En el invierno de 1859/60, Albert Niemann aisló los componentes activos de la coca en el laboratorio de Friedrich Wöhler en Gotinga. En 1879, Vassili von Anrep (1852-1927) descubrió el efecto analgésico de un derivado, la cocaína, en la Julius-Maximilians-Universität de Würzburg. Hacia 1884, se empezó a utilizar clínicamente la cocaína como anestésico local en Alemania, después de que el oftalmólogo Carl Koller (1857-1944) viera que anestesiaba la lengua al probarla y, posteriormente, la utilizara como anestésico local para realizar operaciones en el ojo. En 1884, William S. Hallsted (1852-1922) y Richard J. Hall realizaron la primera anestesia local en odontología utilizando cocaína. La anestesia local con procaína fue desarrollada en 1905 por Alfred Einhorn y Emil Uhlfelder para el dolor de muelas. Tras unos primeros experimentos con animales, fue usada para la anestesia local del nervio mandibular como anestésico de conducción. En la segunda mitad del siglo XIX, el cloroetano también se utilizó como anestésico local en odontología.

Las hojas de coca, utilizadas durante milenios por las culturas andinas con fines medicinales y rituales, se convirtieron en el punto de partida de la anestesia local moderna. De estas hojas se aisló la cocaína, primer anestésico local efectivo, que sería empleado en odontología a partir de 1884. Si bien su uso médico actual está restringido, su descubrimiento impulsó el desarrollo de anestésicos locales más seguros y eficaces [Valentina Razumova].

El farmacólogo japonés Jokochi Takamine, que había creado su propio laboratorio en Nueva York, ya había logrado la formulación pura de la adrenalina en 1901, y acuñó el término «adrenalina» (del latín ad «an» y ren «riñón»), que había patentado y comercializado Parke, Davis & Co., absorbida después por Pfizer. Friedrich Stolz, químico de Heilbronn, consiguió producir la hormona artificialmente en 1905 por encargo de Hoechst. Esto sentó las bases de la terapia dental moderna. Ese mismo año, August Braun desarrolló la idea de la anestesia del tronco del nervio trigémino. Al mismo tiempo, Hans Moral (1855-1933) y Guido Fischer (1877-1959) fueron pioneros de la anestesia local en odontología, y trabajaron en los principios anatómicos y fisiológicos, además de en la aplicación clínica. En 1920, el odontólogo y anatomista Harry Sicher describió el procedimiento exacto para llevar a cabo las distintas anestesias locales en la cavidad oral en su libro de texto *Anatomía y técnica de la anestesia de conducción en la cavidad oral.*

La lidocaína o xilocaína fue la primera aminocaína que se utilizó en odontología. Fue el primer anestésico local aminoamídico sintetizado por los químicos suecos Nils Löfgren (1913-1967) y Bengt Lundqvist (1922-1953) en 1943. Vendieron los derechos de patente de la lidocaína a la empresa farmacéutica sueca Astra. El desarrollo de los anestésicos locales progresó con la síntesis de nuevos derivados, como la mepivacaína en 1957, la prilocaína en 1958 y la bupivacaína en 1960. En 1974, Roman Muschaweck y Robert Rippel sintetizaron la articaína (ultracaína), el anestésico local más utilizado en Europa continental.

Representación de la fórmula química molecular y estructural de la articaína, uno de los anestésicos locales más utilizados en la práctica dental moderna. Esta molécula, introducida en la década de 1970, destaca por su rápida acción y metabolización eficiente en el organismo. A diferencia de otros anestésicos locales, contiene un grupo tiofeno que mejora su liposolubilidad y potencia anestésica.

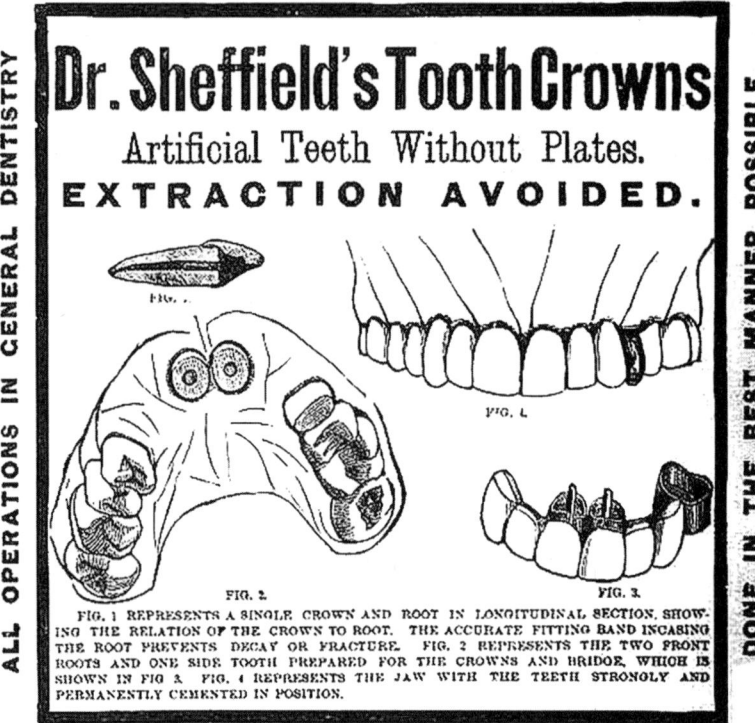

Anuncio publicitario del Perfect Crowning System del Dr. Sheffield, publicado alrededor de 1889. Este tipo de publicidad refleja el auge de la odontología restauradora en la América del siglo XIX, cuando los dentistas comenzaban a ofrecer soluciones más sofisticadas para dientes dañados. Las promesas de «perfección» y «naturalidad» en el anuncio son características de la época, donde la apariencia dental empezaba a cobrar gran importancia social [Sheffield Pharmaceuticals' Private Archives].

Coronas

Estados Unidos se convirtió en el centro de la innovación odontológica. Era el país con mayor desarrollo de los tratamientos dentales y con un sistema rápido de traslación de la innovación a la explotación comercial. En 1880, Cassius M. Richmond patentó un diente de porcelana soldado a una base de oro. Cuatro años más tarde, Marshall Logan, un dentista de Pennsylvania, patentó una corona construida de porcelana con una espiga de metal central que se colocaba antes de su cocción. Ambas coronas requerían eliminar el diente natural para su colocación, pero la porcelana era un material mucho más atractivo que el metal y abrieron una nueva época. En poco tiempo hubo más de veinticinco patentes similares y un grupo de inversores las compraron y anunciaron la creación de la International Tooth Crown Company. Inmediatamente, publicaron una serie de anuncios en la prensa donde amenazaban a cualquiera que fabricase una corona o un puente y no pagara a la nueva compañía, a lo que siguió, en el país con más abogados per cápita del mundo, las demandas judiciales contra los dentistas más prestigiosos del país.

Muchos no se amilanaron. J.N. Crouse, de Chicago, empezó pagándolo de su bolsillo a viajar por todo el país para animar a los colegas a unirse en la United States Dental Protective Association. Esta asociación llevó a juicio a la ITCC y consiguió que las patentes fueran invalidadas. Cuando tres años más tardes las coronas de Charles Henry Land llegaron al mercado, los dentistas y sus pacientes pudieron decidir sin estar en manos de empresas predadoras. Land, dentista de Detroit y abuelo del aviador Charles A. Lindbergh, había estado experimentando con porcelana y había patentado un método para utilizar moldes de hoja de platino para fabricar sus coronas. Su aplicabilidad inicial era limitada, pero el invento en 1894 de los hornos eléctricos y en 1898 de la porcelana de bajo punto de cocción, cambiaron las cosas y en 1903 una nueva corona, fuerte y estéticamente atractiva, llegó a las clínicas de los dentistas americanos.

Un siglo después las cosas han cambiado mucho. Muchos dentistas utilizan ahora diseño asistido por ordenador (CAD) y fabricación asistida por ordenador (CAM) para producir coronas que se colocan sobre los restos desvitalizados de los dientes dañados. Este método elimina pasos que suponían mucho tiempo como la producción de moldes y coronas temporales, así como la necesidad de recurrir a laboratorios dentales fueran de la clínica para fabricar las coronas permanentes. En la actualidad, imágenes digitales del diente original se mandan a una impresora 3D que fabrica la pieza en la habitación de al lado. El material es también nuevo: una cerámica conocida como óxido de zirconio que es más dura que la porcelana. También evita la producción de bordes afilados que pueden dañar la lengua o el interior de la boca. Esta tecnología está transformando la producción de prótesis y reduciendo las visitas al dentista, con lo que ganan el paciente y el profesional.

La última fotografía tomada de Ignaz Semmelweis (1818-1865), realizada en 1864 por el fotógrafo de la corte imperial vienesa Ludwig Angerer. Semmelweis, conocido como el «salvador de las madres», revolucionó la medicina al demostrar la importancia del lavado de manos para prevenir infecciones. Sus descubrimientos sobre antisepsia, inicialmente rechazados por la comunidad médica, sentaron las bases de la asepsia moderna en todas las prácticas médicas, incluida la odontología [Semmelweis Museum of Medical History].

Antisepia y asepsia

Anton van Leeuwenhoek fue el primero que observó, con unos microscopios muy sencillos que él mismo fabricaba, la presencia de bacterias en la boca. El avance de las técnicas de microscopía y de los conocimientos y métodos microbiológicos en el siglo XIX permitió comprender la causa de las enfermedades infecciosas y sus mecanismos de transmisión. Ello fue fundamental para la comprensión de los procesos infecciosos en dientes y encías y para un aumento de éxitos en la práctica odontológica.

Antisepsia y asepsia son conceptos muy relacionados y a menudo se confunden. La principal diferencia radica en que la antisepsia se centra en la desinfección de un lugar, mientras que la asepsia, se centra en la prevención y en la limpieza. Ejemplos de antisepsia son la esterilización del instrumental o productos como los biocidas, mientras que ejemplos de asepsia son lavarse las manos o mantener una limpieza rigurosa de la clínica dental. La revolución terapéutica que supuso el descubrimiento de los antibióticos hizo que los biocidas pasaran a un segundo plano, pero la emergencia del grave problema de la multirresistencia bacteriana, que nos sitúa en una «era preantibiótica», ha hecho que vuelvan a adquirir importancia. Los métodos antisépticos no pueden lograr una esterilidad completa porque combaten microorganismos sobre o dentro de tejidos vivos, por ejemplo, la propia boca.

El concepto moderno de asepsia evolucionó en el siglo XIX a través de diferentes personas. Ignaz Semmelweis demostró que los médicos y matronas que se lavaban las manos antes del parto reducían la fiebre puerperal de sus pacientes. A pesar de ello, muchos hospitales continuaron practicando la cirugía en condiciones deplorables y algunos cirujanos se enorgullecían de sus batas de quirófano manchadas de sangre. Impresionado por las investigaciones de Pasteur sobre la participación de los microorganismos en la fermentación y la putrefacción, Joseph Lister desarrolló un método de cirugía antiséptica, con el fin de evitar que los microorganismos penetrasen en las heridas. Los instrumentos se esterilizaban con calor y se trataban los vendajes quirúrgicos con fenol, que de vez en cuando se empleaba para rociar el campo quirúrgico. Al hacerlo, se redujeron drásticamente las tasas de infección en los hospitales. Curiosamente, hasta finales del siglo XIX, los médicos rechazaban la conexión entre la teoría de los gérmenes de Louis Pasteur, según la cual las bacterias causaban enfermedades, y las técnicas antisépticas.

Barraud 263 Oxford S.ᵗ London
A few doors West of The Circus."

Joseph Lister y sus seguidores ampliaron el término «antisepsia» y acuñaron «asepsia», con la justificación de que Lister había «sugerido inicialmente excluir los agentes sépticos de la herida desde el principio». Lawson Tait (1845-1899) cambió entonces el movimiento de la antisepsia a la asepsia, y defendió prácticas como una estricta política de no hablar dentro de su quirófano y limitar drásticamente el número de personas que podían acercarse a la herida de un paciente. Inventó la salpingectomía, la extirpación de las trompas de Falopio, y se le considera uno de los padres de la ginecología.

Ernst von Bergmann (1836-1907) introdujo el autoclave, un aparato utilizado para la esterilización por calor de los instrumentos y que se extendió también al ámbito odontológico. Comprobó las ventajas de los vendajes esterilizados con vapor frente a los que se hacían químicamente. William Halsted (1852-1922) implantó una política de no llevar ropa de calle en el quirófano y optó por vestir un uniforme completamente blanco y estéril consistente en un traje de quirófano, zapatillas de tenis y gorro. Gradualmente, se fueron implantando las mismas prevenciones en la clínica odontológica. Además, Halsted limpiaba la sala de operaciones con alcohol, yodo y otros desinfectantes y utilizaba paños para cubrir todas las zonas del paciente, excepto el lugar de la operación. En su departamento del Hospital Johns Hopkins impuso un ritual extremo de lavado de manos que consistía en sumergir las manos en productos químicos como permanganato potásico o bicloruro de mercurio, así como un intenso cepillado. El daño que observó en las manos de una enfermera de quirófano le animó a hablar con la Goodyear Rubber Company para crear los primeros guantes de goma que se convirtieron en parte del equipamiento básico de cirujanos y dentistas.

Entre los antisépticos bucales más utilizados por los odontólogos se encuentran la clorhexidina, que destaca por sus propiedades bactericidas y bacteriostáticas, lo que hace que sea ampliamente utilizada en la prevención de enfermedades periodontales, periimplantarias y complicaciones tras cirugía oral, y el cloruro de cetilpiridinio, que tiene propiedades antiplaca y antimicrobianas. Su espectro de acción microbiana es menor que el de la clorhexidina, pero puede utilizarse durante periodos prolongados.

◀ Retrato del Barón Joseph Lister (1827-1912), cirujano británico que transformó la práctica quirúrgica, incluida la dental, al introducir los principios de la antisepsia. Sus investigaciones sobre el uso de antisépticos y sus métodos para prevenir infecciones quirúrgicas han salvado innumerables vidas [Wellcome Collection].

Los rayos X

«*¡Oh, si existiera una manera de hacer que la gente fuera tan transparente como una medusa!*». Así sueña el joven médico rural Redlich, con la esperanza de que esa visualización milagrosa permitiera confirmar sus diagnósticos. Tan pronto como expresa su deseo, se le aparece una figura femenina identificada como Elektra y le entrega «*por el bien de la humanidad*» una caja cuya luz mágica hace que el cuerpo sea completamente transparente, con el que podrá hacer el diagnóstico y curar a sus pacientes. El médico investiga y analiza el agente, lo fabrica y lo presenta como un regalo a la especie humana y en particular a sus colegas: «*Ha comenzado una nueva época gloriosa para nosotros los médicos*». El médico y escritor alemán Ludwig Hopf publicó en 1892, bajo el seudónimo de Philander Elektra, este cuento de hadas sobre la mejora de los diagnósticos gracias a la física. Su sueño se haría realidad tan solo tres años más tarde.

El 8 de noviembre de 1895, el físico Wilhelm Conrad Röntgen descubrió una radiación invisible muy penetrante. En su trabajo en el Instituto de Física de Würzburg, Roentgen había visto que una hoja de papel cubierta con cianuro de bario y platino se iluminaba cada vez que

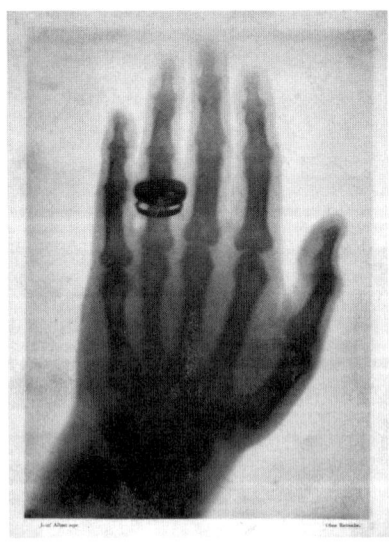

Una fotografía histórica que captura el momento en que Wilhelm Röntgen realizó una demostración pública de su revolucionario descubrimiento: los rayos X. La imagen muestra la radiografía de la mano del prestigioso anatomista Albert von Kölliker, tomada el 23 de enero de 1896. Esta demostración, marcó el inicio de una nueva era en el diagnóstico médico y dental, permitiendo por primera vez observar el interior del cuerpo humano de forma «no invasiva».

se pasaba una corriente por un tubo que producía rayos catódicos. Lo curioso es que ese misterioso proceso se daba incluso si el tubo estaba dentro de una caja negra. Poniendo la mano entre el tubo y el papel y encendiendo y apagando el tubo, podía hacer que el papel brillara a capricho. Sin embargo, le sorprendía una raya que aparecía a veces y tras preguntar a un fisiólogo del laboratorio vecino le explicó que eran los huesos de su brazo. Las pruebas que hizo le permitieron comprobar que aquella radiación permitía observar algunos detalles del interior del cuerpo humano. Roentgen publicó su descubrimiento en las últimas diez páginas del número de diciembre de 1895 de los Proceedings of the Physical-Medical Society (de Würzburg) y lo presentó a esta asociación científica el 23 de enero de 1896. Para hacer su demostración utilizó la mano del anatomista y fisiólogo Albert von Koelliker quien, después de la presentación, sugirió el nombre de rayos x para la nueva radiación.

Roentgen mandó copias de su artículo a unos cien colegas por todo el mundo y la reacción fue instantánea: querían saber más sobre aquellos rayos capaces de penetrar sustancias sólidas. El periódico Frankfurter Zeitung en su edición del 7 de enero de 1896, solo diez días después del artículo científico de Roentgen, profetizaba:

> Los biólogos y los médicos, en particular los cirujanos, estarán muy interesados en los usos prácticos de estos rayos, porque ofrecen una perspectiva de ser una ayuda nueva y muy valiosa en el diagnóstico.

Solo el descubrimiento de la anestesia puede superar a los rayos x por su significado para la odontología. En ese mismo mes, enero de 1896, el dentista Otto Walkhoff, de quien Röntgen era paciente, hizo que el profesor universitario y amigo Friedrich Oskar Giesel, junto con Wilhelm König (1859-1936), le tomaran las primeras radiografías de sus dientes, con un tiempo de exposición de 25 minutos. Con esa larga irradiación no es de extrañar que en algunos pacientes se observara pérdida de cabello después de las radiografías. Años de manipulación descuidada y sin protección de sustancias radiantes finalmente pasaron factura a muchos de los primeros radiólogos. Después de una larga y dolorosa enfermedad, Giesel murió en 1927 a la edad de 75 años de un cáncer causado por el daño extremo de la radiación en sus manos. Por la misma época, Frank Harrison tomó las primeras radiografías de dientes en Inglaterra y William James Morton Jr. en los Estados Unidos.

Protección radiológica

El uso de rayos x en el diagnóstico en odontología fue posible gracias al trabajo pionero de C. Edmund Kells (1856-1928), un dentista de Nueva Orleans, hijo a su vez de otro odontólogo, quien demostró a los dentistas de Asheville el nuevo invento alemán ya en julio de 1896. Kells tenía una curiosidad insaciable y era un formidable inventor con más de treinta patentes que incluían un extintor, un gato para los automóviles y un starter y freno que todavía se usan en los ascensores de hoy en día. Insatisfecho con las baterías de su torno, fue el primero en instalar la corriente eléctrica en su clínica y en fabricar el primer motor dental que funcionaba con electricidad. También introdujo el aire comprimido en su clínica dental y encontró muchos usos para ello, pero quizá su invención más notable fue una bomba de succión que demostró su utilidad no solo en odontología sino en cualquier campo de la cirugía donde hiciera falta una aspiración rápida de fluidos para limpiar el campo de operación. «*Esta invención solamente* —dijo un cirujano agradecido— *es suficiente para inmortalizar el nombre del Dr. Kells y ganar para él la gratitud eterna de todos los cirujanos de la Tierra*».

En cuanto supo del descubrimiento de Roentgen, Kells encargó las piezas para construir su propia máquina de rayos x, la primera en América. La montó en una habitación de su casa y usó a su asistente —otro avance que no había gustado a su padre— como sujeto de la radiografía. Como

Portada con retrato de *Three Score Years and Nine*, de C. Edmund Kells, publicada en Nueva Orleans en 1926 por Maison Blanche. Esta primera edición de tapa dura es un valioso testimonio de la odontología estadounidense de principios del siglo xx, documentando la evolución de la práctica dental durante casi siete décadas.

no sabía qué exposición era necesaria, sentó a la ayudante en una silla, con los dientes apretados y la boca cerrada para que pudiera tragar sin moverse. Puso un tablero para mantener su cabeza en la misma posición y realizó una larga exposición, que pudo aguantar probablemente gracias al tablero que estaba entre la paciente y él y que actuó como filtro.

Kells se suicidó después de un largo historial de cánceres inducidos por la radiación. Para intentar detener el progreso de la enfermedad se amputó primero un dedo, luego toda la mano, seguido del antebrazo y luego todo el brazo. Como muchos otros radiólogos, pasó a la historia como un «mártir de la ciencia».

Sarah Zobel de la Universidad de Vermont, en su artículo *The Miracle and the Martyrs*, hace referencia a un banquete celebrado en honor de los pioneros de los rayos x en 1920. Para cenar hubo pollo, pero «*poco después de servir, se pudo comprobar que algunos de los participantes no podían disfrutar de la comida. Después de años de trabajar con rayos x, muchos de ellos habían perdido dedos o manos debido a la exposición a la radiación y no podían cortar la carne por sí mismos*». El primer estadounidense que murió debido a la exposición a la radiación fue Clarence Madison Dally, asistente de Thomas Alva Edison. Edison comenzó a estudiar los rayos x casi inmediatamente después del descubrimiento de Roentgen y delegó esta línea de trabajo en Dally. Sin embargo, su muerte hizo que Edison abandonara la investigación sobre rayos x en 1904.

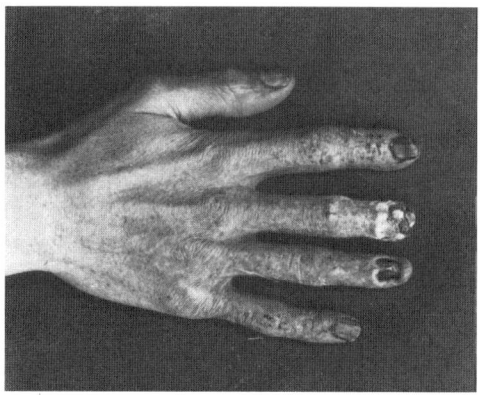

La trágica imagen de la mano de Clarence Madison Dally (1865-1904), soplador de vidrio que trabajaba con Thomas Edison. Al probar los tubos de rayos X en sus propias manos, sin conocer los peligros de la radiación, desarrolló un agresivo cáncer que lo llevaría a la amputación de ambos brazos y, finalmente, a su muerte. Su sacrificio involuntario contribuyó a la comprensión de los riesgos de la radiación y la necesidad de protección radiológica, llevando incluso a Edison a abandonar sus investigaciones sobre rayos X [MEDizzy Journal].

Fotografía tomada por H. J. Hickman hacia 1918 que muestra a un radiógrafo en Francia durante la Primera Guerra Mundial, equipado con ropa y casco protectores. Esta imagen ilustra los primeros pasos en la protección radiológica, cuando los profesionales comenzaban a ser conscientes de los peligros de la exposición a los rayos X. El equipo de protección, aunque rudimentario según los estándares actuales, representaba un avance significativo en la seguridad laboral de los profesionales médicos [Wellcome Collection].

En 1901, el dentista William Herbert Rollins (1852-1929) reclamó que al trabajar con rayos x se utilizaran gafas protectoras con lentes de plomo, el tubo de rayos x estuviera rodeado de plomo y todas las zonas posibles del cuerpo estuvieran protegidas, cubiertas con delantales de plomo. Publicó más de 200 artículos sobre los posibles peligros de los rayos x, pero sus advertencias fueron ignoradas durante mucho tiempo y llegó a escribir desesperado que tanto la industria como sus colegas no hacían caso a sus avisos sobre los peligros de la nueva radiación. En ese momento, Rollins ya había demostrado que los rayos x podían matar animales de laboratorio y provocar abortos espontáneos en conejillos de Indias. Los logros de Rollins solo fueron reconocidos tarde y ha pasado a la historia como el «*padre de la protección radiológica*».

El año en que murió Kells, el Congreso Internacional de Radiología (ICR) consensuó las primeras normas de protección radiológica. El propio Wilhelm Konrad Röntgen se salvó de esta suerte por una costumbre. Llevaba constantemente en sus bolsillos las placas fotográficas no expuestas y descubrió que si permanecía en la misma habitación durante la exposición a la radiación, se exponían involuntariamente y se estropeaban, así que salía regularmente de la habitación mientras tomaba las radiografías.

La radiación no era el único peligro. Entre 1920 y 1940 se produjeron en EE. UU. 51 accidentes eléctricos mortales y 62 graves por el uso de aparatos de rayos x. Estos accidentes a causa del alto voltaje afectaron tanto a médicos como a pacientes.

Dispositivos de rayos x

Las posibilidades de la nueva tecnología eran tan evidentes que ya en 1896, pocos meses después del descubrimiento de Roentgen, la empresa Reiniger, Gebbert & Schall (RGS) se centró en la producción de tubos y dispositivos de rayos x. El físico Joseph Rosenthal, contratado por Gebbert, diseñó un tubo de rayos x para el diagnóstico médico y lo hizo fabricar en la empresa Emil Gundelach de Turingia. Posteriormente, la empresa RGS fue adquirida por Siemens.

Al mismo tiempo, Albert Koet, quien trajo consigo sus conocimientos técnicos desde Alemania, comenzó la producción en Estados Unidos del aparato de rayos x llamado Great Flame. Junto con J. Robert Kelley, fundó la empresa Kelley-Koett y lo lanzó al mercado. En 1929, el fabricante de tubos de Hamburgo CHF Müller y su empresa matriz Philips produjeron el primer tubo de ánodo giratorio con el nombre de «Rotalix». El prototipo se fabricó en Chicago en 1937, pero por problemas de diseño, y también por la Segunda Guerra Mundial, no apareció en el mercado hasta 1947 con el nombre comercial Oralix. En 1933, Siemens desarrolló un tubo de ánodo giratorio llamado Pantix, que sentó las bases para el desarrollo de los modernos tubos de rayos x. Un año más tarde, la misma empresa lanzó al mercado la esfera de rayos x, de la que se vendieron unas 30 000 unidades en todo el mundo hasta los años 1970. Los odontólogos descubrieron que los rayos x no eran solo un instrumento de enorme utilidad, sino también una poderosa herramienta de marketing y añadieron «Rayos x» en los carteles de sus consultas.

La imagen muestra a Ernest Henry Harnack (1868-1934), el primer radiografista oficial de Gran Bretaña, junto al equipo portátil de rayos X que él mismo construyó para el Hospital de Londres en Whitechapel. Los acumuladores visibles en la parte inferior eran necesarios debido a la ausencia de electricidad en el hospital. Harnack, quien comenzó como oficinista y aficionado a la fotografía, se convirtió en pionero de la radiología apenas un año después del descubrimiento de Röntgen, pero pagó un alto precio por su innovación: la exposición prolongada a la radiación llevó a la amputación de ambas manos [Mersea Museum. Fid Harnack Collection].

Películas radiográficas

La primera película cinematográfica basada en celuloide fue inventada por el clérigo anglicano Hannibal Goodwin, quien solicitó una patente en los EE. UU. el 2 de mayo de 1887. Durante once años libró una batalla legal con la George Eastman Company (ahora Kodak), que finalmente tuvo que pagarle cinco millones de dólares por los derechos en 1914. En 1933, DuPont desarrolló una «película de seguridad» que reemplazó la película de nitrato por una película de acetato de celulosa. El cambio se debía a que la película de nitrato, altamente inflamable, había generado numerosos incendios.

Radiografía panorámica

El japonés Hisatugu Numata desarrolló la primera máquina de rayos x panorámica en 1933/34. A esto le siguió el desarrollo de los dispositivos de rayos x panorámicos intraorales, en los que el tubo de rayos x se colocaba dentro de la boca y la película radiológica se situaba en la superficie del rostro. Pocos años después, Horst Beger de Dresde en 1943 y Walter Ott de Suiza en 1946 mejoraron estos prototipos, de lo que surgieron los aparatos Panoramix (Koch & Sterzel), Status x (Siemens) y Oralix (Philips).

Yrjö Veli Paatero (1901-1963) de Finlandia y el ingeniero Timo Nieminen desarrollaron la «Parabolografía», que cambió a «Pantomografía» en 1950, antes de que en 1958 por sugerencia del japonés Eiko Sairenji surgiera el nombre de «Ortopantomografía» (OPG). La empresa finlandesa PaloDEx (anteriormente Ruusuvaara Oy) introdujo el ortopantomógrafo en el mercado europeo junto con Sirona en 1964 y en los EE. UU. la empresa SS White lo vendió con el nombre de Panorex. El tubo de rayos x y la película radiológica giran sincrónicamente alrededor de la cabeza del paciente.

Se añadieron láminas fluorescentes a las películas de rayos x como láminas intensificadoras de rayos x, lo que significó que el 90 % del ennegrecimiento de la película se logró por luminiscencia y solo el 10 % por exposición directa a los rayos x, lo que condujo a una reducción significativa de la exposición a la radiación. En marzo de 1896, los empleados de Thomas A. Edison habían descubierto las virtudes del tungstato de calcio, que se convirtió en el estándar para las pantallas intensificadoras. En la década de 1970 fue reemplazado por películas aún mejores fabricadas con oxibromuro de lantano y oxisulfuro de gadolinio, a base de tierras raras. Los dispositivos panorámicos intraorales fueron finalmente abandonados a finales de los años 1980 porque la exposición a la radiación en contacto directo con la lengua y la mucosa oral a través del tubo intraoral era demasiado alta.

Radiografía digital

En 1987, Trophy Radiology (Francia) lanzó la primera máquina digital de rayos x de película dental llamada Radiovisiografía (RVG). En 1995, Signet SAS (Francia) presentó el DXIS, el primer dispositivo digital panorámico de rayos x, desarrollado por Catalin Stoichita, al que también se le podían adaptar dispositivos analógicos. En 1997 le siguió el SIDEXIS (Siemens) con Orthophos Plus, que utiliza placas de imágenes de rayos x en lugar de películas. Un centelleador convierte los fotones de rayos x incidentes en luz visible o directamente en impulsos eléctricos y los datos recopilados en el detector se transmiten digitalmente a un ordenador. La tomografía computarizada de haz cónico (Cone-Beam CT (CBCT)) fue desarrollada por el grupo de investigación italiano formado por Attilio Tacconi, Piero Mozzo, Daniele Godi y Giordano Ronca en 1996 (NewTom 9000) y se conoce también como tomografía volumétrica digital.

Láseres

El láser de CO_2 fue desarrollado en 1964 por el ingeniero eléctrico y físico indio Chandra Kumar Naranbhai Patel, al mismo tiempo que el láser nd:YAG (neodimio:granate de itrio y aluminio) se desarrollaba en los Laboratorios Bell por LeGrand Van Uitert y Joseph E. Geusic y el láser Er:YAG. Los láseres se utilizan en odontología desde principios de los años 1970. En el sector del láser duro existen dos sistemas principales para su uso en la cavidad bucal: el láser de CO_2 para su uso en tejido blando y el láser Er:YAG para su uso en la estructura del diente duro y el tejido blando. Con el tratamiento con láser suave se busca una bioestimulación con bajas densidades de energía.

CAD/CAM

CAD son las iniciales de diseño asistido por computadora y CAM de fabricación asistida por computadora. François Duret es considerado el pionero de las prótesis dentales fabricadas mediante CAD/CAM. En 1971 diseñó un sistema basado en el que había desarrollado en 1965 la empresa Lockheed para la fabricación de aviones. Veinte años más tarde, en 1985, se fresa la primera corona dental utilizando el sistema Duret. En 1973, Altschulter desarrolló un proceso de impresión óptica basado en la holografía. En 1980, Werner H. Mörmann y Marco Brandestini, de la Universidad de Zúrich, trabajaron en un sistema directo, que se conoció como «producción en el sillón», del que más tarde surgió el sistema CEREC. La introducción de una cámara intraoral (CEREC Omnicam) en 2012 permitió escanear un diente, realizar impresiones digitales en colores naturales y calcular un modelo tridimensional para la prótesis. Esta figura tridimensional se puede observar en el monitor y editar digitalmente. A continuación, los datos se envían al dispositivo de producción de una forma totalmente automática. Inicialmente, la fabricación se realizaba en titanio, pero ahora predomina el uso de cerámica, habitualmente dióxido de circonio. Las piezas se fabrican mediante tecnología de fresado o procesos de síntesis mediada por láser.

En esta imagen de 1979, el profesor François Duret (a la izquierda), padre del CAD/CAM, aparece en su laboratorio. Este pionero francés revolucionó la odontología moderna al desarrollar el primer sistema de diseño y fabricación asistidos por computadora para prótesis dentales [Francoisduret.com].

Cepillándose los dientes frente a un espejo [Everett Collection].

LA MICROBIOTA ORAL

El descubrimiento de la presencia de microorganismos en la cavidad bucal es antiguo, desde el inicio de la microscopía. En una carta a la Royal Society fechada en 1670 Antonie van Leeuwenhoek relataba las observaciones realizadas a partir de su propia placa dental:

> No me limpié los dientes durante tres días y luego tomé el material que se había alojado en pequeñas cantidades en las encías por encima de mis dientes frontales... Encontré unos pocos animálculos vivos.

La observación visual directa de las bacterias de la cavidad bucal con un microscopio diseñado por él y fabricado por él marcó el descubrimiento de la microbiota bucal: la boca estaba llena de seres vivos microscópicos. Las diversas morfologías de los microorganismos que observó, y que más tarde dibujó en su cuaderno, fueron un primer indicio de la complejidad de la comunidad microbiana oral. El estudio posterior del microbioma bucal humano ha revelado que los microorganismos que residen en la cavidad bucal contribuyen en gran medida a la salud general del huésped y que los desequilibrios en las poblaciones que viven allí, la disbiosis, está frecuentemente implicada en la patogénesis de enfermedades tanto bucales como sistémicas. El microbioma oral se adquiere tanto a través de la transmisión materna como del entorno, siguiendo un patrón organizado, en el que la erupción de los dientes proporciona nuevos nichos ecológicos y aumenta la diversidad de esos seres microscópicos.

Los tamaños de los microorganismos orales y las estructuras microbianas abarcan cuatro órdenes de magnitud, desde virus a nanoescala hasta agregados bacterianos de cientos de micras de diámetro. El tamaño de las células bacterianas oscila entre 200-300 nm (las diminutas *Saccharibacteria*) y 10 μm (como la larga *Treponema espiriliforme*), con la mayoría en torno a 1 μm (por ejemplo, los estreptococos, muy abundantes, tienen 0,8 μm de diámetro). Los agregados y consorcios bacterianos constituyen el mayor componente de la biomasa microbiana oral (hasta cientos de micras) e incluyen estructuras polimicrobianas ordenadas, denominadas de forma distintiva para sugerir sus características. Los agregados «erizo» abundan en los microbiomas orales sanos y se componen de largos filamentos de múltiples células de *Corynebacterium* decorados con *Streptococcus* y otros cocos en su periferia (formando «mazorcas» de hasta 50 µm de longitud) y creando entornos densamente empaquetados que facilitan el crecimiento de especies anaerobias como *Leptotrichia spp.*, *Fusobacterium spp.* y *Actinomyces spp.* en su interior. Se han identificado agregados «rotundos» asociados a la caries que comprenden una masa interna de *Streptococcus mutans* y la matriz de exopolisacáridos asociada, una capa circundante de *S. oralis* u otros estreptococos no mutans y una capa externa de no estreptococos. Los eucariotas orales incluyen los raros protistas móviles *Trichomonas* y *Entamoeba*, así como hongos de los géneros *Candida* y *Malassezia*, y todos ellos tienen aproximadamente el mismo orden de magnitud en tamaño que los neutrófilos humanos (alrededor de 5-15 µm), que son abundantes en el líquido gingival durante la inflamación. Los miembros más pequeños del microbioma oral son los virus, que se sabe que incluyen virus que infectan al ser humano (por ejemplo, los abundantes anellovirus), virus que infectan bacterias (bacteriófagos) y probablemente también virus que infectan microeucariotas orales.

La cavidad oral contiene muchos microambientes distintos que albergan diferentes comunidades microbianas. Entre ellos se encuentran la superficie dura del esmalte dental (tanto por encima como por debajo de la línea de las encías), las superficies queratinizadas del paladar, las encías y las papilas linguales y las superficies blandas como la mucosa bucal. La especialización de las bacterias orales a distintos lugares se viene observando desde hace décadas, pero en los últimos años se ha analizado de forma más exhaustiva y precisa y se ha visto que hay géneros que tienen especies distintas especializadas en la lengua, la placa dental o las encías, lo que sugiere que la comunidad microbiana oral ha evolucionado para ocupar estos hábitats diferentes. Entre los factores que influyen en la composición de la comunidad microbiana en los distintos lugares se incluyen las características de la superficie del sustrato, los gradientes de oxígeno y nutrientes y la proximidad a las glándulas salivales. Dado que los microorganismos de todas las localizaciones orales se eliminan por la saliva, y que la saliva se distribuye por toda la boca, la mayoría de los microorganismos orales son detectables en cualquier localización oral, pero se detectan en una abundancia relativa hasta varios órdenes de magnitud mayor en la localización o localizaciones que se cree que son su verdadero nicho.

Como vemos, las comunidades de microorganismos son diferentes en distintas zonas de la boca. Un estudio reciente analizó la distribución de especies del abundante género oral *Streptococcus* y descubrió que cada especie se encontraba principalmente en un sitio de la cavidad oral. Estos datos del genoma completo permitieron diferenciar taxones estrechamente relacionados, como *Streptococcus mitis*, que se encuentra principalmente en la mucosa bucal, *Streptococcus oralis*, que se encuentra en la placa dental, y *Streptococcus infantis*, que se encuentra en el dorso de la lengua.

La sencilla accesibilidad de la microbiota oral permite captar directamente el proceso de formación de biopelículas o «biofilms» y de ensamblaje de comunidades en los lugares de interés, por lo que la microbiota oral ofrece un modelo excelente para explorar y comprender microbiomas complejos. Distintos hábitats dentro de la boca están colonizados por microbiotas diferentes, tanto en composición de especies como en organización espacial. Dentro de la cavidad oral, bacterias, arqueas, eucariotas y virus coexisten e interactúan entre sí y con el huésped humano. Por lo tanto, hay un enorme potencial en el uso de las llamadas ciencias ómicas (genómica, proteómica, lipidómica, etc.) para examinar las diversas comunidades de la microbiota oral, tanto *in situ* como utilizando sistemas modelo *in vitro* para dilucidar la ecología de la comunidad microbiana. La investigación resultante ha aumentado sustancialmente nuestra comprensión de la composición, la diversidad genómica, la biogeografía y los fundamentos metabólicos de la microbiota oral.

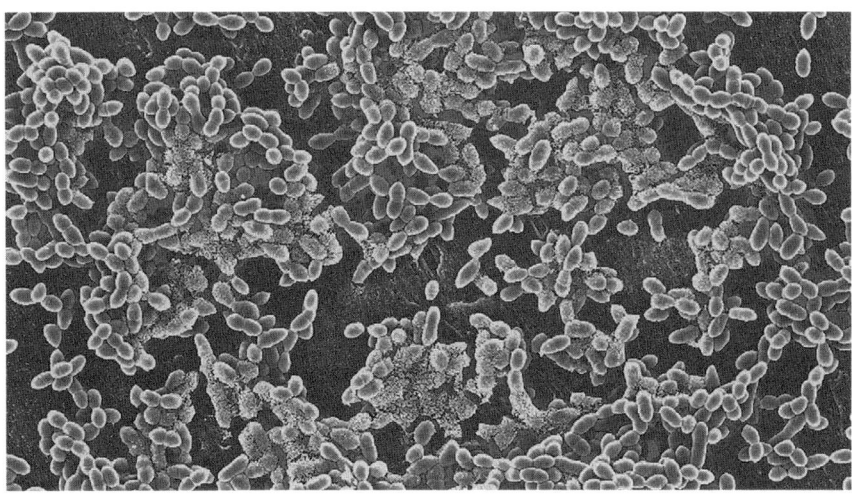

Imagen de microscopía electrónica de barrido que muestra un biofilm de *Streptococcus oralis* sobre una superficie de titanio. Esta bacteria, común en la cavidad oral, forma comunidades microbianas adheridas (*biofilms*) que pueden afectar a los implantes dentales [Shahfa84].

Diversidad de la microbiota oral

La mayoría de las investigaciones sobre el microbioma oral, en particular los primeros estudios, utilizaron como punto de partida el gen 16S ARNr, que es exclusivo de bacterias, y, por tanto, se centraron exclusivamente en este grupo de microorganismos. Dentro de ello, los estudios del microbioma oral han demostrado que existe un conjunto diverso de más de 700 especies bacterianas (procedentes en su mayoría de unas pocas docenas de géneros de siete filos: Actinomycetota (antes, Actinobacteria), Bacteroidota (Bacteroidetes), Bacillota (Firmicutes), Fusobacteriota (Fusobacteria), Pseudomonadota (Proteobacteria), Saccharibacteria (TM7) y Spirochaetota (Spirochaetes). Las especies bacterianas que componen el grueso del microbioma oral se conservan en general en todos los individuos. Sin embargo, las diferencias en la abundancia relativa de los taxones, así como las diferencias a nivel de cepa y la presencia de cepas y especies raras, representan una gran parte de la diversidad a nivel genético observada entre distintas personas y pueden utilizarse para distinguir a los individuos. Cada persona tenemos una microbiota única, que va cambiando a lo largo de la vida

La disminución del coste de la secuenciación y el aumento de la potencia informática, junto con el desarrollo de nuevas herramientas bioinformáticas, ha llevado a un mayor uso de la secuenciación para estudiar el microbioma oral.

Microeucariotas y arqueas

Además de las bacterias, la microbiota bucal también incluye microeucariotas (hongos, amebas y flagelados), arqueas y virus. Aunque los estudios genéticos han identificado más de 100 géneros de hongos en la boca, se detectan muchos menos de forma rutinaria. Los micobiomas orales de las personas suelen estar dominados por especies de *Candida* o *Malassezia*. Como *Candida* suele consumir azúcares y *Malassezia* suele consumir lípidos, es probable que ambos géneros tengan funciones ecológicas diferentes. El estudio de las interacciones entre bacterias y hongos en el microbioma oral y su impacto en el huésped humano es un tema con muchas posibilidades. Por ejemplo, *Streptococcus gordonii* facilita la supervivencia y el escape de *Candida albicans* de los macrófagos, células de defensa del organismo humano, mientras que *Pseudomonas aeruginosa* inhibe los mismos procesos. *C. albicans* se ha asociado a la caries en estudios sobre el microbioma y se sabe que interactúa física y metabólicamente con *Streptococcus mutans*, lo que refuerza la virulencia de estas biopelículas multiespecíficas. Los agregados de *C. albicans* y *S. mutans*, aislados de niños pequeños con caries dental grave, tenían propiedades emergentes, es decir, que no presentaban el hongo ni la bacteria por separado, como una mayor capacidad para colonizar superficies.

Menos estudiados que los hongos orales son las arqueas, las amebas (*Entamoeba gingivalis*) y los flagelados sin mitocondrias como *Trichomonas tenax*. Estos tres grupos viven principalmente en las bolsas periodontales y están asociados con la enfermedad periodontal. *E. gingivalis* se alimenta de células humanas vivas, lo que sugiere un papel patológico distinto para este organismo. Tanto las amebas orales como los flagelados parecen presentar diferencias según la cepa que explican las variaciones en el potencial patológico de los mismos microorganismos. *Methanobrevibacter oralis* parece ser el taxón de arqueas más común y abundante de la microbiota oral. Las arqueas metanogénicas pueden facilitar el crecimiento de bacterias fermentativas mediante el consumo de hidrógeno, y los posibles socios previstos de las arqueas orales incluyen los géneros *Synergistes*, *Prevotella* y *Veillonella*. Los estudios de asociación muestran un aumento de la abundancia de arqueas con la obesidad y el tabaquismo. Aunque las arqueas y los microeucariotas son relativamente poco abundantes en el microbioma oral en comparación con las bacterias, es probable que tengan un papel ecológico y patogénico desproporcionadamente importante debido a su mayor tamaño y a las distintas capacidades metabólicas que tienen. En otras palabras, las bacterias son muchas, pero relativamente sencillas, los microeucariotas son pocos pero mucho más sofisticados. Será necesario integrar mejor el estudio de estos taxones en la investigación del microbioma oral para obtener una imagen más completa de su ecología y de la relación con las enfermedades humanas.

Virus

La mayoría de los virus del microbioma oral son fagos que infectan bacterias. La diversidad y abundancia de fagos en el microbioma oral sugieren claramente que estos virus ejercen una presión selectiva sustancial en la boca. Sabemos mucho más sobre ellos gracias a la gran mejora de las bases de datos, la capacidad de secuenciación y las herramientas bioinformáticas de detección, que hasta ahora han permitido identificar más de 60 000 grupos de fagos a nivel de especie en el microbioma oral.

Los pocos estudios de fagos orales que se han realizado también indican que tienen potencial para influir en el ensamblaje general de la comunidad y en las interacciones con el huésped humano, pero hay dos obstáculos dignos de mención que han seguido limitando los cultivos de fago-bacteria a un puñado de especies bacterianas orales. En primer lugar, las interacciones de los fagos son sensibles a las condiciones de cultivo y muchos tienen un estrecho tropismo por el hospedador. En segundo lugar, algunos fagos tienen ciclos de vida que limitan su detección con los ensayos tradicionales de placa y turbidez (es decir, eliminación de bacterias), lo que hace necesarios otros métodos de detección.

Además de los fagos, los recientes descubrimientos en los microbiomas vaginal, intestinal y cutáneo de virus que infectan arqueas, *Entamoeba*, *Trichomonas* y *Malassezia* sugieren que se identificarán virus similares para las especies orales de estos grupos. Es probable que las infecciones víricas crónicas afecten al estado global del sistema inmunitario humano, lo que pone de relieve el valor de comprender el papel del microbioma oral en la salud, la inflamación y la enfermedad.

La microbiota oral y las enfermedades bucodentales

La microbiota oral desempeña un papel fundamental en la salud bucodental, ya que tres de las enfermedades bucodentales más prevalentes, la caries dental, la enfermedad periodontal y el cáncer oral, tienen etiologías principalmente microbianas.

Caries

En el contexto de la caries, algunos estreptococos, como *S. mutans*, se consideran patógenos, y otros, como *S. gordonii*, se consideran comensales beneficiosos para la salud oral. Las localizaciones son bastante específicas.

La caries se asocia a una disbiosis de la microbiota de la placa dental; en concreto, hay una abundancia de especies formadoras de biopelículas, productoras de ácido y tolerantes al ácido. Dado que *S. mutans* encarna estos tres rasgos, se aísla con frecuencia de los dientes dañados y es capaz de causar una enfermedad clara en modelos animales, históricamente se ha considerado a esta bacteria un agente causal primario de la caries dental. Sin embargo, el desarrollo del análisis microbiológico moderno ha puesto de manifiesto que en un número apreciable de casos, la caries se produce sin niveles sustanciales, u ocasionalmente incluso detectables, de *S. mutans*. Por lo tanto, está un tanto en duda la importancia específica de estos estreptococos y se entiende que la caries es el resultado de cambios complejos en la ecología microbiana, en lugar de una simple infección por una sola especie. Aunque *S. mutans* no es imprescindible para la patogénesis de la caries, su inusual capacidad para generar glucanos extracelulares a partir de sacarosa implica que, cuando está presente, suele ser un importante impulsor de la formación de biopelículas y de la disbiosis. Otros organismos acidófilos, como los lactobacilos y las especies del género *Veillonella*, también están asociados a la caries. Sin embargo, se ha debatido si representan verdaderos impulsores de la patogénesis o son simplemente transeúntes en la comunidad que aprovechan la presencia de una biopelícula cada vez más ácida. El hongo *Candida albicans* también puede desempeñar un papel en la patogénesis de la caries. Además de estos microorganismos habitualmente asociados a la caries, estudios recientes también han asociado a otros microorganismos, como el virus de Epstein-Barr y Prevotella spp. con la caries. Sin embargo, es necesario seguir investigando para consolidar estos vínculos y los mecanismos subyacentes.

Un importante descubrimiento reciente ha sido la asociación de las bacterias reductoras de nitratos, es decir, las especies de los géneros Rothia, Neisseria y Haemophilus, con una buena salud dental. Este hallazgo ha llevado a la reciente investigación del nitrato como prebiótico anticaries y de las bacterias reductoras de nitrato como probióticos anticaries. Dado que la caries dental sigue siendo la enfermedad infecciosa crónica más común en todo el mundo, los avances en la comprensión de su origen pueden conducir a nuevas estrategias preventivas que encajen bien con los tratamientos de higiene oral y flúor, que son actualmente la principal defensa clínica.

Enfermedad periodontal

La enfermedad periodontal es una alteración inflamatoria de la homeostasis huésped-microbiana en la bolsa periodontal. Los tejidos que rodean el diente están muy vascularizados, con un flujo positivo constante de líquido gingival que recluta neutrófilos y otros tipos de células inmunitarias para ayudar a mantener este equilibrio entre los microorganismos en multiplicación constante y las respuestas innatas y adaptativas del huésped. En la mayoría de los seres humanos, esta relación, que da lugar a una convivencia saludable, se define como un estado de vigilancia inflamatoria activa. Las alteraciones de esta homeostasis desencadenadas por cambios en el microbioma o en el huésped provocan inflamación y, en última instancia, gingivitis y periodontitis.

Análisis más recientes han descubierto que, además de los taxones bacterianos canónicos asociados a la enfermedad periodontal (es decir, las especies de *Porphyromonas*, *Treponema* y *Tannerella*), otras especies como *Filifactor alocis*, *Peptoanaerobacter stomatis* y *Saccharibacteria* son también patógenos periodontales potenciales.

La accesibilidad de la microbiota oral la convierte en un potente modelo y sistema experimental. La gingivitis experimental es un modelo clínico utilizado para estudiar la dinámica de la inflamación inducida por microbios que conduce a la gingivitis directamente en humanos, ya que la placa puede crecer sin cesar. Uno de los principales puntos fuertes de este modelo es que actualmente no existen otros modelos humanos para otras superficies mucosas que permitan inducir una inflamación aguda con sobrecrecimiento bacteriano normal de especies endógenas y, a continuación, revertir este estado con facilidad, especialmente de una forma fácilmente accesible y clínicamente relevante. La identificación de posibles dianas durante el inicio y el desarrollo de la enfermedad periodontal podría traducirse en estrategias personalizadas de tratamiento e intervención.

Cánceres orales

Un porcentaje elevado y creciente de cánceres orales está asociado a infecciones víricas: En EE. UU., aproximadamente el 90 % de los carcinomas orales de células escamosas (COCE) se deben a la infección por el virus del papiloma humano y más del 90 % de los carcinomas nasofaríngeos están asociados al virus de Epstein-Barr. Estudios recientes han examinado el microbioma asociado a los cánceres orales, y en uno de ellos se descubrió que un micobioma disbiótico rico en *C. albicans* era prevalente en pacientes con COCE. Por el contrario, una mayor abundancia de especies de *Malassezia* se correlacionó con una mejor supervivencia global en pacientes con COCE, lo que sugiere que este grupo de hongos puede servir como biomarcador del pronóstico y que se deben seguir explorando los mecanismos de esta asociación. De hecho, se ha empezado a examinar las posibilidades de que los microorganismos orales asociados a la salud se utilicen como probióticos anticancerosos. Además de los cánceres orales, el microbioma oral también se ha asociado recientemente a otros tipos de cáncer.

Papel en la salud y la enfermedad sistémica

Cada vez hay más pruebas que relacionan la microbiota oral con las enfermedades sistémicas y la salud general. En concreto, la enfermedad periodontal y los patógenos asociados, como *P. gingivalis, Aggregatibacter actinomycetemcomitans* y *F. nucleatum*, se han vinculado a un gran número de enfermedades extraorales, como la enfermedad de Alzheimer, la diabetes, las enfermedades cardiovasculares, los cánceres colorrectales, la enfermedad inflamatoria intestinal, la artritis reumatoide, la enfermedad del hígado graso no alcohólico y la obesidad. La microbiota periodontal influye en la patología de las enfermedades distales a través de dos mecanismos principales, que también pueden ser sinérgicos: efectos directos por la translocación de bacterias orales a sitios distales y una serie de efectos indirectos causados por la presencia de comunidades microbianas disbióticas en la boca. Sorprendentemente, el establecimiento de microorganismos orales en el intestino también puede servir como señal general de enfermedad humana; un metaanálisis reciente de miles de metagenomas intestinales que representan a más de 50 enfermedades, así como a donantes sanos, reveló que muchos microorganismos orales comunes son biomarcadores de enfermedad cuando se localizan en el intestino. Aunque la existencia de una microbiota placentaria sigue siendo controvertida, existen pruebas en modelos animales de que la infección oral por determinados patógenos periodontales, como *P. gingivalis* y *F. nucleatum*, está asociada a resultados adversos del embarazo.

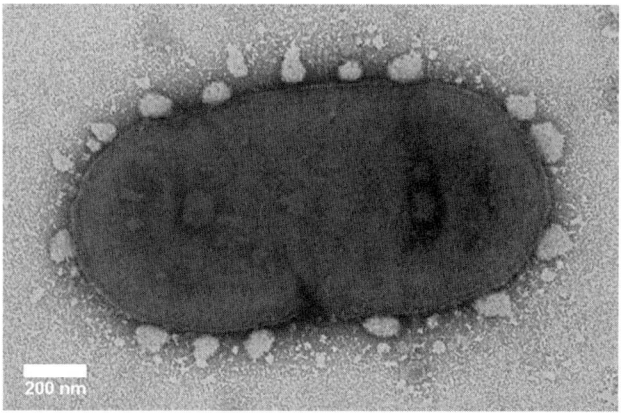

Porphyromonas gingivalis [Bacmap Genome Atlas].

MICROSCOPÍA DENTAL

Hacia 1880, la odontología tuvo un impulso científico a través de la microscopía dental. Los estadounidenses, que estaban a la cabeza de los cuidados odontológicos, dieron un impulso crucial mediante la incorporación de microscopios en la clínica. El 15 de enero de 1907, Shirley W. Bowles presentó un microscopio dental en una conferencia ante la Sociedad Dental de Columbia. En septiembre de 1921, Carl Olof Siggesson Nylen utilizó un microscopio quirúrgico durante una operación en la zona del oído, la nariz y la garganta. En 1975, R.R. Baumann, que trabaja en la clínica de otorrinolaringología de la Universidad Julius Maximilian de Würzburg, utilizó por primera vez en Alemania un microscopio moderno para trabajos dentales. En 1982, S. Selden recomendó su uso, particularmente en el campo de la endodoncia y la cirugía oral, porque facilitaba tratamientos mínimamente invasivos y más precisos.

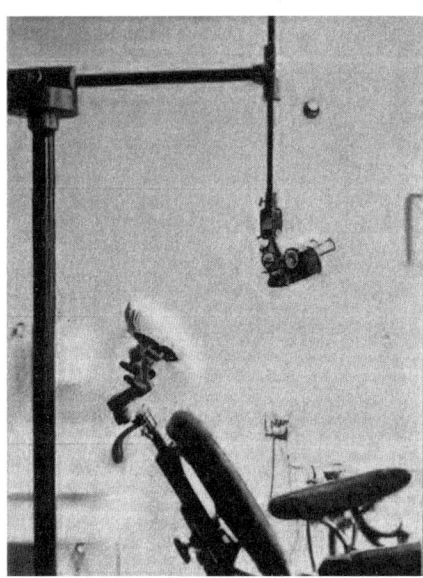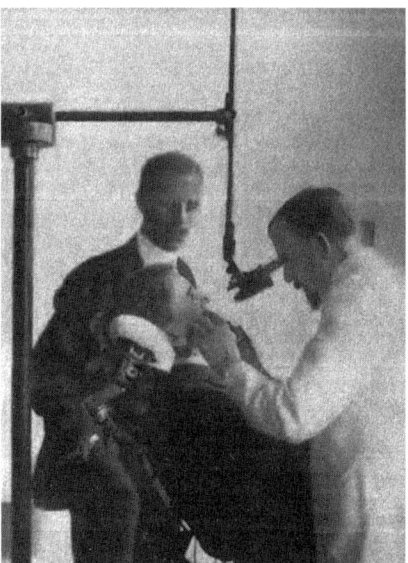

Las fotografías, publicadas en *Dental Cosmos* (1907), muestran el innovador diseño de microscopio dental del Dr. S. W. Bowles y su aplicación práctica en el consultorio. Este pionero desarrollo representa uno de los primeros intentos de incorporar la magnificación óptica a la odontología, mostrando tanto el dispositivo como la correcta posición que debían adoptar dentista y paciente durante su uso.

Caja de pasta dental estadounidense de la marca STARKIST, fabricada y utilizada durante la Segunda Guerra Mundial. Este tipo de productos reflejaban los avances en la industria de la higiene dental y la creciente importancia dada al cuidado bucal en las fuerzas armadas, donde la salud dental se había convertido en un aspecto crucial del bienestar [US M&C]. ▶

LOS PRODUCTOS PARA LA HIGIENE DENTAL

Las sociedades avanzadas se han preocupado desde siempre de la salud bucal y han ido desarrollando nuevos productos para mejorar la limpieza de los dientes, la frescura del aliento y evitar las caries y otras patologías. Las prácticas de higiene bucodental en los países desarrollados empezaron a evolucionar a principios del siglo xx, a medida que el gobierno y las agencias sanitarias educaban a los ciudadanos, especialmente a los escolares, sobre la importancia de la higiene bucodental. Los dentistas y los consejos de salud pública argumentaban que la falta de higiene dental conducía a otras enfermedades, y que estas enfermedades incrementaban el número de adultos sin trabajo y de niños sin escolarizar. La idea en el ambiente era que al enseñar a los escolares buenos hábitos de cepillado de dientes, los niños influirían en otros miembros de la familia. La historiadora Alyssa Picard señala que algunos dentistas llegaron a sugerir que cambiar las prácticas de higiene bucal de los inmigrantes los «americanizaría», y que la forma más fácil de hacerlo era educar a sus hijos en materia de higiene bucal.

Durante las décadas de 1910 y 1920, algunos empresarios impulsaron programas de higiene dental industrial, en los que dentistas contratados examinaban y limpiaban los dientes de los trabajadores de las fábricas. Los empresarios esperaban que este refuerzo de la higiene aumentara la productividad, ya que los trabajadores no faltarían al trabajo debido a problemas bucodentales. Sin embargo, fue necesario un conflicto bélico para cambiar los hábitos de cepillado de los estadounidenses. En un intento por mantener a los soldados sanos durante la Segunda Guerra Mundial, se les instruyó para que se cepillaran los dientes como parte de las prácticas de higiene diaria de un soldado disciplinado. Al volver a casa, trajeron consigo sus nuevos hábitos de higiene. Era una sociedad más educada, más limpia y que incorporaba nuevos productos de consumo que mantenían la enfermedad bucodental a raya y aumentaban el atractivo de los consumidores.

Palillos de dientes

El humilde palillo de dientes puede ser el más antiguo de todos los utensilios dentales, pues se remonta a más de un millón de años. Desde entonces, pasó de ser un objeto cotidiano a un símbolo de estatus y de nuevo a un objeto cotidiano.

Los primeros palillos eran probablemente pequeñas astillas de madera, aunque el hueso, el marfil, las cañas de plumas de cuervos y ocas y otros materiales también se usaron en distintos momentos. Los babilonios en el 2500 a.e.c. tenían unos kits de higiene que incluían un palillo de dientes, una pinza y una pequeña cuchara para extraer la cera de los oídos. En el Renacimiento los palillos volvieron a ser populares entre las clases altas. Algunos eran de oro y se llevaban en estuches recubiertos de piedras preciosas colgados en el cuello. En las cenas cortesanas se usaban entre los distintos platos para limpiar los restos de la comida. En la época victoriana, los palillos de plata u oro se hicieron populares entre quienes podían permitírselos. Un palillo de marfil y oro que perteneció a Charles Dickens y que llevaba grabadas sus iniciales se vendió en una subasta en 2009 por 9150 dólares.

Elegante portapalillos de plata del siglo XIX en forma de puercoespín, donde los palillos hacían las veces de púas del animal. Este tipo de objetos decorativos, que combinaban funcionalidad y estética, eran característicos de la alta sociedad victoriana, cuando los rituales de higiene dental después de las comidas se convirtieron en algo frecuente [Violette Chandelier Antiques].

De hecho, parece ser que hurgarse los dientes durante las comidas llegó a ser tan frecuente en la sociedad del siglo XIX que los libros de etiqueta se vieron obligados a abordar el tema. *«Es de muy mala educación hurgarse los dientes en la mesa»*, aconsejaba uno en 1882, añadiendo útilmente: *«Si es necesario hacerlo, colóquese la servilleta sobre la boca»*.

El palillo de dientes volvió a sus raíces de madera en la década de 1860, cuando el empresario estadounidense Charles Forster encontró la manera de producirlos en masa. Su fábrica de Maine no tardó en producir 500 millones al año, y los palillos gratuitos se convirtieron en obsequios omnipresentes en los restaurantes. Los palillos también se empezaron a fabricar de plástico y formaban parte incluso de las famosas navajas multiuso del ejército suizo. Servían para los dientes, pero también para limpiar la navaja y se podían comprar recambios para mantener la higiene.

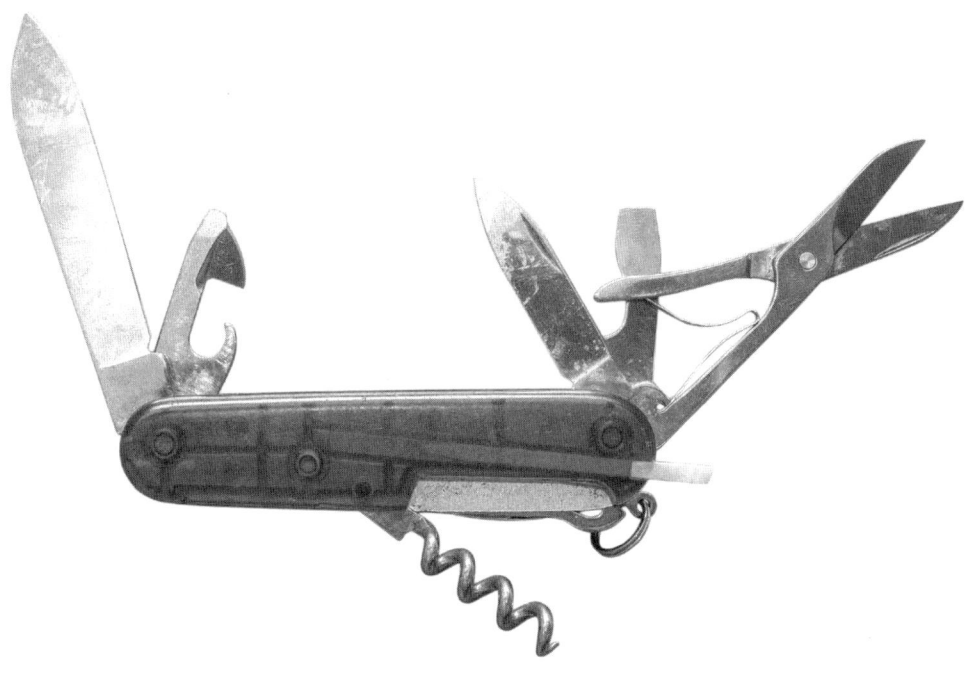

Navaja suiza con cachas transparentes que permiten ver el mondadientes parcialmente extraído. La incorporación de este elemento de higiene dental en las navajas multiusos suizas refleja la creciente importancia de la higiene oral en la vida cotidiana. Este diseño permitía mantener cierta higiene dental incluso durante viajes o actividades al aire libre [Graphyrider].

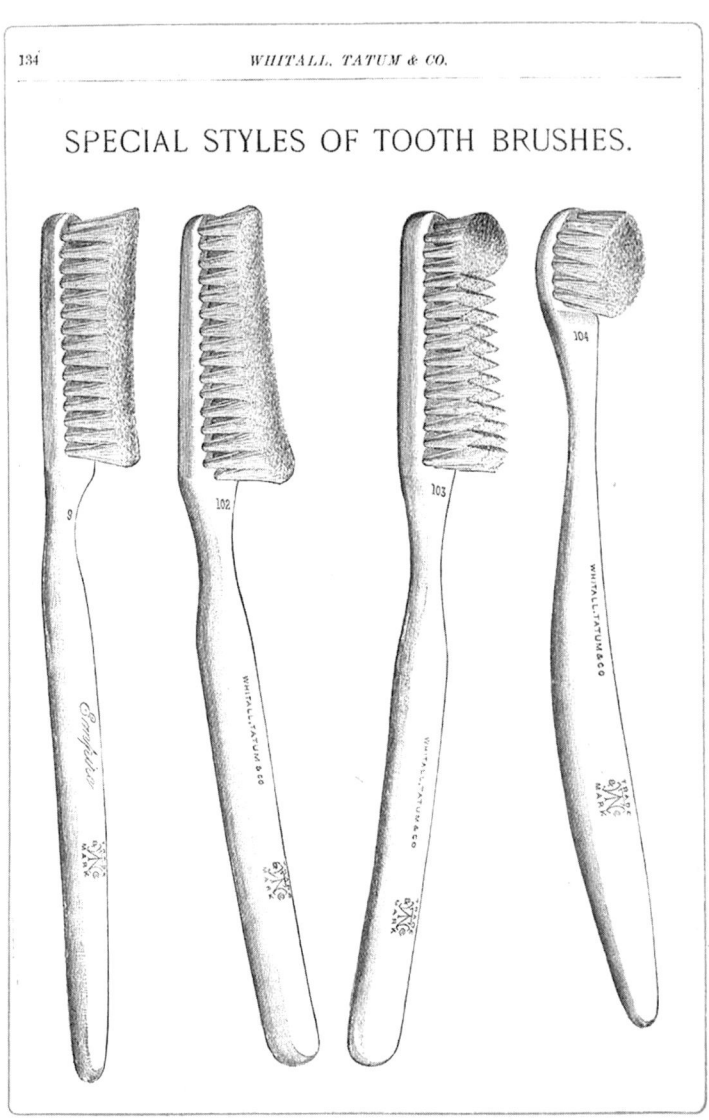

SPECIAL STYLES OF TOOTH BRUSHES.

Catálogo de estilos especiales de cepillos dentales de la compañía Whitall Tatum & Co., publicado en 1886. La variedad de diseños ilustra la creciente sofisticación en la fabricación de instrumentos de higiene dental durante la era victoriana, cuando el cepillado regular comenzaba a establecerse. Los diferentes modelos respondían a las diversas necesidades o preferencias [NLM Digital Collections].

Cepillo de dientes

Antes de los cepillos de dientes, muchos utilizaban palillos masticables, ramitas finas que roían hasta que un extremo se deshilachaba, creando una especie de brocha o cepillo. Hoy en día, en algunas culturas se siguen utilizando ramas de arbustos para cepillar los dientes, incluso eligiendo especies con propiedades aromáticas.

Los más antiguos fueron fabricados por los hindús en torno al 4000 a.e.c.: estaban hechos con una rama verde que se machacaba en un extremo para separar sus fibras. Un diseño parecido, pero dos mil años más moderno, se ha encontrado en tumbas egipcias.

El cepillo de dientes, tal y como lo conocemos, con cerdas perpendiculares al mango, parece que se inventó en China, en algún momento de la dinastía Tang, entre los años 618 y 907. Los primeros modelos tenían mango de bambú o hueso y cerdas de pelo de jabalí. Los europeos, por su parte, utilizaban paños y esponjas para limpiar y pulir los dientes. En 1223, el maestro zen japonés Dōgen Kigen escribió en su obra Shōbōgenzō que los monjes en China se cepillaban los dientes con cepillos hechos con pelo de cola de caballo. Los viajeros trajeron cepillos de dientes a Europa, donde se convirtieron en objetos de lujo. Durante su exilio en Francia en la década de 1640, el parlamentario Sir Ralph Verney recibió la carta de un amigo donde le preguntaba si le podría conseguir una novedad del continente: *«los pequeños cepillos para limpiar los dientes, la mayoría cubiertos con plata y algunos pocos con oro y plata mezclados»*.

Los cepillos se volvieron más populares en el siglo XVII y el áspero pelo de cerdo se sustituyó por crin de caballo o plumas para conseguir un cepillado más suave. Algunos mangos de cepillos estaban tallados con adornos y otras se doblaban por la mitad o tenían asas que servían de estuche para el extremo renovable del cepillo. Las cerdas naturales dañaban los dientes porque se cortaban durante la fabricación, lo que daba como resultado puntas afiladas, que a su vez rayaban el esmalte dental. Además, se consideraban antihigiénicos. Aun así, los cepillos de pelo de jabalí siguen existiendo hoy en día, y a menudo se publicitan como una alternativa ecológica a los cepillos de cerdas de nailon y mango de plástico.

El inglés William Addis fue el primer empresario que fabricó cepillos de dientes en serie. Se supone que creó su prototipo en 1780, mientras estaba en prisión acusado de haber participado en un motín. En 1857, H. N. Wadsworth, un dentista de Washington D.C., obtuvo la primera patente estadounidense de un cepillo que, según él, limpiaba mejor entre

Fotografía de alrededor de 1920 que muestra a escolares ingleses durante una clase de cepillado dental. La imagen, que capta a los niños sosteniendo torpemente sus cepillos, revela una realidad social de la época, para muchos de ellos era una de sus primeras experiencias con el cepillado dental [Wellcome Collection].

los dientes. Los cepillos, fabricados en masa a finales del siglo XIX, tenían nombres atractivos como el Windsor, el Filadelfia, y el Murray. En 1930 los mangos se hacían de celuloide, baquelita u otros materiales plásticos. Después vendrían muchas otras innovaciones, Wallace Hume Carothers inventó el nailon en 1934, que fue utilizado por primera vez en la fabricación de cepillos de dientes en 1938 por la empresa DuPont con el nombre de «Doctor West's Miracle», el milagro del Dr. West.

En 1937, el inventor estadounidense Tomlinson I. Moseley patentó el diseño de un cepillo eléctrico. Sin embargo, la idea no prosperó hasta que Philippe-Guy Woog, un científico suizo, presentó su propio modelo en 1954. Según algunas fuentes, el cepillo eléctrico Broxodent de Woog estaba pensado para ayudar a personas con movilidad reducida, pero pronto se popularizó entre el público general. Un anuncio de una revista de los años 60 llegó a presentarlo como *el regalo perfecto para el Día de la Madre, el Día del Padre, bodas y graduaciones*.

Dentífricos

Curiosamente, el dentífrico es anterior al cepillo de dientes. Alrededor del 3000-5000 a.e.c., los antiguos egipcios desarrollaron por primera vez una pasta dental que contenía cenizas en polvo de pezuñas de buey, mirra, cáscaras de huevo y piedra pómez, todo ello disuelto en vinagre de vino. Hacia el año 1000 a.e.c., los persas añadieron cáscaras quemadas de caracoles y ostras junto con yeso, hierbas y miel. Las civilizaciones asiáticas incorporaron hierbas, especias como el ginseng y sal, para mejorar su sabor y sus propiedades depurativas.

Los romanos valoraban los dientes blancos y una de las funciones de los esclavos era limpiar los dientes de sus amos, extraían el sarro y frotaban los dientes utilizando una pasta perfumada, un trapo, una esponja o los dedos y luego lo aclaraban con agua. Esos polvos dentífricos incluían huesos, cuernos, pezuñas, cáscaras de huevo, caparazones de cangrejo e hígado de lagarto. Después de quemar y machacar estos ingredientes a menudo se añadía miel u orina. Algunos de esos polvos eran muy abrasivos y dañaban el esmalte.

A finales del siglo XVIII, la gente utilizaba un polvo hecho principalmente de pan quemado para limpiarse los dientes. Unas décadas más tarde, un dentista llamado Peabody fue el primero en añadir jabón a la pasta dentífrica para mejorar la higiene bucal y, en 1850, John Harris añadió tiza a la mezcla. Los drogueros solían preparar sus propios dentífricos en polvo, o compraban polvos ya preparados a granel que empaquetaban con su propia marca. Entre los ingredientes más utilizados se encontraban la raíz de lirio, el hueso de sepia en polvo, el bicarbonato sódico, el carbonato cálcico (tiza) y el carbón vegetal. A veces se añadía ácido carbólico (fenol) o alcanfor por sus propiedades antisépticas. Estos productos solían etiquetarse como dentífricos «carbólicos» y «alcanforados». Como aromatizantes se utilizaban aceites de canela, clavo, rosa o menta. El color rojo de muchos dentífricos en polvo y líquidos era el carmín, derivado de un insecto, la cochinilla. A menudo, las personas se hacían sus propios polvos dentales en casa.

A finales del siglo XIX, Sozodont era el dentífrico líquido patentado de mayor éxito, debido en gran parte a sus llamativos anuncios:

> ¡Jo! Esos dientes míos. Sozodont preserva los dientes, Sozodont limpia los dientes, Sozodont embellece los dientes, Sozodont aporta la respiración más fragante, Sozodont remueve todo el sarro y la

placa de los dientes, Sozodont bloquea el avance de la caries. Las encías se vuelven más sonrosadas y sanas con su uso. Y ese fallo mortificante, un mal aliento, es remediado completamente por él. Es el rey de los dentífricos.

El historiador Kerry Segrave señala que los beneficios de la empresa Sozodont alcanzaron los 10 millones de dólares en 1894 y quizá en esa buena cuenta de resultados influía el que el producto contenía un alto porcentaje de alcohol: 37,15 %. En 1897, el director financiero de la empresa tuvo que declarar ante el Congreso para asegurar al gobierno americano que los consumidores de Sozodont no adquirían el producto como una forma de conseguir licor libre de impuestos. El problema es que también contenía ingredientes abrasivos y ácidos que destruían gradualmente el esmalte dental.

No era un caso único, A los niños a los que les estaban saliendo los dientes se les daba el Cordial General del Dr. Godfrey, que llevaba opio y alcohol, o el Jarabe Calmante de Mrs. Winslow, una solución de sulfato de morfina que en 1911 fue denominada por la American Medical Association un «asesino de bebés». También estaba la Batería Pratt y el Oxydonor, que prometían erradicar los abscesos dentales con, respectivamente, electricidad y oxígeno.

Al mismo tiempo, la gente siguió fabricando su propia pasta de dientes y polvos, incluso después de la llegada de los productos comerciales. Lo más común era una receta de carbonato cálcico (tiza) y jabón de Castilla (aceite de oliva, agua y sosa), a la que se añadían aceites de hierbas para aromatizar. Un libro de 1860 titulado *The Practical Housewife* (*El ama de casa práctica*), por ejemplo, recomendaba una mezcla de raíz de lirio en polvo, carbón vegetal en polvo, corteza de quina, tiza y aceite de bergamota o lavanda.

En 1850, a la edad de 23 años, un dentista de Connecticut Washington W. Sheffield inventó la primera pasta de dientes del mundo que utilizaba glicerina. Su hijo, Lucius Tracy Sheffield, observó el uso de tubos metálicos comprimibles para pinturas y barnices mientras estudiaba en París. En 1876 se le ocurrió la idea de poner la pasta de dientes de su padre en esos tubos. A partir de 1887, Carl Sarg vendió en Viena su pasta de dientes Kalodont en tubos sellables con grandes gastos de publicidad. Antes de eso, según señala la Asociación Dental Americana, se solía «vender en frascos, botes de porcelana o cajas de cartón». Los tubos flexibles, más manejables, mejor protegidos y más fáciles de transportar, hicieron posible que la pasta dentífrica «se produjera al por mayor en fábricas, se comercializara en masa y se vendiera por todo el país». En 1873, Colgate lanzó el primer dentífrico comercial con olor y textura agradables, que se vendía en tarros. En 1896, la empresa vendió su primer dentífrico en tubo, llamado Colgate Ribbon Dental Cream. También en 1896, Colgate contrató a Martin Ittner y bajo su dirección fundó uno de los primeros laboratorios de investigación aplicada para productos de higiene y construyó un imperio con sus productos.

Newell Sill Jenkins junto con Willoughby D. Miller y el químico Harry Ward Foote (1875-1942) desarrollaron una nueva pasta de dientes llamada Kolynos, que contenía desinfectantes por primera vez y se vendió desde el 13 de abril de 1908. Su uso todavía está muy extendido hoy en día, especialmente en América del Sur y Hungría.

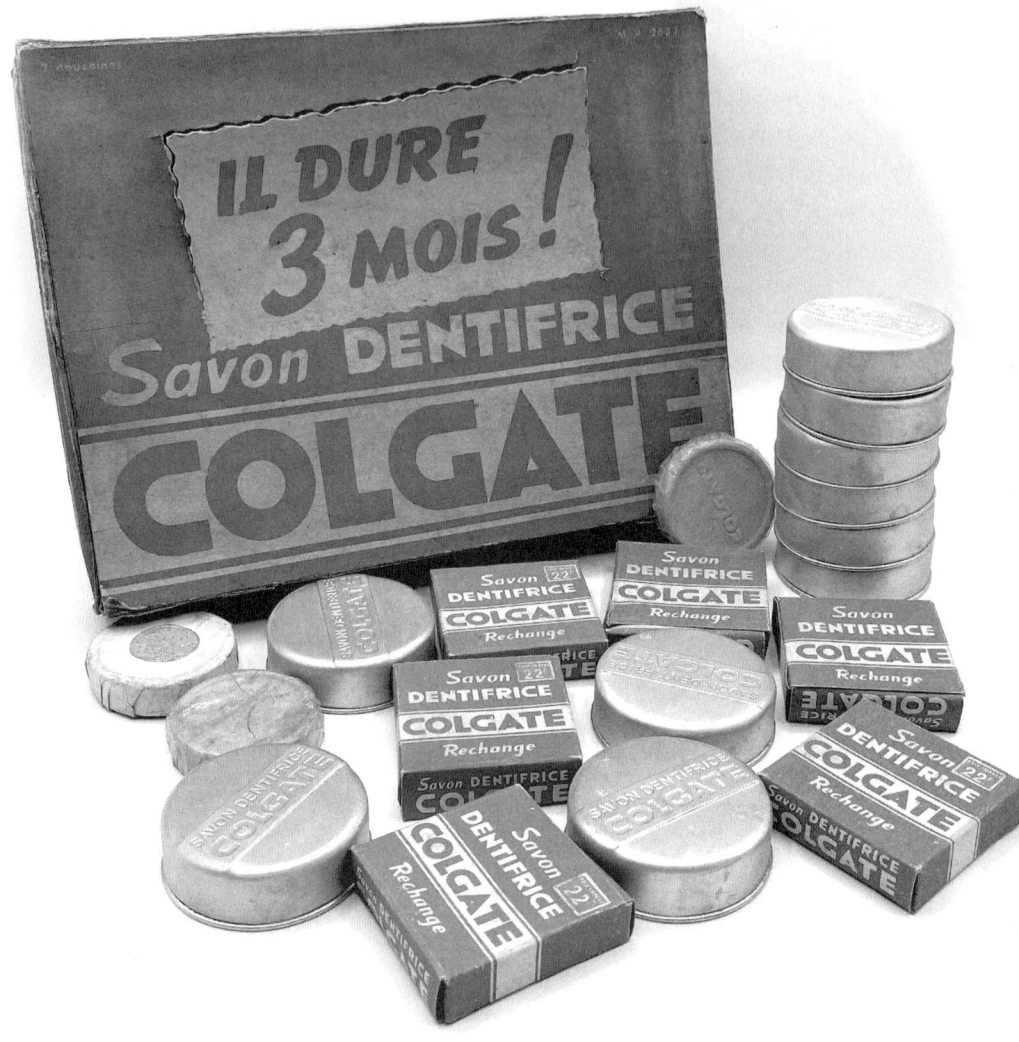

Singular caja publicitaria de Colgate de finales de los años 30 y principios de los 40, de Francia en tiempos de guerra. El expositor, que promete una duración de tres meses para sus productos, contiene el surtido: 10 latas de dentífrico Colgate a 29 francos, 6 recambios de jabón dentífrico y 3 pastillas sueltas. La impresión monocromática del empaque refleja las restricciones de la época sobre el uso de tintas en embalajes durante el periodo bélico [Atlas Antiques].

Anuncio publicitario de la pasta de dientes radioactiva Doramad, comercializada en Alemania durante la década de 1940. Este producto, que contenía torio radiactivo, ejemplifica el peligroso entusiasmo por las propiedades «curativas» de la radiación en los productos de consumo de principios del siglo XX. Sus fabricantes aseguraban, erróneamente, que la radiactividad fortalecía los dientes y eliminaba las bacterias, mostrando el desconocimiento de los riesgos de la radiación en aquella época. ▶

Antes de que se promulgaran nuevas normativas sobre medicamentos y cosméticos a finales de la década de 1930, los consumidores tenían poca información sobre los ingredientes y la seguridad de los productos que utilizaban. Dentistas y periodistas escribieron artículos sobre la necesidad de advertir al público de los peligros de muchos dentífricos. En 1931, el Journal of the American Dental Association informó sobre el peligro de productos como Ex-Cel Tooth Stain Remover, Bleachodent y Snowy White, que contenían ácido clorhídrico. En 1928 se demostró que uno de estos productos, Tartaroff, disolvía el 3 % del esmalte dental cada vez que se utilizaba.

De 1940 a 1945, la Auergesellschaft berlinesa, empresa fundada por Carl Auer von Welsbach, produjo una pasta de dientes radiactiva llamada Doramad que contenía torio-x y se vendió internacionalmente. Se anunciaba con la siguiente frase: «*Su radiación radiactiva aumenta las defensas de dientes y encías. Las células se cargan con nueva energía vital y se inhibe el poder destructivo de las bacterias*». Por extraño que parezca, la radiactividad era un símbolo de los tiempos modernos desde la Primera Guerra Mundial y, por lo tanto, era algo de moda, moderno, científico y un signo del avance de los tiempos. Se añadían sustancias

radiactivas al agua mineral y también a productos como cosméticos o preservativos. Incluso se comercializaba chocolate radiactivo enriquecido con radio. La imagen de la radioactividad empezó a empeorar después de las bombas de Hiroshima y Nagasaki y las terribles imágenes de los supervivientes. Además, las instalaciones de la Auergesellschaft fueron destruidas completamente por los bombardeos aliados en 1945.

En 1955, Crest lanzó el primer dentífrico que contenía flúor, cuya eficacia para reducir las caries había quedado demostrada por los investigadores. Dibujados por el ilustrador Norman Rockwell, los primeros anuncios de Crest mostraban a niños sonrientes que enseñaban los informes de su última visita al dentista, con el eslogan «*Mira mamá: ¡sin caries!*». Los fabricantes de dentífricos sustituyeron el jabón por otros agentes emulsionantes para obtener un resultado más suave. En las décadas siguientes, llegaron al mercado dentífricos a base de hierbas, sin flúor, blanqueadores e incluso comestibles. Se añadieron abrasivos (minerales), fijadores (gomas), aromatizantes (menta, fresa), detergentes, humectantes (glicerina), fluoruros, conservantes y edulcorantes (sacarina o sorbitol). También hubo otros que contenían amoníaco, clorofila o penicilina, que decían que evitaban la pérdida de dientes y prevenían el mal aliento.

"Look, Mom—no cavities!"

Crest Toothpaste stops soft spots from turning into cavities—means far less decay for grownups and children. And Crest freshens your mouth— sweetens your breath.

Colutorios

La historia del enjuague bucal es casi tan poco ortodoxa como la de la pasta de dientes. Hay menciones a él en la literatura de unas cuantas civilizaciones, pero la más común parece ser la romana. Los documentos históricos revelan que los romanos utilizaban orina embotellada importada para enjuagarse la boca en el año 1. A pesar de ser una elección bastante desagradable, el amoníaco, que se encuentra en altos niveles en la orina, tiene propiedades limpiadoras y desinfectantes. Los enjuagues bucales se hicieron tan populares que el emperador Nerón gravó su comercio y su uso se extendió hasta bien entrado el siglo XIX.

Otros componentes del enjuague bucal a lo largo de la historia fueron la sangre de tortuga, el vino blanco, la leche de cabra, una mezcla de bayas, vinagre y hojas de menta, y también el agua fría. Alrededor del siglo XVI, la gente solía hacía gárgaras con una solución de menta y vinagre para combatir el mal aliento y limpiarse los dientes. Anton van Leeuwenhoek, conocido como el padre de la microbiología moderna por ser el primero que vio bacterias al microscopio, descubrió que una solución de enjuague bucal con alcohol o amoníaco podía eliminar eficazmente los microorganismos bucales. En 1892, el empresario de Dresde Karl August Lingner lanzó al mercado el enjuague bucal Odol, un producto que llevaba aceites esenciales y combinaba por primera vez efectos cosméticos y médicos, añadiendo un antiséptico. El inventor de este enjuague bucal, que luego fue vendido por GlaxoSmithKline, fue Richard Seifert y desde entonces el enjuague bucal se publicita como garantía de la salud de las encías y los dientes, y también de un aliento fresco.

Listerine fue formulado por el doctor Joseph Lawrence y Jordan Lambert en San Luis (Misuri) en 1879 como antiséptico quirúrgico.[1] En 1885, Lawrence vendió su parte a la Compañía Lambert Pharmacal. Se les dio a los dentistas para el cuidado bucal en 1895, con el fin de ampliar mercado, ante la gran cantidad de clientes potenciales, y fue el primer enjuague bucal sin receta vendido en Estados Unidos en 1914. Tuvo un impulso formidable con la epidemia de polio. La higiene había conseguido derrotar a diferentes enfermedades infecciosas, pero no era así en el caso de la polio. La respuesta de las madres fue limpiar más y mejor y se desarrollaron nuevos productos como los jabones de un solo uso en los hoteles, los sanitarios de porcelana blanca, las sábanas largas para cubrir la manta y el Listerine. Su lema es «Mata los gérmenes que causan el mal aliento» y fue nombrado así en honor a Joseph Lister, que contribuyó a reducir en gran medida el número de muertes por infecciones contraídas en el quirófano después de que los pacientes fueran sometidos a intervenciones quirúrgicas.

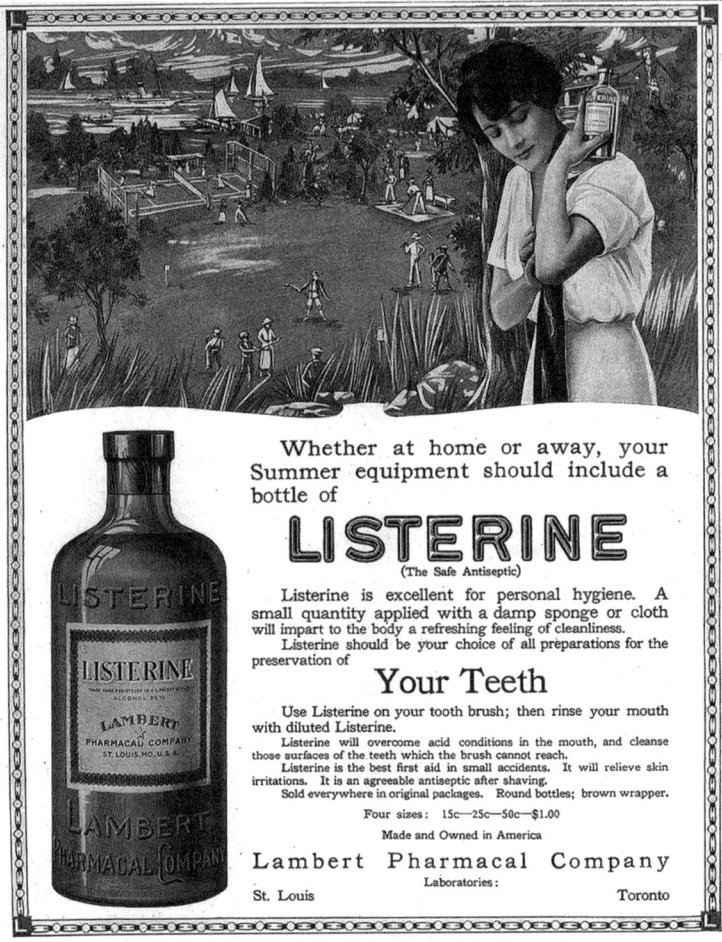

Anuncio publicitario de Listerine de 1915, producido por Lambert Pharmacal Company, que promociona el enjuague bucal como un elemento imprescindible del equipamiento veraniego. Esta campaña refleja cómo el antiséptico bucal, originalmente creado como un potente desinfectante quirúrgico, se había transformado ya en un producto de higiene cotidiana, marcando el inicio de la comercialización masiva de productos para el cuidado oral [Medicine and Madison Avenue].

Dispensador metálico de hilo dental encerado Brunswick de Johnson & Johnson, fabricado entre 1900 y 1915. Este elegante envase, que contenía 150 yardas (137 metros) de seda dental, representa uno de los primeros intentos de comercialización masiva del hilo dental. Con su tapa extraíble y diseño práctico, el producto marcó un hito en la popularización de este importante elemento de higiene oral entre la clase media estadounidense [Science History Institute]. ▶

Hilo dental

En 1989, arqueólogos excavaron un yacimiento en Krapina (Yugoslavia) y descubrieron pruebas de que los pueblos prehistóricos pudieron usar un hilo dental. Los dientes encontrados mostraban pequeños surcos regulares y simétricos. Los antropólogos han especulado que podrían haber usado tendones para limpiarse los espacios interdentales.

En el desarrollo histórico, la seda dental es un producto tardío: no empezó a utilizarse hasta el siglo XIX, gracias a los esfuerzos de un dentista de Nueva Orleans llamado Levi Spear Parmly. En un influyente libro publicado en 1819, Parmly recomendaba pasar un hilo de seda encerado entre los dientes *«para desalojar esa materia irritante que ningún cepillo puede eliminar y que es la verdadera causa de las enfermedades»*. A medida que el resto de los productos para el cuidado dental se hicieron más populares hacia finales de siglo, fue cuando se patentó el hilo dental y se puso a la venta.

A finales del siglo XIX, empezó a comercializarse hilo dental de seda encerado o sin encerar. La seda utilizada en el hilo dental era el mismo material que se utilizaba para los puntos de sutura, pero en la década de 1940 se sustituyó por nailon, debido en parte a la escasez de seda durante la Segunda Guerra Mundial y a la mayor resistencia del nailon a la rotura. Es una opción más fuerte y ligeramente más gruesa, ideal para dientes muy apretados, ya que es más fácil de deslizar entre los dientes. La variedad de hilos dentales se ha ampliado a lo largo de los años, al aprovechar los nuevos materiales y las nuevas tecnologías. También se han añadido sabores como menta, cereza, uva o canela.

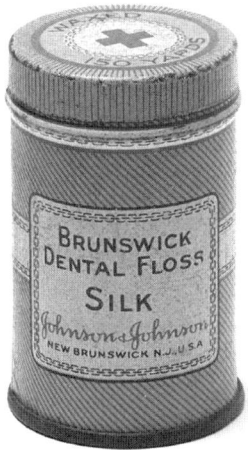

Irrigadores bucales

Un irrigador bucal (también llamado chorro de agua dental, hilo dental de agua o Waterpik, la marca del aparato más conocido) es un dispositivo doméstico de cuidado dental doméstico que utiliza un chorro de agua pulsante a alta presión para eliminar la placa dental y los restos de comida entre los dientes y por debajo de la línea de las encías. Se cree que el uso regular de un irrigador bucal mejora la salud gingival. Estos dispositivos también pueden facilitar la limpieza de dentaduras e implantes dentales. Sin embargo, se necesitan más investigaciones para confirmar la eliminación de la biopelícula de placa y su eficacia en pacientes con necesidades especiales de salud bucodental o sistémica.

El primer irrigador bucal fue desarrollado en la década de 1950 por el Dr. C.D. Matteson, que patentó el invento en 1955. Se conectaba directamente al grifo del lavabo y contaba con una válvula mecánica para controlar la presión del agua. Más tarde, en 1962, el dentista Gerald Moyer y el ingeniero John Mattingly inventaron Waterpik. El Waterpik incorporaba un depósito y un motor para bombear agua por la boquilla a impulsos rítmicos. Al parecer no perfeccionaron su mecanismo de bombeo hasta el intento n.º 146.

Selladores dentales

Frederick Sumner McKay calificó de «excelente odontología» las medidas preventivas con las que los dentistas en los años 40 realizaban empastes en las superficies de masticación de dientes libres de caries, para evitar la formación de caries en las fisuras. El principio de sellado dental, descrito por primera vez por Michael G. Buonocore (1918-1981) en 1955, era menos invasivo y realizó estudios clínicos controlados junto con Eriberto Iván Cueto a mediados de los años 1960. Es un procedimiento que se utiliza más comúnmente en niños y adolescentes para proteger las superficies de masticación, así como las fisuras bucales y palatinas que retienen la placa. Las fisuras se rellenan con un barniz fotopolimerizable que se adhiere al esmalte dental previamente grabado. En 1976, la Asociación Dental Americana (ADA), la asociación de dentistas de Estados Unidos, reconoció que el procedimiento era seguro y eficaz y posteriormente ha sido utilizado en todo el mundo para la prevención de caries.

En conjunto, la mejora del autocuidado combinada con los avances de la odontología profesional y la fluoración han tenido un efecto notable. Las generaciones de nuestros abuelos y nuestros padres perdían dientes con frecuencia y una imagen común era la dentadura postiza en un vaso de agua en la mesilla del dormitorio. Nosotros y nuestros hijos pensamos que podremos conservar la sonrisa durante toda la vida.

LA GUERRA DE LAS AMALGAMAS

Aunque hay referencias de su uso previo por los chinos, Pierre Fauchard fue el primer clínico europeo que sugirió el uso de amalgamas para rellenar las caries dentales. Después de Fauchard, la odontología floreció rápidamente, empujada por la creciente fuerza de los intereses económicos y se fueron probando distintos materiales para hacer los empastes. La principal opción era plata con estaño y mercurio, aunque también se podía añadir cobre o cambiar las proporciones.

En torno a 1850 se describió la gutapercha, una resina que se mezclaba con cal, polvo de cuarzo o feldespato y que se comercializó inicialmente como Hill´s Stopping. La gutapercha se hizo enormemente popular y se utilizaba como un material de relleno temporal, pero también como una solución para dientes que eran demasiado frágiles para rellenarlos con metal.

La técnica de utilizar un metal fundido de bajo punto de fusión se descartó pronto porque el calor del metal destruía la pulpa dental y porque los huecos al enfriarse el metal eran un lugar de depósito de restos de comida. También se utilizaron láminas de plata y de estaño, pero con poco éxito. Además, se probaron distintos tipos de cementos, pero al final el triunfador fue la lámina de oro. El eminente dentista Leonhard Koecker insistía en que era el único material que había que usar.

En 1833 dos dentistas franceses apellidaron Crawcour llegaron a América con lo que denominaron un nuevo material para los empastes de los dientes. Una amalgama cruda, a la que denominaron Royal Mineral Succedaneum, se preparaba de limaduras de plata hechas ilegalmente de limar el borde las monedas mezclado con suficiente mercurio para formar una pasta. La intensa propaganda de los Crawcour y su hábito de dejar zonas cariadas en los dientes terminó generando la ira de muchos miembros prominentes de la profesión y pocos meses después volvieron a Francia. Sin embargo, durante su estancia viajaron mucho, hicieron muchos empastes y muchos dentistas americanos pensaron que era la solución a sus problemas con las láminas de oro, que eran difíciles de manejar y requerían mucho tiempo para hacer un buen trabajo, por lo que muchos se animaron a usar la amalgama de plata y mercurio.

En la actualidad sabemos que el mercurio ha estado implicado en muchos problemas de salud, pero se usó mucho de los siglos XVI al XX para tratar la sífilis, los parásitos y la gripe. En forma de polvo, el calomel (cloruro mercurioso), se pensaba que era útil para la malaria, la fiebre amarilla, la viruela ¡y para reducir el dolor de la erupción de los dientes en los bebés! Además de problemas neurológicos como temblores, depresión y fallos de memoria, el mercurio también causaba problemas dentales. John Adams, segundo presidente de los Estados Unidos y que tuvo un régimen de «Leche y Mercurio» para tratar un brote de viruela contaba que «*cada diente de mi cabeza estaba tan flojo que creo que podría haberlos arrancado tirando con el pulgar y otro dedo*», además de «*convertirme en incapaz de hablar o comer*».

Uno de los primeros informes que documenta la controversia sobre las amalgamas dentales y los peligros del uso de mercurio en odontología se remonta a 1841. En ese momento, un comité de la Sociedad Estadounidense de Cirujanos Dentales, que fue el primer grupo de dentistas profesionales estadounidense, advirtió que la amalgama no era segura. El mismo grupo hizo que sus miembros se comprometieran a no utilizar mercurio debido a su conocida toxicidad y la Sociedad Dental de Nueva York expulsó a sus miembros o los obligó a dimitir si no se comprometían a no usar las amalgamas. Esto marcó el comienzo de un período conocido como la «Guerra de las Amalgamas» debido a los numerosos debates y discusiones que siguieron sobre el mercurio dental.

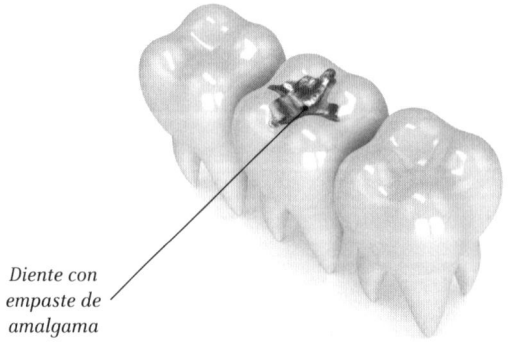

Diente con empaste de amalgama

En 1856, la Sociedad Estadounidense de Cirujanos Dentales se disolvió debido a la Guerra de la Amalgama y, en 1859, la Asociación Dental Estadounidense (ADA), un grupo que apoyaba el uso de la amalgama, se convirtió en la principal sociedad dental del país. Sin embargo, continuaron las preocupaciones sobre los riesgos de las amalgamas dentales. Un artículo de julio de 1873 en el Chicago Medical Journal advertía sobre el *«envenenamiento de miles de personas en todo el mundo por el sublimado corrosivo generado en la boca por los tapones de amalgama colocados en los dientes; ni el cólera, ni la viruela, ni ninguna enfermedad palúdica [está] haciendo más daño en el mundo que este veneno».*

Parte de los dentistas defendían el uso del oro como material de restauración, mientras que los otros utilizaban la amalgama de plata como material de obturación. Incluso hubo un movimiento «New Departure» en la década de 1880 para eliminar el oro como material restaurador en dientes muy estropeados, que podían salvarse más fácilmente mediante el uso de un material que no requiriera la fuerza de condensación necesaria para empastar una lámina de oro, considerado entonces el material restaurador por excelencia. Estos dentistas pensaban que no había un material que fuese óptimo para todos los casos y que era conveniente valorar cuál era el más apropiado para cada situación concreta.

Thomas E. Evans, que popularizó la amalgama de plata en Europa, probó también mezclas de estaño, cadmio y mercurio. Aunque al final vio que era necesario volver a usar plata en la mezcla, el estaño, que reduce la contracción, sigue siendo un elemento esencial en nuestros días. Otras innovaciones fueron alfileres de retención que se atornillaban en la dentina, patentados en 1871, y matrices y retenedores de la matriz que se empezaron a usar el mismo año.

En 1895 Greene Vardiman Black, al que algunos han denominado el padre de la odontología científica, anunció su fórmula para una amalgama ideal. Después de años de experimentación y de usar instrumentos desarrollados por él para determinar la dureza, la fluidez y otras características, Black propuso una mezcla con un 68 % de plata y pequeñas cantidades de cobre, estaño y zinc. Con esta aleación, la contracción y expansión se podía controlar a voluntad. El nombre de Black está grabado en un friso del edificio del Estado de Illinois en Springfield, junto al de otros hijos ilustres del estado como Abraham Lincoln y Ulysses S. Grant. Tenía otras habilidades: se dice que era un consumado violinista, violonchelista y cantante, que una vez construyó su propio barco, que aprendió francés y alemán para estudiar textos médicos y que aprendió por su cuenta a ser ambidiestro al escribir dos cartas simultáneamente.

Grant empezó su formación junto a su hermano Thomas, que era médico en Clayton, Illinois. Vio que sus habilidades mecánicas encajaban más en la profesión de dentista y se asoció con uno durante cuatro meses. Sin más formación, se trasladó a Winchester, en el mismo estado de Illinois, donde colgó su placa como dentista y empezó a ejercer. Allí se hizo amigo del armero y el relojero local, de los que aprendió muchas habilidades que usaría en su consulta y en investigación. En 1862 se incorporó como explorador al Ejército de la Unión, pero una lesión de la rodilla hizo que fuera licenciado en 1864. Durante ese período su mujer y su hijo murieron de enfermedad y él decidió trasladarse a Jacksonville, que era conocida como la Atenas del Oeste. Allí entró en contacto con los escritos de Darwin, Virchow y otros científicos que estaban cambiando la visión del mundo y la salud. Black empezó a dar clase de odontología y se convirtió en un gran docente, impulsó la biblioteca de odontología de la universidad e inventó varias máquinas para probar las aleaciones. Como no existían las diapositivas ni los sistemas de proyección actuales, hizo construir modelos gigantescos de los dientes e instrumentos odontológicos a la misma gigantesca escala para enseñar a los estudiantes cómo hacer su trabajo con los pacientes. Una de sus frases a ellos fue realmente profética:

Frasco de amalgama dental de plata de la marca Bayer, producido en la década de 1940. Este material de empaste, compuesto por una aleación de mercurio y plata, fue durante más de un siglo el principal material restaurador en odontología debido a su durabilidad y bajo coste [Global Antiques].

Sin duda el día está llegando y quizá durante la vida de ustedes, jóvenes delante de mí, en el que estaremos implicados en una odontología preventiva más que reparadora. En el que habremos entendido la causa y la patología de la caries dental y podremos combatir sus efectos destructivos mediante una medicación sistémica.

Volvamos a las amalgamas. La preocupación sobre el uso de mercurio era patente. El Dr. J. Tuthill realizó la investigación titulada «*Mercurial necrosis resulting from amalgam fillings*», se publicó en *The Brooklyn Medical Journal* en 1898. Tuthill leyó su trabajo, incluidos varios estudios de casos, ante una sociedad médica, y en ese acto declaró apasionadamente:

Al presentar este tema a la consideración de la sociedad, quiero mostrar que mediante el uso de amalgama para empastar los dientes existe la posibilidad de envenenamiento por mercurio, que afecta gravemente a los centros nerviosos, perjudica la locomoción por pesadez de las extremidades y rigidez de las articulaciones, provoca resistentes enfermedades de la piel y provoca un desastre mental en su víctima, cuyas imaginaciones y alucinaciones son más de lo que mi pluma puede describir.

Tuthill y otros continuaron luchando contra el uso del mercurio dental, y la controversia sobre las amalgamas dentales continuó hasta el siglo XX, cuando el progreso científico permitió que muchos más estudios analizaran el mercurio y sus efectos. A finales del siglo XIX, el estadounidense Elwood Haynes desarrolló una aleación a base de cobalto, para la que solicitó una patente en 1907. Constituye la base de las aleaciones de cromo, cobalto y molibdeno que todavía se utilizan en la odontología actual. La primera marca fue introducida en 1932 con el nombre de Vitallium y se utilizó para la fabricación de coronas y puentes. En 1999, la fábrica de Bremen BEGO fabricó una de las primeras aleaciones de cobalto-cromo que se puede recubrir con cerámicas de bajo punto de fusión y alta expansión.

La conciencia sobre los riesgos ocupacionales, los peligros ambientales y los riesgos para los pacientes como resultado del uso del mercurio dental han aumentado en los últimos años. De hecho, con el cambio de milenio, el mundo comenzó lentamente a tomar medidas contra el mercurio dental, siguiendo una evolución similar a lo que ocurrió con el amianto y el plomo. Otra parte de la población de especialistas considera que no hay riesgo en la salud en las personas que tiene viejos empastes con amalgamas, que el mercurio está muy ligado al resto de componentes y que no hay motivos de preocupación. Los oponentes, en cambio, la relacionan con distintos temas de salud, desde las reacciones alérgicas a los trastornos mentales. Los nuevos materiales, fuertes, fáciles de pulir o con distintos tonos para asemejarse a los dientes adyacentes han probablemente superado esta controversia y con respecto al mercurio, probablemente cuanto más lejos y en menor cantidad, mejor.

Noruega prohibió la amalgama dental en 2008, Suecia prohibió el uso de amalgama dental para casi todos los fines en 2009, y Dinamarca, Estonia, Finlandia e Italia la utilizan para menos del 5 % de las restauraciones dentales. Japón y Suiza también han restringido o casi prohibido las amalgamas dentales y Francia ha recomendado que se utilicen materiales dentales alternativos sin mercurio para mujeres embarazadas. Austria, Canadá, Finlandia y Alemania han reducido deliberadamente el uso de empastes de amalgama dental para mujeres embarazadas, niños y/o pacientes con problemas renales.

En diciembre de 2016, tres instituciones de la UE (el Parlamento Europeo, la Comisión Europea y el Consejo de la Unión Europea) alcanzaron un acuerdo provisional para prohibir los empastes de amalgama dental para niños menores de 15 años y mujeres embarazadas y lactantes a partir del 1 de julio de 2018, y considerar la posibilidad de prohibir completamente las amalgamas dentales para 2030. El resultado final de la «guerra de las amalgamas» fue una mejora general de la calidad de los materiales dentales y una mayor accesibilidad a los tratamientos, inaugurando *de facto* la odontología moderna.

LAS PRIMERAS REVISTAS DENTALES

Chapin Harris era el secretario de la Sociedad Americana de Cirujanos Dentistas. Harris pensaba que era necesario disponer de una publicación periódica, como ya existía en las principales disciplinas científicas y médicas, y puso en marcha la primera revista odontológica, el American Journal of Dental Science (AJDS). En una reunión en casa del dentista Solyman Brown en Nueva York, destacados dentistas como Harris, Hayden, Parmly y otros acordaron que los dentistas necesitaban disponer de la información más novedosa, publicada de forma periódica en una revista con buena reputación. Hayden, que era el presidente de la sociedad de dentistas, expresó no obstante su miedo de que una publicación así pudiera proporcionar a los charlatanes un aprendizaje superficial que los reforzaría en sus prácticas. Sin embargo, decidió apoyar la propuesta. Eleazar Parmly que era el vicepresidente de la sociedad, Elisha Baker y Solyman Brown formaron el comité editorial con Harris y Parmly como editores del primer volumen. Pidieron ayuda en forma de suscripciones a los colegas y Harris y Parmly pusieron cien dólares cada uno, mientras que Baker, Brown y otros nueve, aportaron cincuenta por cabeza.

El folleto de presentación del nuevo proyecto a los colegas explicaba que se necesitaba una revista así «*porque dará dignidad e importancia al tema general de la odontología práctica y así resultará en una ventaja sólida para cada uno y todos sus profesionales, así como al conjunto de la comunidad*». «*Un trabajo de este tipo creará una tendencia para expulsar de la práctica dental a los charlatanes que la desgracian, proporcionalmente según disipa la ignorancia sobre el tema en la comunidad en su conjunto*». También decidieron que «*la lista de suscriptores se publicará periódicamente para dar a conocer a esos profesionales que no están estacionarios en sus labores y para ayudar a interesar a los dentistas en aquellas áreas de especialización donde son más necesarios y para controlar el influjo exuberante de aspirantes a medio educar, que imaginan que el campo de trabajo solo está parcialmente ocupado y se exponen, por tanto, a una profunda decepción*». Finalmente, la revista se esforzaría en llevar la información más novedosa de cualquier fuente al odontólogo donde quiera que esté y unir a los dentistas en un «*sentimiento fraternal*».

Al principio la revista era propiedad del comité editorial, pero después de uno o dos años de dificultades financieras, la *American Society of Dental Surgeons* reconoció la importancia de mantener la publicación a flote y en su segunda reunión, celebrada en 1841, decidió asumir la propiedad de la revista y declararla su órgano oficial. No obstante, en 1850 la sociedad estaba casi quebrada debido a la guerra de las amalgamas y vendió la revista a Chapin Harris, que asumió todas sus deudas. Con un esfuerzo conmovedor, este dentista trabajó durante diez años como editor hasta su muerte en 1860 y quedó prácticamente arruinado por ese esfuerzo sin par. Sus colegas decidieron celebrar un homenaje para recaudar dinero para su viuda, que estaba en una situación económica terrible, y consiguieron mil dólares pasando metafóricamente la gorra por los colegas de todo el país. Sin embargo, al hacer las cuentas vieron que para conseguir ese dinero se habían gastado 915 dólares. Ofrecieron los restantes 85 a Mrs. Harris, cuya primera reacción fue rechazar aquella miseria, pero pensándolo un poco mejor, decidió quedarse el dinero, pues sus necesidades no permitían gestos de orgullo.

El AJDS desapareció con la muerte de Harris. Los veinte volúmenes publicados en ese tiempo por dentistas y para dentistas generaron una cultura de respeto a la evidencia científica, aunque no dice mucho de la habilidad económica de la profesión el que del primero al último todos los volúmenes fueron publicados perdiendo dinero.

Las siguientes revistas fueron publicadas con el patrocinio de las casas comerciales. Algunas tenían buena calidad y eran editadas por dentistas responsables y con nivel ético y profesional. Otras eran simplemente vehículos de propaganda comercial. La primera revista esponsorizada fue el *Stockton's Dental Intelligencer*, creado en 1843 por Samuel W. Stockton, que tenía un almacén de productos dentales en Filadelfia. En 1847 Jones, White and Company, de la misma ciudad, sacaron el *Dental News Letter* y un tiempo más tarde *Dental Cosmos*, que se convertiría en la revista de odontología más influyente de todos los tiempos, en particular con su fusión en 1920 con el *Journal of the American Dental Association*.

LOS IMPLANTES DENTALES

Los seres humanos llevan miles de años intentando sustituir los dientes perdidos con implantes que asemejen los dientes propios y los hemos construido de diferentes materiales. Restos arqueológicos procedentes de la antigua China y que datan de hace 4000 años, muestran astillas de bambú talladas, colocadas en el hueso de las mandíbulas, para sustituir los dientes perdidos. Material arqueológico del antiguo Egipto, de hace 2000 años, incorpora dientes de forma similar hechos con metales preciosos. En algunas momias egipcias se han encontrado dientes humanos trasplantados y, en otros casos, dientes de marfil.

Wilson Popenoe y su esposa encontraron en 1931, en un yacimiento de Honduras datado en el año 600, la mandíbula inferior de una joven maya, con tres incisivos perdidos sustituidos por trozos de conchas marinas, tallados con forma de dientes. El crecimiento óseo alrededor de dos de los implantes y la formación de sarro indican que eran funcionales, además de estéticos. En la actualidad, la pieza forma parte de la Colección Osteológica del Museo Peabody de Arqueología y Etnología de la Universidad de Harvard.

A principios del siglo XX se realizaban implantes con distintos materiales. Uno de los primeros que tuvo éxito fue el sistema de implantes de Greenfield de 1913 (también conocido como cuna o cesta de Greenfield), que estaban fabricados con iridioplatino, iban unidos a una corona de oro, presentaban indicios de osteointegración y duraban años.

El primer uso del titanio como material implantable fue una propuesta de Bothe, Beaton y Davenport en 1940, quienes observaron lo bien que crecía el hueso cerca de los tornillos de titanio y la dificultad que tenían para extraerlos por su buena integración con los tejidos biológicos. En 1951, Gottlieb Leventhal implantó tornillos de titanio en conejos, observó lo siguiente:

> Al cabo de 6 semanas, los tornillos estaban ligeramente más apretados que cuando se pusieron originalmente; a las 12 semanas, los tornillos eran más difíciles de quitar; y al cabo de 16 semanas, los tornillos estaban tan apretados que en un espécimen el fémur se fracturó cuando se intentó quitar el tornillo. Los exámenes microscópicos de la estructura ósea no revelaron ninguna reacción a los implantes, las trabéculas parecían perfectamente normales.

Sus buenos resultados le llevaron a postular que el titanio era el metal ideal para la cirugía.

En la década de 1950, un grupo de científicos estudiaba en la Universidad de Cambridge (Inglaterra) el flujo sanguíneo en los organismos vivos. Los investigadores construyeron unas cámaras de titanio que luego colocaban en el tejido blando de las orejas de los conejos. En 1952, el cirujano ortopédico sueco Per-Ingvar Brånemark se interesó por el estudio de la cicatrización y regeneración óseas. Durante su estancia de investigación en la Universidad de Lund, adoptó la «cámara de oreja» diseñada en Cambridge y la colocó en el fémur de conejos. Tras el estudio, intentó recuperar las costosas cámaras, pero descubrió que era incapaz de extraerlas, el hueso había crecido tan cerca del titanio que se había adherido al metal. Brånemark llevó a cabo otros estudios sobre este fenómeno de osteointegración, tanto en animales como en seres humanos, que confirmaron esta propiedad única del titanio.

En 1965, Brånemark colocó su primer implante dental de titanio en un voluntario. Aunque su interés era usarlo como herramienta quirúrgica general, empezó a trabajar en la boca, ya que era más accesible para realizar observaciones continuas y había una alta tasa de personas que habían perdido dientes, lo que ofrecía una población más amplia de sujetos para el estudio. Posteriormente se han probado otros materiales: los implantes cerámicos de alúmina se introdujeron entre los años 1960 y 1970, pero acabaron retirándose del mercado a principios de los 1990 porque presentaban algunos problemas biomecánicos como la baja resistencia a la fractura y fueron sustituidos por otros fabricados con circonio.

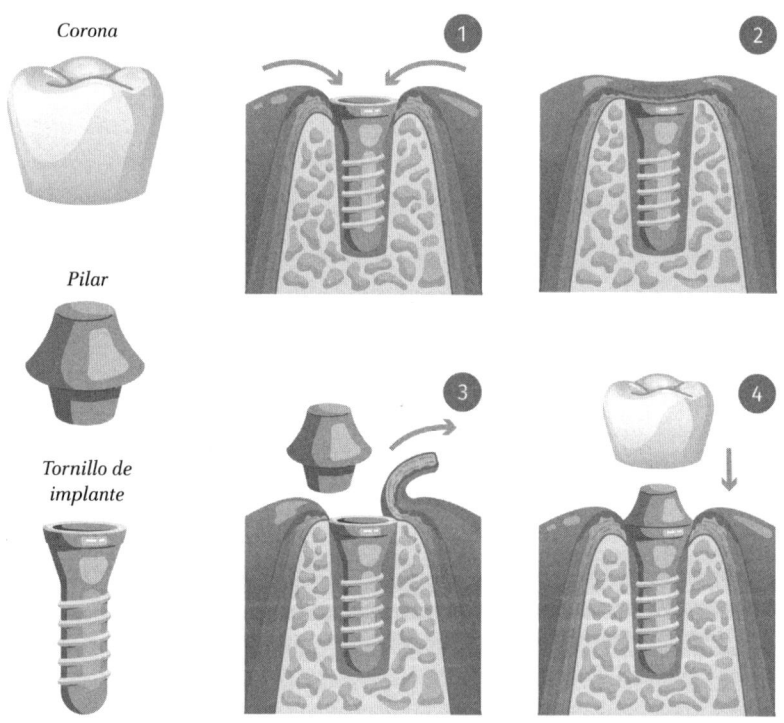

Ilustración que detalla la estructura de un implante dental y el procedimiento de implantación. El implante, diseñado para reemplazar un diente perdido, se compone de varias piezas: el tornillo de implante, que se fija en el hueso maxilar o mandibular; el pilar, que conecta el implante con la prótesis dental; y la corona, que restaura la funcionalidad y la estética del diente. Este sistema avanzado de prótesis dental ha revolucionado la odontología al ofrecer soluciones duraderas y efectivas [S. Smart Start].

LA FLUORIZACIÓN

No fue hasta las décadas de 1930 y 1940 que se iniciaron una serie de estudios e investigaciones que permitieron comprender la incuestionable importancia de la fluoroprofilaxis. Mucho antes, en 1803, Domenico Morichini (1773-1836) encontró fluoruro en el esmalte de un diente fósil de elefante. Más tarde consiguió aislar ácido fluorhídrico a partir de huesos y dientes humanos y postuló la probable relación entre el contenido de flúor del diente y sus procesos mórbidos. El médico italiano, catedrático de Química de la Universidad de La Sapienza de Roma, afirmó también la importancia de su descubrimiento desde el punto de vista clínico, ya que permitía comprender mejor la composición química del esmalte, cuyas alteraciones consideraba la causa de la mayoría de las enfermedades dentales. Esto es lo que escribía Morichini:

> Que yo sepa, un químico nunca ha sospechado, y mucho menos probado, la existencia de ácido fluorhídrico en sustancias animales. Esta consideración me hace creer que no carece de interés una serie de pruebas que he puesto en marcha para demostrar que el flúor combinado con cal existe en el esmalte de un diente fósil de elefante encontrado en las cercanías de Roma; y lo que es más sorprendente, en el esmalte de los dientes humanos.
>
> Este argumento, aunque pueda parecer a primera vista una pura curiosidad química, merece en mi opinión alguna atención por la utilidad que puede resultar del conocimiento de las enfermedades de los dientes, que nacen originalmente o se propagan en el esmalte de los mismos.

Morichini trabajó durante diez años sobre el flúor dental, pero su trabajo fue publicado póstumamente.

Sobre la base de estos resultados, un médico alemán apellidado Erhard, presentó en 1875 un informe al XIV congreso de la Asociación Central de Dentistas Alemanes «*sobre la manera de nutrir los dientes con medios artificiales*», donde planteó el uso de tabletas de flúor. Las pastillas de flúor se fabricaron por primera vez en 1874 en la Glocken Apoteke (Farmacia de La Campana) de Emmendingen, Brisgau, la ciudad natal de Erhard. Más tarde, en 1900, un médico de Nápoles (Italia) llamado Stefano Chiaia observó cómo algunos de sus conciudadanos mostraban dientes que tenían manchas marrones, pero eran aparentemente resistentes a la caries. Chiaia planteó que aquel hallazgo podía atribuirse a la presencia, en las fuentes de agua potable de algunas zonas de la ciudad, de flúor. Observaciones similares fueron realizadas en 1901 por Eager, que observó el aspecto particular del esmalte de los dientes de los habitantes de Pozzuoli (Nápoles). Eager llamó a los dientes con esta particularidad «dientes de Chiaia», en honor al investigador que los observó por primera vez.

Algo similar fue observado por Frederick McKay en los niños de Colorado Springs, y que relacionó con el consumo excesivo de fluoruros, aunque la gente local pensaba que el problema es que comían demasiada carne de cerdo. Aunque no disponía de equipamiento, cuando vio otros niños de Oakley, Idaho, que mostraban las mismas manchas en los dientes, lo relacionó con el consumo de agua de sondeos profundos y animó a las autoridades a buscar una nueva fuente de agua superficial, pero además sugirió que esa agua inhibía las caries.

Vista interior de la estación de bombeo de la Torre de Agua de Elysian (Minnesota), que muestra el monitor de flúor y las tuberías principales del Pozo número 1. Un ejemplo de los sistemas de fluoración de agua implementados en Estados Unidos desde mediados del siglo XX, una medida de salud pública que revolucionó la prevención de la caries dental a nivel poblacional [Biblioteca del Congreso].

McKay intentó conseguir el apoyo de los dentistas locales que reaccionaron con un ejercicio coordinado de encogimiento de hombros, aunque la cosa cambió cuando logró que el investigador dental Green v. Black visitara Colorado en 1909 y le ayudara a averiguar qué estaba pasando. La pareja descubrió dos cosas: que el aspecto moteado del esmalte era algo que se veía solo en niños y que los adultos que no lo tenían de antes no lo desarrollaban y lo segundo, que aquellos dientes «manchados» eran menos proclives a desarrollar caries que los de aspecto normal.

A comienzos de la década de 1930, H.v. Churchill, un químico del gigante del aluminio Alcoa leyó aquellos informes y decidió ver qué tenían de especial aquellas aguas. Con la tecnología superior de la época puedo ver que tenían una concentración muy alta de fluoruros, en particular en zonas de manantiales de aguas termales. Pidió agua de otros lugares donde se habían visto alteraciones del color de los dientes y confirmó la presencia de los fluoruros.

Sobre la base de estos estudios, alrededor de la misma década de 1930, se comenzó a investigar en la Unión Soviética y los Estados Unidos la posible acción inhibidora del flúor sobre la caries dental. En 1937 los investigadores soviéticos sugirieron la aplicación tópica de una pasta de dientes compuesta por fluoruro de sodio, carbonato de calcio y glicerina a partes iguales, para el tratamiento de la hipersensibilidad de las regiones cervicales de los dientes, mientras que dos años más tarde, otros científicos rusos plantearon la hipótesis de que el fluoruro de sodio aplicado sobre los dientes constituía una barrera contra la acción de los gérmenes, ya que al unirse químicamente el ion fluoruro al calcio de la dentina, formaba una capa dura y densa. Una concentración de hasta 1 parte por millón (1 ppm) protegía los dientes y no causaba el aspecto manchado, lo que se conocía como «tinción marrón de Colorado» y pasó a ser la fluorosis del esmalte.

Hubo también influencias políticas. Esta era la opinión de un odontólogo norteamericano ante las noticias sobre las campañas de fluorización en la Unión Soviética:

> La caries dental es meramente un «frente» para esconder las maquinaciones diabólicas de un puñado de conspiradores malvados… La fluorización se ha usado en países controlados por dictadores para inmovilizar la voluntad de la gente y la habilidad para pensar.

No obstante, los resultados de las primeras pruebas piloto parecían ser indudablemente positivos. Una vez examinados estos datos, distintas instancias gubernamentales decidieron administrar flúor con fines preventivos para mejorar la salud dental de la población. Uno de los métodos utilizados fue la fluoración del agua potable, que ahora se utiliza en numerosos países. Este sistema se experimentó a partir de los años 1940 en la ciudad de Grand Rapids (Michigan), que monitorizó a 30 000 niños y encontró una reducción del 60 % en el número de caries. Los buenos resultados animaron a seguir su ejemplo en otras localidades que fluoraron también el agua potable.

Las primeras investigaciones confirmaron estas pruebas empíricas. En 1942 el estadounidense Virgil D. Cheyne vio que los tejidos dentales incorporaban el ion flúor y experimentó con la aplicación tópica de una solución acuosa de fluoruro de potasio al 0,05 % en niños en edad preescolar. Cheyne se basaba en estudios previos que demostraban que añadir flúor al agua o la comida limitaba la progresión de las caries. También se había comprobado el efecto protector contra la caries en ratas lactantes al agregar flúor a la comida de la madre. Más aún, se había visto que el flúor se incorporaba a los dientes, aunque estos estuvieran ya completamente formados. Cheyne planteó que sería útil añadir flúor a las redes de agua potable, pero también reconocía que esa forma de actuar resultaría en una dosis de flúor irregular por persona y su uso continuado podría causar algún tipo de enfermedad desconocida por sus efectos a largo plazo. La conclusión era evidente: era necesario analizar los efectos sistémicos del incremento del consumo de flúor en los seres humanos. Tras un año de experimentación, Cheyne observó que en los sujetos tratados la incidencia de caries era inferior al 50 % en comparación con la de los individuos no tratados. Conclusiones similares fueron alcanzadas por otros autores y los resultados obtenidos mostraron una reducción del 40 % de las caries tras dos años de fluoración.

Alentados por los buenos resultados obtenidos con la aplicación local de soluciones fluoradas, otros estudiosos propusieron el uso de pasta de dientes fluorada. Al principio, este método no fue positivo: las aplicaciones en pasta parecían ser ineficaces. Probablemente, admite el autor, el cepillado de los dientes fue mal realizado por los voluntarios participantes en el estudio, lo que impidió la aplicación de flúor en todos los puntos de la superficie dental, especialmente en los espacios interproximales. Sin embargo, a partir de la década de 1950, muchos otros estudios establecieron la eficacia de este medio profiláctico.

En la Unión Soviética, ya en 1949, Serebriakov y Khessine demostraron la importancia de cepillarse los dientes con dentífricos con fluoruro de sodio y se observó experimentalmente que llegaban a curar las pérdidas superficiales de sustancia. Las pastas fluoradas eran activas no solo a nivel de los de los tejidos cariosos, sino también en diversas lesiones del esmalte, causadas por ácidos orgánicos e inorgánicos.

Una vez que se demostró el poder bacteriostático y antifermentativo del flúor aplicado directamente al esmalte, investigadores de la Universidad de Pavía y del Instituto de Higiene de la Universidad de Perugia prepararon un dentífrico experimental que incorporaba fluoruro de sodio a varias concentraciones, del 0,50 % al 1,25 %. Trataron con este compuesto dientes recién extraídos y observaron que el esmalte y la dentina mostraban cambios estructurales. Fue precisamente en esa Clínica Dental de la Universidad de Pavía donde se celebró la llamada Conferencia del Flúor y se aprobó la siguiente declaración sobre la fluoroprofilaxis:

> No se debe cuestionar más, en la profilaxis de la caries, la eficacia del flúor, ya sea introducido en forma soluble (agua potable, comprimidos, etc.) o utilizado, siempre en forma soluble (fluoruro de sodio y fluoruro de potasio) para cepillar los dientes en concentración exacta (2 %).

El ion flúor se fija químicamente de forma insoluble tanto en la sustancia mineral como en la orgánica. Por consiguiente, los dentífricos fluorados son útiles para la profilaxis de la caries si se cumplen las siguientes condiciones: que el contacto entre el dentífrico y el diente no sea demasiado fugaz; que el dentífrico contenga flúor en forma de sal soluble; que el contenido de fluoruro de sodio o potasio en el dentífrico sea suficientemente alto (0,50 %).

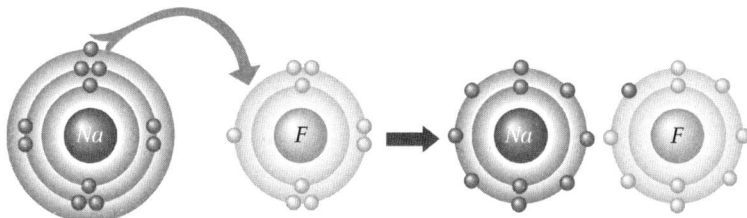

Representación de la formación del fluoruro de sodio (NaF), un compuesto iónico. El sodio (Na) y el flúor (F), altamente reactivos e inestables por separado, interactúan cuando el sodio pierde su único electrón externo y el flúor lo gana, convirtiéndose en Na^+ y F^-, respectivamente. La fuerte atracción electrostática entre los iones estabiliza el compuesto y completa sus capas externas [O Sweet Nature].

La investigación sobre el flúor no se ha detenido. Las nuevas pastas remineralizantes podrían ayudar al clínico dental a reducir las lesiones hipomineralizadas y la incorporación de flúor se está probando en otros materiales, como los composites reforzados con fibras o las estructuras fabricadas con CAD CAM. Sin embargo, hay una nueva tendencia a eliminar la fluoración del agua potable, algo que afectaría a unos 200 millones de americanos. Los motivos es que no parece que haya una prevención de caries cuando se compara con otras regiones donde no se hace como gran parte de Europa y que el tratamiento de un problema médico como la caries es responsabilidad de la comunidad médica y no de la compañía local de agua. Sin embargo, se cita un estudio canadiense publicado en *JAMA Pediatrics* y del que el primer autor es R. Green en el que mujeres embarazadas que vivían en ciudad con agua potable fluorada daban a luz a niños que, cuando eran sometidos a pruebas entre 3 y 4 años de edad, tenían cocientes de inteligencia de 3 a 5 puntos menores que los controles.

Emblemático anuncio de la pasta dental Crest ilustrado por el reconocido artista Norman Rockwell. La imagen, que refleja el estilo característico del pintor para retratar la vida cotidiana americana, formó parte de la campaña publicitaria que promocionaba los beneficios del flúor en la prevención de la caries durante la década de 1950.

LA ORTODONCIA

Mucho antes de que se acuñara la palabra «ortodoncia», se sabía que los dientes se movían en respuesta a la presión y que esto podía usarse para corregir una disposición anómala. Los arqueólogos han encontrado aparatos de ortodoncia primitivos, pero sorprendentemente bien diseñados, procedentes de los etruscos y también han visto momias egipcias con toscas bandas de metal envueltas alrededor de dientes individuales y se especula que se utilizaba tripa de gato para cerrar los huecos.

La descripción más antigua de las irregularidades de los dientes fue realizada por Hipócrates (460-377 a.e.c.) en torno al año 400 a.e.c. El primer tratamiento de un diente irregular fue recogido por Celso (25 a.e.c.-50), un escritor romano, que dijo: «*Si a un niño le sale un segundo diente de leche antes de que el primero se haya caído, el que se va a desprender se extrae y el nuevo diente se empuja diariamente hacia su lugar por medio del dedo hasta que llega a su justa posición*».

Probablemente, el primer tratamiento mecánico lo propuso Plinio el Viejo (23-79), que sugirió limar los dientes alargados para alinearlos correctamente. Este método se mantuvo en uso hasta el siglo XIX.

El avance durante la Edad Media fue nulo. La odontología entró en un periodo de marcado declive, al igual que todas las ciencias. A partir del siglo XVI, sin embargo, los progresos fueron considerables. La primera mención a la práctica de la ortodoncia la hizo Pierre Dionis (1658-1718), quien llamó a los dentistas «*operadores de los dientes*» y afirmó que podían «*abrir o ensanchar los dientes cuando están demasiado juntos*».

Matthaeus Gottfried Purmann (1692) fue el primero en informar sobre la toma de impresiones en cera. En 1756, Phillip Pfaff (1715-1767) utilizaba impresiones de yeso de París, un yeso mate y fino de gran blancura y alta calidad. Primero usaba una cera blanda para sacar impresiones de la dentadura; a continuación, mezclaba el yeso en agua y lo echaba sobre el molde de cera hasta que se endurecía. Tras separar la cera, el molde rígido de la boca del paciente se utilizaba para fabricar la dentadura. De esta manera no era necesario trabajar directamente sobre la boca del paciente. Las maloclusiones se denominaban «irregularidades» de los dientes, y su corrección se denominaba «regulación».

La Ilustración despertó el espíritu del pensamiento científico necesario para el avance de la odontología y otras disciplinas. A partir del siglo XVIII, el país líder en el campo del ajuste de las dentaduras fue Francia. Fauchard describió, aunque probablemente no fue el primero en utilizar el llamado «bandeau», un arco de expansión que consiste en una cinta de un metal precioso en forma de herradura a la que se ataban los dientes. Esto se convirtió en la base del arco en E de Angle, y aún hoy sus principios se utilizan para distribuir mejor una dentición apiñada. Fauchard posicionaba los dientes con el pelícano y ligaba el diente a sus vecinos hasta que se producía una estabilización en la posición adecuada.

La cinta de Fauchard fue perfeccionada por Etienne Bourdet (1722-1789), dentista del rey de Francia, que fue el primero en recomendar la extracción en serie (1757) y la extracción de premolares para aliviar el apiñamiento. También fue el primero en practicar la «ortodoncia lingual», es decir, ampliar la arcada desde la zona lingual. A esto le siguió una larga línea de aparatos linguales, incluyendo el tornillo de presión (*jackscrew*), la placa de expansión (*expansion plate*) y, más cerca de nuestro tiempo, el arco lingual (*lingual arch*).

John Hunter, en su libro *The Natural History of the Human Teeth* (1771), aportó la primera exposición clara de los principios ortodónticos. Fue el primero en describir la oclusión normal, clasificó los dientes, estableció la diferencia entre los dientes y el hueso y dio a los dientes una nueva terminología. Fue el primero en describir el crecimiento de los maxilares, no como una hipótesis, sino como una investigación científica sólida. Sus conclusiones se siguen considerando vigentes.

Retrato de John Hunter (1728-1793) realizado por el artista Robert Thom en 1952 para la serie «*The History of Medicine*» [Collection of Michigan Medicine, University of Michigan].

Joseph Fox (1776-1816), discípulo de Hunter, fue otro inglés que hizo contribuciones sustanciales al desarrollo de la Ortodoncia. Dedicó cuatro capítulos de su libro *The Natural History and Diseases of the Human Teeth* (1814) a este tema. Fue el primero en clasificar los tipos de maloclusión (1803), también fue pionero en observar que la mandíbula crece principalmente por extensión distal más allá de los molares, con poco o ningún incremento en la región anterior. Fox *«fue el primero en dar indicaciones explícitas para corregir las irregularidades»* de los dientes y se interesó especialmente por la eliminación juiciosa de los dientes de leche, el tiempo de tratamiento y el uso de bloques de mordida para abrir la dentición y entre los aparatos que diseñó se encuentran el arco de expansión y la pinza (hacia 1802).

El francés Joachim Lefoulon es probablemente más conocido por haber dado un nombre a la ciencia: orthodontosie (1841). También fue el primero en combinar un arco labial con un arco lingual. En el ámbito de la etiología, llegó a considerar factores totalmente diferentes a los postulados por la mayoría de las autoridades. Estos se basaban en fenómenos biológicos que controlan el crecimiento, la forma y la dimensión de órganos y tejidos.

Christophe-François Delabarre (1787-1862) fue un dentista francés que introdujo la cuna y el principio de la palanca y el tornillo (1815) y separó los dientes apiñados mediante hilos hinchados o cuñas de madera colocadas entre ellos. Otro francés, J. M. Alexis Schange (1807-?) publicó en 1841 la primera obra dedicada a la ortodoncia e introdujo una modificación del tornillo, la banda de sujeción y, en 1842, tres años después de que se inventara el proceso de vulcanización, las bandas de goma (en realidad, secciones de tubos de goma). También acuñó el concepto de anclaje.

Friedrich Christoph Kneisel (1797-1847) fue un dentista alemán que trabajó para el príncipe Carlos de Prusia. Fue el primero en utilizar moldes de yeso para registrar las maloclusiones (1836), el primero en utilizar un aparato removible para tratar el prognatismo y el primero en escribir un tratado dedicado exclusivamente a la ortodoncia. Él y el inglés John Tomes (1812-1895) utilizaron varios sistemas extraíbles y Tomes también fue el primero en demostrar la reabsorción y la aposición ósea.

Ya en 1797, Josiah Flagg (1763-1816) de Boston anunciaba que *«regula la dentadura desde sus primeros dientes, para prevenir el dolor y las fiebres en los niños y ayudar a la naturaleza en la extensión de la mandíbula, para la segunda dentición»*. El dentista de Filadelfia Leonhard Koecker (1728-1850) se ofreció a suministrar ligaduras para *«los dientes de posición irregular»* y fue un defensor del tratamiento temprano, afir-

mando que «*si se les somete a los cuidados adecuados a una edad pue-*
den conservarse invariablemente la mayor parte de los dientes permanen-
tes en perfecta salud y regularidad», y que si los primeros molares «*se*
extraen en cualquiera de la edad de doce años, todos los dientes anterio-
res crecerán más o menos hacia atrás y los segundos y terceros molares...
llenarán el espacio vacante».

E. G. Tucker fue uno de los primeros en utilizar este nuevo material
en sus aparatos y el primer estadounidense en utilizar bandas de caucho
(1846). En 1852, la primera asociación dental nacional en Estados Unidos (la
Sociedad Americana de Cirujanos Dentistas, 1840), formó un comité sobre
irregularidades dentales. En el primer informe presentado por Tucker, este
condenó la práctica de la extracción precoz de los dientes de leche.

Junto a los intentos de arreglar los dientes torcidos o protuberantes,
se intentó entender cómo llegaron a ser así. Aunque se propusieron algunas causas extravagantes para explicar la maloclusión, otras estaban
sorprendentemente bien fundamentadas. A mediados del siglo XIX, casi
todos los hábitos de presión, incluyendo los de la lengua y los labios,
habían sido tenidos en cuenta y algunos médicos hablaban de factores
congénitos y hereditarios, deficiencias dietéticas, enfermedades (tanto
físicas como mentales) o dientes supernumerarios. Algunos incluso men-
cionaban alteraciones en el crecimiento. Lefoulon, uno de los observadores más agudos de su época, postuló en 1841 estos factores: las diferencias morfológicas provocadas por condiciones sociales, económicas y
geográficas; condiciones prenatales; un proceso de enfermedad, como la
escrófula; y presiones anormales durante el habla.

Durante el siglo siguiente, otros autores ofrecieron sus teorías sobre la
maloclusión: Kingsley la consideraba un resultado de la mezcla interra-
cial. La teoría de Case era que un niño heredaba el maxilar de un padre y
la mandíbula del otro. Talbot pensaba que la causa podía estar en las glándulas endocrinas. Angle reconoció la importancia de la rinología en 1904,
mientras que Rogers sugirió causas miofuncionales (hábitos perniciosos
de lengua y labios) (1918) y Brash apoyó la teoría de la herencia (1929).

Carabina Maynard de percusión de calibre 40 con anilla de montura, fabricada por Massachusetts
Arms Co. en Chicopee (Massachusetts) entre 1863-65. Este segundo modelo, del que se fabricaron
más de 20 000 unidades para el Departamento de Artillería de EE. UU., fue diseñado por el
dentista Edward Maynard, quien simplificó su innovador sistema de cebado por cinta del
primer modelo. Su ligereza, fiabilidad y sencillo sistema de carga la convirtieron en una de las
armas de caballería más apreciadas durante la guerra civil americana [Guns International]. ▶

LA ENDODONCIA

Filadelfia es considerada la patria chica de la endodoncia, desde el trabajo pionero de Louis I. Grossman y sus sucesores en la cátedra. Había habido intentos previos y es un tema sobre el que habían especulado Fauchard, Hunter y Pfaff. Eduard Albrecht escribió la primera monografía sobre la endodoncia en 1858. Edward Maynard (1813-1891), quien limaba el canal radicular con resortes de reloj, es considerado el inventor de la aguja de endodoncia (1840) y la extirpación vital asociada. Maynard alcanzó tal prestigio que fue el dentista del zar ruso Nicolás I, del rey de Prusia Federico Guillermo IV y del rey sueco Oskar I.

Fotografía en albúmina realizada por Alexander Gardner hacia 1864, que retrata al Dr. Edward Maynard (1813-1891), una figura polifacética que destacó tanto en la odontología como en la innovación armamentística. Mientras revolucionaba la endodoncia con sus técnicas pioneras de tratamiento de conductos, también desarrollaba el famoso Rifle Maynard, ampliamente utilizado durante la guerra civil estadounidense. Sus carabinas, fabricadas por Massachusetts Arms Co., fueron consideradas entre las más precisas y eficientes armas de caballería de la época.

417

Además de la destrucción de la pulpa dental mediante instrumentos mecánicos, también se pensó desde el primer momento en el uso de agentes químicos desvitalizantes. John R. Spooner propuso el uso de arsénico en 1836. El suizo Alfred Gysi inventó la llamada pasta trío (paraformaldehído, tricresol y Creolinum anglicum) en 1889 y sugirió limpiar el conducto radicular con peróxido de hidrógeno (H_2O_2). El hipoclorito de sodio (NaOCl) fue utilizado con éxito por Henry Drysdale Dakin en 1915 durante la Primera Guerra Mundial, inicialmente como desinfectante para heridas, y posteriormente para las endodoncias en lo que se llamó solución de Dakin. A mediados de la década de 1940, Grossman y Benjamin W. Meiman demostraron la capacidad del hipoclorito para disolver el tejido del conducto radicular. En 1922 Otto Walkhoff se trasladó a la Universidad de Würzburg y allí propuso la pasta que lleva su nombre, compuesta de yodoformo mezclado con clorofenol, alcanfor y mentol, y que todavía se utiliza hoy en día como obturación terapéutica temporal del conducto radicular.

El término endodoncia fue acuñado por Harry B. Johnston, un dentista de Atlanta (Georgia), que abrió su propia práctica especializada en la endodoncia en 1928. Ese mismo año, el francés Henri Lentulo desarrolló una variedad de técnicas de tratamiento endodóntico que todavía hoy utilizan los dentistas de todo el mundo.

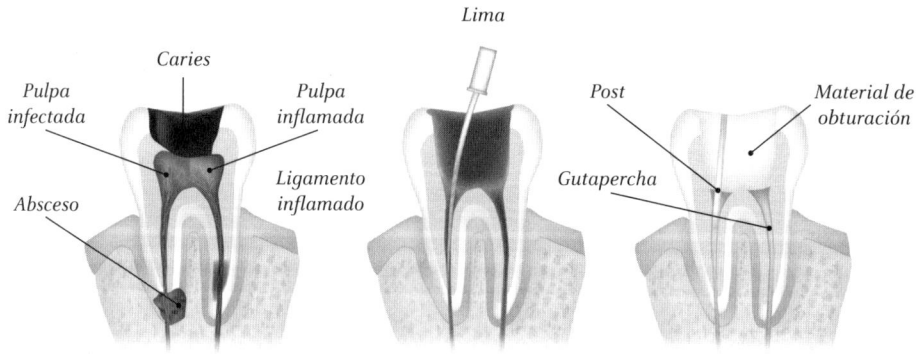

Ilustración esquemática que muestra las diferentes etapas del tratamiento endodóntico o tratamiento de conductos. La secuencia detalla el proceso desde el acceso inicial a la cámara pulpar, pasando por la limpieza y conformación de los conductos radiculares, hasta la obturación final del sistema de conductos. Permite comprender la complejidad técnica de este procedimiento, fundamental en la odontología moderna para salvar dientes con daño pulpar [Sakurra].

En 1954, André Schröder presentó un sellador de resina epoxi denominado AH26, el primer representante de las pastas de obturación radicular a base de óxido de zinc y eugenol. En 1959, dos suizos Angelo G. Sargenti (1917-1999) y Samuel L. Richter introdujeron el N2, un fármaco y sellador que contiene formaldehído y otros ingredientes cuestionables, que algunos dentistas defendían, pero otros criticaban por que causaba un daño considerable incluida una irritación de la pulpa e incluso el desarrollo de lesiones periapicales. A esto le siguió en 1962 la pasta mixta de André Schröder, una combinación de un antibiótico (tetraciclina) y un derivado de la cortisona (triamcinolona). El descontento con los materiales de obturación del conducto radicular se refleja en la variedad de pastas, entre las que se incluyen, además del polidimetilsiloxano, selladores de hidróxido de calcio, selladores de ionómero de vidrio o selladores a base de gutapercha o materiales de obturación a base de polecetona, metacrilato y salicilato.

La gutapercha, una secreción de unos árboles de la familia de los zapotes, es actualmente el material de obturación menos controvertido en endodoncia. Las barras utilizadas constan de entre un 20 y un 40 por ciento de β-gutapercha, entre un 30 y un 60 por ciento de óxido de zinc, ceras o plásticos, sulfatos de metales pesados, colorantes y algunos oligoelementos. Los selladores también sirven para rellenar el espacio restante en la luz del conducto radicular. Después de que Edwin Thomas Truman (1818-1905) utilizara gutapercha como material de relleno en 1847, en 1850 se mezcló con cal, cuarzo y feldespato] Después de que GA Bowman llenara por primera vez los conductos radiculares de un molar en 1867 con clavijas de gutapercha de forma cónica, SS White lanzó al mercado clavijas de gutapercha listas para su uso en 1887.

La preparación del conducto radicular se ha visto mejorada por la sustitución del acero inoxidable, el material preferido para los instrumentos médicos del conducto radicular durante aproximadamente un siglo, por instrumentos de Nitinol, una aleación de níquel-titanio que tiene memoria de forma. Desarrollado en 1988, este instrumental ha proporcionado un impulso cualitativo en todo el mundo, ya que la actuación sobre conductos radiculares curvos y difíciles se ha vuelto más segura gracias a la mayor resistencia a la rotura y a la flexión de estos instrumentos. El nitinol fue un producto de la investigación militar y se desarrolló en 1958 en el Laboratorio de Artillería Naval de EE. UU.

Las fotografías de John Vachon (1938) y Russell Lee (1936) documentan un ritual tradicional en el comercio equino: la inspección dental para determinar la edad del caballo. Tanto en Kansas como en Texas, compradores y supervisores examinaban los dientes de los caballos, una práctica que se remonta a siglos atrás y que dio origen al dicho «a caballo regalado no le mires el diente». El desgaste dental, la forma de los incisivos y los cambios en las marcas dentales proporcionaban, y aún proporcionan, información precisa sobre la edad del animal, un factor crucial para determinar su valor y utilidad para el trabajo [Biblioteca del Congreso].

LA ODONTOLOGÍA VETERINARIA

La odontología en animales es casi tan antigua como la odontología en seres humanos. Al principio se centró en el tratamiento y evaluación de la dentición del caballo, en el que estimar la edad era un factor importante para determinar su valor. Los chinos ya tenían expertos en odontología equina en el 600 a.e.c. Dos siglos después, Simón de Atenas mejoró la determinación de la edad y examinó los tiempos de erupción de los dientes en la vida de un caballo. Los griegos también estudiaron las enfermedades bucodentales de los animales y Aristóteles describió la periodontitis en los caballos en su libro *La historia de los animales* (333 a.e.c.). El romano Flavius Vegetius Renatus escribió un tratado sobre medicina animal, especialmente medicina equina, el *Digesta Artis Mulomedicinae*, en el que compara distintas razas de caballos y su aprovechamiento y utilidad.

En la edad moderna, Carlo Ruini (1530-1598) fue autor de una de las obras veterinarias más importantes del siglo XVI, la *Anatomia del Cavallo* (Anatomía del caballo), cuya primera edición fue publicada póstumamente en 1598, tres meses después de su muerte. Ruini incluía descripciones quirúrgicas de cómo recortar el belfo de un caballo para permitir una mejor colocación de la brida o técnicas de extracción de dientes. Se considera un hito en la medicina veterinaria y estuvo fuertemente influido por la revolución en la anatomía humana que supuso la obra de Vesalio, y solo fue superada en la segunda mitad del siglo XVIII. Leonardo da Vinci también aportó contribuciones a la odontología equina.

En 1762, Claude Bourgelat fundó la primera escuela de veterinaria en Lyon, Francia, que también impulsó el desarrollo de la odontología animal moderna. El método moderno de estimación de la edad se remonta a Pessina von Czechorod, quien enseñó en la escuela veterinaria militar de Viena a finales del siglo XVIII cómo hacerlo usando el nivel de desgaste del esmalte en los incisivos.

La primera publicación específica sobre odontología animal apareció en 1889. Los años siguientes ampliaron el estudio a la odontología de pequeños animales, en particular perros y gatos. En 1929, Edward Mellanby publicó una serie de artículos que trataban de los efectos de la dieta sobre el desarrollo y las enfermedades de los dientes de los animales. En los años 1930, Joseph Bodingbauer fue un pionero de la odontología de pequeños animales en Viena.

En Estados Unidos, la odontología veterinaria recibió un impulso con la formación de la *Sociedad Americana de Odontología Veterinaria* en 1976, primero en el sector de los animales pequeños, luego en el ámbito de los caballos y más tarde en el campo de los roedores y mascotas, lo que dio lugar a la creación de centros y sociedades científicas especializadas. La odontología veterinaria es una de las veinte especialidades reconocidas por la Asociación Estadounidense de Medicina Veterinaria.

Fotografía tomada en diciembre de 1919 en la Granja Gubernamental de Beltsville (Maryland), que muestra a un veterinario examinando la dentición de una oveja. Este tipo de examen era y sigue siendo una práctica fundamental en la medicina veterinaria, ya que la dentición ovina permite determinar la edad del animal: los corderos desarrollan sus dientes de leche en las primeras semanas de vida, y entre el primer y cuarto año van reemplazando gradualmente los incisivos temporales por los permanentes. Además, el estado de los dientes proporciona información valiosa sobre la salud general del animal y su capacidad para alimentarse adecuadamente [Biblioteca del Congreso].

ODONTOLOGÍA FORENSE

La odontología forense se puede definir de muchas maneras, pero una de las definiciones más sencillas y elegantes es simplemente que representa la superposición entre las profesiones dental y jurídica. Es bien sabido que los dientes son la estructura más fuerte de todo el cuerpo humano, por lo que son extremadamente duraderos y además son resistentes a daños e impactos externos como la putrefacción, el fuego, las explosiones y los productos químicos. Eso los hace accesibles durante un largo periodo tras la muerte, *post mortem*. El objetivo general para los forenses son los derechos de los muertos y de quienes los sobreviven.

Los dientes son tan característicos de una persona como las huellas dactilares. Son, por tanto, una herramienta importante en medicina forense. La disposición de los dientes dentro de la boca es exclusiva de cada persona. Cada ser humano tiene su propia mordida, que no puede ser reproducida por nadie más. La marca de un mordisco permite identificar a su autor.

La función más común del dentista forense es la identificación de personas fallecidas. El examen que se realiza con más frecuencia es una comparativa que busca establecer, con un alto grado de certeza, que los restos de un difunto y una persona identificada y representada por registros dentales *ante mortem* son el mismo individuo. En segundo lugar, en aquellos casos en los que no se dispone de registros *ante mortem* suficientes y no existen pistas sobre la posible identidad del difunto, el dentista forense completa un perfil dental que sugiere características del individuo que con suerte ayudarán a limitar la búsqueda de esa persona desconocida.

La identificación dental de los seres humanos se produce por diferentes motivos. Los cuerpos de las víctimas de delitos violentos, incendios, accidentes automovilísticos o aeronáuticos y accidentes laborales pueden desfigurarse hasta tal punto que la identificación por parte de un miembro de la familia no es confiable ni deseable. Las personas que han fallecido tiempo antes de su descubrimiento y las encontradas en el agua también presentan identificaciones visuales desagradables y difíciles. Las identificaciones basadas en los registros dentales han desempeñado un papel clave en situaciones de desastres naturales y provocados por el hombre y, en particular, en grupos masivos de víctimas como puede ser el resultado de un accidente de aviación o un incendio en un espacio cerrado con muchas personas.

El dogma central de la identificación dental es que los restos *post mortem* se pueden comparar con registros dentales *ante mortem*, incluidas notas del odontólogo, moldes dentales, radiografías, etc., para confirmar la identidad. Claramente, los individuos con tratamientos dentales numerosos y complejos suelen ser más fáciles de identificar que aquellos con pocos o ningún tratamiento restaurador. El dentista forense describe el registro *post mortem* mediante gráficos cuidadosos y descripciones escritas de las estructuras dentales y radiografías. Si los registros *ante mortem* están disponibles en este momento, se toman nuevas radiografías *post mortem* para replicar el tipo y ángulo de las antiguas. Las radiografías se marcan para indicar *ante mortem* y *post mortem* y evitar confusiones: un orificio para las imágenes *ante mortem* y dos agujeros para las *post mortem*. Debido a la falta de una base de datos nacional de huellas dactilares, la identificación dental es especialmente crucial en el Reino Unido.

Las identificaciones basadas en los registros dentales son muy antiguas, pero ha habido un interés especial en los últimos 150 años. En 1881, después del incendio del Ringtheater de Viena, se utilizó por primera vez el método de identificación de las víctimas según la concor-

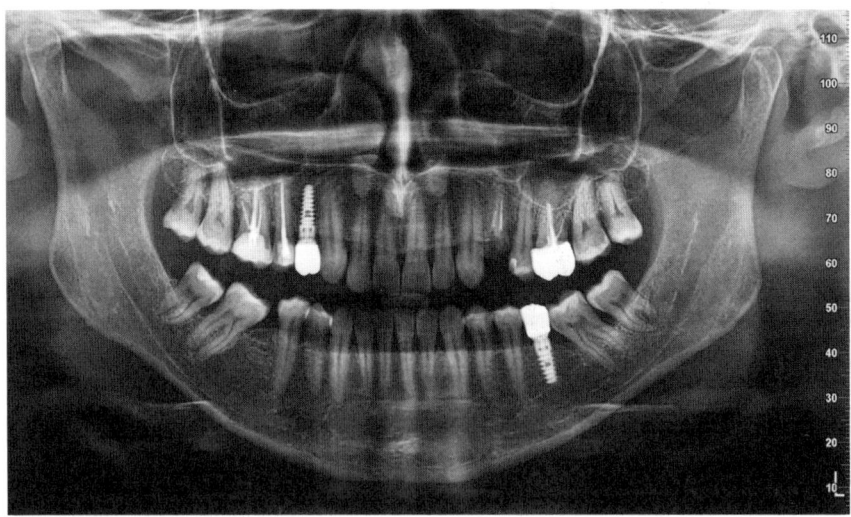

Ortopantomografía o radiografía panorámica dental. Esta técnica de imagen permite visualizar en una sola toma toda la región maxilofacial, incluyendo dientes, mandíbula y maxilar superior. Los patrones dentales únicos que muestra, como restauraciones, ausencias dentales o características anatómicas distintivas, son fundamentales en la identificación forense de personas, especialmente en casos donde otros métodos biométricos no son viables [Claudio Divizia].

dancia con la información dental *ante mortem*. La más tarde famosa Escuela de Criminalística de Viena lo incorporó en sus procedimientos. El incendio fue uno de los mayores desastres del siglo xix en el Imperio Austrohúngaro, según la información oficial, el número de muertos fue 384, pero otras estimaciones hablan de casi mil fallecidos.

Un segundo incendio impulsó la odontología forense. El dentista cubano Oscar Amoëdo y Valdés (1863-1945) entrevistó a las personas implicadas en la identificación de las víctimas del incendio del Bazar de la Charité, en París, en el que murieron 129 personas. Amoëdo publicó los métodos y resultados en el primer libro sobre odontología forense, *L'Art Dentaire de Medicine Legale*, en el que también destacó la actuación de Albert Hans, el cónsul paraguayo que entrevistó y pidió apoyo a los dentistas de las víctimas del incendio para ayudar a identificar a los cadáveres. En la década de 1940, los dentistas comenzaron a grabar el nombre del paciente en las prótesis, lo que facilitó desde entonces la identificación de personas.

Otra ayuda clave para identificar los restos de un desconocido es la estimación de la edad. Una pequeña variación en el desarrollo y erupción de los dientes entre individuos ha hecho de la estimación dental de la edad cronológica, una técnica crucial de determinación de la edad, algo que se utiliza para, por ejemplo, intentar determinar la edad de los menores no acompañados que llegan a nuestras costas. La dentición humana sigue una secuencia de desarrollo invariable y anticipada, que comienza unos cuatro meses después de la concepción y continúa hasta mediados de la tercera década de vida, cuando se completa el desarrollo de la dentición permanente.

La determinación de la edad se basa en el grado de formación de las estructuras de la corona y la raíz, la fase de erupción y la mezcla de las denticiones primaria y adulta. También ayuda a identificar si un individuo tiene un historial dental completo y la presencia de cualquier singularidad como caries, malposición, superposición, rotaciones y restauraciones/rellenos con diferentes materiales, diastemas, dentaduras, implantes, etc.

La edad puede evaluarse a partir de los dientes mediante varias técnicas como la erupción de los dientes, que se reconoce como un buen indicador de la edad de la persona. Otros cambios que se aprecian con el aumento de la edad son la atrición, la enfermedad periodontal, la formación de dentina secundaria y la translucidez radicular, la reabsorción de las raíces, la rugosidad radicular, la aposición del cemento y el cambio de color en la corona y las raíces. Esta técnica, denominada método Gustafson, se considera el estándar para la estimación de la edad humana y se utiliza desde su descripción inicial. Además, se han desarrollado métodos avanzados, como el uso de microscopios electrónicos de barrido y análisis de rayos x por dispersión de energía (SEM-EDXA), una técnica que escanea la dentina para estimar la edad. Una investigación contemporánea del Reino Unido observó el uso de la longitud radicular para estimar la edad de un niño. Otro método desarrollado es el conocido como método del estadio medio de desgaste (ASA), que es una forma clínica de medir el desgaste de las cúspides molares

Situación socioeconómica

Las restauraciones dentales pueden indicar el origen económico, regional y racial de un individuo. Los métodos de restauración utilizados en algunos países o regiones pueden ser poco comunes o no utilizarse en otras zonas. Una restauración costosa puede indicar el alto estatus económico de una persona. Los patrones de desgaste y manchas pueden sugerir hábitos laborales o personales como el tabaquismo.

Identificación de sexo/género

Muchas veces la identificación del sexo/género a partir de restos óseos supone un problema para los profesionales forenses, sobre todo cuando únicamente se recuperan fragmentos del cuerpo en casos de estudios étnicos, explosiones de bombas de alta potencia e investigaciones de catástrofes naturales. El odontólogo forense puede contribuir en este campo con la ayuda de otros expertos para identificar el sexo de los restos utilizando los dientes y las características del cráneo. Las topografías de los dientes, como el tamaño de la corona, la forma y la longitud de la raíz, etc., son dimórficas, difieren en ambos sexos.

ANTISEPSIA Y ASEPSIA

Anton van Leeuwenhoek fue el primero que observó, con unos microscopios muy sencillos que él mismo fabricaba, la presencia de bacterias en la boca. El avance de las técnicas de microscopía y de los conocimientos y métodos microbiológicos en el siglo XIX permitió comprender la causa de las enfermedades infecciosas y sus mecanismos de transmisión. Ello fue fundamental para una comprensión de los procesos infecciosos en dientes y encías y para un aumento de la prevención en la salud bucodental y de éxitos en la práctica odontológica.

Antisepsia y asepsia son conceptos muy relacionados y que a menudo se confunden. La principal diferencia radica en que la antisepsia se centra en la desinfección de un lugar donde es posible que ya haya microorganismos, mientras que la asepsia, se centra en la prevención y en la limpieza, en evitar que los microbios colonicen esa zona. Ejemplos de asepsia son lavarse las manos o mantener la limpieza de la clínica dental; ejemplos de antisepsia son la esterilización del instrumental o productos como los biocidas para su uso en las infecciones de las encías. La revolución terapéutica que supuso el descubrimiento de los antibióticos hizo que los biocidas pasaran a un segundo plano, pero la emergencia del grave problema de la multirresistencia bacteriana, que hace que algunos microbios sean resistentes a antibióticos de amplio uso y nos sitúa en una «era preantibiótica», ha hecho que vuelvan a tener importancia. En Odontología, los métodos antisépticos no pueden lograr una esterilidad completa porque combaten microorganismos sobre o dentro de tejidos vivos como los de la propia boca.

El concepto moderno de asepsia evolucionó en el siglo XIX a través de diferentes personas. Ignaz Semmelweis demostró que los médicos y matronas que se lavaban las manos antes del parto reducían la fiebre puerperal de sus pacientes. A pesar de ello, muchos hospitales continuaron practicando la cirugía en condiciones deplorables y algunos cirujanos se enorgullecían de sus batas sucias manchadas de sangre. Impresionado por las investigaciones de Pasteur sobre la participación de los microorganismos en la fermentación y la putrefacción, Joseph Lister desarrolló un método de cirugía antiséptica, con el fin de evitar que los microorganismos penetrasen en las heridas. Los instrumentos se esterilizaban con calor y los vendajes quirúrgicos se trataban con fenol, que también se empleaba para rociar el campo quirúrgico. Al hacerlo, se redujeron drásticamente las tasas de infección en los hospitales. Curiosamente, hasta finales del siglo XIX, los médicos rechazaban la conexión entre la teoría de los gérmenes de Louis Pasteur, según la cual las bacterias causaban enfermedades, y las técnicas antisépticas, que evitaban la difusión de las infecciones.

Joseph Lister y sus seguidores ampliaron el término «antisepsia» y acuñaron «asepsia», con la justificación de que Lister había *sugerido inicialmente excluir los agentes sépticos de la herida desde el principio».* Lawson Tait defendió prácticas como una estricta política de no hablar dentro de su quirófano y limitar drásticamente el número de personas que podían acercarse a la herida de un paciente. Ernst von Bergmann introdujo el autoclave, un aparato que servía para la esterilización de los instrumentos quirúrgicos y que se extendió también al ámbito odontológico. William Halsted implantó una política de no llevar ropa de calle en su quirófano y optó por vestir un uniforme completamente blanco y estéril consistente en un traje de quirófano, zapatillas de tenis y gorro. Gradualmente, se fueron implantando las mismas precauciones en la clínica odontológica. Además, Halsted limpiaba la sala de operaciones con alcohol, yodo y otros desinfectantes y utilizaba paños para cubrir todas las zonas del paciente, excepto el lugar de la operación. En su departamento del Hospital Johns Hopkins, impuso un ritual extremo de lavado de manos que consistía en sumergir las manos en productos químicos como permanganato potásico o bicloruro de mercurio, así como un intenso cepillado de los dedos, palmas y uñas. El daño que observó en las manos de una enfermera de quirófano le animó a hablar con la Goodyear Rubber Company para crear los primeros guantes de látex que se convirtieron en parte del equipamiento básico de cirujanos y dentistas.

Entre los antisépticos bucales más utilizados por los odontólogos se encuentran la clorhexidina, que destaca por sus propiedades bactericidas y bacteriostáticas, lo que hace que sea ampliamente utilizada en la prevención de enfermedades periodontales, periimplantarias y complicaciones tras cirugía oral, y el cloruro de cetilpiridinio, que tiene propiedades antiplaca y antimicrobianas. Su espectro de acción microbiana es menor que el de la clorhexidina, pero puede utilizarse durante periodos más prolongados.

EL CAMBIO EN LA PROFESIÓN

La anestesia hizo que las extracciones fuesen menos temidas y que los empastes fueran una opción más interesante para aquellos que querían conservar su dentadura natural en vez de reemplazarla. Sin embargo, se mantenía cierto conflicto entre médicos y dentistas. En 1878, el *British Medical Journal* publicó, que mientras la medicina era una profesión, la odontología era un negocio. Y a finales del siglo XIX el negocio estaba creciendo, los dentistas cada vez eran más respetados y sus ingresos no eran menores que los de un médico general.

El propio perfil del dentista iba cambiando. En torno a 1840 el 10 % de los 1200 dentistas que había en Estados Unidos eran negros, pero las nuevas facultades en universidades orientadas hacia los afroamericanos hicieron que su número fuese aumentando lentamente. Algo parecido sucedió con las mujeres: Emeline Roberts Jones, la primera dentista de los Estados Unidos, tuvo que estudiar a escondidas después de que su marido, dentista, rechazara enseñarla. Sin embargo, posteriormente asombrado de su habilidad, la aceptó como socia.

Fotografía de Emeline Roberts Jones (1836-1916), la primera mujer que ejerció la odontología en Estados Unidos. A pesar de la oposición inicial de su esposo, el dentista Daniel Jones, quien consideraba que las mujeres no eran aptas para la profesión, demostró su valía practicando en secreto. Tras la muerte de su esposo en 1864, desarrolló una exitosa carrera en Connecticut y Rhode Island, llegando a dirigir una de las clínicas más prósperas del estado. Su tenacidad abrió el camino para las mujeres en la odontología, siendo reconocida con membresías honorarias por la Sociedad Dental de Connecticut y la Asociación Dental Nacional.

Era una época intermedia entre el pasado teatral y el futuro tecnológico, En 1896 Edgar «Painless» Parker anunciaba su llegada a los residentes de St. John en Canadá:

> Extracción de dientes gratis, sin dolor, con un peculiar método propio, con látigos, espadas, cucharas e instrumentos de su propia invención. ¡Entretenido! ¡Interesante! Nada que corrompa la moral de la persona más refinada o fastidiosa de la ciudad.

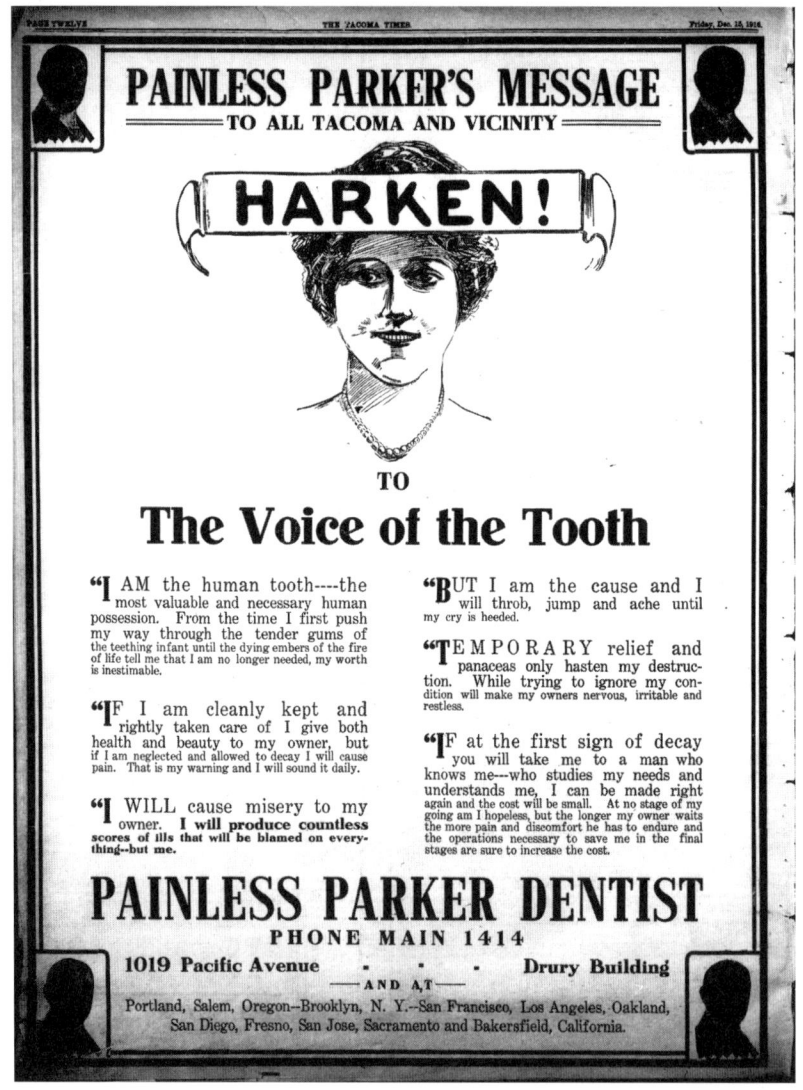

Nacido en New Brunkswick, Canadá, tenía inicialmente la idea de estudiar medicina, pero su madre le convenció para que fuera a un frenólogo quien le dijo, después de palpar su cráneo probablemente, que estaba mejor orientado para la odontología. Después de ser expulsado de la facultad de odontología de Nueva York, se matriculó en la de Filadelfia. Tras graduarse, volvió a su ciudad natal y abrió un gabinete, pero seis semanas después solo había ganado setenta y cinco centavos. Viendo que era imposible ganarse la vida, se convirtió en un hombre espectáculo. Llegaba a cada ciudad con una caravana y entretenía a los paisanos con cantantes, acróbatas y malabaristas. A pesar de dopar a sus pacientes con whisky y cocaína, las extracciones no eran siempre tan indoloras como prometía, por lo que prefería bandas de instrumentos de viento que taparan los gritos de aquellos desafortunados. Presumía de haber extraído 357 dientes en un día y los llevaba en un collar alrededor de su cuello. Alquiló un edificio en Brooklyn y lo cubrió con un eslogan lleno de pes e imposible de traducir: *Painless Parker, Preeminent, Par excellent, Positively Painless Perfection of Practice and Philanthropically Predisposed to Popular Prices!*

Los otros dentistas le odiaban. Pensaban que no tenía ética, que se saltaba sin importarle un comino la prohibición de la American Dentist Association de hacer publicidad. Él presumía de tratar tantos pacientes y tan rápido como pudiera, y decía que había perdido la cuenta de las veces que le habían denunciado, pero que siempre había ganado. Su cadena de franquicias ofrecía tratamientos baratos y de buena calidad y animaba a sus pacientes a que cuidaran su boca. Cuando el legislativo de California aprobó una ley en la que obligaba a que todos los dentistas trabajaran con su verdadero nombre, él fue al registro, se cambió el nombre de pila a Painless (Indoloro) y siguió adelante. Su ejemplo influyó en la odontología del siglo xx más de lo que muchos querrían asumir, pero Painless Parker fue probablemente el último de su gremio, los charlatanes de la odontología.

Procedimientos de modificación dental

Desde tiempos inmemoriales, los dientes se han considerado una importante característica individual de una persona y desempeñan un papel especial en el sentimiento subjetivo de belleza y pertenencia al grupo. Al fin y al cabo, incluso los cambios más pequeños pueden influir significativamente en la expresión facial y en dotar a la persona, para bien o para mal, de un aspecto distintivo.

Las deformaciones dentales se llevan realizando desde hace miles de años, siempre en un contexto ritual o cultural. Dependiendo de cada grupo étnico o persona se distinguen diferentes tipos de deformaciones: puntiagudas, hendidas, superficiales o dentadas, limados horizontales e incluso cortes completos de la corona del diente. Además, están las limaduras de surcos, cuadrículas y relieves, el desplazamiento de los dientes frontales de su posición natural, la creación y ampliación de diastemas o huecos entre los dientes, la rotura o apalancamiento de uno o varios dientes mediante una punta de lanza o un cincel de piedra, el alargamiento aparente de los dientes frontales medios y la decoración y coloración artificial de los dientes.

En varias sociedades, la modificación dental no se da antes de la pubertad, y la mayoría de los casos de modificación se producen en jóvenes, como ritual de paso a la vida adulta. Sin embargo, hay casos en los que la ablación dental se hace ya en niños pequeños, como en la eliminación de los colmillos de leche entre los bakigas, acholis, batoros y bugisus de Uganda y los hayas de Tanzania.

La modificación dental, también llamada arte dental o mutilación dental, se ha producido a lo largo de la historia en poblaciones por todo el mundo. La alteración de la dentición humana conlleva riesgos que incluyen dolor e infección y que, en algunos casos, puede llevar hasta la muerte. Desde el punto de vista antropológico, la modificación de la dentición humana parece ser un rasgo desadaptativo. ¿Por qué la gente elegiría soportar el dolor de la alteración dental, incluidas las incrustaciones, el limado, la ablación y el tatuaje gingival? No es esperable ninguna mejora funcional, al contrario. Los motivos son muy diversos: marcar el paso al estatus de adult, señal de pertenencia a un grupo étnico, criterios de belleza y, más raramente, supuesto efecto positivo sobre la salud. La modificación de los dientes aparece en muchos contextos, en culturas desde Australia y Papúa Nueva Guinea a América y África.

En Bopoto, en el norte del Congo, los jóvenes afilan los dientes con un pequeño cincel en torno a los quince años, cuando se supone que el muchacho es capaz de soportar el dolor. El pueblo himba que vivía en Namibia y el pueblo surma de Etiopía tenían la costumbre de romper los incisivos inferiores de los niños de entre siete y nueve años. Originalmente, este «espacio» estaba destinado a servir como contrasoporte para sujetar una clavija de labio o una arandela. Ambas tribus africanas tienen un elemento cultural en común que puede explicarse por su descendencia común de los herero, un pueblo seminómada del este de África. En las Filipinas, los bagobo afilan sus dientes dejándolos en punta. La extracción ritual de dientes era también común entre muchas tribus aborígenes australianas. También aparecen en todas las culturas una serie de mitos e historias para explicar y abordar el sufrimiento y el desfiguramiento causado por unos dientes estropeados.

Modificación involuntaria

La modificación involuntaria puede verse cuando los dientes se utilizan como herramientas, como alicates, tornillos de banco y terceras manos. Esto se observa ya en el yacimiento de Atapuerca, donde hay dientes con surcos o muescas en la superficie oclusal causados al cortar con una cuchilla de piedra algo sujeto con los dientes. Estas marcas no coinciden con los patrones de desgaste de la masticación y pone de manifiesto una curiosidad: que la mayoría de aquellos remotos antepasados eran también diestros, como nosotros.

Otro ejemplo de modificación dental involuntaria es el uso de labrets, o perforaciones corporales en el labio inferior, encima del mentón. Es típico entre los nativos de Alaska y del noroeste del Pacífico. Los labrets provocan el pulido y desgaste de las superficies dentales. El uso habitual de pipas para fumar también puede dejar un patrón de desgaste involuntario en la dentición. Cuando una pipa se sujeta entre los dientes durante años, con el tiempo puede producir una abrasión de la dentición superior e inferior, que provoca un agujero ovalado visible cuando la persona cierra completamente las mandíbulas. Utilizar la dentición para otros fines que no sea la masticación hace que los dientes se desgasten más rápidamente de lo que lo harían de forma natural y, sobre todo, de forma irregular.

Ablación dental

Curiosamente, en algunas sociedades africanas sigue existiendo la creencia en un gusano de los dientes. Los caninos mandibulares deciduos se extraen en los niños antes de la erupción completa de los dientes. Se cree que la extracción de estos dientes de leche antes de la erupción de la dentición definitiva prevendrá enfermedades, especialmente la diarrea.

Muchos países africanos participan en la extracción de caninos e incisivos. En algunos pueblos de Tanzania, el 60 % de la población se ha quitado dientes intencionadamente, el 16 % en el norte de Uganda, el 22 % de los niños urbanos de Sudán, el 59 % de los judíos etíopes, el 70 % entre otras poblaciones de Etiopía, el 87 % de los masáis en Kenia y el 100 % de los bebés menores de 18 meses que habían sido ingresados en un hospital de Sudán del sur. Aunque el concepto de gusano de los dientes solamente existe en África hoy en día, es interesante que múltiples países que abarcan una amplia zona geográfica creen que la extracción de dientes (y con ellos del gusano) ayuda a garantizar la salud del niño. Además, aunque la definición del gusano de los dientes ha cambiado, la creencia de que esta criatura está literalmente presente en las encías de una persona y puede causar daño real es bastante similar a las creencias de las culturas de la Antigüedad.

En un pasado más reciente, las tribus australianas solían realizar ablaciones dentales, como rito de iniciación o en señal de duelo. Los arandas de Australia solían extraer los dientes a los jóvenes como parte de una iniciación, y la madre del niño elegía un árbol joven e insertaba el diente en la corteza. Cuando un hombre moría, el árbol en el que se había insertado el diente era despojado de su corteza.

Según los masáis de Tanzania, existe una razón por la que realizan ablaciones dentales. La extracción de los incisivos centrales ayuda a garantizar que una persona pueda alimentarse en caso de que, en algún momento, sufra tétanos, y que la contracción muscular pueda provocar un bloqueo de la mandíbula. Los damaras de Sudáfrica afirman que es necesario extirpar los dientes maxilares anteriores para hablar correctamente su lengua, pues algunos sonidos se producen introduciendo la lengua en esos espacios interdentales.

Limado dental

Diferentes culturas africanas siguen participando en la práctica del limado dental. Entre ellas se encuentran los amhara, azande, maasai y nuer. Esta modificación de los dientes puede hacerse por diversas razones: para conseguir que un dios o diosa responda a sus sacrificios, rituales y peticiones, como seña de pertenencia o identificación con el grupo, como marca de paso de la adolescencia a la edad adulta, o como estrategia de belleza o intimidación, entre otras.

El afilado de dientes, normalmente los incisivos delanteros, ha sido una práctica común en sociedades muy dispares y alejadas, de la cultura Remojadas de México a los zappo zap de la República Democrática del Congo a los Potong gigi de Bali. Históricamente se hacía con fines espirituales, aunque en la antigua China, un grupo llamado Ta-ya Kih-lau (literalmente «los que se golpean los dientes») hacía que todas las mujeres a punto de casarse se arrancaran dos de los dientes anteriores para «*evitar daños a la familia del marido*». En los tiempos modernos, en los casos en que persiste, suele tener un carácter estético, es una forma de modificación corporal según unos criterios locales de belleza.

David Livingstone mencionó varias tribus africanas que practicaban el limado de dientes, como los bemba, yao, makonde, matambwe, mboghwa y chipeta. El pueblo africano herero afilaba los dientes de los jóvenes a comienzos del siglo xx. Tanto a los chicos como a las chicas en la pubertad se les sacaban cuatro dientes inferiores y, a continuación, los dientes superiores se afilaban en forma de «v». La tribu consideraba esta tradición una forma de belleza y se decía que una chica que no se hubiera sometido a este procedimiento no podría atraer a un hombre.

En otros grupos étnicos como los pigmeos del Congo o Camerún, los dientes delanteros se afilaban también hasta darles un aspecto puntiagudo. Además del parecido con un depredador, es decir, un adorno estético arraigado en las creencias, también se consideraba un importante signo de fertilidad y un marcador de identidad de su afiliación tribal. En su creencia, solo alguien con dientes puntiagudos es realmente capaz de procrear, de ser asertivo (es una señal de que puede abrirse camino a mordiscos) y de tener hijos sanos.

Algunas culturas hacen distinciones entre qué sexo se hace qué en los dientes. En la región central del Congo, la tribu upoto hace que los hombres se limen solo los dientes de la arcada maxilar, mientras que las mujeres se liman tanto la arcada maxilar como la mandibular.

También pueden ser diferentes los dientes manipulados. En las poblaciones prehistóricas de Java, Bali, Sumba y Flores, las modificaciones dentales se producían principalmente en caninos e incisivos. El afilado de los dientes se siguió realizando durante el siglo xvii, pero lo practicaban sobre todo los nobles o las personas con prominencia social y posteriormente fue cayendo en desuso. Los mentawai de Indonesia también han realizado tradicionalmente esta práctica. Creían que el alma y el cuerpo eran entidades separadas y si el alma no estaba satisfecha con su cuerpo, se marchaba y la persona moría. Por ello, los mentawai modificaban sus cuerpos para embellecerlos y según sus criterios estéticos, quienes tienen los dientes afilados eran más bellos. Tradicionalmente, el afilado se realizaba en la pubertad, aunque el contacto con civilizaciones exteriores provocó un declive del afilado. En la actualidad, los mentawai utilizan un cincel afilado y otro objeto que hace las veces de martillo para esculpir los dientes. No utilizan anestésicos ni analgésicos, y los jóvenes afectados muerden un trozo de madera para reducir el dolor. La esposa del futuro jefe suele afilarse los dientes como signo de belleza y estatus.

En Bali, a los adolescentes les liman los dientes caninos porque se cree que representan emociones negativas como la ira y los celos y es una forma de separarlos espiritualmente de sus instintos animales y de sus antepasados. Una vez completada esta tradición, los adolescentes pasan a ser considerados adultos y se les permite mantener relaciones sexuales y casarse. En la población indonesia de Timor, los habitantes liman la superficie oclusiva por motivos de belleza, ya que les hace sentirse más cómodos y atractivos.

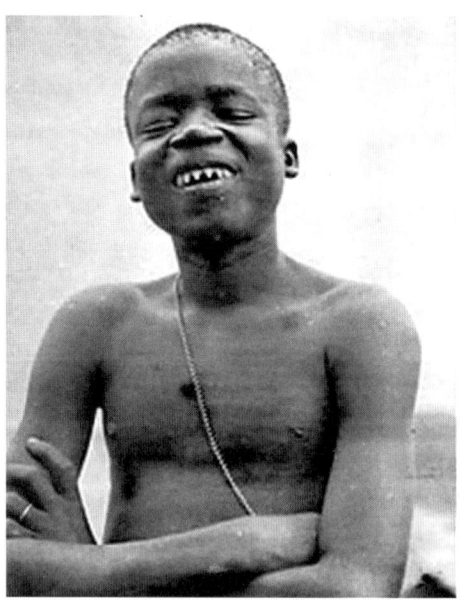

Fotografía de Ota Benga (c. 1883-1916), un hombre de la etnia pigmea batwa del Congo, quien fue exhibido en la Exposición Universal de San Luis (1904) y posteriormente en el zoológico del Bronx. Esta imagen representa uno de los episodios más oscuros en la historia de la exhibición humana: fue expuesto en una jaula junto al orangután Dohong, presentado como un «eslabón perdido» entre simios y humanos. Tras su liberación del zoológico en 1906, y pese a los intentos de ayudarle a integrarse en la sociedad, Ota Benga acabó quitándose la vida en 1916, lejos de su tierra natal.

Los ejemplos anteriores de modificación dental moderna proceden de sociedades no occidentales. Sin embargo, hay ejemplos de modificación dental en Estados Unidos y Europa, como puede ser la ortodoncia. Los expansores del paladar se utilizan para crear más espacio para los dientes en erupción y los *brackets* para enderezar los dientes. Si los dientes se consideran demasiado pequeños, demasiado débiles, o simplemente mal formados, se pueden colocar carillas de porcelana sobre el resto de la dentición. Además, muchas personas en los Estados Unidos tratan de modificar su dentición mediante la aplicación de abrasivos que ayudan a blanquear los dientes, devolviéndoles a un color «natural» que quizá nunca tuvieron.

En el mundo moderno, Horace Ridler (1882-1969), «el hombre cebra», incluyó el afilado de dientes como una de las muchas modificaciones corporales a las que se sometió para actuar como artista de circo. Ridler fue un pionero y, además de afilarse los dientes, se tatuó todo el cuerpo, expandió los lóbulos de las orejas para colocarse objetos, se perforó el tabique nasal para introducir huesos y se pintaba las uñas y los labios.

Ennegrecimiento

En Japón, el ennegrecimiento de los dientes, llamado ohaguro, se ha practicado durante más de mil quinientos años. Las evidencias más antiguas corresponden a restos arqueológicos del período Kofun (300 a 710) y aparece por primera vez descrito en el Genji Monogatari (La historia del príncipe Genji) una obra literaria del siglo XI. El ohaguro fue realizado por mujeres y hombres de la nobleza y posteriormente por los samuráis. Durante el período Edo (1603 a 1868), el ennegrecimiento de los dientes era común entre las mujeres y se consideraba atractivo porque aumentaba el contraste con la piel blanca del rostro, maquillado con polvo de arroz. Curiosamente era algo habitual entre las mujeres de los distritos de los burdeles, y las prostitutas conseguían el colorante de profesionales experimentadas y se lo aplicaban antes de contactar con su primer cliente, pero al mismo tiempo se consideraba un símbolo de fidelidad conyugal por lo que también era ampliamente utilizado por las mujeres casadas. Antes de que una novia entrase en casa de su esposo, visitaba las viviendas de siete parientes, donde recibía tinte para los dientes con el que llevaba a cabo el primer ennegrecimiento. Había una especie de refrán que decía «*así como el color negro nunca cambia, tampoco lo hace el vínculo íntimo entre marido y mujer»*. De esa manera, los dientes negros eran un signo de que la esposa había jurado fidelidad eterna a su marido.

El colorante, fabricado con ácido tánico y hierro, y a veces con té, vinagre o vino de arroz, se aplicaba con una ramita machacada en uno de sus extremos para hacer un cepillo. Los ricos usaban para la aplicación plumas de faisán o pato mandarín. La tinción se reaplicaba cada tres días, pues se iba perdiendo, aunque se utilizaba un polvo adhesivo para mejorar su fijación. También se creía que el ennegrecimiento mantenía los dientes sanos y contrarrestaba una posible deficiencia de hierro durante el embarazo. Estudios recientes sobre la composición del tinte confirman que proporciona cierta protección contra las caries y la desmineralización de los dientes.

Había otros motivos: debido a la imposibilidad de teñir el negro con otros colores, dicho color se asociaba con la sumisión y la lealtad, además de la solidez y la dignidad por su gran presencia visual, motivo por el que era el color preponderante entre los samuráis. Otras razones propuestas han sido el simple cuidado dental, la pasta negra actuaba como un sellador dental; la diferenciación entre humanos y demonios, que se representan en el folklore japonés con grandes colmillos blancos; el hecho de que los dientes son la única parte visible del esqueleto, lo que los relaciona con la muerte y los vuelve tabú; o la preferencia japonesa por ocultar la demostración pública de sentimientos. La costumbre actual de las mujeres japonesas de cubrirse la boca al sonreír se deriva en mayor o menor grado de esta consideración cultural.

En el siglo XVIII, se prohibió a los hombres ennegrecerse los dientes, y en 1871 el gobierno Meiji, en concordancia con la política de occidentalización del país, amplió la prohibición a las mujeres, pues era visto como una costumbre bárbara bajo la mirada de los países europeos y americanos. El comodoro Perry, el responsable de la apertura por la fuerza de Japón al resto del mundo, escribió con cierta repulsión *«cuando una mujer joven sonríe graciosamente y abre sus labios rojos como el rubí, aparecen inesperadamente dientes negros alineados en encías enfermas»*. En la dinastía Nguyễn de Vietnam (1802 a 1945), la costumbre persistió hasta el siglo XX. En el sudeste asiático era un signo de fuerza y honor, se consideraba un símbolo de belleza y señalaba la voluntad de las mujeres de casarse.

Incrustación de piedras preciosas

Hacia el año 900, por motivos rituales o religiosos, los mayas decoraban sus dientes frontales con piedras preciosas, como jade, cinabarita, serpentinita, pirita, turquesa, oro o hematita, que insertaban en agujeros previamente perforados en el diente. Las gemas se fijaban con dos tipos de adhesivos: uno era el llamado ámbar líquido y el otro era una resina que se extraía de la planta del maguey o de una orquídea del género *Govenia* llamada en náhuatl tzacuhtli. La mayoría de las incrustaciones tenían fines estéticos y se hacían tanto en los dientes superiores como en los inferiores. Requerían un trabajo de precisión y era un artículo de lujo que se limitaba a las clases altas. Muchos ejemplos fueron encontrados durante excavaciones en la Antigua Guatemala. Se han identificado más de 50 patrones diferentes y se cree que cada uno representaba un símbolo de pertenencia grupal o tenía un significado religioso.

En la época actual, Mick Jagger, el cantante de los Rolling Stones, optó por insertar un rubí en un diente frontal, luego lo cambió por una esmeralda y finalmente lo reemplazó por un diamante. Esto inició una tendencia en joyería dental en la que aparecieron diversos accesorios como los *grill* o parrillas. Los *grill* son característicos de la cultura hip-hop y son piezas de joyería que recubren los dientes. Suelen ser de plata, oro o platino y a menudo están decorados con diamantes o letras grabadas. En la actualidad es un símbolo de éxito y riqueza, especialmente entre los

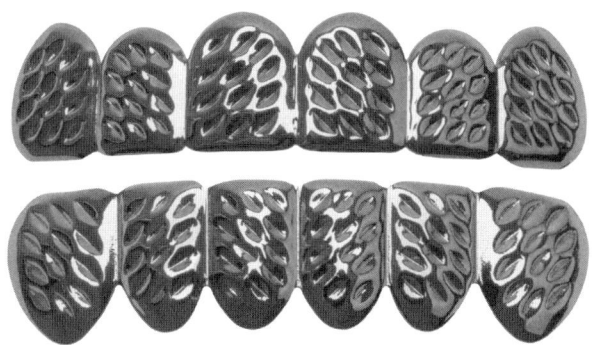

Grill o rejilla dental de oro diseñada para la zona de dientes frontales, un accesorio ornamental que surge de la cultura hip-hop de los años 80. Si bien la decoración dental con metales preciosos tiene una larga historia que se remonta a civilizaciones antiguas, los *grills* actuales se popularizaron en la cultura urbana estadounidense como símbolo de estatus y expresión artística, aunque su uso puede comprometer la salud dental [Mega Pixel].

Un hombre muestra su *grill* dental, una ornamentación removible de oro que cubre los dientes frontales [Saaleha Idrees Bamjee].

raperos de Dirty South que surgieron en la década de 2000, aunque también han surgido modelos similares mucho más baratos. Los grills pueden retirarse fácilmente para que, durante el día, una persona pueda ir a trabajar en un entorno profesional con un aspecto normal y luego, por la noche, colocarse la rejilla sobre los dientes anteriores cuando desee ser visto en un contexto social diferente.

Algunos ejemplos de celebridades en los Estados Unidos que tienen joyas orales son Ke$ha, una cantante que tenía un diamante en su canino maxilar derecho; Kanye West, rapero y productor (ahora su nombre legal es Ye) que se ha colocado un grupo de diamantes en su dentición anterior mandibular y Nelly y Li'l Wayne, dos raperos que llevan regularmente parrillas en los dientes anteriores. Según el material y el tamaño, los grills *pueden* ser muy caros. Según una entrada en el Libro Guinness de los Récords del 1 de febrero de 2018, la cantante Katy Perry es la propietaria del grill más caro del mundo, una joya engastada con numerosas piedras preciosas que vale un millón de dólares.

LA FORMACIÓN DE LOS ODONTÓLOGOS

Con motivo de la 18.ª reunión anual de la Asociación Central de Odontólogos Alemanes (CVdZ) celebrada en Bremen en 1879, el dentista berlinés Karl Sauer informó sobre una encuesta que había realizado sobre los oficios de las personas que realizaban tratamientos dentales. Mencionó las siguientes profesiones: «*Barberos, peluqueros, posaderos, viajantes de porcelana, orfebres, hijas de barberos, ayudantes de pintores, libreros, administradores de hospital, secretarios de tribunales de distrito, actores, encargados de boleras, veterinarios, oficiales torneros, deshollinadores, cirujanos, viudas de actores, cantantes de ópera e inválidos*». Tras enumerar esta sorprendente lista, subrayó la necesidad de una formación profesional académica, de una educación específica y de calidad para los profesionales de la Odontología; sin embargo, sus pertinentes peticiones no fueron atendidas.

La profesionalización de los dentistas era un tema urgente, aunque había empezado como mínimo un siglo y medio antes. En Sajonia, bajo Federico Augusto II (1696-1773), se abrió el Collegium Medicochirurgicum en 1748 y tres años más tarde se abrió la primera clínica quirúrgica, donde también se creó una cátedra para un profesor de odontología desde 1777. Unos pocos años antes, en 1771, la Facultad de Medicina de la Universidad Christian Albrechts de Kiel concedió al dentista de Mecklemburgo, Benjamin Fritsche, permiso para practicar el «arte de la odontología». Casi un siglo más tarde, en 1865, Carl-Wilhelm Fricke se matriculó en la misma Universidad de Kiel como estudiante de odontología y posteriormente fundó el primer instituto dental en Kiel, del que fue director desde 1871 hasta 1901. En este cargo, también presidió la primera asociación profesional de odontólogos, predecesora de la actual Sociedad Alemana de Odontología, Medicina Oral y Maxilofacial, la Asociación Central de Dentistas Alemanes.

En 1811, la nueva ley de comercio en Prusia abolió los gremios y separó la cirugía de la barbería. De este modo, la cirugía pudo desarrollarse independientemente de la profesión de barbero-peluquero, especialmente después de que en 1818 se introdujera la libertad de establecimiento para el personal sanitario. En Prusia, con la nueva ordenanza sobre medicina, el 1 de diciembre de 1825 se decidió realizar un examen para los dentistas y se les incluyó en la clasificación de profesiones sanitarias.

En 1843 se creó en Inglaterra el Real Colegio de Cirujanos. Este Colegio desempeñó un papel fundamental en la evolución de la odontología, que pasó de ser un oficio a una profesión. En 1856 se fundó la Sociedad Odontológica de Londres. En el Reino Unido, las primeras escuelas de odontología, la London School of Dental Surgery y la Metropolitan School of Dental Science, ambas en Londres, abrieron sus puertas en 1859. La Ley de Dentistas británica de 1878 y el Registro de Dentistas de 1879 limitaban el título de «dentista» y «cirujano dental» a los profesionales cualificados y registrados. Sin embargo, otros podían describirse legalmente como «expertos en dientes» o «consultores dentales». La práctica de la odontología en el Reino Unido pasó a estar totalmente regulada con la Ley de Dentistas de 1921, que exigía el registro de cualquier persona que ejerciera la odontología. La Asociación Dental Británica, creada en 1880 con Sir John Tomes como presidente, desempeñó un papel importante en la persecución de los intrusos que ejercían ilegalmente. En la actualidad, los dentistas del Reino Unido están regulados por el Consejo Dental General.

En Estados Unidos, la educación universitaria de la odontología se introdujo a mediados del siglo XIX. Horace Henry Hayden (1769-1844) fue el primero en recibir una licencia para ejercer la odontología en 1810 a través de la Facultad de Medicina y Cirugía de Maryland. John M. Harris fundó la primera escuela de odontología del mundo en 1828 en Bainbridge, Ohio, y contribuyó a establecer la odontología como una profesión sanitaria independiente. Esta escuela es hoy un museo de la odontología. La primera facultad de odontología digna de tal nombre, el Baltimore College of Dental Surgery, abrió sus puertas en Baltimore (Maryland, EE. UU.) en 1840. Aunque en su primer curso solo se matricularon cinco alumnos, pronto se abrieron otras facultades de odontología en distintas ciudades de los Estados Unidos. Ello generó un mayor nivel académico y social entre los dentistas y una mayor supervisión por los gobiernos estatales y nacional.

A finales de la guerra de Secesión, solo había tres facultades de odontología en Estados Unidos: Baltimore, Ohio y Pennsylvania. Otras, como las de Lexington, Kentucky y la de Syracuse habían tenido que cerrar. Ciudades importantes no tenían ningún centro y una serie de dentistas se organizaron para crear el New York College of Dentistry y el Missouri Dental College, en San Luis. Un paso importante fue en 1867 cuando la Universidad de Harvard creó la facultad de odontología, la primera afiliada a una universidad. El liderazgo de Harvard fue seguido en 1875 por la Universidad de Michigan y en 1878 por la Universidad de Pennsylvania. En 1884 ya había 28 facultades de odontología en EE. UU., la mayoría en universidades privadas.

Facultad de Odontología, interior, sala de clínica, Pensilvania
[Museo e Instituto Dental Thomas W. Evans].

Algunas ofrecían una buena preparación tanto teórica como práctica y sacaban graduados bien formados, listos para la actividad profesional. Otras eran negocios depredadores (había una que tenía un único profesor para 650 alumnos) con unos niveles de admisión y egreso muy bajos. Los requisitos de admisión se intentaron mejorar en 1905 reclamando dos años de formación secundaria, pero una cláusula permitía entrar a las facultades de odontología si tenían una formación «equivalente» a diez años de educación, pero nadie sabía lo que eso significaba realmente y se convirtió en un coladero. En 1908 las facultades de universidades prestigiosas, aunque eran minoría, organizaron la Dental Faculties Association of American Universities, que acordó exigir dos años de «high school» y cuatro años de facultad de odontología como requerimiento para la emisión de un diploma acreditado, algo a lo que se opusieron duramente los centros privados. La formación duraba de 16 semanas a 28 semanas. Harvard introdujo nuevos requisitos típicos de una formación universitaria, tales como tres años de prácticas, clases durante dos años académicos, defensa de una tesis, exámenes de varios temas y demonstración de las habilidades técnicas.

Un poco más tarde que en EE. UU. se empezaron a crear centros de estudio de la odontología en Europa. Además de los centros mencionados en Londres, en 1879 se fundó en París la École Dentaire. En 1884 se fundó en Berlín el primer instituto dental universitario alemán. Los estudios duraban solo dos años, y la admisión se basaba en tener un Primarreife, un certificado de estudios primarios.

Otro ámbito de avance fue el reconocimiento estatal y el desarrollo profesional. En Estados Unidos, Alabama promulgó la primera ley de práctica dental en 1841 y casi veinte años después se formó la Asociación Dental Americana (ADA). Las autoridades también fueron regulando y vigilando el desarrollo de la profesión. Nueva York inició el proceso creando el Comité de Censores, que examinaba a los candidatos para ser dentistas y se transformó en el State Board of Dental Examiners. Otros estados siguieron el mismo camino y se promulgaron leyes en la mayoría de los estados hasta final de siglo para determinar cómo se obtenía una licencia de dentista para ejercer la profesión. En 1901 Edward H. Angle fundó la primera escuela de ortodoncia.

El término «estomatología» fue recomendado en la década de 1880 por Émile Magitot (1833-1897) y adoptado en el Congreso Dental Internacional de Berlín en 1890. En 1904, el dentista húngaro Josef Arkövy (1851-1922) definió la estomatología como «... *una rama de la medicina cuyo campo de conocimiento y actividad incluye la cavidad bucal*». La sugerencia de Árkövy recibió reconocimiento mundial y desde entonces se ha utilizado como nombre por clínicas, sociedades y revistas especializadas. Su obra, *Diagnóstico de las enfermedades dentales*, apareció en 1885 y es considerada una de las obras más importantes de la odontología del siglo XIX. En ella evalúa las observaciones clínicas dentales desde la perspectiva del patólogo y se considera un trabajo pionero en el diagnóstico dental sistemático.

En muchos países, los dentistas suelen cursar entre cinco y ocho años de estudios universitarios antes de ejercer. Todos los dentistas de Estados Unidos cursan al menos tres años de estudios universitarios, pero casi todos obtienen una licenciatura (Bachelor's Degree). Aunque no es obligatorio, muchos dentistas optan por realizar un periodo de prácticas o residencia centrado en aspectos específicos de la atención odontológica después de obtener su título de odontólogo. En algunos países, para ser dentista cualificado hay que cursar al menos cuatro años de estudios de posgrado. Entre los títulos de odontología que se conceden en todo el mundo se encuentran el Doctor en Cirugía Dental (DDS) y el Doctor en Medicina Dental (DMD) en Norteamérica (EE. UU. y Canadá), y el Bachelor of Dental Surgery/Baccalaureus Dentalis Chirurgiae (BDS, BDent, BChD, BDSc) en el Reino Unido y en los países de la Commonwealth británica. Los odontólogos pueden especializarse en anestesiología, salud pública dental, endodoncia, radiología oral, cirugía oral y maxilofacial, medicina oral, dolor orofacial, patología, ortodoncia, odontopediatría, periodoncia y prostodoncia.

Aunque es una disciplina con una sólida base científica, los estudios demuestran que los dentistas graduados en diferentes países, o incluso en diferentes facultades de odontología de un mismo país, pueden tomar decisiones diferentes para la misma condición clínica. Por ejemplo, los dentistas graduados en facultades de odontología israelíes pueden recomendar la extracción de terceros molares (muelas del juicio) asintomáticos con más frecuencia que los dentistas graduados en facultades de odontología de América Latina o Europa del Este.

Otro aspecto interesante es el acceso de las minorías a la profesión. El primer afroamericano en obtener un título de odontólogo en EE. UU. fue Robert Tanner Freeman. Hijo de esclavos, acabó ingresando en la Universidad de Harvard y se graduó solo cuatro años después del final de la Guerra Civil, el 18 de mayo de 1869. En la época de la inauguración del Baltimore College of Dental Surgery había unos 120 afroamericanos practicando la odontología. La mayoría habían aprendido el oficio al trabajar como aprendices de dentistas blancos. En esa época prácticamente ningún dentista blanco atendería a pacientes afroamericanos así que esa sociedad segregada era una oportunidad para los dentistas negros para poder ejercer su profesión. En 1881 se inauguró el Howard University College de Dentistry, en Washington D.C. orientado a la formación de dentistas afroamericanos. Cinco años más tarde, el Mebarry Medical College empezó a impartir docencia de odontología en Nashville, Tennessee, para jóvenes negros. Estas dos facultades formaron a los dentistas negros hasta la promulgación de las leyes de desegregación de 1954. Esta legislación impedía bloquear la entrada a cualquier facultad universitaria a causa de la raza.

En Europa el proceso fue mucho más lento que en Estados Unidos. Las facultades de medicina tenían una posición más conservadora y más poder y se opusieron exitosamente durante décadas a que la odontología tuviera un perfil profesional independiente. Los primeros países que introdujeron un plan de estudios independiente de odontología fueron el Reino Unido en 1859, Finlandia en 1880, Suiza en 1881 y Rusia en 1891. Sin embargo, los países del sur de Europa, como Portugal, España, Italia

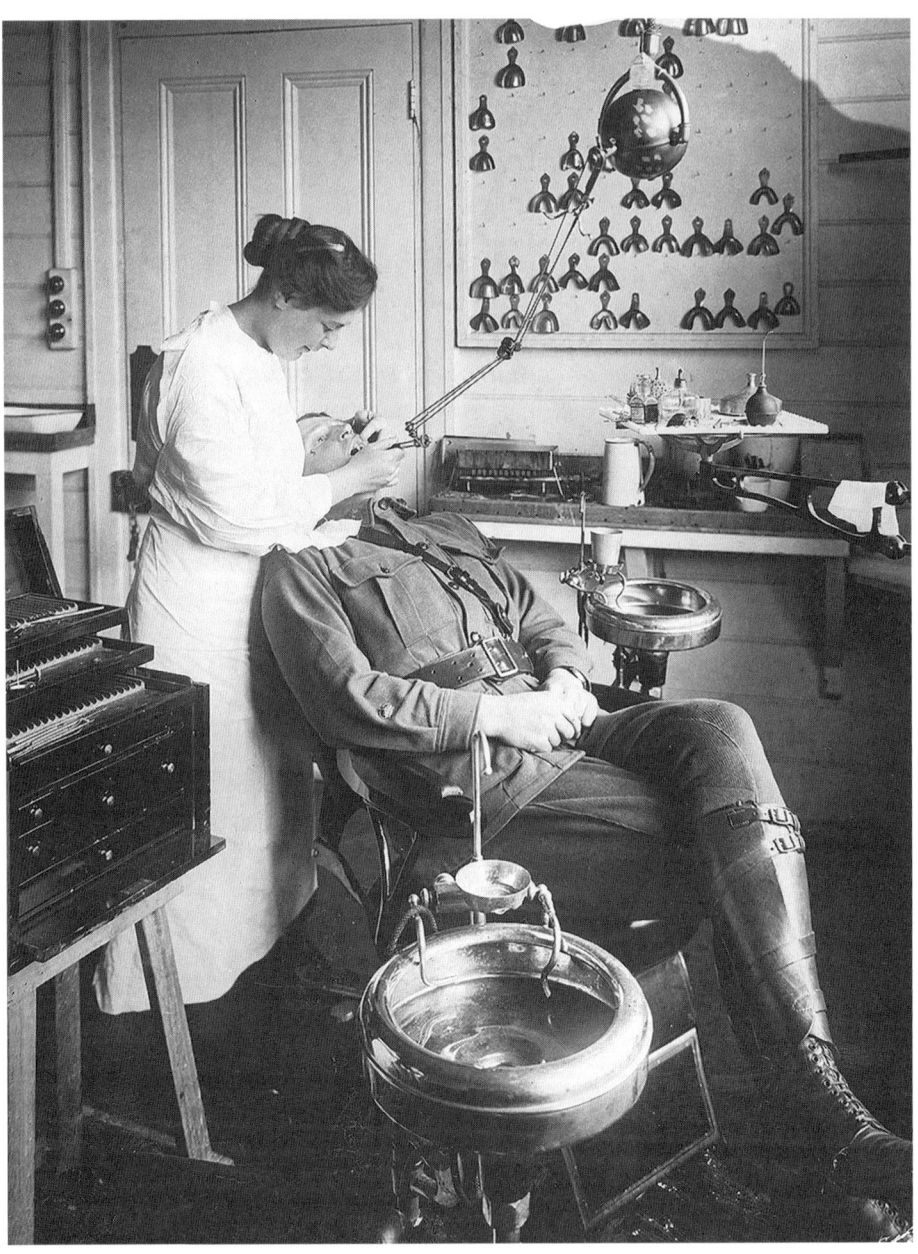

Fotografía de 1915 que muestra a la Dra. Frances «Fanny» Gray atendiendo a un soldado durante la Primera Guerra Mundial, conservada en el Museo Dental Henry Forman Atkinson. Gray, quien en 1907 se convirtió en la primera mujer graduada en Cirugía Dental por la Universidad de Melbourne, representa un hito en la historia de la odontología australiana. Documenta el papel vital de los servicios dentales durante el conflicto bélico, y simboliza la ruptura de barreras de género en una profesión que tardaría décadas en volverse más inclusiva, como lo demuestra el hecho de que hasta 1982 no se graduaría el primer dentista indígena australiano, Chris Bourke, de la comunidad Gamillaroi [Museo Dental Henry Forman Atkinson].

y parcialmente en Francia, mantuvieron el vínculo con los estudios de Medicina, y los odontólogos eran médicos con una especialidad en estomatología. Esta distinción entre el norte y sur de Europa ha cambiado en los últimos veinticinco años debido a la introducción de los consensos y normativa europea encaminados hacia la creación de un marco europeo común de titulaciones.

El principal impulso para la mejora de la educación odontológica vino con la Primera Guerra Mundial. En 1918, como parte del esfuerzo de guerra, el congreso de los EE. UU. ordenó la formación de un Dental Reserve Corps, un cuerpo de sanidad odontológica que debía estar formado por graduados de «facultades dentales reconocidas». También se fundó un Consejo Educativo Dental (Dental Educational Council) que debía establecer las normas de ingreso en los colegios y facultades. Pocos meses más tarde, este DEC dijo que las facultades dentales que fuesen negocios o empresas no cumplían los estándares de una educación y se les excluía de la clasificación «A». Las facultades privadas pelearon legalmente y consiguieron algunos cambios en el corto plazo, pero en el 1923 la DEC anunció que tras un período de gracia de tres años ninguna facultad recibiría una clasificación «A» sino tenía unos requisitos mínimos de ingreso que incluyeran cuatro años de «High School» y un año de College. En 1937 los requisitos se elevaron para añadir dos años de College que incluyeran conocimientos de química, física y biología. En la actualidad, la mayoría de las facultades americanas requieren dos años o más de College y un año y medio de química, un año de biología u otra ciencia y dos años de lengua extranjera.

A principio de los años 1970, la Organización Mundial de la Salud auspició dos reuniones para evaluar la educación en Odontología. La primera tuvo lugar en Copenhague en 1968 «WHO international conference for dental teachers on undergraduate dental education» sobre la formación de grado y la segunda en Londres en 1970 sobre los posgrados. Posteriormente, la Federación Dental Internacional (asociación que representa a la profesión dental organizada a nivel mundial) auspició en su Congreso de Múnich celebrado en 1971 una reunión de todos los decanos de las Facultades de Odontología europeas. En esta reunión participaron 156 decanos de 14 países europeos y se creó un comité constituyente para desarrollar la Asociación Europea de Educación en Odontología (Association for Dental Education in Europe (ADEE)) que fue fundada en Estrasburgo en 1975.

El primer título universitario de odontólogo en España fue creado en 1901 por la Reina Regente María Cristina de Habsburgo. Esta titulación se impartía dentro de la Facultad de Medicina y se accedía a ella una vez completado el 2º curso de la licenciatura de Medicina. Constaba de 5 años y solo el 5º año consistía en materias odontológicas, fundamentalmente Prótesis. Con la regulación del título de grado en odontología se creó el título de odontólogo que permitió el establecimiento de una profesión diferenciada de la medicina. En 1910 se crea asimismo la Escuela de Odontología adscrita a la Facultad de Medicina. En 1944 se modificó de nuevo el título de Licenciado en odontología y se transformó en una especialidad de la medicina. Para llevar a cabo dicha formación se crearon los institutos y las escuelas profesionales. La primera Escuela de Estomatología fue inaugurada en 1945 en la Ciudad Universitaria de la Universidad Complutense, en el emplazamiento de la actual Facultad de Odontología. En 1948 se reguló por ley el título de doctor y licenciado médico estomatólogo, por el cual los licenciados en Medicina deberían cursar dos años de especialidad en las Escuelas de Estomatología.

A partir del año 1987 comenzó una nueva etapa en la formación de odontólogos en España, con un plan de estudios de cinco años, independiente de Medicina y de acuerdo con las directivas comunitarias. La denominación del título es variada, desde grado en España, *bachelor* en Reino Unido, *laura especialistica* en Italia y máster en Finlandia, Suecia, Polonia y Lituania. En Holanda, Finlandia y Eslovenia la titulación se obtiene en dos ciclos: bachelor y máster, pero únicamente el máster otorga capacidad para trabajar como odontólogo. Salvo en Eslovenia, Francia y Portugal, donde la obtención del título para ejercer como odontólogo se obtiene tras seis años de formación, en la mayoría de los países europeos la duración de los estudios es de cinco años.

Odontología y Estomatología

Los planes de estudios de muchas de las facultades de odontología de los países de la Unión Europea pueden calificarse de odontológicos, es decir, son programas disciplinares autónomos de cinco años que conducen a la obtención del título de odontólogo. En el enfoque estomatológico, las personas que desean ser dentistas se licencian en medicina y luego se especializan en estomatología. Normalmente, los programas estomatológicos suelen durar ocho años: seis de medicina general, seguidos de dos años de especialización en odontología.

Las facultades de odontología de algunos de los países miembros de la Comunidad Europea habían formado tradicionalmente a dentistas de tradición estomatológica, pero la participación en la UE exigió una unificación que hizo que los países con programas de tradición estomatológica pasasen al modelo odontológico. Esto era necesario para garantizar la equivalencia de la enseñanza en toda la Unión Europea, con el consiguiente potencial de movilidad profesional de los dentistas. Otras razones que justificaron la transformación de orientación de los estudios fueron la reducción de la duración total de la carrera académica y mejorar potencialmente el acceso profesional a la sanidad pública con perfiles específicos.

Ambos modelos de enseñanza odontológica tienen sus ventajas e inconvenientes. Se cree que la tradición estomatológica da una visión más general mientras que el modelo odontológico adolece de una menor base en medicina clínica, lo que hace que los dentistas no comprendan adecuadamente la fisiopatología de sus pacientes, pero permite una mayor especialización y profundización en la salud bucodental.

Uno de los puntos fuertes de los programas de odontología es que las facultades imparten una formación exhaustiva en las disciplinas clínicas odontológicas. Otras ventajas que se presumen para odontología son la mejor calidad del equipamiento y las instalaciones clínicas, con departamentos dentales mejor organizados y las mejores oportunidades de intercambio de estudiantes y profesores entre las facultades de odontología.

En el Reino Unido, el proceso fue mucho más lento: la primera titulación específicamente odontológica la concedió el Real Colegio de Cirujanos de Inglaterra en 1860. Aun así, la odontología siguió estrechamente vinculada a la profesión médica y, en parte, bajo su control. Se diferenciaba así de Estados Unidos donde fue mucho antes. Con los años se produjo una lenta separación entre la odontología y la medicina, que en 2021 dio lugar a la creación de un nuevo Colegio de Odontología General.

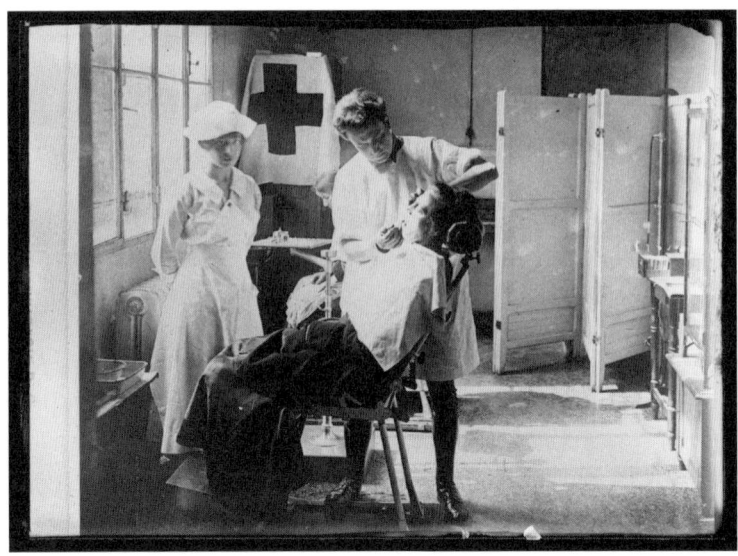

Fotografía tomada el 3 de septiembre de 1919 que muestra al Capitán John Keefe, dentista de la Cruz Roja Americana, trabajando en su laboratorio de Bucarest junto a su asistente, la Srta. Poor, ambos de Nueva York. Documenta la importante labor de reconstrucción maxilofacial realizada en los hospitales militares tras la Primera Guerra Mundial. Keefe realizaba aproximadamente 400 «operaciones dentales mayores» cada mes [Biblioteca del Congreso].

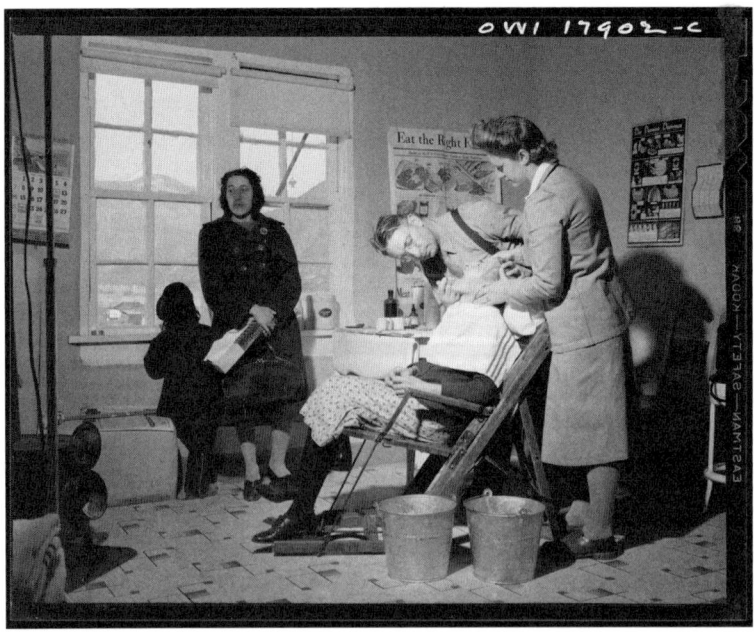

Fotografía realizada por John Collier Jr. durante una extracción dental en la clínica de la Asociación Cooperativa de Salud del Condado de Taos en Questa, Nuevo México [Biblioteca del Congreso].

ESPECIALIZACIÓN EN ODONTOLOGÍA

Algunos odontólogos siguen formándose después de obtener su título inicial para especializarse y profundizar en un ámbito determinado. Las especializaciones reconocidas por los organismos de registro de dentistas varían según el país. Algunos ejemplos son:

ANESTESIOLOGÍA. Especialidad de la odontología que se ocupa del uso avanzado de la anestesia general, la sedación y el tratamiento del dolor para facilitar los procedimientos odontológicos.

BIOLOGÍA ORAL. Investigación en biología dental, bucal y craneofacial.

CIRUGÍA ORAL Y MAXILOFACIAL. Extracciones, implantes y cirugía de los maxilares, la boca y la cara.

ENDODONCIA (también llamada endodontología). Endodoncias y estudio de las enfermedades de la pulpa dental y los tejidos periapicales.

IMPLANTOLOGÍA ORAL. El arte y la ciencia de sustituir dientes perdidos por implantes artificiales.

MEDICINA ORAL. La evaluación clínica y el diagnóstico de las enfermedades de la mucosa oral.

ODONTOLOGÍA DEPORTIVA. Rama de la medicina deportiva que se ocupa de la prevención y el tratamiento de lesiones dentales y enfermedades orales asociadas al deporte y el ejercicio físico. El odontólogo deportivo trabaja como asesor individual o como miembro de un equipo de medicina deportiva.

ODONTOLOGÍA ESTÉTICA. Se centra en mejorar el aspecto de la boca, los dientes y la sonrisa.

ODONTOLOGÍA FORENSE. Recopilación y utilización de pruebas dentales en el ámbito jurídico. La función principal del odontólogo forense es la documentación y verificación de la identidad.

ODONTOLOGÍA GERIÁTRICA O GERONTODONCIA. La prestación de atención dental a las personas mayores que implica el diagnóstico, prevención y tratamiento de los problemas asociados con el envejecimiento normal y las enfermedades relacionadas con la edad. Forma parte de un equipo interdisciplinario.

ODONTOLOGÍA PARA NECESIDADES ESPECIALES (también llamada odontología de cuidados especiales): odontología para personas con discapacidades adquiridas y trastornos del desarrollo.

ODONTOLOGÍA VETERINARIA. Campo de la odontología aplicada al cuidado de los animales. Es una especialidad de la medicina veterinaria.

ODONTOPEDIATRÍA (también pedodoncia). Odontología de niños.

ORTODONCIA Y ORTOPEDIA DENTOFACIAL. El enderezamiento de los dientes y la modificación del crecimiento mediofacial y mandibular.

PATOLOGÍA ORAL Y MAXILOFACIAL. Estudio, diagnóstico y, en ocasiones, tratamiento de enfermedades orales y maxilofaciales.

PERIODONCIA. Estudio y tratamiento de las enfermedades del periodonto (no quirúrgico y quirúrgico), así como colocación y mantenimiento de implantes dentales.

PROSTODONCIA (también llamada odontología protésica). Prótesis dentales, puentes y restauración de implantes. Algunos prostodoncistas están especializados en prótesis maxilofaciales, que es la disciplina que originalmente se ocupaba de la rehabilitación de pacientes con defectos faciales y orales congénitos como labio leporino y paladar hendido o pacientes que nacen con una oreja poco desarrollada (microtia). Hoy en día, la mayoría de los prostodoncistas maxilofaciales devuelven la función y la estética a pacientes con defectos adquiridos secundarios a la extirpación quirúrgica de tumores de cabeza y cuello, o secundarios a traumatismos de guerra o accidentes de tráfico.

RADIOLOGÍA ORAL Y MAXILOFACIAL. Estudio e interpretación radiológica de las enfermedades orales y maxilofaciales.

SALUD PÚBLICA ODONTOLÓGICA. Estudio de la epidemiología y las políticas sociosanitarias relacionadas con la salud bucodental.

La ortodoncia fue parte de la prostodoncia inicialmente y se consideraba un procedimiento puramente mecánico. En 1880 Norman W. Kingsley (1829-1913), considerado el padre de la ortodoncia, publicó su *Treatise on Oral Deformities as a Branch of Mechanical Surgery*. Kingsley propuso muchas mejoras, incluidos procedimientos propios como el anclaje occipital, e hizo un primer intento de sistematizar las anomalías oclusales. Ocho años más tarde John N. Farrar publicó el primer volumen de su *Treatise on the Irregulations of the Teeth and Their Correction*, pero esta obra fue superada por la obra de Simeon Guiflord, *Orthodontia*, que se convirtió en el texto básico sobre ortodoncia en las facultades de odontología.

Con respecto a la cirugía maxilofacial, una de las figuras claves fue Varaztad H. Kazanjian, que en 1915 se presentó voluntario junto a otros colegas de la Universidad de Harvard para servir en los frentes europeos. Cuando llegó la hora de regresar, fue invitado a permanecer como mayor honorario en el ejército británico por su habilidad para tratar heridas faciales y sus resultados sorprendentemente buenos en la reparación de las heridas de guerra. A la vuelta a los EE. UU. se matriculó en la facultad de medicina y se especializó en la reparación de defectos faciales. Aunque es considerado uno de los padres de la cirugía plástica moderna, siempre recordaba que empezó su carrera como dentista.

La fecha de nacimiento de la Pedodoncia se considera 1923, cuando catorce dentistas de Detroit fundaron el Pedodontic Study Club para mejorar las técnicas y procedimientos en el campo de la odontología infantil, facilitar el intercambio de experiencias y alertar al público sobre la necesidad de cuidar la salud bucodental de los niños.

La periodoncia traza su origen al trabajo de John M. Riggs que extrajo el primer diente bajo anestesia con la colaboración de Horace Wells. Riggs presentó sus técnicas para el tratamiento de la enfermedad periodontal en el Congreso Médico Internacional celebrado en Londres en 1881. Muchos dentistas trataban quirúrgicamente la inflamación periodontal aunque se probaron otros enfoques. El primer libro influyente en el campo fue *A Textbook of Clinical Periodontia*, por Paul Stillman y John Oppie McCall.

PROFESIONES AUXILIARES DEL DENTISTA

La profesión de auxiliar de dentista es una de las profesiones clásicas del sistema sanitario y ha sido históricamente ocupada por mujeres. Se atribuye al dentista C. Edmund Kells (1856-1928) de Nueva Orleans el haber sido el primero en tener una asistente. Desde 1885, su esposa realizó diversos trabajos no cualificados, como limpiezas y archivo, pero unos años más tarde formó a Malvina Cueria (1893-1991) para que fuera la primera «señora asistente». La presencia de este apoyo femenino también facilitaba que una mujer visitara el consultorio de un dentista sin un acompañante, algo que de otra forma se consideraba inadecuado. Kells contrató posteriormente a una asistente dental que trabajaba en la consulta y se encargaba de dar apoyo en los tratamientos y procedimientos clínicos, y a una asistente administrativa, que se encargaba de agenda, correspondencia, administración y atención al cliente fuera de la consulta. Pronto se corrió la voz entre dentistas y pacientes sobre las venta-

Fotografía del 11 de diciembre de 1919 del innovador servicio dental móvil de la Cruz Roja Americana en Krasnoyarsk. Este extraordinario hospital dental sobre raíles, considerado el más grande del mundo en su época, constaba de ocho vagones equipados. La imagen muestra al equipo de dentistas y mecánicos dentales junto a uno de los vagones, un temprano ejemplo de servicios dentales móviles para llegar a poblaciones remotas [Biblioteca del Congreso].

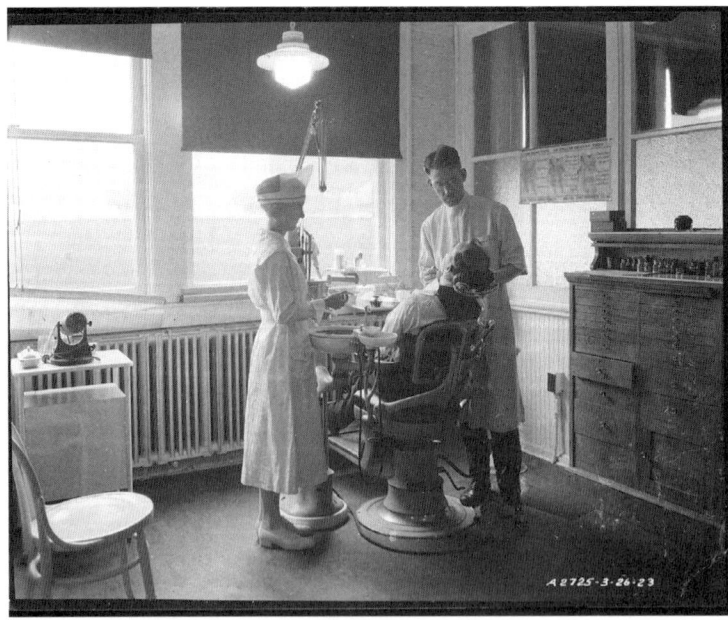

Un dentista y una enfermera auxiliar atienden a un trabajador. 26 de marzo de 1923 [Goodyear Tire and Rubber Company].

jas de ese sistema y otros profesionales siguieron el ejemplo de Kells y contrataron y formaron a sus propios ayudantes.

En Estados Unidos, Alfred Civilion Fones (1869-1938) creía que eliminar la placa y el sarro de las superficies dentales podía prevenir la pérdida de piezas. En 1906, capacitó a su recepcionista y prima Irene M. Newman para que se convirtiera en la primera higienista dental del mundo, un término, higienista dental, que él mismo acuñó. Fue solo unos años después del descubrimiento de Willoughby D. Miller de las causas bacterianas de las enfermedades dentales. La formación de Newman consistió en gran parte en aprender a limpiar los dientes bajo la supervisión de Fones. Como material didáctico, Fones cogía los numerosos dientes extraídos de su consulta, los montaba en un compuesto de modelar y pintaba yeso de París alrededor del cuello de cada diente para representar el cálculo y las manchas. Newman empezó a trabajar para el público en 1907. A pesar de una fuerte oposición de los dentistas, en 1913 Fones abrió la Escuela de Higiene Dental en Bridgeport (Connecticut) en su garaje y su prima Irene Newman se convirtió en la primera presidenta de la Asociación de Higienistas Dentales de Connecticut.

Fones consiguió sumar a su proyecto a los decanos de las facultades odontología de Pennsylvania y Harvard, a siete profesores de Yale y dos de Columbia y a tres especialistas de Nueva York, todos los cuales trabajaban de forma altruista. La primera promoción estuvo formada por 27 mujeres y la mayoría se incorporó al sistema escolar de la zona. Los beneficios del proyecto superaron todas las expectativas cuando se vio que la frecuencia de caries dental en los niños de los centros que participaron se había reducido en un 75 %.

Fones se centró en la atención preventiva para los escolares, pero también quería que los grupos menos favorecidos, que no podían permitirse una visita al dentista, recibieran servicios profilácticos de forma económica. Las higienistas dentales fueron la solución y permitieron una clara mejora de la salud bucodental de la población. En la actualidad hay 200 escuelas de higienistas dentales y 120 000 higienistas dentales registrados en los Estados Unidos.

El proceso en Europa fue mucho más lento. Los primeros higienistas dentales estadounidenses llegaron a Inglaterra con las tropas aéreas aliadas durante la Segunda Guerra Mundial y extendieron la cultura de cuidar la higiene bucodental. La estadounidense Barbara Benson fue la primera higienista dental de Suiza y trabajó con Hans-Rudolf Mühlemann en su departamento del Instituto Dental de la Universidad de Zúrich. Después de una presión de cinco años por parte de los partidarios de este perfil laboral, se reguló la nueva profesión en Suiza en 1966. En 1973, abrió el primer centro educativo que impartía los estudios de higienista dental en Suiza, la Escuela de Higiene Dental de Zúrich, que comenzó a impartir clases con 20 estudiantes. Después de una formación de dos años, en 1975 se graduaron los primeros higienistas dentales suizos. Hoy en día, la formación para convertirse en higienista dental dura tres años y se han abierto escuelas de higienista dental en Finlandia, Suecia, Noruega, Dinamarca, Inglaterra, Holanda, Japón, Italia, Portugal y Alemania.

En Alemania, en 1913, se hablaba de la «recepcionista del dentista». En 1940 se reconoció por primera vez la profesión semicualificada de «asistente de consulta de dentista». Solamente después de la Segunda Guerra Mundial, en 1952, se creó y reconoció por parte del estado la profesión, con una formación durante dos años, de «asistente dental» y el perfil profesional correspondiente. Con la entrada en vigor de la Ley de formación profesional de 1969 en la República Federal de Alemania, la formación para convertirse en «asistente dental» se transfirió al sistema dual de formación profesional, en el que los conocimientos se imparten en un centro de enseñanza y en una empresa privada, en este caso una consulta dental.

En España hay un grado superior de Formación Profesional en Higiene bucodental que forma a los higienistas dentales o técnicos superiores en higiene bucodental. Entre las funciones que llevan a cabo están la gestión de ficheros de los pacientes, la prevención de riesgos, la optimización de recursos, la colaboración en el programa de actividades de la unidad de higiene bucodental; conseguir, reponer y guardar materiales fungibles, recambios, equipos e instrumentos; garantizar el funcionamiento de equipos e instalaciones de la consulta aplicando protocolos de calidad establecidos; explorar la cavidad bucal para establecer el estado de salud de cada paciente, la presencia de enfermedades dentales y registrarlas; implementar medidas preventivas y de asistencia conforme a los protocolos establecidos, colaborar en la obtención de radiografías y técnicas radiológicas siempre teniendo en cuenta las normas sobre protección radiológica; programar y llevar a cabo las actividades para establecer un programa de vigilancia epidemiológica en grupos de la población; realizar programas de salud dental para mejorar la higiene oral de los pacientes y de la población en general; dar apoyo psicológico a los pacientes para facilitar los tratamientos de salud bucodental y la aplicación de técnicas de apoyo o soporte en tratamientos odontológicos dentro del equipo de salud bucodental para facilitar la prestación de servicios a los pacientes.

INDUSTRIA DENTAL

Distintos laboratorios dentales comenzaron a proliferar en la mitad del siglo XIX, pero la mayoría o proporcionaban servicios muy específicos como la vulcanización o eran simplemente fabricantes de materiales dentales. Los pocos que ofrecían servicios variados en general no tuvieron mucho éxito y desaparecieron con rapidez. El primer laboratorio dental comercial en prosperar fue obra de William H. Stowe, un dentista, y Frank F. Eddy, un fabricante de instrumental y maquinista. Stowe tenía buena reputación en la fabricación de prótesis y muchos de sus colegas le pedían ayuda para los casos más complicados, por lo que montó un laboratorio en el ático de su casa, donde trabajaba a última hora y los domingos. Eddy le propuso ser socios y ofreció aportar el capital necesario para montar un laboratorio dental bien equipado. Stowe aceptó y juntos fundaron el W.H. Stowe and Company Dental Laboratory en 1887. Un prospecto de la nueva empresa explicaba así el proyecto a los futuros clientes:

> Hay un número grande y creciente de dentistas que desean que su trabajo artificial, más particularmente las placas metálicas, etc., se haga fuera de sus oficinas. Hay otros que lo harían si se les asegurara un trabajo de primera clase, que es lo que nos proponemos hacer. Estás sin duda al tanto de un nuevo comienzo en la odontología pero nadie ha intentado hacer de ello un negocio como nosotros nos hemos propuesto y proclamamos tener todo el aparataje y los mejores trabajadores que se pueden conseguir bajo la supervisión personal de un mecánico dentista con muchos años de experiencia. Le convenceremos de que puede permitirse mandarnos el trabajo que su consulta demanda, librarse de intentar hacerlo, de tener que llevarlo a cabo fuera de las horas de trabajo y privarse del descanso y el ocio que necesita para hacer el mejor trabajo para sus pacientes.

No era una tarea fácil y uno de los problemas era la ausencia de los «trabajadores» prometidos en el proceso. Stowe dejó su clínica y dedicó veinte años a formar a estos técnicos, algo que hizo con éxito. En quince años la empresa construyó un laboratorio más grande y más moderno y abrió una sucursal en Nueva York. A finales de siglo, otras empresas como Samuel Supplee en Nueva York y A.O. Eberhart en Atlanta habían cambiado el panorama. El laboratorio dental comercial se había convertido en un socio imprescindible del odontólogo y así iba a seguir siendo.

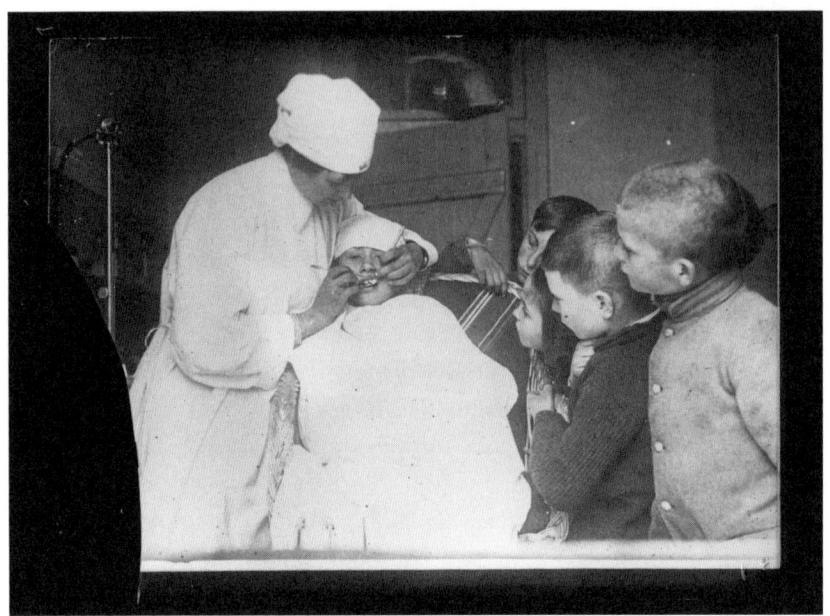

Fotografía tomada el 20 de mayo de 1918 en el Asilo de la Cruz Roja Americana en Toul, que muestra una singular escena de atención dental infantil. A diferencia del habitual temor al dentista, los niños evacuados del frente de batalla consideraban un privilegio sentarse en el sillón dental y observar los tratamientos. El cuidado dental humanitario durante la Primera Guerra Mundial no solo atendía la salud bucal, sino que también proporcionaba momentos de normalidad y atención a niños marcados por el conflicto [Biblioteca del Congreso].

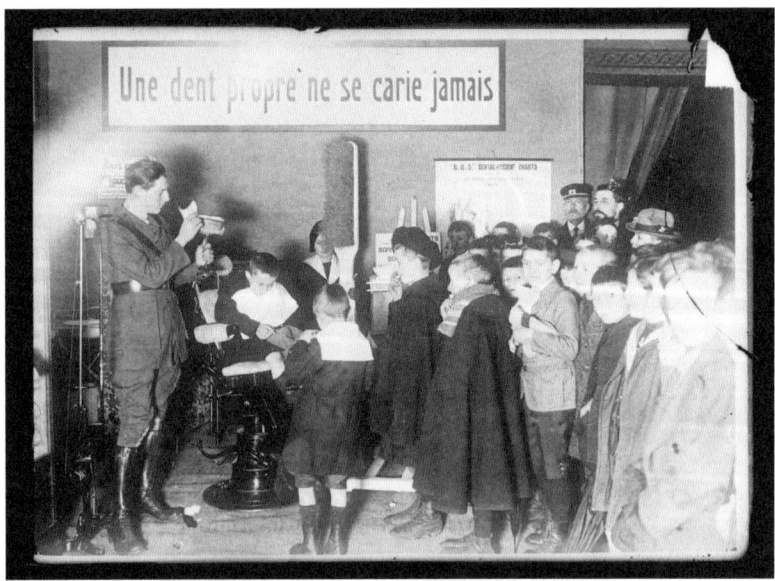

Fotografía del 1 de junio de 1918 que muestra a un dentista estadounidense enseñando técnicas de higiene dental a escolares franceses, con un gran cartel que proclama «Un diente limpio nunca sufre caries» [Biblioteca del Congreso].

ATENCIÓN DENTAL ESCOLAR

En 1743, el francés Robert Bunon escribió ampliamente sobre la odontología pediátrica en su libro *Essay sur les Maladies des Dents* y señaló la importancia de una adecuada nutrición durante el embarazo y la infancia para tener posteriormente una buena salud bucodental. John Greenwood fue el primero en anunciar tratamientos dentales para niños a precios reducidos en su consulta de Nueva York en la década de 1780. A principios del siglo XIX le siguió Christophe François Delabarre (1787-1862), quien se ocupó del cuidado dental de los niños en los orfanatos de París. El primer programa conocido de profilaxis infantil fue iniciado en Bruselas en 1851 por Amédée-Jules-Louis François dit Talma (A.-F. Talma, 1792-1864), el dentista del rey belga Leopoldo I. Desde entonces, todos los niños de entre cinco y doce años eran sometidos a exámenes y tratamientos dentales.

En la segunda mitad del siglo XIX, se fundaron las primeras clínicas de odontología pediátrica. En octubre de 1902, Ernst Jessen, considerado el «padre de la odontología escolar», abrió en Estrasburgo la primera clínica dental escolar del mundo. En 1909 ya existían en Alemania 40 centros escolares de atención dental, que prestaban servicios a un total de 700 000 niños. Tras la Primera Guerra Mundial, el número de centros escolares de atención dental aumentó de 229 en 1919 a más de 1000 en 1930, aunque había discrepancias y disputas entre estados y ciudades sobre los distintos sistemas de financiación de la atención bucodental a la infancia. Alfred Kantorowicz abogó por la atención dental escolar en el 9º Congreso Dental Internacional de la Federación Dental Internacional celebrado en Viena en 1936.

En EE. UU. la primera clínica dental infantil gratuita para niños necesitados fue creada en 1901 por los miembros de la Asociación Dental de Rochester (Nueva York). George Eastman, fundador de la Eastman Kodak Company, asumió toda la carga financiera. En octubre de 1915 se transformó en una corporación que pasó a ser conocida como Eastman Dental Dispensary (EDD) y dos años después se inauguró un edificio que incluía una escuela de higienista dental y que costó 400 000 dólares, una fortuna en la época. El edificio fue inaugurado en 1917 con la asistencia de numerosas autoridades, incluido Truman E. Brophy, presidente de la Fédération Dentaire Internationale.

Aunque la idea inicial era prestar servicios dentales a niños pobres, el EDD montó un programa de internado que rápidamente se amplió para

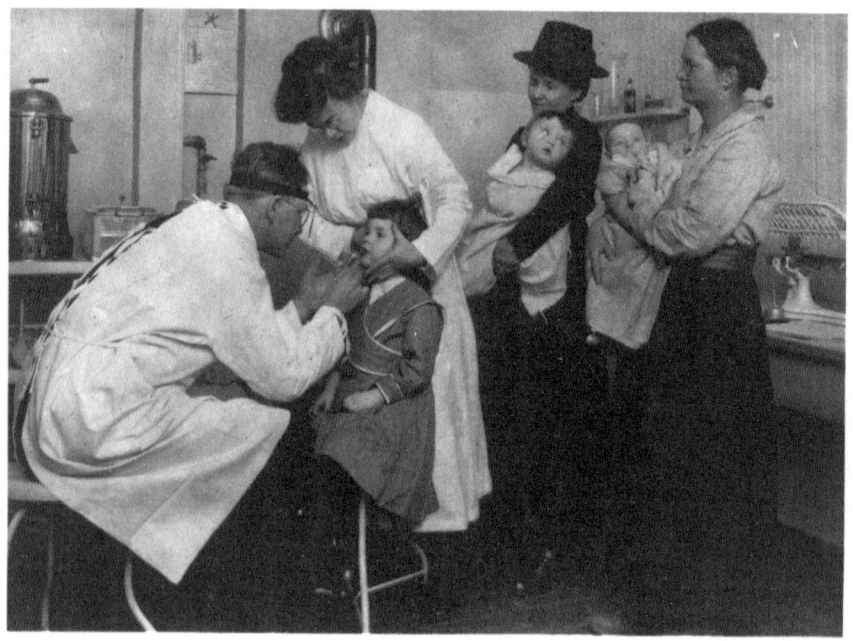

Fotografía tomada por Lewis Wickes Hine hacia 1918 en la Clínica Infantil de la Cruz Roja en Nueva York, que muestra a un dentista examinando a una pequeña paciente. Hine, conocido por sus impactantes documentales fotográficos sobre trabajo infantil y condiciones sociales, captura en esta imagen los inicios de la odontología preventiva infantil, cuando comenzaban a implementarse programas de revisión dental temprana [Biblioteca del Congreso].

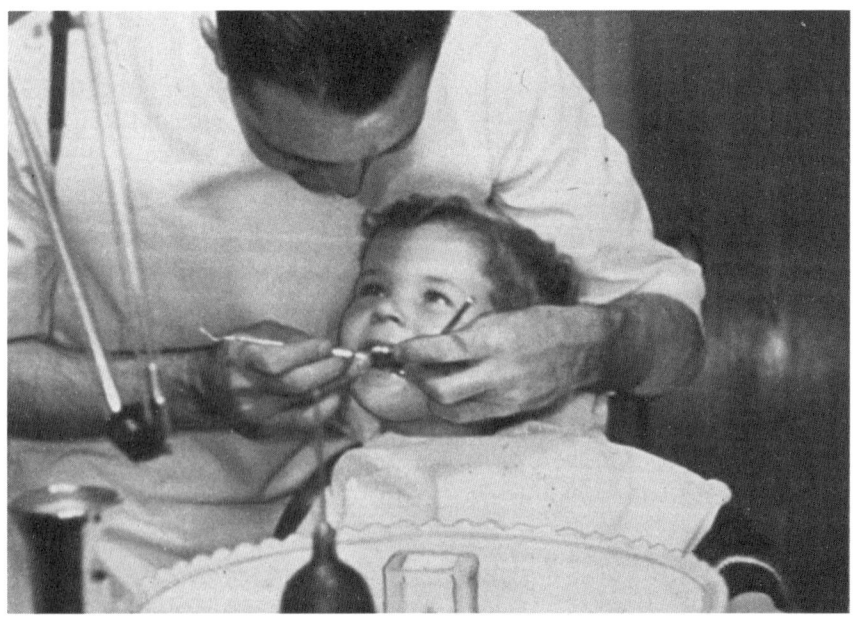

incluir una escuela de higienistas dentales. La primera promoción se graduó en junio de 1917 con 36 nuevos higienistas. Otras ciudades fundaron clínicas similares, como la Guggenheim Clinic que abrió en Nueva York en 1929. Eastman decidió crear nuevos centros en Europa y se fundaron clínicas en Londres, Roma, Bruselas, París y Estocolmo.

Mientras tanto, en Europa, Alemania estaba a la vanguardia de los estados desarrollados en el ámbito de la provisión de higiene social y Noruega fue el primer país en introducir atención dental escolar financiada por el estado en 1919. En varios países europeos hubo automóviles habilitados que servían como clínicas dentales itinerantes para examinar y tratar los dientes de los escolares de las zonas rurales. En el noroeste de Australia, en el estado de Queensland, se instaló en 1929 un gabinete dental en un vagón de ferrocarril para tratar los problemas odontológicos de los niños que vivían en lugares remotos.

La II Guerra Mundial trajo un cambio en la actitud hacia la odontología. En EE. UU. la gente se quedó boquiabierta cuando supo el estado deplorable de las dentaduras de los jóvenes soldados. La oficina de reclutamiento (Selective Service System) admitía a reclutas que tuvieran al menos doce dientes, tres parejas de incisivos y tres parejas de muelas para masticar. Sin embargo, de los primeros dos millones de muchachos llamados a filas, uno de cada cinco no cumplía ese requisito y la mala salud dental se convirtió en la principal causa de rechazo para el servicio activo. Ese desastre obligó a eliminar los criterios dentales para evitar la descalificación masiva de reclutas.

Tras la II Guerra Mundial se hizo un claro esfuerzo para mejorar la salud bucodental de la población y se extendió en muchos países la profilaxis en grupo, gracias a la existencia de dentistas escolares y poco a poco se desarrolló la especialización en odontopediatría y el concepto de la salud pública bucodental. En la actualidad se considera que desarrollar buenos hábitos sobre la limpieza de la boca es un elemento fundamental para una buena salud de la población.

◀ Un dentista examina los dientes de un niño sentado en el sillón dental. Esta sencilla pero significativa imagen representa la evolución de la odontología pediátrica hacia un enfoque más preventivo y menos invasivo, donde la exploración temprana se convirtió en una herramienta fundamental para el cuidado de la salud bucal infantil [National Library of Medicine].

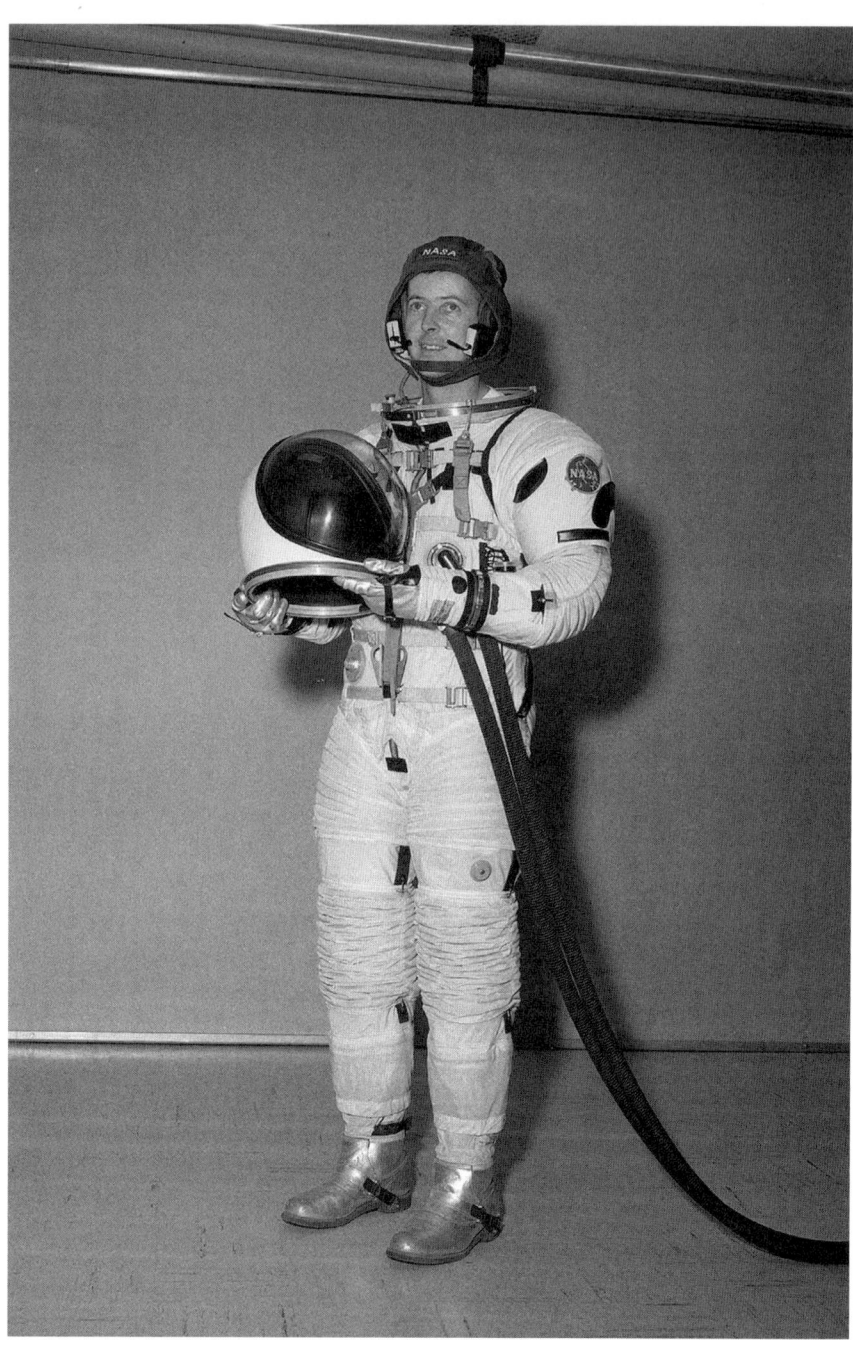

Imagen de 1965 que muestra al Dr. Joseph P. Kerwin, astronauta y médico, vistiendo un prototipo del traje espacial A4H Apollo en el Life Systems Laboratory (Centro Espacial de Houston). Kerwin, quien sería el primer médico en el espacio, ayudó en el desarrollo de procedimientos médicos y dentales para misiones espaciales, un aspecto crucial para garantizar la salud de los astronautas durante largas estancias en el espacio [National Space Society].

ODONTOLOGÍA ESPACIAL

La microgravedad descalcifica la masa ósea, atrofia los músculos y empeora la vista, entre otros efectos nocivos, pero no tenemos claro los efectos sobre los dientes. Estimar el riesgo de problemas dentales en misiones espaciales de larga duración, tales como establecer una estación en la Luna o el viaje a Marte, es fundamental para evitar emergencias odontológicas en un entorno que no permite un tratamiento adecuado.

Hasta ahora, las valoraciones de riesgo se han elaborado a partir de la experiencia en misiones espaciales de corta duración y en entornos aislados en la Tierra. Sin embargo, estas estimaciones no tenían en cuenta los posibles cambios en las estructuras dentales debidos a las condiciones de microgravedad, a pesar de que la pérdida de masa ósea es un problema conocido en los vuelos espaciales de larga duración.

El análisis sistemático de los cambios en los tejidos duros del complejo craneofacial durante los vuelos espaciales no aporta información clara. Se ha publicado más de treinta artículos que presentan datos cuantitativos sobre el cráneo en humanos (6/32) y sobre el cráneo, la mandíbula y los incisivos inferiores en ratas (20/32) y ratones (6/32). La densidad mineral del cráneo aumentó significativamente en los humanos que estuvieron en el espacio. En los roedores que han pasado tiempo en microgravedad, la relación entre el volumen óseo y el volumen tisular (vb/vt) de la calvaria mostró una tendencia al aumento que no alcanzó significación estadística, mientras que en las mandíbulas se produjo una disminución significativa del cociente vb/vt. El grosor de la dentina y el volumen de los incisivos de los roedores no fueron significativamente diferentes entre los controles espaciales y terrestres. Por tanto, tenemos importantes lagunas de conocimiento en relación con muchas estructuras del complejo craneofacial, tales como el maxilar, los molares, los premolares y los caninos, así como dudas para llegar a conclusiones fiables por el pequeño tamaño de las muestras para los estudios de la mandíbula y los incisivos. Comprender los efectos de la microgravedad en las estructuras craneofaciales es importante para estimar los riesgos durante los vuelos espaciales de larga duración y para formular protocolos adecuados para prevenir emergencias dentales.

Al analizar los experimentos con roedores, los investigadores descubrieron que los animales alojados en el espacio y los alimentados en la Tierra con dietas idénticas no mostraban diferencias estadísticas en el volumen de los dientes ni en el grosor de la dentina. Sin embargo, los resultados de los estudios fueron muy dispares: en algunos se observaron reducciones y en otros, aumentos.

Numerosos factores complican la interpretación de estos resultados en términos de lo que significan para los astronautas humanos. En primer lugar, las dietas de los roedores variaban considerablemente de un estudio a otro. Algunas ratas fueron alimentadas con pastas alimenticias, otras con arroz fortificado y otras con barritas energéticas desarrolladas por la NASA. Además, los experimentadores únicamente observaron los incisivos de los roedores, pero estos dientes rostrales son muy diferentes de los de los humanos: crecen continuamente, y el esmalte dental y la dentina son depositados constantemente por ameloblastos y odontoblastos. Por tanto, es necesario realizar estudios a largo plazo sobre los efectos de los vuelos espaciales en los dientes de humanos u otras especies más próximas. Esto nos permitirá prevenir cualquier posible problema que pueda surgir durante un viaje prolongado fuera del planeta, tal vez por medios dietéticos (comiendo alimentos más crujientes y firmes) o medicinales (dentífricos especializados). En caso de que surjan problemas, las agencias espaciales ya están estudiando como implementar procedimientos dentales avanzados en condiciones de microgravedad.

En 1973, la odontología dio su primer paso en el espacio cuando Pete Conrad, comandante de la estación espacial estadounidense Skylab, se sometió a un examen dental en condiciones de ingravidez por parte del cirujano aeronáutico y astronauta Joseph P. Kerwin. A principios de ese mismo año, el cosmonauta soviético Yuri Romanenko sufrió un dolor de muelas durante su vuelo de 96 días en la Salyut 6 tan intenso que «*le hacía poner los ojos literalmente en blanco*». Se vio obligado a soportarlo durante dos semanas antes de su regreso programado a la Tierra. No queremos que eso ocurra camino de Marte.

Desde entonces, en los vuelos espaciales tripulados se incluye un equipo dental de emergencia. Este kit contiene instrumental y medicamentos que se utilizarían en caso de que se produzca un problema bucodental que requiera tratamiento. Cada misión lleva también un manual con dibujos lineales de radiografías intraorales completas de cada astronauta, así como procedimientos de diagnóstico y tratamiento integrados e ilustrados. La idea, en caso de que fuera necesario poner en marcha un tratamiento dental sería utilizar esa información además de una comunicación directa con un dentista o cirujano situado en tierra. Este equipo solamente se utilizaría en caso de un problema dental en un tripulante de una misión prolongada. De momento, ningún astronauta ha tenido un problema dental serio.

Fotografía del cosmonauta Yuri Romanenko, quien durante su misión de 326 días en la estación espacial Mir en 1987 sufrió un intenso dolor de muelas que tuvo que soportar sin tratamiento debido a la ausencia de equipamiento dental a bordo. Este incidente histórico impulsó el desarrollo de protocolos y equipamiento para emergencias dentales en misiones espaciales de larga duración [Роскосмос].

La NASA obliga a los astronautas a tener una buena higiene bucal antes de salir al espacio, pero cepillarse los dientes y usar hilo dental con regularidad puede no paliar los estragos de la microgravedad. La comprensión concreta de los efectos de la microgravedad es importante para entender los riesgos de los viajes espaciales para la salud bucodental y para desarrollar estrategias que mitiguen estos riesgos a medida que la humanidad continúa explorando el cosmos.

Y una pregunta, ¿cómo se limpian los dientes los astronautas? Usan pasta de dientes normal, pero en lugar de enjuagarse con agua y luego escupir en el lavabo, escupen en una toalla o se tragan la pasta de dientes. Luego limpian el cepillo de dientes en la propia boca tomando un sorbo de agua y haciendo girar el cepillo de dientes dentro de ella.

Portada de la edición de 1911 del cuento *Ratón Pérez*, ilustrada por Mariano Pedrero. La obra del padre Luis Coloma, originalmente escrita en 1894 para el joven príncipe Alfonso XIII tras perder un diente, popularizó definitivamente esta figura del folclore infantil en España. Sin embargo, la mención previa del personaje en «La de Bringas» (1884) de Pérez Galdós sugiere que el ratoncito recolector de dientes ya formaba parte de la cultura popular española antes de la versión de Coloma [Wikimedia Commons].

RATONES Y HADAS TRAFICANTES DE DIENTES

En numerosos países y regiones hay una tradición de que los dientes que se les caen a los niños son recogidos por un ser que a menudo deja a cambio un regalo. En principio era justo al contrario: en Europa del Norte existe la idea de que hay que pagar una tasa a las hadas cuando un niño pierde su primer diente. Esta tradición se recoge en textos tan antiguos como las Eddas (hacia 1200), que constituyen el primer registro escrito de las tradiciones del norte de Europa. Además, en las culturas nórdicas se decía que los dientes de los niños y otros artículos pertenecientes a los pequeños traían buena suerte en la batalla y los guerreros escandinavos se colgaban del cuello dientes de leche que compraban a los niños como amuleto para el combate.

Durante la Edad Media surgieron otras supersticiones en torno a los dientes infantiles. En Inglaterra, por ejemplo, se decía a los niños que quemaran sus dientes de leche para evitarles penurias en la vida futura, pues, supuestamente, los niños que no los destruían pasaban la eternidad buscándolos en el Más Allá. El miedo a las brujas era otro motivo para enterrar o quemar los dientes: en la época medieval, se pensaba que si una bruja se apoderaba de dientes de una persona, podía usarlos en sus conjuros y llegar a tener un poder absoluto sobre ella.

Los traficantes de dientes son muy variados. En España y los países hispanoamericanos es el ratoncito Pérez o ratón de los dientes, en los países anglosajones y germanos es el hada de los dientes (Tooth Fairy), l'Angelet («el Angelito») o La rateta («la Ratita») en Cataluña, Maritxu teilatukoa («Mari la del tejado») en el País Vasco —sobre todo Vizcaya—, y L'Esquilu de los dientis («La Ardilla de los dientes») en Cantabria. El niño debe colocar el diente debajo de la almohada o en la mesilla de noche y el hada o el ratón le visitará mientras duerme y sustituirá el diente perdido por un pequeño pago o regalo.

Fuera de Europa, en algunos países asiáticos, como Corea, India, Japón y Vietnam, cuando un niño pierde un diente, es costumbre que lo lance al techo si procede del maxilar inferior, o debajo del piso si viene del maxilar superior. Mientras hace esto, el niño expresa un deseo de que el diente perdido se sustituya por el diente de un ratón. Esta tradición se basa quizá en el hecho de que los dientes de los roedores crecen durante toda su vida. En países del Cercano Oriente y África (incluyendo Irak, Jordania, Palestina, Egipto y Sudán) existe la tradición de lanzar el diente de leche hacia el Sol o hacia Allah.

El hada de los dientes apareció por primera vez en una columna titulada *Household hints* del Chicago Daily Tribune del 27 de septiembre de 1908. La popularidad creció considerablemente con una obra de teatro para niños en tres actos escrita por Esther Watkins Arnold en 1927. En general se representa como una mujer diminuta con alas de mariposa y una varita, muy parecida a la Campanilla de Peter Pan.

Con respecto al Ratoncito Pérez se atribuye su autoría al padre Luis Coloma (autor también de Pequeñeces o Jeromín) al que se le habría pedido un cuento para el futuro rey Alfonso XIII, que entonces tenía 8 años, y al que se le había caído un diente. Sin embargo, en la novela *La de Bringas* de Benito Pérez Galdós, escrita en 1884 y ambientada en 1868, el autor compara a un personaje, Francisco Bringas, avaro y tacaño, con el ratoncito Pérez, luego debía ser un personaje popular ya antes de que el jesuita Coloma le incluyera en su relato. El origen más probable del ratoncito y su enlace con un hada proviene de un cuento francés del siglo XVIII de la baronesa d'Aulnoy titulado *La Bonne Petite Souris* (El buen ratoncito).

Una cosa divertida es que la recompensa que se deja por el diente varía según el país, la situación económica de la familia, las cantidades que dicen recibir los compañeros del niño y otros factores. Una encuesta realizada en 2013 por Visa Inc. reveló que los niños estadounidenses reciben de media 3,70 dólares por diente. Según la misma encuesta, solo el 3 % de los niños encuentra un dólar o menos, mientras que el 8 % encuentra un billete de cinco dólares o más debajo de la almohada. Como todo, la recompensa se ve afectada por la inflación. Según datos recopilados por la compañía de seguros dentales estadounidense Delta Dental, el pago medio por diente en Estados Unidos pasó de 1,30 $ en 1998 a 6,23 $ en 2023, unos cambios que reflejaban la evolución de las condiciones macroeconómicas y el índice bursátil S&P 500.

LOS DIENTES Y EL CIRCO

Los músculos de la mandíbula tienen una fuerza considerable. Uno de los espectáculos circenses se conoce como «mandíbula de hierro» y en él, un trapecista o aerealista (que hace su ejercicio suspendido en el aire) sujeta el extremo de una cuerda o cable con sus dientes mientras gira o sujeta a otra persona o mueve un peso considerable con la fuerza de sus mandíbulas.

El primer soporte para estas acrobacias se fabricó hace unos 170 años y estaba hecho de varias capas de cuero cosidas para encajar en el contorno interior de la boca del artista, que en su mayoría eran mujeres. El número consiste en que la artista se eleva en el aire mediante un cable, un trapecio u otro aparato similar, sostenida únicamente por un bocado sujeto entre los dientes. Dependiendo del aparato al que esté sujeto, la artista puede girar en círculos alrededor de la pista o dar vueltas vertiginosas en su sitio, controlar la velocidad al extender alternativamente los brazos y las piernas o acercarlos al cuerpo para acelerar como resultado de la conservación del momento angular. El espectáculo también se denomina «las mandíbulas de la vida» y la «mariposa humana», debido en este caso a las alas desmontables que tradicionalmente adornan el traje de la artista.

El descubrimiento de nuevos materiales y el propio avance de la odontología también mejoraron la experiencia y la seguridad de los acróbatas que hacían los espectáculos de mandíbulas de hierro. Se tomaban las impresiones de la boca de la artista circense y se hacían moldes con la forma exacta de su dentición. Con ese molde se cosía una pieza de cuero o goma que encajase en la mordedura y puesto que estaba hecha a medida, solo podía usarla la muchacha para la que había sido fabricada.

El principal riesgo de la actuación de la mandíbula de hierro era atragantarse porque la pieza de sujeción llenaba toda la boca y hasta que la artista se acostumbraba era un problema común. Otro problema habitual era cuando colgaban verticalmente porque la lengua podía desplazarse hacia la parte posterior de la garganta y tenían que practicar para superar esta tendencia natural. Por último, otra fuente ocasional de problemas era si la pieza bucal se rompía durante la actuación.

Entre los artistas más famosos como mandíbula de hierro está Igor Zaripov, actor del Circo del Sol y gimnasta internacional que ostenta los récords Guinness al tiempo más rápido en mover un coche una distancia de treinta metros con la boca y los dientes (15,7 segundos), a la suspensión aérea más larga con la boca y los dientes (2 minutos y 32 segundos) y al mayor peso arrastrado con los dientes (un autobús de dos pisos que pesaba 13 toneladas y media). Su apodo artístico es Boca de acero. Igor conoció a su esposa, Maryna, en el circo, pues había ideado un número en el que sujeta con los dientes a una artista suspendida a 18 metros de altura. La artista era Maryna. Se supone que una chica aprende a confiar en un chico cuando este la sujeta con los dientes mientras está suspendida en el aire.

Fotografía de 1947 tomada por Coleman S. Dixon que muestra a una acróbata preparándose para realizar un arriesgado número de «mordida de hierro» durante una actuación circense en Tallahassee. Esta técnica, que requería una extraordinaria fuerza dental y mandibular, consistía en sostenerse en el aire utilizando solo una mordida sobre un protector metálico [Florida Memory].

MUJERES EN LA ODONTOLOGÍA

Las mujeres han practicado la odontología desde hace siglos. Cuando en 1544 los barberos cirujanos ingleses recibieron una carta fundacional de Enrique VIII, las mujeres fueron admitidas en las mismas condiciones que los hombres, normalmente como aprendices, pero a veces como responsables de la consulta o taller por herencia de su padre o esposo. Sin embargo, no se les permitía llevar la librea propia de la profesión, ya que ésta daba derecho a voto en la ciudad.

El historiador portugués José d'Boleo ha presentado un grabado parisino de la segunda mitad del siglo XVI, en el que se ve a una dentista ejerciendo su oficio. La escena muestra a un paciente temeroso de someterse al tratamiento y los siguientes versos narran la escena:

> No me toques. Es mi último diente y / yo estoy, casi sin encías, para mi / dolor. No recibirás más dinero de mí. / ¿Cómo lo harías, vieja arpía? / ¡Vete al diablo, oh arrancadora de / dientes torcidos!

Las primeras referencias del ejercicio de la profesión por parte de mujeres las encontramos como ayudantes de sus esposos. Cuando quedaban viudas intentaban continuar con el oficio de su marido, como sucedió con la viuda de don Ventura de Bustos, que presentó una solicitud al rey Fernando VII para ser Dentista de cámara de las Augustas Esposas de la Corte de Madrid. Era una buena estrategia, una mujer evitaba comentarios sobre un trato casi íntimo con las pacientes de sangre azul y para ella era un puesto prestigioso.

La exigencia de una formación especializada limitó enormemente el acceso de las mujeres a la profesión de dentista, pues pocas instituciones admitían mujeres en la educación superior. En 1873 Dr. Emilie Foeking, de Danzig, Prusia, publicó en el *American Journal of Dental Science* un artículo titulado «¿Está la mujer adaptada a la profesión dental?». El artículo indicaba que solo dos universidades admitían mujeres en Europa, Ginebra y Zúrich, y que de 407 institutos de secundaria que mantenía el estado prusiano, no había ninguno para muchachas. Una mujer que quisiera convertirse en dentista tenía que afrontar, sin duda, grandes dificultades.

María Rajoó es la primera mujer de la que se sabe que ejerció como dentista en Madrid entre 1800 y 1830, pero no tenía licencia para ello. Otras pioneras fueron Norberta Murga (1837), Teresa Martínez (1843), Antonia Infante (1850), Carolina San José (1851) y María Janini de Pastor (1879).

Polonia Sanz y Ferrer (-1892)

Polonia Sanz y Ferrer fue la primera mujer autorizada para ejercer la odontología en España y una pionera de la fotografía. Tras repetidas instancias a S.M. para ser admitida en la Universidad de Valencia, el 10 de abril de 1849 la Academia de Medicina y Cirugía de Valencia le expidió una licencia, confirmada tras un examen el 20 de diciembre de 1849, para ejercer la odontología, en tareas como «*limpiar muelas, extraer dientes [...] y demás operaciones que practican los dentistas*». En la concesión se limitaba su actividad en el ejercicio quirúrgico y se indicaba que para esas tareas debía estar acompañada de un facultativo masculino. Sanz se encontró con una fuerte resistencia por parte de sus colegas hombres y se vio obligada a defender su profesionalidad en público. Entre sus clientes se encontraba el príncipe marroquí Muley el Abbas, pero no pudo lograr su ambición de ser nombrada dentista honoraria de la corte española. Para aumentar su cartera de clientes nobles o de familias pudientes, Sanz solicitó, sin conseguirlo, el nombramiento honorífico de Dentista de la Real Cámara de Isabel II. A pesar de no obtener este título, se anunciaba como «Dentista de S.M.» (aludiendo a Su Majestad, aunque sin escribirlo) por haber atendido a miembros de la realeza, hecho por el que fue denunciada por sus colegas masculinos, aunque no prosperó tal denuncia, ya que no utilizaba el término oficial «Dentista de Cámara». Sin embargo, en 1861, el príncipe Muley el Abbas le concedió el título de Primera Dentista de Cámara de S.A.R. También publicó en 1852 en Valencia una obra sobre odontología titulada *Tratado de dientes*.

Manuela Aniorte

Manuela Aniorte y Paredes de Sales, fue también autorizada y reconocida oficialmente por la Universidad de Valencia, después de quedar viuda de su marido Francisco de Sales, con quien había ejercido la profesión. Así lo hizo constar en la portada de su obra *Arte del Dentista,* donde también indica que era «dentista de la Sociedad de San Vicente de Paúl y de otras varias corporaciones». En este libro recoge en un epígrafe posterior titulado «Observaciones clínicas» algunos de los casos operados por ella entre los años de 1854 a 1869 y denuncia las condiciones irregulares en las que se practicaba su profesión en aquellos años, al tiempo que recuerda que había escrito al ministro de Fomento solicitando la apertura de «escuelas dentales» al estilo de las francesas y estadounidenses por la que se le considera la primera persona en España que pidió al gobierno la instauración de la Enseñanza Oficial de la Odontología.

Francisca García fue la primera mujer española que obtuvo el título de cirujano-dentista, un certificado que se expidió por primera vez en 1875 y que ella recibió en 1877. En 1883 el Rey Alfonso XII autorizó a las mujeres a ejercer la profesión en las mismas condiciones que los hombres y en 1901, se fundó la titulación universitaria de odontología. La primera mujer española en conseguir este título universitario fue Clara Rosas, en 1908, y ejerció en Barcelona.

En 1948 se produjo el cambio de Escuela de Odontología a Escuela de Estomatología, con los títulos de Licenciado y Doctor Médico-Estomatólogo. Fue Elena Barbería la primera mujer española en alcanzar una cátedra en la Escuela de Estomatología, con lo que la mujer entró así de pleno derecho en la especialización de esta carrera y de esta profesión. Desde entonces, el papel de la mujer en la odontología española ha ido creciendo y actualmente el 56 % de los dentistas que ejercen en nuestro país son mujeres.

Henriette Hirschfeld-Tiburtius (1834-1911)

Nació en Sylt, una pequeña isla en la costa oeste de Schleswig-Holstein. Cuando quiso estudiar (la formación odontológica en Alemania se impartía entonces a través de preceptores), asistió a la Facultad de Cirugía Dental de Pensilvania, donde empezó en 1867 y se graduó en 1869. Fue la primera mujer en cursar una carrera universitaria completa de odontología, ya que Lucy Hobbs Taylor recibió créditos por el tiempo que pasó en la práctica odontológica antes de asistir a la facultad de odontología.

El ministro de Instrucción Pública de Alemania le había asegurado que le permitirían ejercer en Alemania si obtenía su diploma en Estados Unidos, por lo que Henriette abrió una consulta en la Behrenstraße 9 de Berlín y fue contratada por la princesa heredera de Prusia. Según su cuñada, los berlineses no se podían creer que Hirschfeld «*no vistiera como un hombre, no fumara y no fuera lo que el mundo llamaba una 'mujer emancipada'*». Más tarde, una sobrina de Henriette trabajó con ella. En su honor se celebra anualmente el Simposio Hirschfeld-Tiburtius, un congreso dental en Berlín. Tanto Henriette Hirschfeld-Tiburtius como su cuñada, la doctora Franziska Tiburtius, fueron pioneras de los estudios de la mujer.

Amalia Assur (1803-1889).

Amalia nació en Estocolmo, hija del dentista judío Joel Assur (1753-1837), dentista de la familia real y fue la primera mujer dentista de Suecia. Su padre le enseñó la profesión y desde muy pronto ella fue su ayudante. Era un puesto informal y Assur fue denunciada a las autoridades por ejercer sin licencia. En 1852, el Consejo Real de Sanidad (Kongl. Sundhetskollegiet) le concedió una dispensa especial para ejercer la odontología de forma independiente. El permiso era una dispensa personal y ella fue una excepción más que una pionera, ya que la profesión siguió excluyendo a las mujeres hasta 1861, cuando se abrió formalmente a ambos sexos.

Emeline Roberts Jones (1836-1916)

Jones fue la primera mujer que desarrolló su actividad profesional en una consulta dental en Estados Unidos, en concreto, en Connecticut. En 1854, a la edad de 17 años, se casó con un dentista, Daniel Albion Jones, y se «*interesó intensamente*» por su trabajo. Sin embargo, su marido pensaba que los «*dedos frágiles y torpes*» de las mujeres las convertían en malas dentistas. Después de ver trabajar a su marido empezó, a escondidas, a empastar dientes extraídos. Llenó un tarro con aquellos dientes que usaba para practicar y finalmente le enseñó a su marido lo que había hecho. En mayo de 1855, él accedió a regañadientes a que ella trabajara con él en su consultorio de Danielsonville y, finalmente, en 1859, la aceptó como compañera y socia. Después de la muerte de su marido en 1864, siguió ejerciendo la odontología por su cuenta durante sesenta años, en el este de Connecticut y en Rhode Island. A menudo viajaba con un sillón de odontología portátil. Desde 1876 hasta su jubilación en 1915 tuvo su consulta en New Haven, Connecticut. Gozaba de reputación como «dentista hábil», fue elegida miembro de la Connecticut State Dental Society (¡cuando llevaba ejerciendo 34 años!) y fue la primera mujer en abrir su propio consultorio de forma independiente y ofrecer sus servicios al público.

Lucy Beaman Hobbs (1833-1910)

Hobbs fue la primera mujer en el mundo en recibir un título universitario de odontóloga. En un principio se le denegó la admisión en el Eclectic Medical College de Cincinnati, Ohio, debido a su sexo. A pesar de ello, un profesor de la facultad aceptó ser su tutor y la animó a ejercer la odontología. Solicitó plaza en otra facultad de odontología, esta vez el Ohio College of Dental Surgery y de nuevo se le denegó la admisión debido a su género. Buscó por toda la región y finalmente un dentista, Samuel Wardle, recién licenciado, la admitió como estudiante en prácticas. En 1861, decidió abrir su propia consulta en lugar de volver a intentar formarse en una facultad. Al cabo de un año, se trasladó a Iowa y allí empezó a ejercer. Su buena reputación como profesional hizo que fuera aceptada como dentista sin el diploma y entrar a formar parte de la Sociedad Dental del Estado de Iowa.

En 1865, la Facultad de Odontología de Ohio decidió cambiar la política de acceso que prohibía la admisión de mujeres en la institución e inmediatamente Taylor se matriculó como estudiante de último curso gracias a la experiencia práctica que había acumulado a lo largo de los años anteriores. En 1866, se convirtió en la primera mujer del mundo en licenciarse en una facultad de odontología y en recibir un doctorado en odontología. Más tarde escribió: «*La gente se asombraba cuando se enteraba de que una joven había olvidado tanto su condición de mujer como para querer estudiar odontología*».

Hobbs se trasladó a Chicago, donde conoció a James M. Taylor, con quien se casó en abril de 1867 y al que convenció para que también se dedicara a la odontología. Los dos se trasladaron a Lawrence, Kansas, donde tuvieron una consulta exitosa hasta que él falleció en 1886. Tras la muerte de su marido, Taylor dejó la clínica y se dedicó a la política e hizo campaña a favor de los derechos de la mujer hasta su muerte el 3 de octubre de 1910.

Lilian Lindsay (1871-1960)

En 1895, Lilian Lindsay (de soltera Murray) se convirtió en la primera mujer dentista titulada en Gran Bretaña. Se graduó en el Hospital Dental de Edimburgo, tras no ser admitida en las facultades de Odontología de Londres. Ella contaba cómo había decidido hacer esa carrera:

La señorita Buss... me mandó llamar y me anunció que estaba destinada a ser maestra de sordomudos. No sé si el repentino ataque despertó mi espíritu rebelde o si tenía alergia a la enseñanza, pero me negué. Esto enfureció a la señorita Buss, que afirmó con rotundidad: «Entonces te impediré hacer cualquier otra cosa». Como un rayo le contesté: «No puede impedirme que sea dentista». Ella me bloqueó de tener una segunda beca. Yo no sabía nada de odontología, pero tras haber afirmado con valentía que sería dentista, no había nada más que hacer.

Lindsay se retiró de la práctica profesional en 1920 para ocupar el puesto de bibliotecaria honoraria de la de la Asociación Dental Británica (British Dental Association). En 1945 fue la primera mujer elegida presidenta de esta asociación gremial.

El resto del proceso fue un lento camino hacia la igualdad. En 1937, el 3,2 % de los dentistas registrados en el Consejo General de Dentistas del Reino Unido eran mujeres. En 1972 la proporción había subido al 12,8 % y para el año 2000 el 32 % de los dentistas británicos eran mujeres. A mediados de la década de 2000-2010 esta cifra había aumentado al 37 % y en el año 2020 se alcanzó la paridad entre ambos sexos.

En el resto del mundo, sin embargo, la situación no era tan igualitaria. Aunque en la actualidad, las mujeres representan entre el 48 % y el 75 % de la mano de obra odontológica; la proporción de titulados y tituladas es prácticamente la misma en las zonas más desarrolladas del mundo (Norteamérica, Europa), mientras que en otras la diferencia entre sexos se ha reducido, pero sigue existiendo (Oceanía, Asia, África). Sin embargo, el número de mujeres que ocupan puestos directivos en el ámbito de la odontología es significativamente inferior al de hombres. Por ejemplo, en EE. UU., las mujeres únicamente ocupan el 18 % de los puestos de decano de facultad de odontología y el 14 % de los puestos de jefe de división y jefe de departamento en servicios hospitalarios y clínicas odontológicas.

Las odontólogas tienen muchas menos probabilidades que sus colegas masculinos de tener su propia consulta o ser socias de una, así como de ser consultoras en centros odontológicos hospitalarios. La proporción de odontólogas con títulos de posgrado es menor que en el caso de sus colegas masculinos y los ingresos medios anuales de las mujeres autónomas a tiempo completo son un 37 % inferiores a los ingresos de los hombres autónomos a tiempo completo, lo que demuestra la persistencia de una brecha salarial basada en el género. Por lo general, las odontólogas asumen responsabilidades adicionales en la familia y los odontólogos se centran más en sus carreras y ocupan puestos más altos en instituciones académicas y organizaciones profesionales.

Cuando se compara la situación profesional de odontólogos y odontólogas existen diferencias en cuanto a las bajas por maternidad/paternidad y una falta de uniformidad en las políticas de apoyo a los profesionales con hijos pequeños. Los efectos negativos de la paternidad/maternidad sobre el bienestar y el trabajo son más frecuentes entre las mujeres dentistas que entre los odontólogos. Las mujeres perciben como difícil volver a la odontología tras una interrupción de su carrera profesional y se sienten más seguras tras asumir una baja por maternidad en el sector público que en el privado, lo que sin duda está relacionado con los retos del trabajo por cuenta propia, como la responsabilidad empresarial, la seguridad financiera, así como la conciliación familiar y personal.

◀ Lilian Lindsay (1871-1960) en 1920, que se convirtió en la primera mujer licenciada en odontología del Reino Unido en 1895, tras tener que estudiar en Edimburgo porque la Escuela Dental de Londres se negó a admitirla por su género. Fue una pionera en la práctica dental y se convirtió en una destacada historiadora de la odontología y primera mujer presidenta de la Sociedad Británica de Odontología [Wikimedia Commons].

En los últimos años ha aumentado la proporción de odontólogas que prefieren trabajar para una empresa frente a las que se establecen por cuenta propia. Aunque los profesionales sanitarios que trabajan por cuenta ajena citan como factor más importante un mejor equilibrio entre la vida laboral y personal, las razones más comunes para establecerse por cuenta propia son la mayor libertad para configurar la propia vida, no estar sujeto a directrices, una buena situación de ingresos y tener libertad financiera y personal. Las mujeres que ocupan puestos directivos aún no reflejan la distribución por sexos del colectivo, con una persistente escasez de mujeres en puestos de alto nivel.

La Sección Mujeres Odontólogas en el Mundo (WDW) de la Federación Dental Internacional (FDI) se encarga de coordinar las actividades de las asociaciones nacionales miembros, de recopilar información sobre las mujeres odontólogas y sus prácticas, y de promoverlas. La Sección también se ha comprometido a tender la mano y facilitar los contactos entre las mujeres dentistas de todo el mundo para eliminar las desigualdades existentes y promover la plena participación de las mujeres en todos los aspectos y niveles de la profesión dental.

EL ASOCIACIONISMO EN LA ODONTOLOGÍA

En 1450, el Parlamento inglés decidió que los barberos solo estaban autorizados a realizar sangrías, extraer dientes y arreglar el cabello y hasta 1745, los colegios de cirujanos existieron juntamente a los de barberos. Por decisión del rey británico Jorge II, las asociaciones gremiales se separaron y los barberos pudieron dedicarse al cuidado del cabello y las barbas y los cirujanos-dentistas se hicieron cargo de las intervenciones relacionadas con la salud. El rey francés Luis XV tomó la misma decisión para sus súbditos franceses unos años más tarde.

Algunos de los barberos ingleses intentaron mejorar su estatus asociándose con los cirujanos y se siguieron denominando sacamuelas. La denominación de dentista, aparentemente resultado de la influencia francesa, se aplicaba a otros profesionales mientras que un tercer grupo, que hacían todo tipo de operaciones, eligieron el nombre de «operadores de los dientes».

En 1768 Thomas Berdmore (1740-1785), dentista del rey Jorge III, publicó su *Treatise on the Disorders and Deformities of the Teeth and The Gums*. Presumía de que estaba basado en sus observaciones personales, al recalcar que «*solo podría citar unos pocos autores franceses, que habían escrito para que se conocieran sus nombres*». También indicaba que su libro estaba pensado para «*artistas que no son muy dados a la lectura*». A pesar de su alta autoestima, Berdmore añadió poco al conocimiento odontológico, pues su propia experiencia era limitada. Trataba el dolor de muelas, principalmente con medicación, a veces con cauterización y como medida extrema, con la extracción del diente, rellenando la cavidad con plomo u oro y volviéndolo a colocar en su alveolo.

En 1858 se fundó la Sociedad Odontológica de Gran Bretaña y luego el Instituto de Dentistas de Inglaterra. El 1840 se fundó la importante Sociedad Estadounidense de Cirujanos Dentales y en 1845 la Société de Chirurgie dentaire de París, cuyo primer presidente fue el médico y dentista parisino Louis Nicolas Regnart (1780-1847). En 1859 se fundó la Escuela de Odontología de Londres y este año también se celebró el primer examen para ingresar en la profesión. El registro de dentistas autorizados se creó en 1878 y el control de los dentistas para evitar el intrusismo laboral se introdujo en el Reino Unido en 1921.

En Bélgica, las primeras normas legales para la práctica de la odontología datan de 1818, incluido un examen realizado por una comisión de profesionales expertos. A partir de 1880 surgieron nuevas regulaciones. En 1815 se llevó a cabo una especie de examen ante la Autoridad de Supervisión Médica de Suecia. En 1860 se fundó en Suecia la Svenska Tandläkaresellskapet (Asociación Dental Sueca) y en 1885 se creó una policlínica como institución de enseñanza. El nacimiento del tratamiento dental en Rusia se produjo alrededor de 1760-1770, cuando el alemán Obel fue uno de los primeros dentistas a quien se le concedió el derecho a ejercer después de un examen ante la Facultad de Medicina de San Petersburgo. Según una ley promulgada en 1810, estos especialistas extranjeros tenían derecho a formar a los estudiantes que, tras aprobar un examen, trabajarían como odontólogos.

En Alemania, en 1779, los barberos y cirujanos fueron unidos por las leyes imperiales. El 25 de mayo de 1804, el rey danés emitió una patente para el establecimiento de una facultad de medicina. Como resultado de la nueva legislación comercial prusiana de 1811, se abolieron los gremios y se separó la práctica de la cirugía de la de la barbería. Esto permitió que la cirugía se desarrollara independientemente de la barbería y peluquería, especialmente después de que se introdujo la libertad de establecimiento para los curanderos en 1818.

En Alemania, la odontología y otras tareas quirúrgicas no se consideraban dignas de un médico con formación académica y los barberos asumieron la mayor parte del cuidado dental de la población. Según Grosch, el título profesional de especialista en balnearios o Bader en el sur de Alemania era asimilable al de barbero en el norte de Alemania. Sin embargo, ambos gremios podían realizar diferentes funciones según la región y la época. Los profesionales alemanes de la odontología se dieron a sí mismos una variedad de títulos profesionales, incluyendo técnico dental, artista dental, dentista, operador dental, dentista con licencia, médico, doctor, especialista en pacientes dentales, conferencista, profesor de tecnología dental moderna, médico estadounidense en cirugía dental. Junto a ellos, los arrancadores de dientes andaban por las ferias como varios siglos atrás.

En 1859, 26 dentistas reunidos en un hotel en las Cataratas del Niágara, Nueva York, fundaron la primera asociación profesional dental estadounidense llamada American Dental Association (ADA). En 1897, la ADA se fusionó con la Asociación Dental del Sur (SDA) para formar la Asociación Dental Nacional (NDA), que en 1922 recuperó su nombre de Asociación Dental Americana (ADA). Desde entonces es la asociación dental más importante del mundo. En 1932, los dentistas afroamericanos fundaron la Asociación Dental Nacional, que representaba a las minorías étnicas en la odontología en los EE. UU., ya que no eran admitidos en la ADA por una discriminación racial.

A comienzos del siglo XX, las principales asociaciones dentales decidieron coordinarse en una federación internacional. La Federación Dental Internacional es la voz independiente y autorizada de la profesión odontológica y cuenta con 156 asociaciones miembro en 137 países, que representan a más de un millón de dentistas de todo el mundo. Tiene su sede en Cointrin (Ginebra, Suiza). Su misión es «*guiar al mundo hacia una salud óptima mediante la promoción de la salud bucodental como derecho humano fundamental y el avance de la profesión odontológica en todo el mundo*». La FDI desarrolla políticas de salud y promueve programas de formación continua, actúa como voz común de la odontología en la defensa internacional de la profesión y apoya a las asociaciones miembro en las acciones de promoción de la salud bucodental en todo el mundo.

El nacimiento de la Federación Dental Internacional tuvo lugar el 15 de agosto de 1900, bajo el liderazgo del médico francés Charles Godon, fundador de la École Dentaire de Paris. Reunió en estas instalaciones, durante el III Congreso Internacional de Odontología, a varios colegas extranjeros, entre ellos el español Florestán Aguilar, el británico George Cunningham, el sueco Elof Försberg y el estadounidense Harlan. El objetivo era constituir una organización internacional, una de cuyas misiones sería la realización periódica de congresos profesionales y esta asamblea eligió al Dr. Godon como presidente y a su compatriota, el Dr. Sauvez, como secretario general.

La primera reunión de la FDI tuvo lugar en Cambridge (Inglaterra) el 7 de agosto de 1901. Aunque no asistieron muchos dentistas, el proyecto se dio a conocer a nivel mundial y para la reunión de 1902 en Estocolmo la concurrencia fue mucho mayor. El cuarto congreso internacional de odontología tuvo lugar en St. Louis en 1904 y se considera como la reunión dental internacional más grande y más importante.

La asociación se vio gravemente afectada por la Segunda Guerra Mundial y después del conflicto bélico, como en tantos otros temas, Estados Unidos asumió el liderazgo. En 1947 la FDI celebró un pequeño congreso en Boston, adjunto a la 88ª conferencia de la Asociación Dental Americana, pero sus dirigentes, en particular el presidente Charles Nord de Noruega y la secretaria Marie Ferdinand Watry de Bélgica se dieron cuenta de que era necesario un cambio, con «hombres nuevos». La vieja guardia estaba formada por un puñado de hombres que gobernaban la FDI y la financiaban con su propio dinero y cuyo trabajo era una *forma socialmente útil de ver las capitales de Europa y hacer amigos extranjeros*. Hacía falta una nueva organización, una profesionalización de la gestión y reforzar las finanzas de la federación. Oren A Oliver dirigió una campaña de reclutamiento de socios que tuvo un gran éxito en Estados Unidos y los nuevos ingresos equilibraron casi por sí solos las cuentas. Gerald Leatherman llevó a cabo una campaña similar, aunque de menor envergadura, en el Reino Unido y también negoció un contrato con Messrs Cassell para producir la Revista Dental Internacional.

En 1950, Leatherman se convirtió en secretario de un comité de reorganización presidido por Sir Wilfred Fish. Su idea básica era que era necesario «*arrastrar a la FDI pataleando y gritando... a la segunda mitad del siglo XX*». Bajo la presidencia de Fish, Leatherman organizó el comité organizador del Congreso Internacional que se celebró en Londres. Tuvo un gran éxito, con la asistencia de 3.940 personas de 67 países, y se celebró en el Royal Festival Hall, donde se repartía un periódico diario de 4 páginas, el Congress Courier, que informaba a los congresistas de las novedades de la odontología. Por primera vez hubo traducción simultánea de las sesiones a cinco idiomas y el programa científico fue inaugurado por Sir Alexander Fleming, amigo de Fish. También fue un éxito el programa social con la asistencia de 3500 congresistas y acompañantes a un concierto de la Orquesta Filarmónica de Londres.

Al clausurarse el congreso, la Asamblea General de la FDI se reunió el 26 de julio y eligió un nuevo consejo. Alfred Ernest Rowlett permaneció como presidente de honor y Oren Oliver, de Estados Unidos, como presidente. Leatherman se convirtió en secretario general, cargo que ocupó durante 28 años. Otro dentista británico, W. Stewart Ross, se convirtió en presidente del consejo, un cargo nuevo. Muchas personas consideraron el congreso de Londres como el inicio de la FDI moderna y a Leatherman como el responsable de llevar a cabo esa transición. De él dijeron «Gerry tenía el valor y la mala leche necesarios para hacer el trabajo». La FDI pasó de ser un senado de personas prestigiosas interesadas en la odontología internacional a ser una reunión de delegados de asociaciones nacionales, un parlamento mundial de la odontología.

LÍNEAS DE FUTURO

Regeneración de dientes

El primer ensayo mundial en humanos de un fármaco capaz de regenerar dientes comenzará en 2025, después de conocerse su éxito en animales. Esto allana el camino para que, en caso de que el ensayo tenga éxito, el medicamento pueda comercializarse en torno a 2030.

El ensayo, que tendrá lugar en el Hospital Universitario de Kioto, tratará a 30 varones de entre 30 y 64 años a los que les falte al menos un molar. El tratamiento intravenoso se probará para comprobar su eficacia en la dentición humana, después de que hiciera crecer con éxito nuevos dientes en modelos de hurón y ratón sin efectos secundarios significativos. Tras esta primera fase de 11 meses, los investigadores probarán el fármaco en pacientes de entre 2 y 7 años a los que les falten al menos cuatro dientes debido a una deficiencia dental congénita, que se calcula que afecta al 1 % de las personas. El equipo ya está realizando el reclutamiento para este ensayo de fase IIa.

Posteriormente, los investigadores estudiarán la posibilidad de ampliar el ensayo a las personas con edentulismo parcial, es decir, aquellas a las que les faltan entre uno y cinco dientes permanentes debido a factores ambientales. Su incidencia varía de un país a otro, pero se calcula que alrededor del 5 % de los estadounidenses carecen de dientes, con una incidencia mucho más amplia entre los adultos mayores.

El medicamento en sí es un anticuerpo monoclonal que desactiva la proteína del gen-1 asociado a la sensibilización uterina (USAG-1), que suprime el crecimiento de los dientes. El bloqueo de la interacción de USAG-1 con otras proteínas impulsa la señalización de la proteína morfogenética ósea (BMP), que desencadena la generación de hueso nuevo y de nuevos dientes. La señalización BMP es esencial para determinar el número de dientes en ratones. En las pruebas realizadas, una sola administración bastaba para generar un diente entero. Experimentos posteriores demostraron los mismos beneficios en hurones, animales que son difiodontos, como los seres humanos.

La proteína USAG-1 presenta una elevada homología en su secuencia de aminoácidos del 97 % entre distintas especies animales, por lo que se piensa que es un mecanismo que puede funcionar también en pacientes. El estudio es el primero que demuestra los beneficios de los anticuerpos monoclonales en la regeneración dental y proporciona un nuevo marco terapéutico para un problema clínico que actualmente solo puede resolverse con implantes y otras medidas artificiales.

Microbiota bucal

Las técnicas de biología molecular, incluida la secuenciación genómica, han permitido profundizar nuestro conocimiento sobre la microbiología oral y su comportamiento en la salud y las enfermedades, la interacción entre la genética bacteriana y la del huésped, los factores ambientales y de riesgo, y los mecanismos de la respuesta inflamatoria local.

Hasta hace no mucho, la identificación de un microorganismo dependía de su cultivo en el laboratorio, algo que para bastantes especies era un tema complejo o aún no conseguido. En la actualidad, las técnicas de micromatrices («microarrays») permiten detectar rápidamente 600 especies bacterianas en muestras individuales de biofilms. La sustitución del término placa bacteriana por el más conceptual de «biofilm» supuso un avance significativo en el estudio del comportamiento microbiano oral. Estas técnicas también colaboraron con la identificación de mecanismos específicos de acción y respuesta inflamatoria oral en infecciones bacterianas transitorias en la sangre, así como los mecanismos de instalación de estos microorganismos en otras partes del cuerpo

Apoyo social

Los odontólogos han ido desarrollando un cada vez mayor compromiso social. Un ejemplo de implicación es la Fundación Sonrisas para el Éxito, un programa que ayuda a las mujeres de bajos recursos económicos de Estados Unidos a pasar de la asistencia social al mundo laboral centrándose en un aspecto importante para obtener un empleo: tener una boca cuidada y sana. El programa, iniciado en Nueva York, se ha ampliado a otras 14 ciudades, en colaboración con los profesionales neoyorquinos.

Otro programa social relacionado con la odontología es el llamado Skate Safe, que proporciona protectores bucales y educación sobre el cuidado bucal a niños de barrios marginales de Harlem usuarios de monopatines para evitar daños en la boca con las caídas.

El futuro de la clínica dental

La gestión de una clínica dental plantea numerosos retos, como los cambios tecnológicos, las expectativas de los pacientes y un panorama económico en constante evolución. Además de los retos clínicos a los que se enfrentan los dentistas, la gestión de una clínica dental también pone a prueba el espíritu emprendedor y requiere conjuntar las habilidades de un profesional biosanitario con las de un empresario.

La base del éxito de una clínica dental es tener un flujo suficiente y constante de pacientes. Para ello es fundamental que los clientes previos estén satisfechos con su experiencia y la recomienden a otras personas. Tanto si se trata de una consulta nueva como si cuenta con años de experiencia, el entorno actual supone un reto a la hora de atraer nuevos pacientes y retener a los ya existentes. La movilidad geográfica y la movilidad laboral son cada vez mayores y la oferta profesional también es más amplia. También aparecen nuevos canales de comunicación:

junto al tradicional boca a boca, el paciente puede optar por compartir su experiencia en las redes sociales y otros medios. El paciente actual utiliza Internet para casi todo y tener un sitio web moderno y fácil de usar es en estos momentos algo obligatorio. Ese sitio web debe estar optimizado para los motores de búsqueda, sobre todo para las búsquedas locales y resaltar las principales fortalezas de la clínica. En EE. UU. se sugiere al odontólogo que crea y comparta contenidos relacionados con problemas dentales que su clínica pueda resolver y ofrezca incentivos a los pacientes para que hagan comentarios positivos y expresen públicamente su recomendación a otros pacientes.

La pandemia supuso un importante parón para todos los negocios basados en la atención al público. En muchos casos supuso reestructuraciones e incluso cierres. Las consultas más pequeñas, de uno a tres dentistas, fueron las más afectadas. Desde entonces, el volumen de trabajo ha ido creciendo paulatinamente hasta acercarse lentamente a los niveles anteriores a la pandemia.

Encontrar personal de calidad es uno de los mayores retos de la gestión de una clínica dental. A ello se añade la necesidad de tener un nivel de ingresos constante para poder pagar las nóminas a lo largo de todo el año y poder hacer frente a los costes de alquileres, personal, material fungible y amortización de material inventariable

Otro aspecto importante son los avances tecnológicos. La telemedicina sigue evolucionando como una parte importante y ampliamente aceptada de las consultas de los odontólogos. La atención basada en la tecnología se está convirtiendo en algo habitual también en el campo dental, y se espera que la teleodontología crezca con el paso del tiempo. No solo reduce las dificultades de los pacientes que pueden tener problemas de salud o de transporte que les impidan acudir a las citas de seguimiento, sino que también proporciona una interacción rápida con el paciente que evita desplazamientos innecesarios y salva tiempo a las dos partes. Si el paciente solo necesita medicación o tiene preguntas sobre el procedimiento o el postratamiento, la teleodontología ahorra esfuerzo tanto a los pacientes como al personal de la clínica.

Otro cambio de tendencia en las clínicas de odontología es la mayor demanda de tratamientos correctivos y estéticos. La odontología no se limita a los cuidados rutinarios y a evitar que los problemas dentales se agraven. El aspecto de una persona puede afectar a su carrera profesional, su vida social y sentimental y su confianza en sí mismo. La odontología cosmética, que incluye procedimientos como el blanqueamiento dental, las carillas y los sistemas de alineado, también está aumentando en popularidad. Aunque la odontología cosmética se asocia a menudo con procedimientos electivos, también puede utilizarse para procedimientos restauradores necesarios por accidentes y defectos congénitos. Distintos problemas como los dientes agrietados, pequeños huecos o espacios entre los dientes, la decoloración de los dientes y las manchas, los dientes deformes y los dientes desalineados pueden ser corregidos mediante procedimientos de odontología.

Las clínicas dentales que no ofrezcan tratamientos estéticos perderán probablemente terreno frente a sus competidores, ya que los pacientes que desean estos procedimientos suelen estar dispuestos a pagar por ellos y prefieren trabajar con dentistas que conocen y en los que confían y tener un solo profesional o centro de referencia para sus tratamientos bucodentales.

La idea general en la profesión es un crecimiento significativo en los próximos años y décadas. Según Fortune Business Insights, el tamaño del mercado dental mundial alcanzará un valor de 65.230 millones de dólares en 2030. Este crecimiento se atribuye al aumento del número de pacientes que buscan servicios odontológicos, así como al lanzamiento de nuevos productos dentales. La Asociación Dental Americana prevé una tasa de crecimiento del 10,4 % en el número de dentistas por unidad de población entre 2020 y 2040, lo que sugiere que la demanda de servicios dentales seguirá aumentando en los próximos años, pero también la oferta profesional. En resumen, parece evidente que la Odontología está en el mejor momento de su historia y que los futuros avances harán que tenga un papel aún más relevante.

ANEXO I. CLASIFICACIÓN DE LOS DIENTES

Según su forma o función:
— Homofiodoncia o Isodoncia: dientes similares en toda la dentadura o con una misma función.
— Heterodoncia o Anisodoncia: dientes de una misma dentadura con diferente forma o función. La heterodoncia es típica de mamíferos, pero también se puede encontrar en peces y reptiles.

Según la morfología de la corona:
— Haplodoncia: coronas simples.
— Plexodoncia: coronas complejas.
— Bunodoncia: cúspides redondeadas.
— Secodoncia: cúspides agudas.
— Lofodoncia: cúspides formado crestas.
— Selenodoncia: cúspides en forma de media luna.
— Zalamdodoncia: cúspides en forma de «v».
— Dilambdodoncia: cúspides en forma de «W».

Según su continuidad en la quijada:
— Atelodoncia: cuando existen espacios (diastemas) entre los dientes. Estos espacios pueden deberse a la ausencia de piezas dentarias presentes en el antepasado o en especies relacionadas, o a la formación de un espacio entre los dientes sin pérdidas.
— Entelodoncia: arcada sin espacios.

Según su crecimiento:
— Braquiodoncia: crecimiento limitado de los dientes. En algún punto el diente termina su desarrollo y deja de crecer.
— Hipsodoncia: existen dos subtipos:
— Protohipsodoncia (o hipsodoncia): el crecimiento se prolonga en el tiempo, pero se detiene en algún momento (es típica de caballos).
— Euhipsodoncia (o hipselodoncia): crecimiento continuo. En los roedores, roer ayuda a mantener la longitud relativamente constante, debido a que el crecimiento continuo de los dientes es capaz de lastimar al animal si los dientes no son desgastados. Algunos grupos, como las cobayas y los lepóridos, además de incisivos, también tienen molares de crecimiento continuo.

Según el número de generaciones dentarias:
— Monofiodoncia: una generación dentaria.
— Difiodoncia: dos generaciones dentarias. Es típica de mamíferos que poseen una dentición decidua (dientes de leche) y otra permanente. Cuando la dentición permanente no reemplaza a todos los dientes deciduos, se usa el término «hemidifiodoncia» o «hemifiodoncia», una mala traducción del inglés.
— Oligofiodoncia: más de tres generaciones dentarias, pero en número limitado.
— Polifiodoncia: número ilimitado de generaciones dentarias de recambio continuo.

Según la implantación de los dientes. Los distintos tipos de implantación dental se reconocen por una combinación de tres características: (a) si el diente está o no fusionado (anquilosado) con la mandíbula; (b) si los dientes están o no colocados en alvéolos separados o en un surco; y (c) si están o no expuestos asimétricamente. Los tres tipos de implantación son los siguientes:
— Acrodoncia: Los dientes de los acrodontes son simples, sin raíces, y pueden desprenderse fácilmente de la mandíbula. Son característicos de los peces óseos, anfibios y unos pocos reptiles. Como no presentan una unión fuerte a la mandíbula mediante ligamentos, se pueden desprender con relativa facilidad, pero no se reemplazan. En algunas especies las crestas de las mandíbulas en los animales de más edad se van afilando y formando un perfil serrado, un perfil parecido al de las tortugas que no tiene dientes, pero sus

crestas están afiladas con placas de queratina formando una especie de pico. Funcionalmente, la anatomía de los dientes acrodontes parece estar relacionada con una potente fuerza de mordida.

— Pleurodoncia: los dientes se unen por un lateral a la superficie interna de la mandíbula. La mayoría de los lagartos y serpientes presentan una dentición pleurodonte en la que los dientes tienen raíces, pero no tienen alveolos. El diente se mantiene en su lugar mediante un fascículo de denso tejido conectivo que forma un ligamento periodontal. Estos dientes pueden perderse y reemplazarse durante la vida de su propietario.

— Tecodoncia: son dientes implantados dentro de las quijadas en alvéolos. C. ada diente tiene su alvéolo y la raíz está unida al hueso alveolar por un ligamento formado por fibras de colágeno (fibras de Sharpey) que se unen al cemento y al hueso alveolar. El conjunto es una articulación fibrosa que se conoce como gónfosis y tiene una mínima elasticidad. Son típicos de mamíferos, y también aparecen en los arcosaurios, como los cocodrilos y los dinosaurios. Estos dientes pueden resistir grandes presiones y tensiones, pero a cambio su posibilidad de sustitución es mínima o inexistente.

Según el reemplazo
— Lateral: el diente de la siguiente generación se encuentra del lado interno de la quijada con respecto al diente ya funcional. Es típico de peces y lagartos.

— Vertical: el diente de la siguiente generación se encuentra debajo del diente funcional. Característico de mamíferos y arcosaurios.

— Horizontal: La muela es reemplazada por la que la sigue posteriormente en la mandíbula. La muela de reemplazo pertenece en realidad a la misma generación dentaria que la muela que es reemplazada. El ejemplo más típico es el elefante.

GLOSARIO

Abrasión: Desgaste de los dientes causado por un cepillado inadecuado, por el uso excesivo de palillos o hilo dental o por sujetar objetos entre los dientes o colocar y retirar con frecuencia un aparato dental.

Absceso: Inflamación localizada aguda o crónica, probablemente con acumulación de pus, asociada a destrucción tisular y, frecuentemente, hinchazón. Suele ser secundaria a una infección. Puede darse en un diente, un tejido blando o un hueso.

Absceso agudo: Reacción inflamatoria a la infección y necrosis pulpar caracterizada por un inicio rápido, dolor espontáneo, sensibilidad del diente a la presión, formación de pus y eventual hinchazón de los tejidos asociados.

Absceso crónico: Reacción inflamatoria a la infección y necrosis pulpar caracterizada por un inicio gradual, molestias escasas o nulas y secreción intermitente de pus a través de un tracto sinusal asociado.

Acondicionamiento tisular: Material destinado a ponerse en contacto con los tejidos, durante un periodo limitado, con el fin de ayudar a recuperar un estado saludable.

Adhesión: Proceso en el que dos o más componentes se mantienen unidos por fuerzas químicas o físicas, o ambas, con o sin la ayuda de un adhesivo.

Adhesivo: Cualquier material intermedio que une o crea una estrecha adherencia de dos o más superficies y hace que se unan entre sí.

Aditamento de semiprecisión: Extensión metálica rígida fabricada en laboratorio de una dentadura parcial fija o removible que encaja en la restauración y permite cierto movimiento entre los componentes.

Adyuvante: Tratamiento secundario que se añade a la terapia primaria.

Aftas: Llagas o pequeñas úlceras poco profundas que aparecen en la boca y suelen incomodar al comer y al hablar. Suelen ser más frecuentes en adolescentes y duran aproximadamente una semana antes de desaparecer.

AINE: antiinflamatorio no esteroideo, utilizado a menudo como analgésico dental.

Ajuste: Modificación que se realiza en una prótesis dental una vez terminada.

Alargamiento de corona: Procedimiento quirúrgico por el que se expone más diente con fines restauradores mediante el posicionamiento apical del margen gingival y la eliminación del hueso de soporte.

Aleación: Compuesto que combina dos o más elementos con propiedades que no existen en ninguno de los elementos constituyentes individuales. A veces se utiliza para referirse a la amalgama.

Aleaciones altamente nobles-Contenido de metales nobles > 60 % (oro + grupo del platino) y oro > 40 % Au)

Aleaciones nobles-Contenido de metales nobles > 25 % (oro + grupo del platino). Los metales del grupo del platino son el platino, el paladio, el rodio, el osmio y el rutenio.

Aleaciones predominantemente básicas-Contenido de metales nobles) < 25 % (oro + grupo del platino).

Aleta de mordida vertical: Imagen dental con una proyección central sobre la que pueden cerrarse los dientes, manteniéndola en posición vertical para el examen radiográfico de varios dientes superiores e inferiores simultáneamente.

Alisado radicular: Procedimiento de tratamiento diseñado para eliminar el cemento o la dentina superficial que está áspera, impregnada de sarro o contaminada con toxinas o microorganismos.

Alogénico: Perteneciente a la misma especie, pero genéticamente diferente.

Aloinjerto: Injerto de tejido entre miembros genéticamente distintos de la misma especie. Los donantes pueden ser cadáveres o individuos vivos emparentados o no emparentados. También se denomina injerto alogénico u homoinjerto.

Aloplástico: Se refiere al material sintético utilizado a menudo para el aumento o sustitución de tejidos.

Alveolar: Se refiere al hueso al que está unido un diente.

Alveolo seco: Complicación frecuente que se produce cuando no se ha formado un coágulo de sangre en el alveolo de un diente extraído o cuando el coágulo de sangre que se formó se ha desprendido. Osteítis.

Alveoloplastia: Procedimiento quirúrgico para remodelar el hueso de soporte, a veces como preparación para una prótesis.

Amalgama: Aleación utilizada en restauraciones dentales directas. Típicamente compuesta de mercurio, plata, estaño, zinc y cobre junto con otros elementos metálicos añadidos para mejorar las propiedades físicas y mecánicas.

Anaerobia: Bacteria que no necesita oxígeno para crecer; suelen estar asociadas a la enfermedad periodontal.

Analgesia: Disminución o eliminación del dolor.

Anestesia: Medicación que produce la eliminación parcial o completa de la sensación de dolor.

Anestesia de bloqueo de la división trigeminal: Anestesia local que consiste en una inyección que ayuda a aliviar el dolor facial.

Anestesia general: Pérdida de conciencia inducida por fármacos durante la cual los pacientes no se despiertan, ni siquiera por estimulación dolorosa. Los pacientes suelen necesitar ayuda para mantener una vía aérea funcional y puede ser necesaria la ventilación con presión positiva debido a la depresión de la ventilación espontánea o a la depresión de la función neuromuscular inducida por fármacos. La función cardiovascular puede estar también alterada.

Anestesia local: Eliminación de la sensación, especialmente del dolor, en una parte del cuerpo mediante la aplicación tópica o la inyección en esa zona de un fármaco.

Anestesia regional en bloque: Forma de anestesia local que induce el adormecimiento de zonas de la boca y la cara.

Anestésico tópico: Pomada que produce una anestesia leve cuando se aplica sobre la superficie de un tejido blando.

Ángulo incisal: Uno de los ángulos formados por la unión de las superficies incisal y mesial o distal de un diente anterior; denominados respectivamente ángulo mesioincisal y distoincisal.

Anomalía: Desviación de la estructura anatómica, crecimiento, desarrollo o función normales; una anormalidad.

Ansiolisis: Disminución o eliminación de la ansiedad.

Anterior: Dirección hacia la parte delantera de la cabeza o los labios, a diferencia de posterior, que se refiere a las direcciones hacia la parte posterior de la cabeza de un individuo. El término dientes anteriores se refiere a los incisivos y caninos, mientras que los premolares y molares son dientes posteriores

Antibiótico: Medicamento que detiene o ralentiza el crecimiento de las bacterias.

Antiséptico: Agente químico que puede aplicarse a los tejidos vivos para destruir los gérmenes.

Aparato ortopédico: Dispositivo utilizado para sostener, alinear, prevenir o corregir deformidades, o para mejorar la función de partes móviles del cuerpo.

Ápex o Ápice: Punta de la raíz de un diente.

Apexificación: Proceso de desarrollo radicular inducido para favorecer la formación de una barrera calcificada en un diente con formación radicular inmadura o ápice abierto. Puede implicar la colocación de una barrera apical artificial antes de la obturación endodóntica no quirúrgica.

Apexogénesis: Terapia pulpar vital realizada para fomentar la formación y el desarrollo fisiológicos continuos de la raíz del diente.

Apical: Dirección hacia las puntas o ápices de la raíz de un diente, a diferencia de coronal, que se refiere a la dirección hacia la corona.

Ápice: Punta o extremo de la raíz del diente.

Apicectomía: Amputación del ápice de un diente.

Apósito: Medicación, vendas u otro material terapéutico aplicado a una herida.

Apretar: Presionar las mandíbulas y los dientes en oclusión céntrica, frecuentemente asociado a estrés psicológico o esfuerzo físico.

Arco dental: Estructura compuesta curvada de la dentición natural y el reborde residual, o los restos de éste, tras la pérdida de algunos o todos los dientes naturales.

Áreas de la cavidad oral: Sistema numérico de dos dígitos utilizado para informar de las regiones de la cavidad oral en las historias clínicas de los pacientes y en las reclamaciones presentadas a terceros pagadores.

Articulación temporomandibular (ATM): Mecanismo de articulación entre la base del cráneo (hueso temporal) y el maxilar inferior (mandíbula).

Artrograma: Técnica radiográfica de diagnóstico utilizada para visualizar las estructuras óseas tras la inyección de un medio de contraste en una articulación.

Atención de seguimiento: Cualquier atención prestada después de un procedimiento; un servicio cuya naturaleza, alcance y momento se determina por el juicio clínico y profesional del odontólogo.

Auxiliar: Subordinado de algo o alguien; suplementario.

Avulsión: Separación del diente de su alveolo debido a un traumatismo.

Axial: Plano paralelo a la superficie de un diente.

Base de cemento: Material utilizado debajo de un empaste para reemplazar la estructura dental perdida.

Base de la dentadura: Parte de una dentadura que hace contacto con el tejido blando y retiene los dientes artificiales.

Benigno: Carácter leve o no amenazante de una enfermedad o carácter no maligno de una neoplasia.

Bicúspide: Diente premolar; diente con dos cúspides.

Bilateral: Que ocurre o pertenece tanto al lado derecho como al izquierdo.

Biopsia: Proceso de extracción de un pequeño trozo de tejido para su evaluación diagnóstica.

Biorretroalimentación: Técnica de relajación que busca aprender a afrontar mejor el dolor y el estrés modificando el comportamiento, los pensamientos y las sensaciones.

Blanqueamiento: Proceso de aclaramiento de los dientes, normalmente utilizando un agente químico oxidante o una radiación láser y a veces en presencia de calor. El blanqueamiento se realiza mediante aplicaciones a corto y largo plazo de pastas o soluciones que contienen diversas concentraciones de peróxido de hidrógeno y peróxido de carbamida.

Boca seca: Afección en la que se reduce el flujo de saliva y no hay suficiente saliva para mantener la boca húmeda. La sequedad bucal puede ser el resultado de ciertos medicamentos (como los antihistamínicos y los descongestionantes), ciertas enfermedades (como el síndrome de Sjögren, el SIDA, la enfermedad de Alzheimer, la diabetes), ciertos tratamientos médicos (como la radiación de cabeza y cuello), así como daños nerviosos, deshidratación, consumo de tabaco y extirpación quirúrgica de las glándulas salivales. También llamada xerostomía.

Bolsa periodontal: Surco gingival patológicamente profundizado; característica de la enfermedad periodontal.

Brackets: Dispositivos (bandas, alambres, aparatos cerámicos) colocados por ortodoncistas para reposicionar gradualmente los dientes en una alineación más favorable.

Bruxismo: Rechinamiento parafuncional de los dientes, también mientras se duerme.

Bucal: Perteneciente a o hacia la mejilla (como en la superficie bucal de un diente posterior).

Caja del implante: Accesorio que se coloca entre el cuerpo del implante (también conocido como poste del implante) y la prótesis restauradora (por ejemplo, corona individual; dentadura postiza).

Calcio: Elemento químico necesario para el desarrollo de dientes, huesos y nervios sanos.

Cálculo: Depósito duro de sustancia mineralizada adherida a coronas y/o raíces de dientes o prótesis. Se forma debido a un control inadecuado de la placa, a menudo teñido de amarillo o marrón. También llamado "sarro".

Candidiasis bucal: Infección de la boca causada por el hongo Candida.

Canino: Diente unicúspide situado entre los incisivos y los premolares. Tienen un borde redondeado o puntiagudo utilizado para morder y perforar.

Capuchón pulpar indirecto: Procedimiento en el que la pulpa casi expuesta se cubre con un apósito protector para protegerla de lesiones adicionales y promover la cicatrización y reparación mediante la formación de dentina secundaria.

Caries: Término común para referirse a las lesiones cariosas en un diente; destrucción de la estructura dental causada por toxinas producidas por bacterias. Una caries puede deberse también a erosión o abrasión.

Carilla: Fina capa de plástico o porcelana del color del diente, hecha a medida, que se adhiere directamente a la cara anterior de los dientes naturales para mejorar su aspecto; por ejemplo, para sustituir la estructura dental perdida, cerrar espacios, enderezar los dientes o cambiar el color o la forma.

Cavidad pulpar: Espacio hueco del diente que contiene la pulpa.

Cemento: Tejido conectivo duro que recubre la superficie externa de la raíz de un diente.

Cervical: Estrechamiento de la superficie del diente cerca de donde la corona se une a la raíz.

Cirugía de colgajo: Elevación del tejido gingival para exponer las estructuras dentales y óseas subyacentes.

Citología: Estudio de las células, incluyendo su anatomía, química, fisiología y patología.

Código de Procedimientos Dentales y Nomenclatura (Código CDT): Listado de códigos de procedimientos dentales y sus términos descriptivos publicado por la Asociación Dental Americana (ADA). Se utiliza para registrar los servicios dentales en el historial del paciente, así como para informar de los servicios y procedimientos dentales a los planes de prestaciones dentales de las aseguradoras. El Código CDT está impreso en un manual titulado Terminología Dental Actual (CDT).

Cofia: Recubrimiento delgado de la porción coronal del diente, generalmente sin conformidad anatómica. Núcleo o capa base en forma de dedal, hecho a medida o prefabricado, diseñado para encajar sobre una preparación de diente natural, un núcleo de poste o un pilar de implante con el fin de actuar como subestructura sobre la que se pueden añadir otros componentes para dar forma definitiva a una restauración o prótesis. Puede utilizarse como restauración definitiva o como parte de un procedimiento.

Componente hembra: Componente cóncavo de un aditamento que encaja en el componente saliente de la otra parte.

Componente macho: Parte saliente de un aditamento que encaja en el componente cóncavo de la otra parte.

Composite: Material restaurador del color del diente compuesto de plástico con pequeñas partículas de vidrio o cerámica; normalmente «curado» o endurecido con una luz de longitud de onda determinada o un catalizador químico.

Conducto: Canal tubular relativamente estrecho.

Conducto mandibular: Conducto que incluye vasos y nervios que cursan a través de la mandíbula a las ramas que los distribuyen a los dientes.

Conducto radicular: La porción de la cavidad pulpar dentro de la raíz de un diente.

Consulta: En un entorno clíncnico, servicio de diagnóstico en el que el odontólogo, el paciente u otras partes (por ejemplo, otro dentista, médico o tutor legal) discuten las necesidades odontológicas del paciente y las posibilidades de tratamiento.

Contiguo: Adyacente; en contacto.

Control del comportamiento: Técnicas o terapias utilizadas para modular las acciones de un paciente que está recibiendo tratamiento dental.

Corona: Porción de un diente por encima de la línea de la encía que está cubierta por esmalte // Restauración dental que cubre todo o la mayor parte del diente natural; la funda artificial puede ser de porcelana, composite o metal y se cementa sobre el diente dañado.

Corona anatómica: Porción del diente normalmente cubierta por el esmalte.

Corona artificial: Restauración que cubre o sustituye la mayor parte o la totalidad de la corona de un diente o implante.

Corona clínica: La porción de un diente no cubierta por tejidos.

Corona parcial: Onlay. Restauración dental realizada fuera de la cavidad oral que cubre una o más puntas de cúspide y superficies oclusales adyacentes, pero no toda la superficie externa. Tipo de restauración (empaste) de metal, porcelana o acrílico que es más extensa que una incrustación, ya que cubre una o más cúspides.

Corona pilar: Corona artificial que sirve también para la retención o soporte de una prótesis dental.

Coronal: Referido a la corona de un diente. // Dirección hacia la corona de un diente, a diferencia de apical, que se refiere a la dirección hacia la(s) punta(s) de la(s) raíz(es) o ápice(s).

Cuadrante: Una de las cuatro secciones iguales en que pueden dividirse las arcadas dentarias; comienza en la línea media de la arcada y se extiende distalmente hasta el último diente.

Cultivo y prueba de sensibilidad: Prueba de laboratorio clínico que identifica un microorganismo y la capacidad de varios antibióticos para controlar su crecimiento.

Cultivo viral: Recogida de muestras con el fin de incubar un virus para su identificación.

Curetaje: Raspado y limpieza de las paredes de un espacio real o potencial, como una bolsa gingival o hueso, para eliminar material patológico.

Cúspide: Eminencia puntiaguda o redondeada en la superficie masticatoria de un diente.

Definitiva: Restauración o prótesis destinada a conservar la forma y la función durante un tiempo indefinido, que podría ser la vida natural del paciente. No hay sustitución programada, aunque puede ser necesario cierto mantenimiento (por ejemplo, limpieza; sustitución del componente reemplazable de un aditamento), procedimientos que se documentan con sus códigos aplicables.

Dentadura completa: Prótesis para el arco maxilar o mandibular edéntulo, que sustituye a la dentición completa. Normalmente incluye seis dientes anteriores y ocho dientes posteriores.

Dentadura de leche: Conjunto de dientes primarios o deciduos.

Dentadura inmediata: Prótesis construida para su colocación inmediatamente después de la extracción de los dientes naturales restantes.

Dentadura postiza: Sustitución fija o extraíble de dientes artificiales por la ausencia de dientes naturales. Existen dos tipos de prótesis removibles: completas y parciales. Las dentaduras completas se utilizan cuando faltan todos los dientes, mientras que las dentaduras parciales se utilizan cuando quedan algunos dientes naturales.

Dentición: Dientes de la arcada dental.

Dentición adolescente: Se refiere a la etapa de la dentición permanente anterior al cese del crecimiento esquelético.

Dentición de transición: Dentición mixta que comienza con la aparición de los primeros molares permanentes y termina con la caída de los últimos dientes deciduos.

Dentición de transición: Se refiere a una dentición mixta; comienza con la aparición de los primeros molares permanentes y termina con la exfoliación de los dientes deciduos.

Dentición permanente (dentición adulta) - Dientes permanentes en el arco dental.

Dentición permanente (dentición del adulto) Se refiere a los dientes permanentes ("adultos") de la arcada dental que sustituyen a la dentición primaria o erupcionan distalmente a los molares primarios.

Dentición primaria: El primer conjunto de dientes; véase dentición decidua y dentición.

Dentición temporal (dentición primaria): Se refiere a los dientes temporales o primarios de la arcada dental.

Dentición temporal: se refiere a los dientes temporales de la arcada dental.

Dentina: Tejido duro que forma la mayor parte del diente y se desarrolla a partir de la papila dental y la pulpa dental, y en estado maduro está mineralizado.

Desbridamiento: Eliminación de placa y cálculo subgingival y/o supragingival.

Diagnóstico oral: La determinación por parte de un dentista del estado de salud bucodental de un paciente, conseguida mediante la evaluación de los datos recogidos por medio de la anamnesis, el examen directo, la conversación con el paciente y las ayudas y pruebas clínicas que puedan ser necesarias a juicio del dentista.

Diagnóstico por imagen: Representación visual de patrones estructurales o funcionales con fines de evaluación diagnóstica. Incluye, entre otros, TAC, resonancias magnéticas, fotografías, radiografías, etc.

Diastema: Espacio entre dos dientes adyacentes de la misma arcada dental.

Diente desplazado: Evulsión parcial de un diente.

Diente impactado: Diente no erupcionado o parcialmente erupcionado que está colocado contra otro diente, hueso o tejido blando, de forma que es improbable que se produzca la erupción completa. Un diente impactado puede empujar otros dientes o dañar las estructuras óseas que soportan el diente adyacente. A menudo, los dientes impactados o retenidos deben extraerse quirúrgicamente.

Diente sucesor: Diente permanente que sustituye a un diente primario (de leche).

Dientes supernumerarios: Dientes extra erupcionados o no erupcionados que se asemejan a los dientes de forma normal.

Dimensión vertical: La altura vertical de la cara con los dientes en oclusión o actuando como topes.

Dique de goma: Lámina blanda de látex o vinilo que se utiliza para establecer una barrera para uno o más dientes y evitar la contaminación por saliva y para evitar que los materiales caigan a la parte posterior de la garganta.

Directo: Un procedimiento en el que el servicio se presta completamente en la cavidad oral del paciente y sin el uso de un laboratorio dental.

Discectomía: Escisión del disco intraarticular de una articulación.

Disfunción de la articulación temporomandibular: Funcionamiento anormal de la articulación temporomandibular; también se refiere a los síntomas que surgen en otras áreas secundarias a la disfunción.

Distal: Superficie o posición de un diente más distante de la línea media de la arcada.

Edéntulo: Sin dientes.

Empaste sedante: Restauración provisional destinada a aliviar el dolor.

Encía: Tejidos blandos y rosados que recubren las coronas de los dientes no erupcionados y rodean los cuellos de los que sí lo están.

Encía queratinizada: Superficie oral de la encía que se extiende desde la unión mucogingival hasta el margen gingival.

Endodoncia: Procedimiento utilizado para salvar un diente abscesado en el que se limpia la cámara pulpar, se desinfecta y se rellena con un empaste permanente.// Campo de la odontología que se ocupa de la biología y la patología de la pulpa dental y los tejidos radiculares del diente, así como de la prevención, el diagnóstico y el tratamiento de las enfermedades y lesiones de estos tejidos.

Endóseo: Dispositivo que se coloca en el hueso alveolar y basal de la mandíbula o el maxilar y atraviesa solo una placa cortical.

Enfermedad periodontal: Proceso inflamatorio de los tejidos gingivales y/o de la membrana periodontal de los dientes, que da lugar a un surco gingival anormalmente profundo, pudiendo producir bolsas periodontales y pérdida del hueso alveolar de soporte.

Enjuagues: Lavados antisépticos (antibacterianos) que reducen las bacterias de la boca que causan la placa y el mal aliento. Los enjuagues con flúor ayudan a prevenir las caries.

Enteral: Cualquier técnica de administración en la que el agente se absorbe a través del tracto gastrointestinal (GI) o la mucosa oral (es decir, oral, rectal, sublingual).

Equilibrio: Remodelación de las superficies oclusales de los dientes para crear relaciones de contacto armoniosas entre los dientes superiores e inferiores; también conocido como ajuste oclusal.

Erupción: Salida del diente desde su posición en la mandíbula.

Escisión: Extirpación quirúrgica de hueso o tejido.

Esmalte: Tejido duro calcificado que recubre la dentina de la corona del diente.

Espacio dental delimitado: Espacio creado por uno o más dientes ausentes que tiene un diente a cada lado.

Estimulación nerviosa eléctrica transcutánea (TENS): Terapia que utiliza corrientes eléctricas de baja intensidad para aliviar el dolor. En odontología, la TENS es un tipo de terapia que puede utilizarse para relajar la articulación mandibular y los músculos faciales.

Estomatitis: Inflamación de las membranas de la boca. Las dentaduras postizas mal ajustadas, una higiene dental deficiente o la acumulación del hongo *Candida albicans* pueden causar esta afección.

Evaluación dental: Inspección clínica limitada que se realiza para identificar posibles signos de enfermedad, malformación o lesión oral o sistémica, y la posible necesidad de derivación para diagnóstico y tratamiento.

Evaluación: La evaluación del paciente puede incluir la recopilación de información a través de la entrevista, la observación, el examen y el uso de pruebas específicas que permiten a un dentista diagnosticar las condiciones existentes.

Evulsión: Separación del diente de su alveolo debido a un traumatismo.

Exclusiones: Servicios odontológicos no cubiertos por un programa de prestaciones odontológicas.

Exfoliativo: Se refiere a una fina capa de epidermis que se desprende de la superficie.

Exostosis: Crecimiento excesivo del hueso.

Extensión en voladizo: Parte de una prótesis fija que se extiende más allá del pilar al que está unida y no tiene soporte adicional.

Extracción: Proceso o acto de quitar un diente o piezas dentales.

Extracoronal: Fuera de la corona de un diente.

Extraoral: Fuera de la cavidad bucal.

Exudado: Material resultante generalmente de una inflamación o necrosis que contiene líquido, células y/u otros restos.

Facial: Superficie de un diente dirigida hacia las mejillas o los labios (es decir, las superficies bucal y labial) y opuesta a la superficie lingual.

Fascial: Relativo a una lámina o banda de tejido conjuntivo fibroso que envuelve, separa o une músculos, órganos y otras estructuras de tejido blando del cuerpo.

Férula: Dispositivo utilizado para sostener, proteger o inmovilizar estructuras orales que se han aflojado, reimplantado, fracturado o traumatizado. También se refiere a los dispositivos utilizados en el tratamiento de los trastornos de la articulación temporomandibular.

Fijación: Dispositivo mecánico para la retención y estabilización de una prótesis.

Fijación de precisión: Dispositivo de enclavamiento, uno de cuyos componentes se fija en un pilar o pilares, y el otro se integra en una prótesis parcial removible para estabilizarla y/o retenerla.

Fístula: Canal que emana pus de un foco infeccioso; forúnculo gingival.

Flúor: Mineral que ayuda a fortalecer el esmalte de los dientes, haciéndolos menos susceptibles a la caries. El flúor se ingiere a través de los alimentos o el agua, está disponible en la mayoría de las pastas dentífricas o puede ser aplicado en forma de gel o líquido sobre la superficie de los dientes por un odontólogo.

Fluorosis: Decoloración del esmalte debida a una ingestión excesiva de flúor (superior a una parte por millón) en el torrente sanguíneo, también denominada moteado del esmalte.

Foramen: Abertura natural en o a través del hueso.

Fractura: Rotura de una estructura, especialmente de una estructura ósea o de un diente.

Fractura compuesta: Rotura en el hueso que está expuesta a contaminación externa.

Fractura simple: Rotura ósea no expuesta a contaminación externa.

Frenillo: Fibras musculares recubiertas por una membrana mucosa que unen la mejilla, los labios o la lengua a la mucosa dental asociada.

Funda de diente natural: Diente utilizado como soporte de un extremo de la prótesis.

Furcación: Zona anatómica de un diente multirradicular donde divergen las raíces.

Gingivectomía: Escisión o extirpación de la encía.

Gingivitis: Inflamación del tejido gingival sin pérdida de tejido conjuntivo.

Gingivoplastia: Procedimiento quirúrgico para remodelar la encía.

Glándula salival: Glándulas exocrinas que producen saliva y la vierten en la boca; incluyen las glándulas parótidas, las submandibulares y las sublinguales.

Grabado ácido: Uso de una sustancia química ácida para preparar la superficie del esmalte dental o de la dentina a fin de mejorar la adhesión.

Guardián: Cualquiera de los diversos dispositivos utilizados para mantener algo en posición.

Halitosis: Mal aliento de origen oral o gastrointestinal.

Hemisección: Separación quirúrgica de un diente multirradicular.

Higienista: Profesional auxiliar de odontología titulado que es a la vez educador en salud bucodental y clínico que utiliza métodos preventivos, terapéuticos y educativos para controlar las enfermedades bucodentales.

Hilo dental: Material en forma de filamento que se utiliza para limpiar entre las zonas de contacto de los dientes; forma parte de un buen plan diario de higiene bucal.

Hiperplásico: Relativo a un aumento anormal del número de células en un órgano o tejido, con el consiguiente agrandamiento.

Hipersensibilidad: Reacción dolorosa aguda y repentina en los dientes cuando se exponen a estímulos calientes, fríos, dulces, ácidos, salados, químicos o mecánicos.

Histopatología: Estudio de los procesos patológicos a nivel celular.

Homólogo: Similar en estructura.

Hueso alveolar: El hueso que rodea la raíz del diente, anclándolo en su lugar; la pérdida de este hueso es un posible signo de enfermedad periodontal (de las encías).

Imagen cefalométrica: Proyección extraoral estandarizada utilizada en el estudio científico de las medidas de la cabeza.

Implante: Material insertado o injertado en un tejido. 77 Tornillo metálico (normalmente de titanio) que se coloca quirúrgicamente en el maxilar superior o inferior donde falta un diente; sirve de raíz del diente y de anclaje para la corona, el puente o la dentadura que se coloca sobre él.

Impresión: Molde realizado a partir de los dientes y los tejidos blandos.

Incisal: La dirección hacia el borde de mordida de los dientes anteriores o algo relacionado con este borde, como los términos guía incisal o borde incisal. Es el término hermano de oclusal, que se refería a la ubicación análoga en los dientes posteriores. //Perteneciente a los bordes de mordida de los dientes incisivos y caninos.

Incisión y drenaje: El procedimiento de apertura de una lesión mucosa fluctuante para permitir la liberación de líquido de la lesión.

Incisivo: Diente para cortar o roer; situado en la parte anterior de la boca en ambos maxilares.

Incrustación: Restauración intracoronal fija. // Restauración dental fija fabricada fuera de un diente para que se corresponda con la forma de la cavidad preparada, que luego se cementa al diente.

Índice radiográfico/quirúrgico de implantes: Sistema diseñado para relacionar la posición de la osteotomía o del implante con las estructuras anatómicas existentes.

Indigente: Aquellas personas cuyos ingresos se sitúan por debajo del umbral de pobreza.

Indirecto: Procedimiento que implica una actividad que tiene lugar lejos del paciente, como la creación de una prótesis restauradora.

Infiltración de resina: Aplicación de un material de resina diseñado para penetrar y rellenar el sistema de poros subsuperficiales de una lesión de caries incipiente para fortalecer, estabilizar y limitar la progresión de la lesión, así como enmascarar las manchas blancas visibles.

Inhalación: técnica de administración en la que un agente gaseoso o volátil se introduce en los pulmones y cuyo efecto principal se debe a la absorción a través de la interfaz gas/sangre.

Inhalación: técnica de administración en la que un agente gaseoso o volátil se introduce en los pulmones y cuyo efecto principal se debe a la absorción a través de la interfase gas/sangre.

Injerto: Pieza de tejido o material aloplástico que se coloca en contacto con el tejido para reparar un defecto o suplir una deficiencia.

Injerto autógeno: Tomado de una parte del cuerpo de un paciente y transferido a otra.

Interproximal: Entre las superficies contiguas de dientes adyacentes de una misma arcada.

Intracoronal: Referido a "dentro" de la corona de un diente.

Intraoral: Dentro de la boca.

Intravenosa: técnica de administración en la que el agente anestésico se introduce directamente en el sistema venoso del paciente.

Ionómero de vidrio: Material de restauración que figura como "resina" en la "Clasificación de materiales" del manual CDT y que se puede utilizar para restaurar dientes, rellenar y revestir cavidades y fisuras.

JO: Código que identifica un esquema de numeración de dientes que puede utilizarse en una solicitud de reembolso. Identifica el sistema de numeración de dientes ANSI/ADA/ISO, un conjunto de códigos estándar de la HIPAA que no se utiliza habitualmente en Estados Unidos, pero sí en muchos otros países. Véase la Especificación nº 3950.

JP: Código que identifica el esquema de numeración de dientes utilizado en la presentación de una reclamación. Designación de Identifica el sistema universal/nacional de numeración de dientes en el formulario de reclamación dental. Es un estándar HIPAA que se utiliza con mayor frecuencia en Estados Unidos.

Labial: Perteneciente o circundante al labio. // El lado de un diente que es adyacente a (o la dirección hacia) el interior del labio, en oposición a lingual o palatal (ambos orales), que se refieren al lado de un diente adyacente a (o la dirección hacia) la lengua o el paladar, respectivamente, de la cavidad oral. Aunque técnicamente se refiere solo a los dientes anteriores (donde los labios están presentes en lugar de las mejillas), el uso del término labial se ha extendido inexactamente a todos los dientes, anteriores y posteriores (en lugar de vestibular).

Lámina de oro: Plancha delgada de oro puro que se autoadhiere cuando se condensa en una cavidad. Una de las técnicas restauradoras más antiguas.

Lesión: Herida; zona de tejido enfermo o dañado.

Lesión cariosa: Cavidad causada por caries.

Leucoplasia: Mancha blanca o gris que se desarrolla en la lengua o en el interior de la mejilla. Es la reacción de la boca a una irritación crónica de las mucosas bucales.

Levadura: Hongo unicelular nucleado que suele reproducirse por gemación. Algunas levaduras pueden reproducirse por fisión, y muchas producen micelios o pseudomicelios.

Ligamento periodontal: Tejido conjuntivo que rodea al diente (concretamente recubre el cemento) y conecta el diente con el hueso maxilar, manteniéndolo en su sitio.

Limpieza: Eliminación de la placa y el sarro de los dientes, generalmente por encima de la línea de las encías.

Lingual: Perteneciente o circundante a la lengua; superficie del diente dirigida hacia la lengua; opuesto a facial.

Locus: Lugar o localización.

Malar: Perteneciente a la mejilla o pómulo.

Maligno: Que tiene las propiedades de displasia, invasión y metástasis.

Maloclusión: «Mala mordida». Alineación incorrecta de las superficies de mordida o masticación de los dientes superiores e inferiores.

Manchas: Pueden ser extrínsecas o intrínsecas. La mancha extrínseca se localiza en el exterior de la superficie dental y tiene su origen en sustancias externas como el tabaco, el café, el té o los alimentos; suele eliminarse puliendo los dientes con una pasta profiláctica abrasiva. La mancha intrínseca se origina por la ingestión de ciertos materiales o sustancias químicas durante el desarrollo del diente, o por la presencia de caries. Esta mancha es permanente y no puede eliminarse.

Mandíbula: Nombre común del maxilar inferior.

Mantenedor de espacio: Aparato pasivo, generalmente cementado, que mantiene los dientes en posición.

Mantenimiento periodontal: Terapia para preservar el estado de salud del periodonto.

Materiales biológicos: Agentes que alteran la cicatrización de heridas o la interacción huésped-tumor. Estos materiales pueden incluir citocinas, factores de crecimiento o vacunas, pero no incluyen ningún material de injerto de tejido duro o blando. Estos agentes se añaden al material de injerto o se utilizan solos para acelerar la cicatrización o la regeneración en intervenciones quirúrgicas de tejidos duros y blandos. También se conocen como modificadores de la respuesta biológica.

Maxilar: la mandíbula superior.

Medicamento: Sustancia o combinación de sustancias destinadas a ser farmacológicamente activas, especialmente preparadas para ser prescritas, dispensadas o administradas por personal autorizado para prevenir o tratar enfermedades en seres humanos o animales.

Medicamento tópico: Sustancia farmacológica especialmente preparada para ser aplicada sobre tejidos de la cavidad bucal.

Membrana de barrera: Material delgado, en forma de lámina, generalmente no autógeno, que se utiliza en diversos procedimientos quirúrgicos regenerativos.

Membrana mucosa: Revestimiento de la cavidad bucal, así como de otros conductos y cavidades del cuerpo; también llamada "mucosa".

Mesial: Más cerca de la línea media del cuerpo o de la superficie de un diente más cerca del centro de la arcada dental.

Microabrasión: Eliminación mecánica de una pequeña cantidad de estructura dental para eliminar defectos superficiales de decoloración del esmalte. Puede hacerse con aire y un abrasivo. Se trata de una tecnología relativamente nueva que puede evitar la necesidad de anestesia y puede utilizarse para eliminar algunas caries, restauraciones antiguas de composite y manchas y decoloraciones superficiales, así como para preparar la superficie del diente para adhesivos o selladores.

Microorganismo: Organismo vivo diminuto, como una bacteria, un hongo, una levadura, un virus o una rickettsia.

Modelo de diagnóstico: Réplica de los dientes y tejidos adyacentes creada digitalmente o mediante un proceso de vaciado (por ejemplo, escayola en una impresión). "Modelo de estudio" es otro término utilizado para este tipo de réplica. Los moldes de diagnóstico tienen varios usos, el más frecuente es el examen de las relaciones entre los tejidos orales para determinar cómo esas relaciones afectarán a la forma y función de una restauración dental o aparato que se está planificando o para determinar si el tratamiento o modificación del tejido podría ser necesario antes de tomar una impresión predefinida para asegurar un rendimiento óptimo de la restauración o aparato planificado.

Modelo de estudio: Modelo de yeso o piedra de los dientes y tejidos adyacentes; también denominado modelo de diagnóstico.

Molar: Dientes posteriores a los premolares (premolares bicúspides) a ambos lados de la mandíbula; dientes moledores, que tienen coronas grandes y superficies masticatorias anchas.

Mordida: Relación de los dientes superiores e inferiores en el momento del cierre (oclusión).

Moulage: Reproducción positiva de una parte del cuerpo formada en un molde a partir de una impresión negativa.

Muelas del juicio: terceros (últimos) molares que suelen salir entre los 18 y los 25 años.

No autógeno: Injerto procedente de un donante distinto del paciente.

No intravenosa: técnica de administración en la que el agente anestésico no se introduce directamente en el sistema venoso del paciente.

Obturación retrógrada: Método de sellado del conducto radicular mediante su preparación y obturación desde el ápice radicular.

Obturador: Disco o placa que cierra una abertura; prótesis que cierra una abertura en el paladar.

Obturar: Con referencia a la endodoncia, se refiere al sellado del conducto o conductos de las raíces dentales durante el procedimiento de tratamiento del conducto radicular con un material adecuadamente prescrito, como gutapercha en combinación con un agente de cementación adecuado.

Oclusal: Relativo a las superficies de mordida de los dientes premolares y molares o superficies de contacto de dientes opuestos o bordes de oclusión opuestos.

Oclusión: Relación entre las superficies de mordida o masticación de los dientes maxilares (superiores) y mandibulares (inferiores).

Odontogénico: Se refiere a los tejidos que forman los dientes.

Odontología preventiva: Aspectos de la odontología relacionados con la promoción de una buena salud y función oral mediante la prevención o reducción de la aparición y/o desarrollo de enfermedades o deformidades orales y la aparición de lesiones oro-faciales.

Odontoplastia: Ajuste de la longitud, tamaño y/o forma del diente; incluye la eliminación de proyecciones de esmalte.

Opérculo: Colgajo de tejido sobre un diente no erupcionado o parcialmente erupcionado.

Oral: Relativo a la boca.

Ortodoncia: especialidad odontológica que utiliza aparatos, retenedores y otros dispositivos dentales para tratar la desalineación de los dientes, devolviéndoles su correcto funcionamiento.

Ortognático: Relación funcional del maxilar y la mandíbula.

Osteoplastia: Procedimiento quirúrgico que modifica la configuración del hueso.

Osteotomía: Corte quirúrgico del hueso.

Paladar hendido: Deformidad congénita que resulta en la falta de fusión del paladar blando y/o duro, ya sea parcial o completa.

Paladar: Tejidos duros y blandos que forman el techo de la boca y separan las cavidades bucal y nasal.

Paliativo: Acción que alivia el dolor, pero no es curativa.

Parafuncional: Función o uso distinto del normal.

Parenteral: técnica de administración en la que el fármaco evita el tracto gastrointestinal (es decir, intramuscular [IM], intravenosa [IV], intranasal [IN], submucosa [SM], subcutánea [SC], intraósea [IO]).

Patrón de cera: Una estructura de cera que es la semejanza positiva de un objeto que se va a fabricar.

Periapical: Región situada al final de las raíces de los dientes.

Pericoronal: Alrededor de la corona de un diente.

Periodoncia: Especialidad de la odontología que abarca la prevención, el diagnóstico y el tratamiento de las enfermedades de los tejidos de soporte y circundantes de los dientes o sus sustitutos y el mantenimiento de la salud, la función y la estética de estas estructuras y tejidos.

Periodoncista: Especialista dental cuya práctica se centra en diagnosticar, tratar y prevenir enfermedades de los tejidos blandos de la boca (las encías) y las estructuras de soporte (huesos) de los dientes (tanto naturales como artificiales).

Periodontal: Perteneciente a los tejidos de soporte y circundantes de los dientes.

Periodontitis: Inflamación y pérdida del tejido conjuntivo de la estructura de soporte o circundante de los dientes con pérdida de fijación.

Periodonto: Complejo tisular formado por encía, cemento, ligamento periodontal y hueso alveolar que fija, nutre y soporta el diente.

Perirradicular: Que rodea una parte de la raíz del diente.

Perno: Pequeña varilla cementada o introducida en la dentina para ayudar a la retención de una restauración.

Pieza de mano: Instrumento utilizado para extraer, dar forma, acabar o modificar dientes y materiales dentales en operaciones odontológicas.

Pilar: Diente o dientes situados a ambos lados de un diente ausente que soportan un puente fijo o un parcial extraíble; también se refiere a una pieza de metal o porcelana que se atornilla a un implante para permitir pegar una corona.

Placa: Sustancia incolora, blanda y pegajosa que se acumula en los dientes compuesta por partículas de alimentos no digeridos mezcladas con saliva y bacterias que se forma constantemente en los dientes. Si se deja sola, la placa acaba convirtiéndose en sarro o cálculo y es el principal factor causante de la caries dental y la enfermedad periodontal.

Plan de tratamiento: La guía secuencial para el cuidado del paciente según lo determinado por el diagnóstico y que sigue el odontólogo para la restauración a y/o el mantenimiento de una salud oral óptima.

Porcelana: Material vítreo del color de los dientes, de aspecto muy similar al esmalte, que contiene compuestos refractarios predominantemente inorgánicos, incluyendo vidrios, cerámicas y vitrocerámicas.

Poste: Componente en forma de varilla diseñado para ser insertado en un espacio del conducto radicular preparado con el fin de proporcionar soporte estructural. Este dispositivo puede estar hecho de aleación, fibra de carbono o fibra de vidrio, y los postes suelen fijarse con agentes de cementación adecuados.

Posterior: Referido a los dientes y tejidos situados hacia la parte posterior de la boca (distales a los caninos); premolares y molares maxilares y mandibulares.

Premedicación: El uso de medicamentos antes de los procedimientos dentales.

Profilaxis: Eliminación de la placa, el sarro y las manchas de las estructuras dentales. Tiene por objeto controlar los factores irritativos locales.

Prognatismo: Cuando la mandíbula inferior sobresale hacia delante haciendo que la mandíbula inferior y los dientes sobresalgan por encima de los dientes superiores.

Protector bucal: Dispositivo que se introduce en la boca y se lleva sobre los dientes para protegerlos de golpes o lesiones.

Protector nocturno: Aparato extraíble que se coloca sobre los dientes superiores o inferiores y que se utiliza para evitar el desgaste y los daños temporomandibulares causados por el rechinamiento o crujido de los dientes durante el sueño.

Prótesis: Sustitución artificial de cualquier parte del cuerpo.

Prótesis definitiva: Prótesis que se utilizará durante un largo período de tiempo.

Prótesis dental: Cualquier dispositivo o aparato que sustituya a uno o más dientes ausentes y/o, si es necesario, a las estructuras asociadas. Se trata de un término amplio que incluye coronas, implantes, pilares, puentes, dentaduras postizas, obturadores, prótesis gingivales.

Prótesis fija: Prótesis dental no removible que se fija sólidamente a dientes pilares, raíces o implantes.

Prótesis provisional: Prótesis diseñada para ser utilizada durante un periodo de tiempo limitado, tras el cual será sustituida por una restauración más definitiva.

Prótesis removible: Sustitución protésica de uno o más dientes ausentes que puede ser retirada y reinsertada por el paciente.

Provisional: (a) Una restauración o prótesis diseñada para su uso durante un periodo de tiempo limitado; (b) Un procedimiento cuyo resultado está, por intención, sujeto a cambios derivados de la realización posterior de otro procedimiento. El periodo de tiempo "provisional" de una restauración, una prótesis o un procedimiento viene determinado por el juicio clínico y profesional del dentista.

Prueba genética: Técnica de laboratorio utilizada para determinar si una persona padece una afección o enfermedad genética o tiene probabilidades de contraerla.

Puente: prótesis dental parcial fijada a los dientes adyacentes a un espacio; sustituye a uno o más dientes ausentes. Está cementada o adherida a dientes de soporte o a implantes adyacentes al espacio.

Pulpa: Tejido conjuntivo que contiene vasos sanguíneos y tejido nervioso que ocupa la cavidad pulpar de un diente.

Pulpectomía: Extirpación completa del tejido pulpar vital y no vital del espacio del conducto radicular.

Pulpitis: Inflamación de la pulpa dental.

Pulpotomía: Extirpación de una parte de la pulpa, con la intención de mantener la vitalidad del tejido pulpar restante mediante un apósito terapéutico.

Queratina: Proteína presente en todas las estructuras cuticulares del cuerpo, como el pelo, la epidermis y los cuernos.

Quiste: Cavidad patológica, generalmente revestida de epitelio, que contiene gas, líquido o un material semisólido.

Quiste odontogénico: Quiste derivado del epitelio del tejido odontogénico.

Quiste periapical: quiste inflamatorio apical que contiene una cavidad revestida de epitelio en forma de saco, abierta y continua con el conducto radicular.

Radicular: Perteneciente a la raíz.

Radiografía: Imagen o fotografía producida en una película sensible a la radiación, placa de fósforo, emulsión o sensor digital por exposición a radiación ionizante.

Radiografía oclusal: Radiografía intraoral realizada sujetando la película, placa de fósforo, emulsión o sensor digital entre los dientes ocluidos.

Radiografía panorámica: Proyección extraoral en la que toda la mandíbula, el maxilar, los dientes y otras estructuras próximas se retratan en una sola imagen bidimensional, como si los maxilares estuvieran aplanados. Esta radiografía también muestra la relación de los dientes con los maxilares y de estos con la cabeza.

Radiografía periapical: Radiografía realizada mediante la colocación intraoral de película, placa de fósforo, emulsión o sensor digital, para revelar los ápices de los dientes.

Raíz: Porción anatómica del diente que está cubierta por cemento y se encuentra en el alvéolo (cavidad) donde está unida por el aparato periodontal.

Raíz residual: Estructura radicular remanente tras la pérdida de la mayor parte (más del 75 %) de la corona.

Raspado: Eliminación de la placa, el sarro y las manchas de los dientes.

Rayos x: Radiación de alta frecuencia que penetra en distintas sustancias con diferentes velocidades y absorción. En odontología, suele haber cuatro tipos de radiografías: periapicales, de mordida, oclusales y panorámicas.

Rebase: Proceso de recubrimiento de la cara tisular de una prótesis removible con un nuevo material de base.

Recalcificación: Procedimiento utilizado para fomentar la reparación radicular biológica de los defectos de reabsorción externos e internos.

Recesión gingival: Exposición de las raíces dentales debido a la retracción de las encías como consecuencia de la abrasión, erosión, enfermedad periodontal o cirugía.

Reconstrucción del muñón: Sustitución de una parte o de la totalidad de la corona de un diente cuya finalidad es proporcionar una base para la retención de una corona fabricada indirectamente.

Recontorneado: procedimiento en el que se eliminan pequeñas cantidades de esmalte dental para cambiar la longitud, la forma o la superficie de un diente. También se denomina odontoplastia, enameloplastia, «stripping» o adelgazamiento.

Recubrimiento pulpar directo: Procedimiento en el que la pulpa vital expuesta se trata con un material terapéutico, seguido de una base y una restauración, para promover la cicatrización y mantener la vitalidad pulpar.

Reducción abierta: Reaproximación de segmentos óseos fracturados que se realiza mediante el corte de los tejidos blandos y el hueso adyacentes para permitir el acceso directo.

Reducción cerrada: Reaproximación de segmentos de un hueso fracturado sin visualización directa de los segmentos óseos.

Regeneración tisular guiada (RTG): Procedimiento quirúrgico que utiliza una membrana de barrera colocada bajo el tejido gingival y sobre el soporte óseo restante para potenciar la regeneración de hueso nuevo.

Reimplantación: Retorno de un diente a su alvéolo.

Reimplantación intencional: Extracción intencional, reparación radicular y sustitución de un diente en su alvéolo.

Relajante muscular: Medicamento que suele recetarse para reducir las contracciones musculares, aliviando así el dolor.

Relleno: Término lego utilizado para la restauración de la estructura dental perdida mediante el uso de materiales como metal, aleación, plástico o porcelana.

Resina: Material resinoso de los diversos ésteres del ácido acrílico, utilizado como material de base para prótesis dentales, para cubetas o para otras restauraciones.

Restauración directa: Restauración de cualquier tipo (por ejemplo, empaste, corona) fabricada dentro de la boca.

Restauración indirecta: Restauración fabricada fuera de la boca.

Retenedor ortodóncico-Aparato para estabilizar los dientes después de un tratamiento ortodóncico.

Retenedor prostodóncico: parte de una prótesis que fija una dentadura a un diente pilar, pilar de implante o cuerpo de implante.

Retenedor: Aparato extraíble que se utiliza para mantener los dientes en una posición determinada (suele llevarse por la noche).

Rompedor de tensiones: Aquella parte de una prótesis dentosoportada y/o tisular diseñada para aliviar los dientes pilares y sus tejidos de soporte de tensiones perjudiciales.

Saliva: Líquido lubricante transparente de la boca que contiene agua, enzimas, bacterias, mucus, virus, células sanguíneas y partículas de alimentos no digeridos.

Sarro: Término común para el cálculo dental, un depósito duro que se adhiere a los dientes y produce una superficie rugosa que atrae la placa.

Sedación: Tratamiento utilizado para reducir el dolor y la ansiedad y crear un estado de relajación.

Sedación mínima: Nivel de conciencia mínimamente deprimido, producido por un método farmacológico, que conserva la capacidad del paciente para mantener de forma independiente y continua una vía aérea y responder normalmente a la estimulación táctil y a las órdenes verbales. Aunque la función cognitiva y la coordinación pueden estar ligeramente alteradas, las funciones ventilatorias y cardiovasculares no se ven afectadas.

Sedación moderada: Depresión de la consciencia inducida por fármacos durante la cual los pacientes responden intencionadamente a órdenes verbales, solas o acompañadas de una ligera estimulación táctil. No se requieren intervenciones para mantener una vía aérea permeable y la ventilación espontánea es adecuada. Normalmente se mantiene la función cardiovascular.

Sedación profunda: Depresión de la consciencia inducida por fármacos durante la cual los pacientes no pueden ser despertados fácilmente, pero responden de forma intencionada tras una estimulación repetida o dolorosa. La capacidad de mantener de forma independiente la función ventilatoria puede verse afectada. Los pacientes pueden necesitar ayuda para mantener una vía aérea permeable y la ventilación espontánea puede ser inadecuada. La función cardiovascular suele mantenerse.

Sellador: Material resinoso destinado a aplicarse en las superficies oclusales de los dientes posteriores para prevenir la caries oclusal.

Serie completa: Conjunto de radiografías intraorales que suele constar de 14 a 22 imágenes periapicales y posteriores de aleta de mordida destinadas a mostrar las coronas y raíces de todos los dientes, las zonas periapicales y la cresta ósea alveolar (fuente: directrices radiográficas de la FDA/ADA).

Sextante: Una de las seis secciones relativamente iguales en las que puede dividirse una arcada dental, por ejemplo: números de diente 1-5; 6-11; 12-16; 17-21; 22-27; 28-32. A veces se utiliza para registrar la tabla periodontal.

Sialodocoplastia: Procedimiento quirúrgico para la reparación de un defecto y/o restauración de una porción de un conducto de la glándula salival.

Sialografía: Inspección de los conductos y glándulas salivales mediante radiografía tras la inyección de un medio radiopaco.

Sialolitotomía: Procedimiento quirúrgico mediante el cual se extrae un cálculo dentro de una glándula salival o su conducto, ya sea intraoral o extraoralmente.

Síndrome del diente fisurado: Conjunto de síntomas caracterizados por un dolor agudo transitorio experimentado al masticar.

Sitio: Término utilizado para describir una única zona, posición o lugar. Para procedimientos periodontales, un área de recesión de tejido blando en un solo diente o un defecto óseo adyacente a un solo diente; también se utiliza para indicar defectos de tejido blando y/o defectos óseos en posiciones de dientes edéntulos.

Sobredentadura: Dispositivo protésico removible que se superpone a las raíces dentales retenidas o a implantes y puede estar soportado por ellos.

Sobremordida: Protrusión excesiva del maxilar superior que da lugar a una superposición vertical de los dientes frontales.

Superficie oclusal: Superficie de un diente posterior o borde de oclusión que está destinada a hacer contacto con una superficie oclusal opuesta.

Sutura: Punto utilizado para reparar una incisión o una herida.

Terapéutico: De o relativo a terapia o tratamiento; beneficioso. La terapia tiene como objetivo la eliminación o el control de una enfermedad u otro estado anormal.

Titanio y aleaciones de titanio-Titanio (Ti) > 85 %.

Tomografía: Técnica de rayos x que produce una imagen que representa un corte transversal detallado de las estructuras tisulares a una profundidad predeterminada.

Torus: Elevación o protuberancia ósea.

Transdérmica: técnica de administración en la que el fármaco se administra mediante parche o iontoforesis a través de la piel.

Transeptal: A través de un tabique.

Transicional: Relativo al paso o cambio de una posición, estado, fase o concepto a otro.

Transmucosa: Técnica de administración en la que un fármaco se administra a través de una mucosa, como intranasal, sublingual o rectal.

Transóseo: Dispositivo con postes roscados que penetra en las placas óseas corticales superior e inferior de la sínfisis mandibular. Puede ser intraoral o extraoral.

Traqueotomía: Procedimiento quirúrgico para crear una abertura en la tráquea con el fin de facilitar la respiración.

Trasplante: Colocación quirúrgica de material biológico de un sitio a otro.

Trasplante de diente: Traslado de un diente de un alveolo a otro, ya sea en la misma persona o en otra diferente.

Trastorno temporomandibular (TMD)/articulación temporomandibular (ATM): Término dado a un problema que afecta a los músculos y la articulación que conectan la mandíbula inferior con el cráneo. Se caracteriza por dolor facial y limitación de la capacidad para abrir o mover la mandíbula. Suele ir acompañada de un chasquido al abrir o cerrar la mandíbula.

Traumatismo: Lesión causada por una fuerza externa, sustancias químicas, temperaturas extremas o una mala alineación de los dientes.

Trismo: Restricción de la capacidad para abrir la boca, generalmente debida a inflamación o fibrosis de los músculos de la masticación.

Tuberosidad: Protuberancia de un hueso.

Ultrasonido: tratamiento en el que se aplica calor profundo en una zona afectada para aliviar el dolor o mejorar la movilidad. En odontología, los ultrasonidos pueden utilizarse para tratar trastornos temporomandibulares.

Unilateral: De un solo lado; que pertenece o afecta a un solo lado.

Vestibuloplastia: Cualquiera de una serie de procedimientos quirúrgicos destinados a aumentar la altura relativa de la cresta alveolar.

Xerostomía: Disminución de la secreción salival que produce una sensación de sequedad y a veces de quemazón de la mucosa oral y/o caries cervical.

Zigomático: Hueso cuadrangular situado a ambos lados de la cara que forma el pómulo de las mejillas.

BIBLIOGRAFÍA

GENERAL

Barnett R (2017) The smile stealers. Londres: Thames & Hudson.
Davis P (1980) The social context of dentistry. Londres: Croom Helm.
Ichord LF (2000) Toothworms and spider juice: an illustrated history of dentistry. Brookfield (CT): The Millbrook Press.
Kanner L (1934) Folklore of the Teeth. Nueva York: The Macmillan Company.
Ring ME (1985) Dentistry. An illustrated history. Nueva York: Harry N. Abrams Publishers.
Schutt B (2024) Bite. An incisive history of teeth, from hagfish to humans. Chapel Hill: Algonquin Books.
Wynbrandt J (1998) The excruciating history of dentistry. Toothsome tales & and oral oddities from Babylon to Braces. Nueva York: Sr. Martin's Griffin.

ESPECÍFICA

Origen evolutivo de los dientes
Andreev PS, Sansom IJ, Li Q, Zhao W, Wang J, Wang CC, Peng L, Jia L, Qiao T, Zhu M (2022) The oldest gnathostome teeth. Nature 609(7929): 964-968.
Odontología neandertal
Cerrito P, Nava A, Radovčić D, Borić D, Cerrito L, Basdeo T, Ruggiero G, Frayer DW, Kao AP, Bondioli L, Mancini L, Bromage TG (2022) Dental cementum virtual histology of Neanderthal teeth from Krapina (Croatia, 130-120 kyr): an informed estimate of age, sex and adult stressors. J R Soc Interface 19(187): 20210820.
Frayer DW, Gatti J, Monge J, Radovčić D (2017) Prehistoric dentistry? P4 rotation, partial M3 impaction, toothpick grooves and other signs of manipulation in Krapina Dental Person 20. Bull Int Associ Paleodontol 11(1): 1-10.
Weyrich LS, Duchene S, Soubrier J, Arriola L, Llamas B, Breen J, Morris AG, Alt KW, Caramelli D, Dresely v, Farrell M, Farrer AG, Francken M, Gully N, Haak W, Hardy K, Harvati K, Held P, Holmes EC, Kaidonis J, Lalueza-Fox C, de la Rasilla M, Rosas A, Semal P, Soltysiak A, Townsend G, Usai D, Wahl J, Huson DH, Dobney K, Cooper A (2017) Neanderthal behaviour, diet, and disease inferred from ancient DNA in dental calculus. Nature 544(7650): 357-361.
Dientes como adorno
Essel E, Zavala EI, Schulz-Kornas E, Kozlikin MB, Fewlass H, Vernot B, Shunkov MV, Derevianko AP, Douka K, Barnes I, Soulier MC, Schmidt A, Szymanski M, Tsanova T, Sirakov N, Endarova E, McPherron SP, Hublin JJ, Kelso J, Pääbo S, Hajdinjak M, Soressi M, Meyer M (2023) Ancient human DNA recovered from a Palaeolithic pendant. Nature 618(7964): 328-332.

Neolítico

Bernardini F, Tuniz C, Coppa A, Mancini L, Dreossi D, Eichert D, Turco G, Biasotto M, Terrasi F, De Cesare N, Hua Q, Levchenko v (2012) Beeswax as dental filling on a neolithic human tooth. PLoS One 7(9): e44904.

Mesopotamia

Coppa A, Bondioli L, Cucina A, Frayer DW, Jarrige C, Jarrige JF, Quivron G, Rossi M, Vidale M, Macchiarelli R (2006) Palaeontology: early Neolithic tradition of dentistry. Nature 440(7085): 755-756.

Townend BR (1944) The story of the tooth-worm. Bull Hist Med 15(1): 37-58.

Egipto

Pantazis I, Tourna E, Maravelia A, Kalampoukas K, Michailidis G, Kalogerakou K, Kyriazi S, Couvaris C, Geroulanos S, Bontozoglou N (2020) A Ptolemaic mummy reveals evidence of invasive dentistry in ancient Egypt. Anat Rec (Hoboken) 303(12): 3129-3135.

Grecia

Koutroumpas DC, Lioumi E, Vougiouklakis G (2020) Tooth Extraction in Antiquity. J Hist Dent 68(3): 127-144.

Edad Media

Perlado Ortiz de Pinedo PA (2017) ¿Prohibió la Iglesia la Medicina? Anuario de Derecho Eclesiástico del Estado 33: 175-213.

Supersticiones

Kanner L (1926) Folklore of the Teeth. (IX) The Transference of Toothache. The Dental Cosmos 68(12): 1191-1198.

Cruse WP (1987) Auguste Charles Valadier, a Pioneer in maxillofacial surgery. Milit Med 152(7): 337-341.

Fisonomía y personalidad

Storch L (1895) Sitten und Gebräuche bei den Usambaras. Volumen 8, p. 311.

La dentadura de George Washington

https://www.mountvernon.org/george-washington/health/washingtons-teeth/

Odontología en el Tercer Reich

Groß D, Wilhelmy S (2021) Täter oder Opfer? Der Kieferorthopäde Gustav Korkhaus (1895-1978) und seine tatsächliche Rolle im „Dritten Reich". J Orofac Orthop 82(5): 345-355.

https://www.zm-online.de/artikel/2020/ns-forschungsprojekt-zahnaerzte-im-dritten-reich/zahnaerzte-als-taeter-und-verfolgte-im-dritten-reich

Teorías científicas

Vieira CLZ, Caramelli B (2009) The history of dentistry and medicine relationship: could the mouth finally return to the body? Oral Diseases 15: 538–546.

Florestán Aguilar

Díaz-Rubio García M https://dbe.rah.es/biografias/5362/florestan-aguilar-y-rodriguez

Matilla Gómez v (1987) 202 Biografías Académicas. Real Academia Nacional de Medicina, Madrid.

https://www.ranm.es/academicos/academicos-de-numero-anteriores/814-1933-aguilar-y-rodriguez-florestan.html

Anestesia

Andrews E (1864) Nitrous Oxide, or "Laughing Gas," as an Anæsthetic. Chicago Medical Examiner, 1864

Baesch LJ, Bause GS (2020) From Colton's guess to Andrews' table to Bunnell's paper to Spencer's card: Misleading the public about nitrous oxide's safety. J Anesth Hist 6(3): 164-165.

Ortodoncia

Asbell MB (1990) A brief history of orthodontics. Am J Orthod Dentofacial Orthop 98: 176-183.

Casto FM (1934) A historical sketch of orthodontia. Dent Cosmos 76: 111-135.

Wahl N (2005). Orthodontics in 3 millennia. Chapter 1: Antiquity to the mid-19th century. 127(2), 255–259.

Weinberger BW (1934) Historical résumé of the evolution and growth of orthodontia. J Am Dent Assoc 21: 2001-2021.

Fluorización

Cheyne VD (1942) Human dental caries and topically applied fluorine: a preliminary report. J Am Dent Assoc 29: 804.

Morichini D (1852) Collection of published and unpublished writings. Roma.

Zampetti P, A Scribante A (2020) Historical and bibliometric notes on the use of fluoride in caries prevention. Eur J Paediatr Dent 21(2): 148-152.

La guerra de las amalgamas

Hyson Jr JM (2006) Amalgam: Its history and perils. J Calif Dent Assoc 34(3): 215-229.

Selladores dentales

Christen AG, Christen JA (2000) Sozodont Powder Dentifrice and Mrs. Winslow's Soothing Syrup: Dental Nostrums. J Hist Dent 48(3): 99–105.

Daugherty G How Humans Took Care of Their Teeth Through History. https://www.history.com/news/dental-care-teeth-cleaning-through-history

https://www.si.edu/spotlight/health-hygiene-and-beauty/oral-care

Lo público y lo privado

Jaffe S (2017) The Tooth Divide: Beauty, Class and the Story of Dentistry. The New York Times 23 de marzo. https://www.nytimes.com/2017/03/23/books/review/teeth-oral-health-mary-otto.html

La formación de los odontólogos

Libro Blanco del título de grado en Odontología. Agencia Nacional de la evaluación de la calidad y acreditación.

https://www.uv.es/graus/OPE/ANECA/llibres_blancs/libroblanco_odontologia_def.pdf

Odontología y estomatología

Seoane J, Diz-Dios P, Martinez-Insua A, Varela-Centelles P, Nash DA (2008) Stomatology and odontology: perspectives of Spanish professors and senior lecturers in dentistry. Eur J Dent Educ 12(4): 219-224.

Modificación dental

Barnes DM (2010) Dental Modification: An Anthropological Perspective. University of Tennessee. https://trace.tennessee.edu/cgi/viewcontent.cgi?referer=&httpsredir=1&article=2385&context=utk_chanhonoproj

Garve R (2008) Ethno-Zahnmedizin. https://media.zwp-online.info/archiv/pub/sim/cd/2008/cd0308/cd308_052_060_garve.pdf

Mujeres en la odontología

Campus G, Maclennan A, von Hoyningen-Huene J, Wolf TG; FDI Section Women Dentists Worldwide Collaboration Group; Aerden M, Benyahya I, Bonaventura J, Brolese ELK, Linton JL, Gogilashvili K, Marron-Tarrazi I, Ilhan D, Iwasaki M, Grzech-Lesniak K, Perlea P, Thabet N (2023) The Presence of Women in the Dental Profession: A Global Survey. Int Dent J S0020-6539(23)00130-2.

Kidd E (1974) Dental Suffragettes - Women in Dentistry. Dent Update 1(5) 249-252.

Seward MH (1991) The Fair Face of Dentistry - From Anathema to acceptance. Br Dent J 171(7): 214-220.

Los dientes y el circo

Kantowski R (2013) 'Mouth of Steel' sinks teeth into fantastic feats. Las Vegas Review Journal. https://www.reviewjournal.com/sports/sports-columns/ron-kantowski/mouth-of-steel-sinks-teeth-into-fantastic-feats/

Odontología espacial

Moussa MS, Goldsmith M, Komarova SV (2023) Craniofacial Bones and Teeth in Spacefarers: Systematic Review and Meta-analysis. JDR Clin Trans Res 8(2): 113-122.

Asociacionismo

Gelbier S (2022) Gerald Hubert Leatherman DSc FDS FFD DOdont (1903-1991), the World Dental Federation, dental hygienists and the promotion of oral health. J Med Biogr 30(4): 256-260.

Regeneración de dientes

Murashima-Suginami A, Kiso H, Tokita Y, Mihara E, Nambu Y, Uozumi R, Tabata Y, Bessho K, Takagi J, Sugai M, Takahashi K (2021) Anti–USAG-1 therapy for tooth regeneration through enhanced BMP signaling. Sci Adv 7(7): eabf1798.